生理学实验

(第5版)

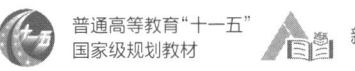

荣誉主编	解景田
主编	刘燕强　崔庚寅
副主编	刘巍　王艳芹

编者（按单位名称拼音排序）

北京大学	王世强
北京师范大学	孙颖郁
河北师范大学	崔庚寅　管振龙　王艳芹
河北医科大学	王庆山　宋士军
华南师范大学	李东风
辽宁师范大学	邹伟　屈超
南开大学	解景田　刘燕强　刘巍　赵强　杨卓
山东师范大学	艾洪滨
四川大学	周华
中山大学	项辉

中国教育出版传媒集团

高等教育出版社·北京

内容提要

本教材基于"双一流"建设背景下的现代生理学实验教学需求修订，从提高教材的质量和适用性出发，使整体生理学、器官与组织生理学、细胞与分子生理学3个层面的布局更加合理和平衡，实验内容编写更加规范，风格更趋统一。本版教材继续采用纸质教材与数字课程一体化设计的新形态出版形式。纸质教材共10章，设置66个实验项目；配套数字课程主要含有拓展阅读材料及实验操作示范、讲解视频等。其中，实验操作示范力求规范，经编者所在单位长时间教学实践，示教效果良好。本版教材一如既往地坚持系统性、综合性、研究性和先进性原则，注重实验体系层次的设计、实验内容的原创性和可操作性、实验方法的探索研究，以及实验报告中英文撰写训练，尤其重视对学生创新能力的培养，通过增加实验背景知识、科学家科研精神的介绍，"点燃"学生创新意识的火苗。本教材适用于生物科学、生物技术、医学和体育学等不同专业在不同层次的生理学实验教学，也可供相关科研人员参考。

本教材修订获南开大学新时代核心课程建设工程立项。

图书在版编目（CIP）数据

生理学实验／刘燕强，崔庚寅主编．--5版．--北京：高等教育出版社，2024.8
ISBN 978-7-04-058819-4

Ⅰ. ①生… Ⅱ. ①刘… ②崔… Ⅲ. ①生理学－实验－高等学校－教材 Ⅳ. ① Q4-33

中国版本图书馆 CIP 数据核字（2022）第 108961 号

SHENGLIXUE SHIYAN

策划编辑	王 莉	责任编辑	靳 然	封面设计	张申申	责任绘图	杨伟露
责任印制	耿 轩						

出版发行　高等教育出版社	网　　址　http://www.hep.edu.cn
社　　址　北京市西城区德外大街4号	http://www.hep.com.cn
邮政编码　100120	网上订购　http://www.hepmall.com.cn
印　　刷　山东韵杰文化科技有限公司	http://www.hepmall.com
开　　本　787mm×1092mm　1/16	http://www.hepmall.cn
印　　张　18	版　　次　1987年10月第1版
字　　数　450千字	2024年8月第5版
购书热线　010-58581118	印　　次　2024年11月第2次印刷
咨询电话　400-810-0598	定　　价　38.60元

本书如有缺页、倒页、脱页等质量问题，请到所购图书销售部门联系调换
版权所有　侵权必究
物 料 号　58819-00

新形态教材·数字课程（基础版）

生理学实验
（第5版）

主　编　刘燕强　崔庚寅

登录方法：
1. 电脑访问 http://abooks.hep.com.cn/58819，或微信扫描下方二维码，打开新形态教材小程序。
2. 注册并登录，进入"个人中心"。
3. 刮开封底数字课程账号涂层，手动输入20位密码或通过小程序扫描二维码，完成防伪码绑定。
4. 绑定成功后，即可开始本数字课程的学习。

绑定后一年为数字课程使用有效期。如有使用问题，请点击页面下方的"答疑"按钮。

关于我们 ｜ 联系我们　　登录/注册

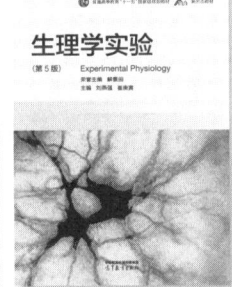

生理学实验（第5版）

刘燕强　崔庚寅

开始学习　　收藏

生理学实验（第5版）数字课程包括前沿性生理学问题和实验技术方法的介绍、部分实验的操作示范视频、部分附录的讲解视频等拓展资源，以方便教师教学与学生自学，提升课程教学效果。

http://abooks.hep.com.cn/58819

数字课程拓展资源目录

拓展阅读 1–1　　记纹鼓的发现和应用
拓展阅读 1–2　　电生理学及其技术发展掠影
拓展阅读 2–1　　任氏液及其发现
拓展阅读 2–2　　神经肌肉兴奋 – 收缩的耦联过程
拓展阅读 2–3　　关于神经干复合动作电位相关实验的若干疑难问题
拓展阅读 2–4　　关于时值与强度 – 时间曲线测定的若干疑难问题
拓展阅读 4–1　　蛙心灌流与第一种神经递质——乙酰胆碱的发现
拓展阅读 4–2　　蛙类心脏活动的神经调节
拓展阅读 5–1　　胸膜腔内压的形成及其生理学意义
拓展阅读 6–1　　小肠平滑肌电活动的描记原理
拓展阅读 6–2　　大鼠胃酸分泌的调节机制
拓展阅读 8–1　　脑电图研究简史
拓展阅读 8–2　　膜片钳实验系统、记录步骤与记录模式
拓展阅读 8–3　　海马脑片制备流程
拓展阅读 8–4　　海马脑区长时程增强现象
拓展阅读 9–1　　基于 Stroop 效应测定影响人体反应时的相关因素
拓展阅读 10–1　离体子宫灌流实验技术要点及其应用
操作示范 2–1　　坐骨神经 – 腓肠肌标本制备
操作示范 2–2　　骨骼肌收缩的观察
操作示范 2–3　　坐骨神经干标本制备与神经干复合动作电位的观察
操作示范 4–1　　蛙类在体心脏实验
操作示范 4–2　　离体蛙心灌流实验
操作示范 4–3　　计滴器与心输出量的测定
操作示范 4–4　　蛙类在体心肌细胞动作电位的测定
操作示范 4–5　　家兔神经血管的分离及降压神经放电的记录
操作示范 4–6　　家兔血压的调节实验
操作示范 6–1　　小肠平滑肌生理特性观察
操作示范 7–1　　家兔尿生成的影响因素
操作示范 8–1　　小鼠海马长时程增强现象的测定
视频讲解　　　　生理信号采集系统有关参数的含义

第5版前言

《生理学实验》自1987年第1版发行以来,已出版4版,一直具有较好的口碑和发行量。其中,第3版入选普通高等教育"十一五"国家级规划教材。但编者团队深知教材依然存在不足,与"双一流"建设背景下的现代生理学实验教学需求还有不小的差距。为进一步提高教材的质量和适用性,我们与出版社协商沟通后,启动了第5版的修订工作。

第5版修订的总体原则是,更加契合新时代生命科学类及其他相关本科专业教育教学的需要,满足不同层次、不同水平,尤其是高校一流课程建设和高水平学生培养的需要;完善纸质教材配套数字课程的新形态出版形式;内容上,使整体生理学、器官与组织生理学、细胞与分子生理学3个层面的布局更加合理和平衡;同时,进一步提高编写质量,规范实验操作,避免科学性错误。

从具体措施和操作层面上,本次修订首先是基于教材传承和发展需要,对编写团队进行了调整:前4版一直担任第一主编的解景田老师,从第5版起出任荣誉主编;南开大学刘巍老师和河北师范大学王艳芹老师作为副主编协助统稿工作,并有力保障两校友好合作主编的《生理学实验》教材可以传承下去;本版还特别邀请了中国生理学会副理事长、北京大学生命科学学院王世强教授参与编写新的实验内容。其次,本次修订在内容上进行了比较大的调整,纸质教材删减了一些目前开设不多的整体、器官与组织生理学实验内容,并新增具新颖性、前瞻性的细胞与分子生理学实验内容,以及撰写英文实验报告的学习内容等,删旧增新后的实验条目与第4版相比略有减少。最后是对本书配套的数字化资源进行了精选和更新,主要包括拓展阅读材料、实验操作示范、讲解视频等,其中实验操作示范力求规范,经编者所在单位长时间教学实践,示教效果良好。

教材从第1版到本次改版,经过了几代生理学实验教学工作者的传承和发展,在此,我们向淡出本版编者名单、但在不同版本中对教材编写做出贡献的前辈们表示衷心的谢意,特别要对为本教材建设、传承和发展做出卓越贡献、分别担任第1版和第2版第二主编的谢申玲和赵静两位老师表示真挚的感谢和崇高的敬意!另外,非常感谢高等教育出版社多年来始终如一的指导和支持。本书每一版的发行都离不开出版社相关领导的支持和相关编辑耐心细致的工作。本版的发行我们要特别感谢王莉编辑在出版全程给予的悉心指导和帮助,以及靳然编辑在编辑加工过程付出的辛勤劳动。另外,我们还要感谢各位编者所在实验室承担实验准备的教师们为我们所做的后勤保障工作。

尽管我们竭尽所能提升本教材的质量,但受技能和精力所限,依然可能存在不尽如人意之处,期盼使用本教材的读者给予批评指正,以使我们的教材渐臻完善!

荣誉主编 解景田

主　　编 刘燕强　崔庚寅

2023 年春

第1—4版前言

目 录

第一章 总论 ·· 1

第一节　生理学实验课的目的、要求与规则 ·· 1
第二节　动物的外科手术 ··· 2
第三节　生理学实验常用仪器和用品 ·· 17
第四节　探索性实验设计和实验方法研究 ·· 26
第五节　中英文实验报告的撰写 ·· 32

第二章 神经与肌肉 ··· 43

实验 2-1　坐骨神经 – 腓肠肌标本和腓肠肌标本制备 ▶ ·· 43
实验 2-2　骨骼肌收缩特性和收缩形式的观测 ▶ ·· 47
实验 2-3　神经干复合动作电位及其传导速度和兴奋不应期的测定 ▶ ························· 50
实验 2-4　时值与强度 – 时间曲线的测定 ·· 54
实验 2-5　坐骨神经 – 缝匠肌标本的制备及终板电位的测定 ····································· 57
实验 2-6　骨骼肌纤维动作电位的测定 ··· 61
实验 2-7　骨骼肌电兴奋与收缩的时相关系 ··· 63
实验 2-8　人体肌电图观察 ··· 65
实验 2-9　大鼠骨骼肌超微结构的电子显微镜观察 ·· 68

第三章 血液 ·· 73

实验 3-1　血细胞的计数 ·· 73
实验 3-2　血液红细胞相关物理常数和血红蛋白的测定 ··· 76
实验 3-3　利用染料稀释法测定血容量 ··· 81
实验 3-4　出血时间、凝血时间及血液凝固的观测 ·· 82
实验 3-5　血型鉴定与配血试验 ·· 85

第四章 循环 ... 89

- 实验 4-1　蛙类心脏收缩与电兴奋的关系及期外收缩与代偿间歇的观测 ▶ ... 89
- 实验 4-2　蛙类斯氏或八木氏离体心脏灌流 ▶ ... 93
- 实验 4-3　离体蛙心灌流计滴器的设计及节律性收缩与搏出量影响因素 ▶ ... 98
- 实验 4-4　神经对蛙类心脏活动的调节 ... 102
- 实验 4-5　蛙类在体心肌细胞动作电位的测定 ▶ ... 105
- 实验 4-6　豚鼠离体心肌细胞动作电位的测定 ... 108
- 实验 4-7　蛙类微循环血流观测 ... 110
- 实验 4-8　家兔颈部手术及降压神经放电的引导 ▶ ... 113
- 实验 4-9　家兔动脉血压的神经和体液调节 ▶ ... 116
- 实验 4-10　家兔颈动脉窦压力感受器反射观测 ... 122
- 实验 4-11　家兔中心静脉压的测定 ... 124
- 实验 4-12　人体动脉血压的测定及其影响因素 ... 126
- 实验 4-13　人体心音听诊和心电图描记 ... 130
- 实验 4-14　肾上腺素受体通路对心肌细胞钙信号和收缩活动的调节 ... 135
- 实验 4-15　体液因素对家兔离体心脏自动节律性活动的影响 ... 140
- 实验 4-16　几种实验动物的心电图描记 ... 142

第五章 呼吸与代谢 ... 146

- 实验 5-1　人体呼吸运动和通气量的测量 ... 146
- 实验 5-2　家兔呼吸运动和胸膜腔内压的影响因素 ... 150
- 实验 5-3　家兔膈神经放电及影响因素 ... 154
- 实验 5-4　小鼠耗氧量的测定 ... 157

第六章 消化 ... 159

- 实验 6-1　神经系统对消化管运动的调节 ... 159
- 实验 6-2　离体肠段平滑肌的自动节律性活动和影响因素 ▶ ... 160
- 实验 6-3　家兔在体小肠平滑肌电活动的描记 ... 163
- 实验 6-4　家兔不同小肠段平滑肌电活动的比较 ... 165
- 实验 6-5　大鼠胃酸分泌的调节 ... 168
- 实验 6-6　家禽消化管慢性实验手术及假饲实验 ... 170

第七章 渗透平衡与泌尿 ... 175

- 实验 7-1　家兔尿生成的影响因素及与血压的关系 ▶ ... 175

实验 7-2　跨上皮离子主动转运电流的测量 ·· 178

第八章　中枢神经 ··· 181

　　实验 8-1　反射时、反射弧和脊髓反射抑制的测试 ··· 181
　　实验 8-2　脊神经背根与腹根的机能 ·· 183
　　实验 8-3　小鼠自发活动和探索行为的观测 ·· 185
　　实验 8-4　家鸽去大脑和小脑的后果观察 ·· 188
　　实验 8-5　家兔大脑皮层运动区的刺激效应及去大脑僵直的观察 ····································· 189
　　实验 8-6　避暗法测定小鼠短时记忆能力及其影响因素 ··· 191
　　实验 8-7　莫里斯水迷宫测试大鼠或小鼠记忆能力 ··· 193
　　实验 8-8　小鼠电防御条件反射的建立、分化与消退 ··· 196
　　实验 8-9　家兔脑立体定位及下丘脑乳头体对心电和血压的影响 ····································· 198
　　实验 8-10　大鼠脑电图和皮层诱发电位的引导 ··· 202
　　实验 8-11　家兔大脑皮层诱发电位的引导 ··· 204
　　实验 8-12　人体脑电图描记 ·· 206
　　实验 8-13　膜片钳技术的细胞封接及神经细胞膜电流信号采集 ······································· 209
　　实验 8-14　膜片钳技术记录海马脑片神经细胞通道电流 ··· 213
　　实验 8-15　小鼠海马长时程增强现象的测定 ··· 217

第九章　感觉器官 ··· 223

　　实验 9-1　人体反应时的测定 ·· 223
　　实验 9-2　视觉调节反射与瞳孔对光反射 ·· 225
　　实验 9-3　视觉相关物理参数的测定 ·· 226
　　实验 9-4　声波传入内耳的途径 ·· 230
　　实验 9-5　人体眼球震颤的观察 ·· 231

第十章　内分泌与生殖 ··· 234

　　实验 10-1　犬甲状旁腺摘除的机能反应观测 ··· 234
　　实验 10-2　切除卵巢及注射雌激素对大鼠动情周期的影响 ··· 236
　　实验 10-3　离体子宫灌流 ·· 239
　　实验 10-4　妊娠检验 ·· 241

附录 ·· 245

　　附录 1　生理信号采集系统有关参数的含义 ··· 245

附录2 常用生理溶液的配制 ……………………………………………………… 246
附录3 实验动物及其主要生理学数据 …………………………………………… 247
附录4 实验数据的处理及统计 …………………………………………………… 257
附录5 生理学图表的绘制 ………………………………………………………… 264
附录6 常用计量单位 ……………………………………………………………… 268
附录7 神经系统结构及相关功能概观 …………………………………………… 268

名词索引 ……………………………………………………………………………… 273

第一章 总论

第一节 生理学实验课的目的、要求与规则

一、生理学实验课的重要性

生理学(physiology)是一门实验性的独立学科。从1628年英国医生W. Harvey的《心血运动论》一书的问世开始,生理学便成为一门独立的学科。这样,1895年诺贝尔奖(Nobel Prize)设立之时,才可能有生理学或医学奖项。可见,生理学是一门古老而相当重要的学科,与医学、物理学、化学等重要学科并列于诺贝尔奖项中。

生理学是建立在实验和观察基础上的整体性学科,生理学实验(physiological experiment)就是生理学理论知识的依据与来源。因此,生理学的创立和发展离不开生理学实验。生理学实验课的重要性在于学习生理学实验方法及科学的整合思维方法,有助于提高学生的实验能力、分析综合能力、创新能力和科学素养。本课程是医学和生命科学相关专业学生的基础课、必修课之一。对于其他专业学生,选学生理学实验课,将对个人科学素养和整体观念的提高十分有益。近年来,生命科学的深入发展、分子生物学及遗传学的突破性进展,进一步证明了整体生理学及其实验的重要性。任何体外生命现象的新发现、新成果,最终都必须在整体生命机体中加以验证。否则,单纯试管、培养皿里的理念既没有实际意义,也难以得到公认。

二、生理学实验课的目的

通过生理学实验课的学习,学生可逐步掌握生理学实验的基本方法和基本技术,了解生理学实验设计的基本原则,进而掌握获取生理学知识的技能,提高对实验中各种生理现象的观察、分析、整合能力,以及独立思考和解决问题的能力,同时培养学生的创新意识、科学素养与科研能力,培养学生科学的思维方法、实事求是的科学态度和严谨的学风。通过撰写中文实验报告及英文实验论文,学生能够提高分析、归纳问题的能力及中英文表达能力。

三、生理学实验课的要求

提高实验课的教学质量,需要师生共同努力。因此,实验课的要求包括对教师和学生两个方面。

1. 实验前

指导教师应集体备课,做到对实验方法、内容及容易出现的问题有充分的了解和认识(可参阅崔庚寅、解景田主编《生理学实验释疑解难》,该书由多所高校的资深生理学教师合作编写,包括许多实验中难点的解决、实验成功的关键点等)。生理学实验是在具有生命活性的机体上进行的,实验结果易受多方面因素的制约和影响,实验前进行集体备课是保证实验顺利完成的基本条件。教师在备课中,应明确实验目的要求、统一实验方法步骤、统一实验项目和实验内容,同时要求教师操作熟练。

学生必须认真预习实验教材,了解实验目的要求、实验设计原理、简要的操作步骤和注意事项,还应复习与本实验有关的理论部分,以提高实验的目的性和主动性,达到进一步巩固有关理论知识的效果。

2. 实验中

教师传授知识要耐心细致,对学生负责。要求学生必须掌握的生理学实验方法和基本操作技术一定要教会、一丝不苟,逐步提高学生的多项能力与综合素质。同时,鼓励学生与指导教师自由交换意见,注意引导学生深入思考、增强探索与创新意识。

学生应认真听教师讲课,按教师要求进行各项实验操作。仔细观察、认真记录实验中出现的各种生理现象,并对引起生理现象的原因、意义多加思考和分析。同时,请注意以下事项:

(1) 实验用器材、物品要摆放整齐,便于操作,实验桌上不得放置与实验无关的物品;

(2) 实验操作时,注意保持实验桌面的清洁卫生,随时清除污物;

(3) 爱护实验仪器和实验动物,注意节约实验材料。不经教师许可,不得动用他人或他组的仪器用品,公用物品在使用完后应放回原处,以免影响他人使用;

(4) 遵守实验室规则。保持实验室安静,不得大声喧哗,以免影响他人实验;

(5) 实验结束前请教师审查实验结果,如有错误,及时补救。未经教师许可,学生不得擅自终止实验或离开实验室。

3. 实验后

学生应将实验用具整理就绪,放回原处。所用手术器械、手术桌和其他手术用品擦洗干净,仪器用干布擦净。实验用具如有破损或缺少,应及时报告指导教师。

实验动物应按教师要求妥善处理,不可自行处理,不能将未处死的动物(尤其是鼠类)随手丢弃。实验后,做好实验室的清洁卫生工作,关闭水源、电源,经教师允许后方可离开实验室。

实验结束后,应及时整理实验记录,按教师要求撰写实验报告并交给教师批阅。

教师应认真批改实验报告,如发现不合要求的应指明问题,退回重写。

(解景田)

第二节 动物的外科手术

生理学实验主要是以活的整体动物或人体作为观察对象和实验材料。在动物实验中,动物外科手术(animal surgery)对生理学实验的成功起着至关重要的作用。在实验过程中,学生应着重学习、掌握这些操作技术,以提高自己的动手能力,掌握外科手术的操作技巧和能力。

生理学实验方法虽然多种多样,但一般可分为离体实验法和在体实验法两类。离体实验法是将要研究的器官或组织从麻醉状态下或刚处死的动物体上取出,置于接近正常生理条件的人工环境中,以观察、研究其生理功能,如生理学实验常用的离体心脏灌流、离体肠段活动观察及坐骨神经－腓肠肌标本实验等。在体实验法则是在整体状态下的生理实验,一般可分为急性实验和慢性实验两种。

急性实验(acute experiment)是指动物在麻醉或毁坏脑(或脊髓)的状态下,用手术的方法暴露某一器官,便于观察、研究其机能及变化规律,如在体心脏活动的观察、肾泌尿机能的研究等。急性实验只能在一定时间内进行观察研究,而且实验后动物不能存活。

慢性实验(chronic experiment)即在特定条件下,以完整而清醒的动物为实验对象的,可以在较长时间内,连续地反复观察动物的某一生理机能。此法常需要先在动物体上施行某种无菌外科手术,如胃肠道瘘管术,或在机体的一定部位埋藏电极、切除某一器官等,须待动物恢复健康后方可进行实验。这种实验花费时间较长,动物需要特殊护理,在基础生理学实验中较少安排,但在研究工作中却十分常见,而且越来越重要了。

一、手术器械及其用途

(一) 常用手术器械

根据生理学实验需要,常用外科手术器械包括手术刀、手术剪、手术镊、金冠剪、剪毛剪、眼科剪、眼科镊、毁髓针及玻璃分针等(图 1-2-1)。

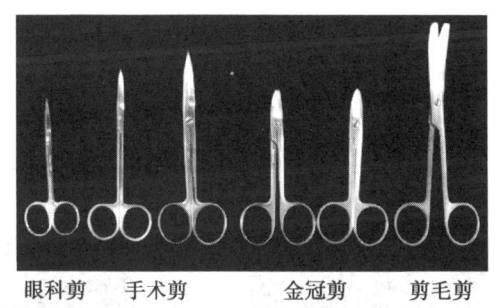

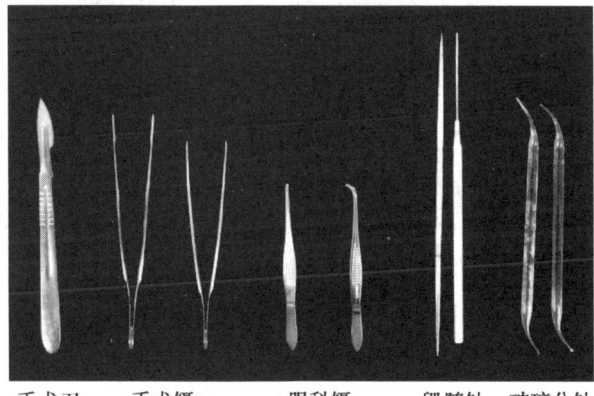

图 1-2-1 常用手术器械

1. 手术刀

手术刀（scalpel）主要用于切开皮肤或脏器。常用手术刀为刀柄和刀片组合式，也有刀柄和刀片相连的。根据手术的部位与性质，可以选用大小、形状不同的手术刀片。在动物的外科手术中，常用的执刀姿势有4种：

（1）执弓式　这是一种常用的执刀方法，动作范围广而灵活，用于腹部、颈部或股部的皮肤切口（图1-2-2）。

（2）执笔式　此法用力轻柔而操作精巧，用于切割短小而精确的切口，如解剖神经、血管，做腹膜小切口等。

（3）握持式　此法常用于切割范围较广、用力较大的切口，如切开较长的皮肤、截肢等。

（4）反挑式　此法常用于向上挑开组织，以免损伤深部组织。

2. 手术剪

手术剪（surgical scissor）主要用于剪开、分离皮肤或肌肉等粗软组织，此外也可用来分离组织，即利用剪刀的尖端，插入组织间隙，分离无大血管的结缔组织等。手术剪分尖头剪和钝头剪，其尖端还有直、弯之别。生理学实验的外科手术中常习惯用弯型手术剪剪毛。另外，还有一种小型手术剪，称眼科剪，主要用于剪血管或神经等柔软组织。眼科剪也有直头与弯头之分。正确的执剪姿势如图1-2-3所示，即用拇指与环指（即无名指）持剪，示指（即食指）置于手术剪的上方。

3. 手术镊

手术镊（surgical forcep）主要用于夹持或牵拉切口处的皮肤或肌肉组织。眼科镊用于夹持细软组织。手术镊有圆头、尖头两种，又有直头和弯头、有齿和无齿之别，而且长短不一、大小不等，可根据外科手术需要选用。通常，有齿镊主要用于夹持较坚韧或较厚的组织，如皮肤、筋膜、肌腱等；无齿镊主要用于夹持较细软的组织，如血管、黏膜等。正确的执镊姿势如图1-2-4所示，类似于执笔式，较为灵活方便。

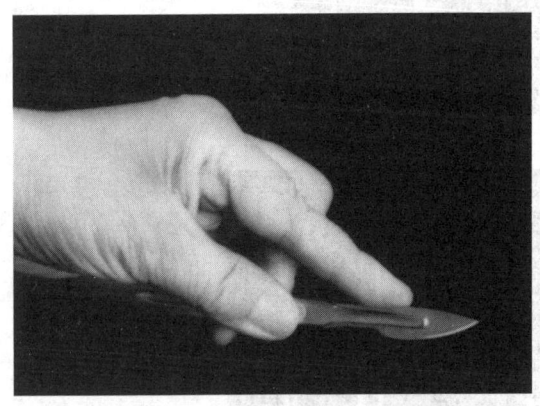

图1-2-2　执刀姿势（执弓式）

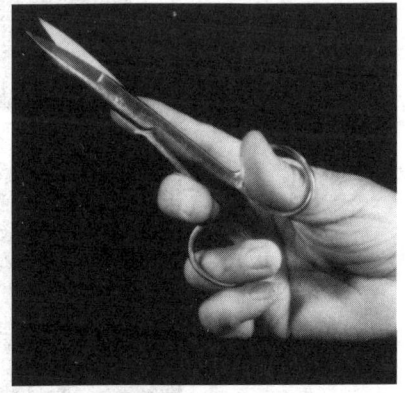

图1-2-3　执剪姿势

4. 金冠剪

金冠剪在外科手术中并不常见，但在生理学实验中却十分常用。金冠剪尖端粗短，易于着力，可用于剪开皮肤、内脏、肌肉、骨骼及绳线等。执剪姿势同一般手术剪。

5. 毁髓针

毁髓针是生理学实验中常用的手术器械,是专门用来毁坏蛙类脑和脊髓的特有器材,分为针柄和针部,持针姿势一般采用执笔式(图1-2-5)。

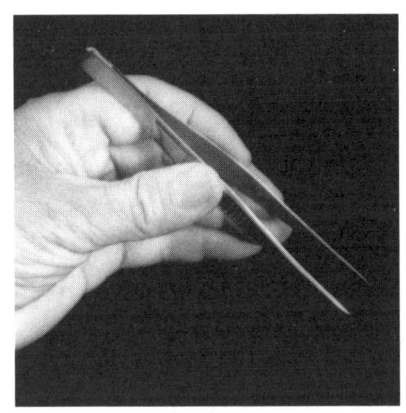

图1-2-4　执镊姿势

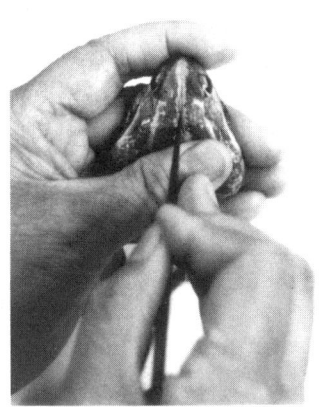

图1-2-5　持毁髓针姿势

6. 玻璃分针

玻璃分针也是生理学实验中特有的手术器材,是专用于分离神经与血管的特有工具。其尖端圆滑,直头或弯头,分离时不易损伤神经与血管。玻璃分针尖端容易碰断,使用时要小心,如尖端断裂时会损伤组织,不可再使用。持玻璃分针的姿势同执笔式。

(二) 其他手术器械

常用于哺乳动物生理学实验的其他手术器械见图1-2-6。

1. 止血钳

止血钳(hemostat)的主要作用是分离组织和止血,不同类型的止血钳又有不同的用途。使用止血钳的方法和姿势与执剪刀的姿势完全相同(图1-2-7)。常用止血钳有以下3种。

(1) 直止血钳　此类止血钳分长短两种类型,又有有齿和无齿之别。无齿止血钳主要用于夹住浅层出血点,以便止血,也可用于浅部的组织分离。有齿止血钳主要用于强韧组织的止血、提起皮肤等。

(2) 弯止血钳　此类止血钳与直止血钳大同小异,也分长短两种,主要用于深部组织或内脏出血点的止血。

(3) 蚊式止血钳(蚊嘴钳)　此类止血钳头端细小,又称小止血钳,适用于细嫩组织的止血和分离,不宜钳夹大块或坚硬的组织。

2. 持针器

持针器(surgeon's needle holder)主要用于夹持缝针,以缝合组织。持针器的头端较短,口内有槽。使用时,用持针器的尖端夹持缝针近尾端1/3处(图1-2-8)。

3. 咬骨钳

咬骨钳(rongeur)主要用于咬切骨组织,如打开颅腔或骨髓腔等。咬骨钳有剪刀式和小蝶式及双关节咬骨钳之分,前者适用于剪开骨片,后者适用于咬断骨组织。

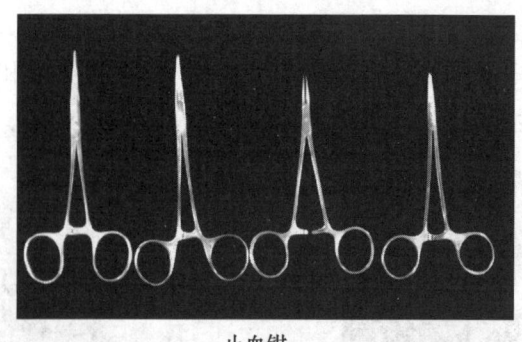

止血钳

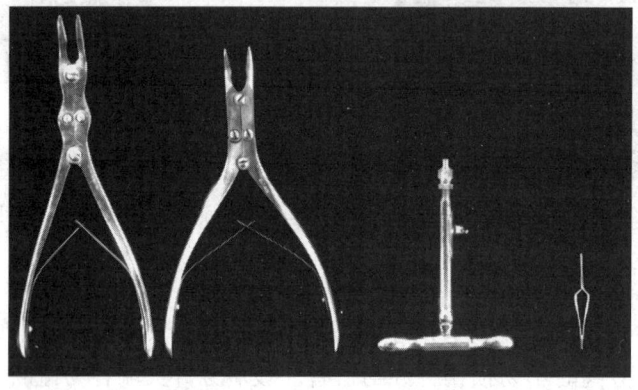

咬骨钳　　　颅骨钻　　　动脉夹

图 1-2-6　哺乳动物用手术器械

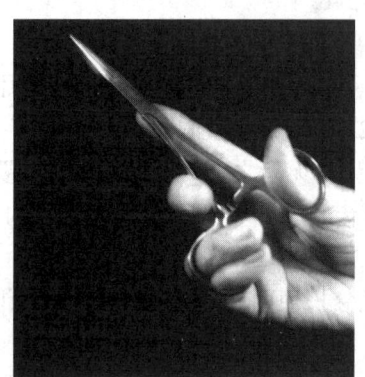

图 1-2-7　执止血钳姿势

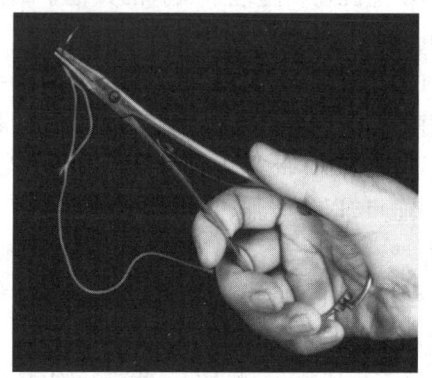

图 1-2-8　执持针器姿势

4. 颅骨钻

颅骨钻有多种类型，主要用于开颅时钻孔。

5. 缝针

缝针（needle）用于缝合各种组织。缝针有圆针和三棱针两种，又有直型和弯型之别，而且其大小不一、种类繁多。一般而言，圆针多用于缝合软组织，三棱针用于穿皮固定缝合，弯针用于缝合深部组织。

6. 动脉夹

动脉夹主要用于短期阻断动脉血流,如动脉插管时使用。

二、动物外科技术

1. 动物的选择

生理学实验常用的实验动物有多种,如犬、猫、兔、大鼠、小鼠、豚鼠、鸽、鸭、蛙或蟾蜍(出于动物保护,野生蟾蜍和青蛙应停止应用于实验教学,尽量选用牛蛙替代)等。无论选用哪种动物,均需健康无病,且获得相关许可。一般来说,健康的哺乳动物毛色有光泽、两眼明亮、眼和鼻无分泌物、鼻端潮而凉、反应灵活、食欲良好。健康的蛙皮肤湿润、喜爱活动,静止时后肢蹲坐、前肢支撑、头部和躯干挺起等。

动物种类的选择需根据实验内容而定,使其解剖和生理特点适于实验的要求。例如,研究降压神经(即主动脉神经)传入冲动的作用时,常选用兔作为实验对象,因为兔的降压神经在颈部自成一束,与迷走神经伴行,易于寻找和分离;观察心脏传导组织的电活动时,常选用犬的浦肯野纤维及兔的窦房结作为实验材料,因为犬的浦肯野纤维在心室内较为粗大,很容易解剖分离。在生理学研究中,特别是基础理论研究中,合理选择实验动物,常常是实验成败的关键,但并非越是高等动物越好。在选择实验动物时,应根据实验需要,遵照相关规定,因地制宜地加以考虑。

2. 动物的麻醉

在慢性实验或急性在体实验中,施行手术之前必须将动物麻醉(anesthesia)。麻醉可使动物在手术或实验过程中减少疼痛、保持安静,保证实验的顺利进行。麻醉剂的种类繁多,作用原理也不尽相同。除了麻痹中枢神经系统以外,还会引起其他生理机能的变化,因此在应用时需根据动物的种类及实验或手术的性质慎重加以选择。麻醉必须适度,过深或过浅均会给手术或实验带来不良影响。麻醉的深浅可从呼吸、某些反射的消失、肌肉的紧张程度和瞳孔的大小加以判断。人们常用刺激角膜以观察角膜反射、夹捏后肢股部肌肉等简易方法了解动物的麻醉深度。适度的麻醉状态是呼吸深慢而平稳、角膜反射与运动反应消失、肌肉松弛。

(1) 常用麻醉剂的种类及用法 麻醉剂可分为局部麻醉剂和全身麻醉剂两种。局部麻醉剂,如 5~100 g/L 盐酸普鲁卡因或 20 g/L 盐酸可卡因等,用作皮肤或黏膜表面麻醉。在生理学实验中,多采用全身麻醉剂,如挥发性的乙醚、氟烷和非挥发性的巴比妥类、氨基甲酸乙酯等,以下分别加以介绍。

乙醚(ether)是一种呼吸性麻醉剂,适用于各种实验动物。在用乙醚麻醉猫、兔或鼠类时,可将动物放在特制的玻璃钟罩内,同时放入浸有乙醚的脱脂棉,动物在吸入后 15~20 min 开始发挥作用。在麻醉犬时,可用特制的麻醉口罩套在动物嘴上,慢慢将乙醚滴在口罩上进行麻醉。麻醉时须注意动物的保定,以免伤及实验者。

乙醚具有刺激呼吸道黏液分泌的作用,为防止呼吸道堵塞,可用硫酸阿托品(0.1~0.3 mg/kg 体重)皮下或肌肉注射。

乙醚麻醉有易于掌握、比较安全和作用时间短等优点,但麻醉后也容易苏醒,需要专人管理麻醉,以防止早苏醒或麻醉过量。

戊巴比妥钠(pentobarbital sodium)适用于各类实验动物。常配制成 50 g/L 的水溶液。一般由静脉或腹腔注射。戊巴比妥钠发挥作用较快，一次给药的麻醉有效时间为 2～4 h，不需要特殊护理。如在实验中需要补充注射，可再由静脉注射 1/5 剂量，仍可维持 1～2 h。但应注意，使用戊巴比妥钠麻醉动物时，若发生麻醉过量可能会使动物产生严重的呼吸和循环抑制而导致死亡。

硫喷妥钠(pentothal sodium)为淡黄色粉末，水溶液不稳定，一般需在使用前配制，常用质量浓度为 25～50 g/L，静脉注射，不宜做皮下或肌肉注射。静脉注射后作用较快，但苏醒也快，麻醉时间较短，一般约 1.5 h。实验过程中可重复注射，以维持麻醉的深度。

氨基甲酸乙酯(ethyl carbamate)又称乌拉坦或脲酯，易溶于水，常用质量浓度为 200～250 g/L，适用于麻醉多数动物，如犬、猫、兔等，多用静脉或腹腔注射，鸟类多用肌肉注射，蛙类用皮下淋巴囊注射。

氯醛糖(chloralose)溶解度较小，常用质量浓度为 10 g/L，使用前须加热促其溶解，但不可煮沸。常采用静脉或腹腔注射，可维持麻醉状态 3～4 h。与氨基甲酸乙酯合并常用于电生理学实验中。非挥发性麻醉剂使用简便，维持时间较长，实验中无须专人照管，麻醉深度也较易掌握，因此为大多数实验室采用。其缺点是苏醒缓慢。

常用麻醉剂的剂量和用法见表 1-2-1。

表 1-2-1 动物常用麻醉剂的剂量和用法

麻醉剂	动物种类	给药途径	药物质量浓度/(g·L^{-1})	剂量/(mg·kg^{-1}体重)	维持时间/h	备注
乙醚	各种动物	气管吸入		适量	较短	乙醚对呼吸道有刺激作用，可用阿托品皮下或肌肉注射预防
戊巴比妥钠	犬、猫、兔	静脉	30	30	2～4	麻醉较平稳，麻醉过量时，可用咖啡因、苯丙胺解救
	犬、猫、兔	腹腔		35		
	鼠类	腹腔		40		
	鸟类	肌肉		50～100		
硫喷妥钠	犬、猫	静脉	25～50	15～25	0.5～1.5	溶液不稳定，需使用前配制。刺激性较大，不宜做皮下或肌肉注射。静脉注射对心血管及内脏损害较小，注射宜慢，以免麻醉过深
	兔	静脉		10～20		
氨基甲酸乙酯	犬、猫、兔	静脉	200～250	1 000	2～4	易溶于水，对器官功能影响较小
	犬、猫、兔	腹腔		1 000		
	鼠类	腹腔		1 000		
	鸟类	肌肉		1 250		
	蛙类	皮下淋巴囊		2 000		
氯醛糖	犬、兔	静脉	10	60～80	3～4	溶解度较低，可加温助溶，但不可煮沸。对呼吸及血管运动中枢影响较小
	猫	腹腔		60～80		
	鼠类	腹腔		80～100		
苯巴比妥钠	犬、猫、兔	静脉	100	80～100	24～72	麻醉诱导期较长，深度不易控制。不宜做血压实验。麻醉过量可用苯丙胺、四氯五甲烷解救
	犬、猫、兔	腹腔		100～150		
	鸽	肌肉		300		

(2) 麻醉剂的给药途径及方法　非挥发性麻醉剂的给药途径为注射给药法，主要有静脉、腹腔、肌肉、皮下和淋巴囊注射，分述如下。

① 静脉注射　常用静脉注射麻醉犬、兔。犬在麻醉前必须妥善保定，以防伤人。保定的方法多为捆绑犬的口鼻部，称"三结保定法"，即用粗棉带从下颌绕到上颌打一结，然后绕向下颌再打一结，再将棉带引至头后，在颈部背面打第三结，最后再打一活结（图1-2-9）。另外，也可用特制的长柄大铁钳将犬颈部钳住，钳夹后将钳头固定于墙角或地面，此时其头部不能自由活动，但不影响呼吸。犬最常用于注射和采血的静脉，为前肢内侧的头静脉和小腿外侧的小隐静脉，注射前需在注射部位剪毛，用手握压静脉向心端处，使血管充血膨胀，将注射针头顺血管方向先刺入血管旁的皮下，然后再刺入血管，此时可见回血。注射者一手固定针头，另一手缓缓进行推注（图1-2-10）。

图1-2-9　犬口鼻部的捆绑方法

图1-2-10　犬后肢小隐静脉注射法

兔的静脉注射常用部位为耳缘静脉。兔耳的外缘血管为静脉，中央血管为动脉。注射前最好将动物放入兔体固定箱内，使兔头露于箱外，以防注射时挣扎。先除去注射部位的被毛，用左手示指（食指）和中指夹住耳缘静脉近心端，使其充血（亦可用动脉夹夹闭该静脉），并用左手拇指和环指（无名指）固定兔耳。用右手持注射器将针头顺血管方向刺入静脉（图1-2-11），刺入后再将左手示指和中指移至针头处，协同拇指将针头固定于静脉内，便可缓缓注射。如注射阻力过大或局部肿胀，说明针头尚未刺入血管或穿出血管，此时应拔出针头重新刺入。首次注射应从静脉的远心端开始，逐渐移向近心端，进行反复多次注射。

② 腹腔注射　常用腹腔注射麻醉猫和鼠类，犬、兔、鸽、蛙类也可采用。在进行猫的腹腔注射时，要紧紧抓住其颈后皮肤皱襞，迅速将注射针头刺入腹腔，注射完毕后立即退出针头。猫易发怒，牙、爪均可严重伤人。为安全计，最好将猫放入布制口袋内，封口后进行注射，其方法简易而安全，也不难掌握。

在腹腔注射麻醉鼠类时，也需注意安全。对小鼠可采用手持法进行注射（图1-2-12），可用左手小指和环指将鼠尾夹住，迅速用其他三指抓住鼠耳及颈部皮肤，使其腹部朝上，右手将注射针头刺入下腹部腹白线稍外侧处，注射针与皮肤面约呈45°角，若针尖通过腹肌后抵抗消失，应保持针头不动，轻轻注入麻醉剂。腹腔注射应防止把针头刺入肠、肝、膀胱等内脏。因此，针头刺

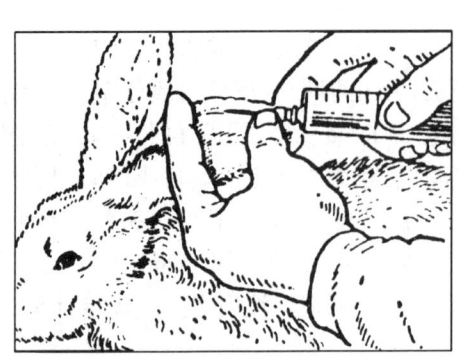
图 1-2-11 兔耳静脉注射法

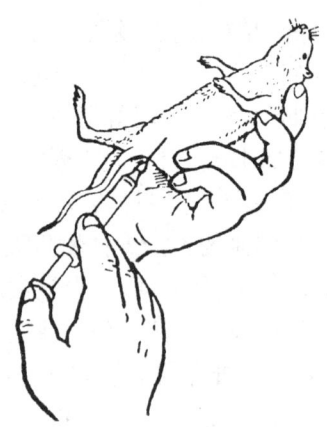
图 1-2-12 小鼠腹腔注射法

入后须轻轻回抽,如无肠内容物、尿液或血液被抽出,表明针头未刺入内脏。

③ 肌肉注射 常用肌肉注射麻醉鸟类,注射部位多为胸肌或腓肠肌等肌肉较发达的部位。猴、犬、猫、兔多选用两侧臀部或股部进行肌肉注射。固定动物后,右手持注射器,使之与肌肉呈 60° 角,一次刺入肌肉。注射完毕后用手轻轻按摩注射部位,帮助药液吸收。

④ 皮下注射 此法在注射麻醉中并不常用。小鼠的皮下注射通常在背部皮下,可将皮肤拉起,将注射针刺入皮下。针头轻轻向左右摇摆,容易摆动则表明已刺入皮下,然后注射药物。拔针时,可以用手指轻捏注射部位,以防药液外漏。对大鼠、豚鼠、兔、猫等可选用背部、大腿内侧或臀部等皮下脂肪较少的部位进行皮下注射。鸽通常选用翼下部位注射。

⑤ 淋巴囊注射 麻醉蛙或蟾蜍时常用淋巴囊注射。由于蛙类皮肤较薄、弹性较差,抽针后药液易自注射处外流,故采用胸部淋巴囊注射为宜。方法是将针头刺入口腔黏膜,通过下颌肌层入皮下淋巴囊(图 1-2-13)再行注射。一只动物一次可注射 0.1~0.25 mL 溶液。

(3) 麻醉过量的处理 麻醉过量在动物手术过程中时有发生。麻醉过量时,可按麻醉剂的不同及过量的程度,采取不同处理方法。

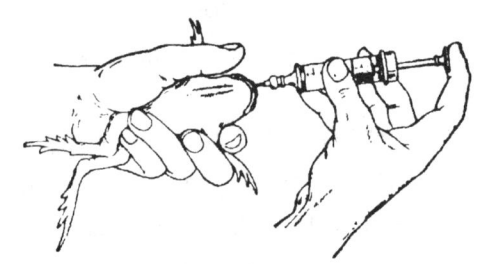
图 1-2-13 蛙类淋巴囊注射法

如动物呼吸极慢而不规则,但血压和心搏仍正常,可使用小动物人工呼吸机施行人工呼吸,并注射苏醒剂;若动物呼吸停止、血压下降,但心搏仍可摸到,应迅速施行人工呼吸,同时注射 50% 温热葡萄糖溶液 5~19 mL,并给肾上腺素及苏醒剂;若动物呼吸停止、心搏极弱或刚停止,应使用 5% CO_2 和 60% O_2 的混合气体进行人工呼吸,同时注射温热葡萄糖溶液、肾上腺素和苏醒剂,必要时可打开胸腔直接按摩心脏。常用的苏醒剂有咖啡因、苯丙胺、印防己毒素和可拉明(或称尼可刹米)等。

3. 动物的固定

在施行动物外科手术过程中,必须将麻醉动物稳妥地加以固定,以限制动物的活动,保证实验或手术的顺利进行。一般使用各种动物的头夹和固定绑带将动物固定于手术台上,但随手术部位和实验内容的差别,动物的固定方法也不相同。生理学实验中最常使用的动物固定方法有两种：背位(仰卧位)固定法和腹位(俯卧位)固定法，其中关键性的固定部位是头部和四肢。

(1) 背位(仰卧位)固定法　所谓背位固定法是动物的背部直接接触手术台，使动物呈现仰卧位的固定方法，因此又称仰卧位固定法。在呼吸、循环、消化及泌尿等实验中均采用此法。各类哺乳动物(兔、犬、猫等)的背位固定法大同小异，现以兔为例加以说明，其他动物可以举一反三。

① 头部的固定　头部的固定通常使用动物头部固定夹(图 1-2-14)，有兔头夹、猫头夹和犬头夹之分。使用兔头夹时，可将相应的头夹固定于手术台前端的直棒上，然后将已麻醉的动物背位置于手术台上，兔头的固定是将兔头夹的半圆铁圈由背部夹持于动物的颈部，然后将金属制圆铁圈适度地套紧兔嘴，旋紧螺丝，加以固定(图 1-2-15)。但需注意，不可过分压迫动物鼻部，以免影响呼吸。犬头夹为一较大的圆铁圈，内上部有一直铁棒，其上有一半圆铁圈，均可上下移动，固定时把犬舌拉出，将犬的嘴鼻部插入圆铁圈内、半圆铁圈的下方，再将直铁棒插入上下颌之间、犬齿之后，加以固定，然后旋动螺旋，将半圆铁圈下移，适度地压在动物的鼻梁上。若无动物头夹，也可取线绳代替，用线绳压紧动物的上颌、固定于手术台上，此法简便易行，也可达到固定动物头部的目的。

② 四肢的固定　在头部固定之后，即可固定四肢，四肢用绑带(或四肢夹)固定。先将绑带按图 1-2-15 的方法打活结，再套进动物的前肢腕关节和后肢踝关节，将绑带收紧，后肢的绑带可直接拉紧分别扎于手术台两侧的木钩上。除特殊要求外，前肢的固定方法应为：将两前肢平放在胸部的两侧，再把捆绑前肢的两条绑带从动物背部交叉穿过，并压在对侧前肢的前臂上，最后拉紧绑带，固定于手术台两侧的木钩上，这样即将动物稳妥地固定于手术台上。

(2) 腹位(俯卧位)固定法　所谓腹位固定法是动物的腹部直接接触手术台，使动物呈现俯卧位的固定方法，因此又称俯卧位固定法。这种固定法适用于脑、脊髓的外科手术。兔、猫的头部常用马蹄形头部固定器加以固定(图 1-2-16)。其方法是在两侧眼眶下部剪去一小块毛皮，暴

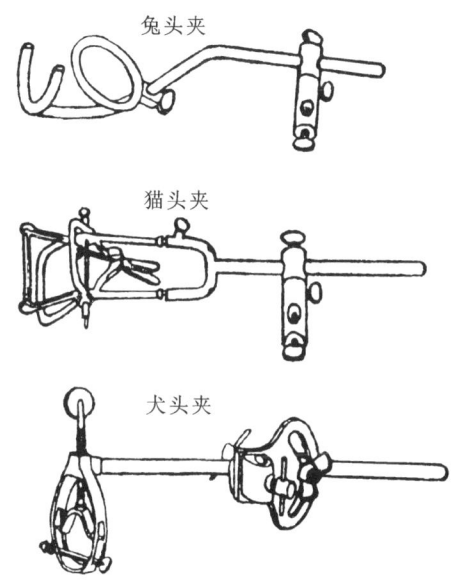

图 1-2-14　哺乳动物头部固定夹

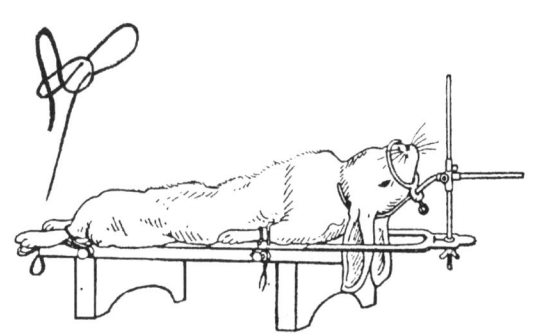

图 1-2-15　家兔背位固定法

露颧骨突,用带 1 mm 钻头的骨钻打一个孔,将固定器两侧的尖头金属棒紧紧嵌入小孔内,加以固定,再调节固定器中间的金属棒高度,使其尖端紧嵌在两门齿缝之间,旋紧螺旋固定。如果需要头部上仰,可提高固定器前端的垂直铁柱;如需头部下俯,可将该铁柱放低。

动物四肢的固定同前,用绑带缚紧后直接拉紧固定于手术台两侧的木钩上(或直接用手术台两侧的四肢固定夹夹住),前肢的绑带可不进行交叉。

(3) 蛙类固定法 蛙和蟾蜍的固定法也分背位和腹位两种。规范的固定方法是使用蛙腿夹和蛙板,方法较简单。将蛙腿夹套在蛙四肢的腕关节和踝关节处,拉紧四肢插入蛙板上的小孔内即可(图 1-2-17)。如无这些器材,可用大头针将其四肢直接钉在木板上。蛙类头部活动不大,一般不做特殊固定。蛙类双毁髓后周身瘫软,无须固定。

图 1-2-16 马蹄形头部固定器

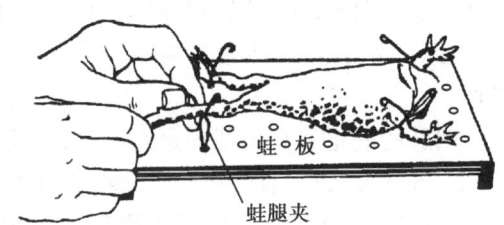

图 1-2-17 蛙类固定法

4. 动物外科手术的基本操作技术

(1) 手术切口与止血 在哺乳动物体上行皮肤切口之前,需将切口部位及其周围的毛剪去。剪毛应使用剪毛剪,持剪方法同一般手术剪。剪毛时,应将剪毛剪的凸面贴近皮肤,依次剪毛,切忌提起毛皮剪毛,以免剪及皮肤。剪下的毛应放入污物缸内,以免毛到处飞扬、污染环境(也可用湿的卫生纸擦去浮毛)。做切口前,应注意切口的大小和解剖结构,一般以少切断神经和血管为原则,同时应尽可能使切口与各层组织的纤维方向一致。切口的大小,既要便于手术操作,又不可过大。做切口时,先用左手拇指和示指、中指将预定切口上端两侧的皮肤固定,右手持手术刀,用持弓式或执笔式,以适当的力量,一次全线切开皮肤和皮下组织,直至肌层。

手术过程中要随时注意止血,以免造成手术野血肉模糊,难以分辨血管和神经。止血方法视出血情况而定:微小血管出血时,用湿热生理盐水纱布按压止血;较大血管出血时,需先找到出血点,用止血钳夹住,而后用线结扎;大血管破损,应准确、快速止血,否则失血过多、影响实验。实验期间,应将创口暂时闭合,或用温热生理盐水纱布盖好,以免组织干燥。

(2) 手术结 手术结不仅是外科手术上的重要技术,也是动物实验中的基本操作技能。手术结有多种,如单结、方结、外科结、脱结、十字结及三叠结等。其中以方结和三叠结最为安全可靠。在生理学实验的外科手术操作中,又以方结最为常用,打结的方法有单手打结法、双手打结法和持钳打结法几种。单手打结法(图 1-2-18、图 1-2-19)最为方便,但结线必须留得长些。持钳打结法(图 1-2-20、图 1-2-21)适用于结线太短或结扎部位过深等情况。总之,打结是一种基本技术,在动物外科手术中经常使用,要经常练习、熟练掌握。

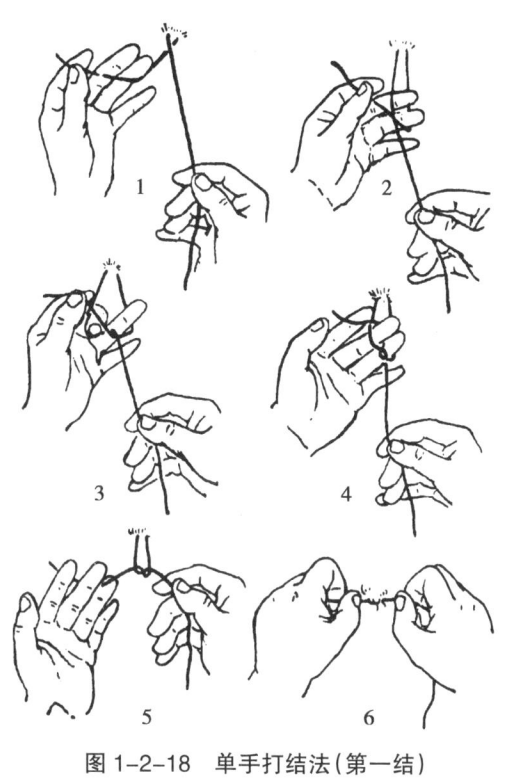

图 1-2-18　单手打结法(第一结)

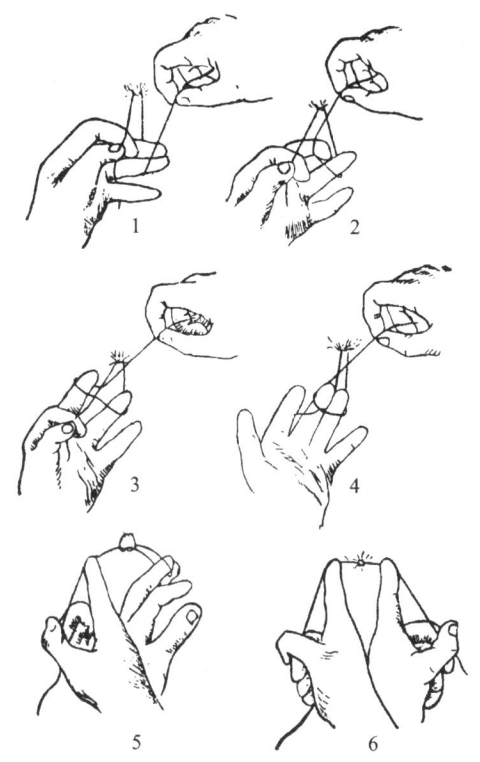

图 1-2-19　单手打结法(第二结)

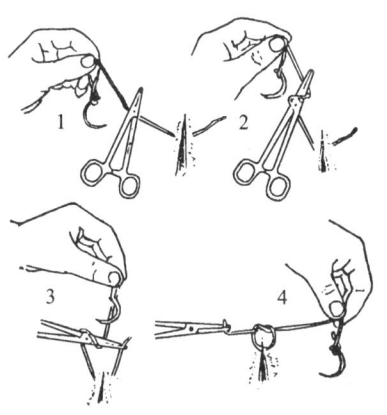

图 1-2-20　持钳打结法(第一结)

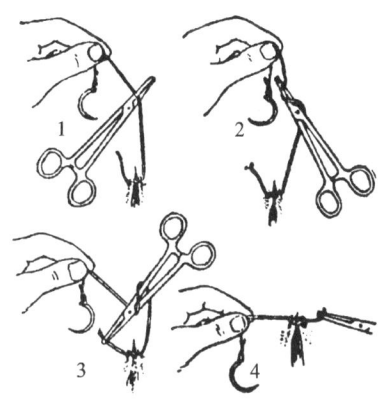

图 1-2-21　持钳打结法(第二结)

(3) 颈部手术

① 气管分离术　将动物背位固定,剪去颈部腹面的被毛,用手术刀在紧靠喉头下部沿颈部正中线切开皮肤,切口长度为:兔、猫为 5～7 cm,犬约 10 cm,大鼠或豚鼠为 2.5～4 cm。在气管正腹面用手或止血钳分层分离皮下结缔组织,即露出胸骨舌骨肌,此肌起于胸骨,止于舌骨体,位于颈腹面正中线,覆盖于气管腹面。用止血钳由正中线将胸骨舌骨肌分开,即可暴露气管。

② 颈外静脉分离术　哺乳动物的颈外静脉壁薄、粗大,且分布很浅,位于颈部皮下、胸骨乳

突肌（犬为胸头肌）外缘。分离该静脉时，可用左手拇指与示指捏住切口一侧的皮肤，再向外翻，可将暗紫色的粗大静脉翻于示指上。用玻璃分针或细止血钳由静脉外侧分离结缔组织，即可将颈外静脉分离，然后穿线备用。

③ 颈总动脉分离术　颈总动脉位于气管外侧，腹面被胸骨舌骨肌和胸骨甲状肌所覆盖。可用左手拇指和示指捏住已分离的气管一侧的胸骨肌，再稍向外翻，即可将颈总动脉及神经束翻于示指上，用玻璃分针或止血钳轻轻分离动脉外侧的结缔组织，便可将颈总动脉分离出来，最后穿线备用。注意：颈部神经与颈总动脉被结缔组织包绕在一起，形成血管神经束，在分离动脉时，应注意神经的部位与走向，沿着动脉分布走向用玻璃分针平行分离，切勿伤及与其伴行的神经。

④ 颈部神经分离术　同颈总动脉分离术。先暴露出血管神经束，然后用玻璃分针小心分离其外的结缔组织膜，即可看到与颈总动脉伴行、粗细不同的神经。如仍不能分辨神经类别，可在分离长约 0.5 cm 颈总动脉的基础上，轻轻提起动脉，透过灯光，则可清楚地看到随动脉被拉开的结缔组织鞘膜中的各类神经。

颈部的神经分布因动物的种类而不同，以下介绍常用实验动物兔、猫和犬颈部神经的特点和分离方法。兔颈部的血管神经束内有 3 条粗细不同的神经（参见图 4-8-1）：迷走神经最粗，呈白色，一般位于外侧；交感神经稍细，略呈灰色，一般位于内侧；降压神经最细，一般位于迷走神经与交感神经之间（由于降压神经最细，极易拉断，应先予分离）。分离神经时，需用尖端细而圆滑的玻璃分针，轻轻沿神经平行走向小心分开结缔组织鞘膜，将神经分离出 2 cm 即可穿线备用。猫的迷走神经与交感神经并行，迷走神经较粗，交感神经较细，降压神经并入迷走神经中。犬在颈总动脉背外侧有一条粗大的迷走交感干，迷走神经的结状神经节与交感神经的颈前神经节相邻。迷走神经从第 1 颈椎下面进入颈部，与交感神经干并行被一结缔组织鞘膜所包绕，形成迷走交感干，在进入胸腔后，两神经才分开、移行。

(4) 腹部手术　在动物的外科手术中，腹白线是腹部切口的常用部位。腹白线是位于腹中线下面的白色腱膜线，从胸骨的剑突隆起直至耻骨联合。腹白线为较宽的结缔组织间层，神经血管分布极少。因此，通过腹白线所做的腹正中切口不伤及肌肉、神经和血管，对动物损伤较小，也很少出血。腹正中切口的长度因实验要求和动物种类而不同。例如，在观察兔胃和小肠运动的实验中，需在胸骨剑突下方做 8～10 cm 的切口，才能充分暴露胃和小肠，而在兔尿生成的调节实验中，只需自耻骨联合向前做 2～3 cm 的切口，即可将膀胱引出。

兔左侧内脏大神经的分离：内脏大神经的分离可通过腹部，也可通过背部，这里仅以前者加以说明。将兔背位固定，剪毛，沿腹白线由剑突向后做 3～10 cm 的腹正中切口。以温热生理盐水纱布包住胃肠道，并推向右侧。在左侧腹腔后壁找到左肾。在肾上方，紧贴腹主动脉与左肾动脉夹角的上方，可见一杏黄色肾上腺，用止血钳分离肾上腺附近的脂肪组织，并向肾上腺斜外上方分离，在腹膜下隐约可见一乳白色的细神经与腹主动脉并行，此即为内脏大神经。它由肾上腺外上方通向肾上腺，并在通向肾上腺前形成两条分支，分支交叉处略膨大，此即为腹腔神经节。小心分离内脏大神经，并穿线备用。

(5) 股部手术　股部血管与神经在动物实验中也较常用，如插入心导管、测血压、注射和采血等。股部血管和神经在股三角处通过。股三角为股部手术的常用部位。股三角是指耻骨肌与缝匠肌后部的后缘之间所形成的三角区。在股三角内，有股动脉、股静脉和股神经通过。

股部血管与神经分离方法为：动物背位固定，先用手指在股部内侧面根部触摸动脉搏动部位,剪去该部位的被毛,用手术刀沿血管平行方向做 4～5 cm 的切口。用止血钳分离皮下结缔组织,再将耻骨肌和缝匠肌的交点处分离,并将缝匠肌后部向外拉开,其下方可见鞘膜包绕的神经血管束(图 1-2-22)。用蚊式止血钳细心分离其结缔组织膜,即可将血管和神经分离出来,并穿线备用。血管神经的自然位置为:股静脉位于内侧,股神经位于外侧,股动脉位于二者之间。

5. 采血技术

由于实验动物不同、实验需要和采血数量有别,所选用的采血方法也不相同。这里仅介绍几种实验动物的常用采血技术。

(1) 兔和豚鼠的常用采血技术 有心脏采血法及中央动脉采血法。

① 心脏采血法 将兔或豚鼠背位固定,剪去左侧胸部相当于心脏部位的被毛,用碘酒和酒精消毒皮肤,选择心脏跳动最明显处穿刺。一般由胸骨左缘外约 3 mm 处刺入兔的第 3 肋间隙;在豚鼠,则刺入第 4 至第 6 肋间隙。穿刺时,最好用左手触诊心脏,以进行配合。当针头接近心脏时,就会感到心脏的跳动,这时需将针头再

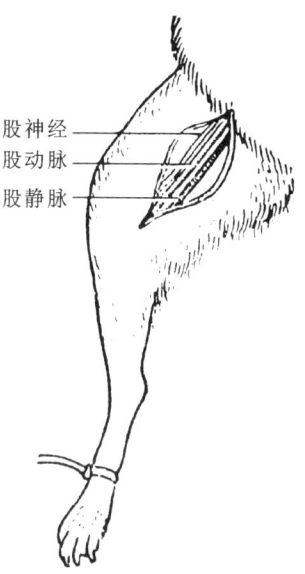

图 1-2-22 家兔股部的神经、血管束

向里穿刺,便可进入心室。由于心脏的搏动,血液会自然进入注射器。如认为针头已进入心脏,但抽不出血液,可把针头稍微退出或前进一些。心脏采血经 6～7 天后,可以重复进行。一般兔一次可采取血液 20～25 mL,而豚鼠可采取血液 6～7 mL。

② 兔耳中央动脉采血法 将兔置于兔固定箱内,用酒精棉球擦揉兔耳片刻,使其充血。在兔耳中央有一条纵行、较粗、颜色鲜红的中央动脉。用左手固定兔耳,右手持注射器,在中央动脉的末端,沿动脉平行地沿向心方向刺入动脉,轻轻抽动针筒,即可见血液进入注射器。一次可采血约 15 mL(采血后应注意止血)。采血一般使用 6 号针头,不可太细。需加注意的是,兔耳中央动脉易发生痉挛性收缩,因此采血前必须使兔耳充血。当动脉扩张,未发生痉挛性收缩前立即进行抽血,时间过长,动脉会发生较长时间的收缩,使采血难以进行。

此外,兔和豚鼠还可采用股静脉、颈静脉、股动脉及颈总动脉采血,一般需先进行动、静脉分离术,而后再采血。

(2) 小鼠和大鼠的常用采血技术

① 颈静脉或颈动脉采血法 将鼠麻醉后背位固定于手术台上,剪去一侧颈部外侧的被毛,做常规颈静脉或颈动脉分离术,用注射器针头沿向心方向平行刺入血管,抽取所需血量。此法采血量为:体重 20 g 的小鼠可采血 0.6 mL 左右;体重 300 g 的大鼠可采血 8 mL 左右。同法也可选用股动脉或股静脉采血。

② 尾静脉采血法 将鼠放入固定筒内,露出鼠尾用手揉擦或用温水(45～50℃)加温鼠尾,也可用二甲苯等涂擦鼠尾,使尾静脉充血。用剪刀剪断尾尖(小鼠 1～2 mm,大鼠 5～10 mm)后,即可流出血液。如血流不畅,可用手轻轻从尾根部向尾尖部挤压数次,可取到数滴血液。如实验需要间隔一段时间多次采血,每次采血可将鼠尾剪去很小一段,采血后,用棉球压迫止血,并立即用 0.6 mL 液体火棉胶涂于尾部伤口处,使之结一层火棉胶薄膜,以保护伤口。此外,也可采用尾静脉交替切割法进行间隔、多次性采血,方法是用锋利手术刀片在尾部切一小口,切破一段尾静

脉,血液即由伤口流出(图 1-2-23)。此法每次可采 0.3~0.5 mL 血液,可供一般血常规检查实验。尾部的 3 条静脉可交替切割,并由尾尖部向尾根部逐次切割,以保证连续多次采血。切割后用棉球压迫止血,约 3 天后即可结痂痊愈。此法在大鼠采血时较为常用,效果较好。

③ 眼眶后静脉丛采血法　先制作硬质玻璃吸管,管长 7~10 cm,一端为管径 0.6 mm、壁厚 0.3 mm 的玻璃毛细管,另一端逐渐扩大呈喇叭形。采血部位是眼球和眼眶后界之间的眼眶后静脉丛。采血时,用左手从背部捏住动物,以示指和拇指握住颈部,利用对颈部所加的轻压力,使头部静脉血液回流困难,眼球充分外突,以辨认眼眶后静脉丛(图 1-2-24)。右手持消毒的吸管,将其尖端插入内侧眼角,并轻轻由鼻侧眼眶壁平行地对着喉头方向推进,4~5 mm 即达眼眶后静脉丛。玻璃吸管取水平位,稍加吸引,血液即流入吸管。为防止血液凝固,采血前可用 1% 肝素溶液湿润吸管内壁。采血后,将吸管拔出,同时放松左手使出血停止。用此法一次可采取小鼠血液 0.2 mL,大鼠血液 0.5 mL,一般不发生术后穿刺孔出血或其他并发症。还可根据实验需要,于数分钟后在同一穿刺孔重复采血。除小鼠、大鼠外,豚鼠和兔也可从眼眶后静脉丛采血。

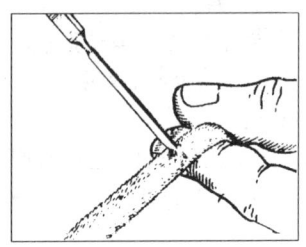

图 1-2-23　切破鼠尾静脉采血法

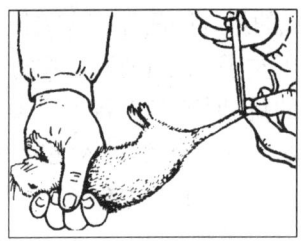

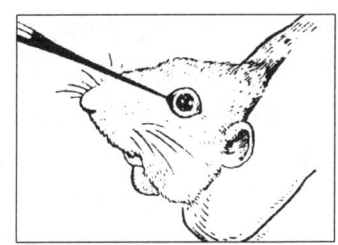

图 1-2-24　鼠眼眶后静脉丛采血法

(3) 犬和猫的常用采血技术　犬、猫可从前、后肢皮下静脉采血,基本方法与静脉注射法相同(见图 1-2-10)。需加注意的是抽血时速度要慢,以防针口吸着血管壁。此法一般可抽取 10~20 mL 血液。此外,还可采用颈静脉、颈动脉、股动脉取血。基本方法见颈部手术和股部手术。如实验需要抽取大量血液,可用心脏采血法,其方法与兔的心脏采血略同。

(4) 鸽、鸡和鸭的常用采血技术　鸽和鸡常采用翼根静脉采血法。采血时,可将动物翼部展开,露出腋窝部,将羽毛拔去,即可见到明显的翼根静脉。由助手将动物固定,用碘酒、酒精消毒皮肤。用左手拇指、示指压迫此静脉的近心端,使血管怒张。右手持连有 5~6 号针头的注射器,由翼根部向翅方向沿静脉平行刺入血管,即可抽取血液(图 1-2-25)。

鸭可从翼下静脉采血。采血时,将鸭背位固定于手术台上,剪去翼下靠躯干的羽毛,残留的绒羽可用手拔去。在靠近躯干部的翼下可见到皮下有一条深蓝色的静脉,可用注射器由此处采血。

6. 动物的处死方法

处死动物是生理学实验中的常规工作,也是保护动物免受痛苦的手段之一,因此需认真对待,养成良好的习惯。动物的处死方法随动物的不同而不同,常用的处死法有以下 3 种。

(1) 脊椎脱臼法　用左手拇指和示指捏住小鼠头的后部,并用力下压,右手抓住鼠尾,用力向后上方拉,即可使小鼠颈椎脱臼,瞬间死亡(图 1-2-26)。此法多用于小鼠的处死。但有的实验室从动物福利角度考虑,已废除了这种处死方法。

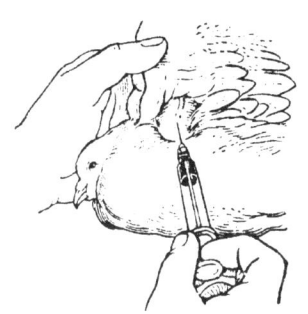
图 1-2-25 翼根静脉采血法

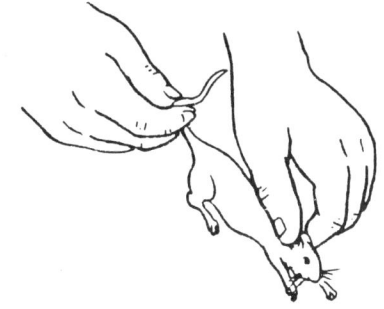
图 1-2-26 脊椎脱臼法处死动物

（2）空气栓塞法　此法为向动物静脉内注入一定量的空气，使动物的循环系统发生栓塞而死亡。犬、猫、兔、豚鼠均可用此法处死。兔一般选用耳缘静脉，犬由前肢或后肢皮下静脉注射。一般而言，兔、猫等静脉内注入 20～40 mL 空气，犬注入 80～150 mL 空气即可致死。

（3）放血致死法　轻度麻醉动物后，将其固定于手术台上，行股部手术。暴露股三角区，分离股动脉（向心端用动脉夹夹住），并插入一根塑料管。打开动脉夹，使血液流入容器内，一般动物 3～5 min 内即可死亡。除股动脉外，常选用颈总动脉放血。此法处死动物较为安静，对内脏器官无损伤，是采集病理切片标本同时采集血液的一种较好的方法。犬、兔、猫等均可采用此法处死。

（解景田）

第三节　生理学实验常用仪器和用品

一、生理信号采集系统

（一）常用生理信号采集系统的组成

生理信号采集系统是生理学实验最常用的仪器，应用十分广泛。目前国内也有多家公司生产生理信号采集系统，国际上 Powerlab 生理信号采集系统最为流行，由于各院校所使用的采集系统生产厂家及型号不同，使用方法会有差异，这里无法逐一具体介绍，只就其通用的操作简要介绍，具体操作可依据不同厂家提供的使用说明书进行。为了让学生了解生理学仪器的发展，将近代出现的电子仪器和经典的生理仪器同时介绍，但以前者为主。

生理信号采集系统一般由 4 大部分组成，即刺激系统、探测系统、信号调节系统和记录系统，采集流程见图 1-3-1。为使机体或离体组织细胞兴奋，需要给予刺激，常用的刺激装置为电子刺激器。当生理现象是电信号时，探测系统可以是引导电极，包括记录单细胞电活动的玻璃微电极及记录群细胞电活动的

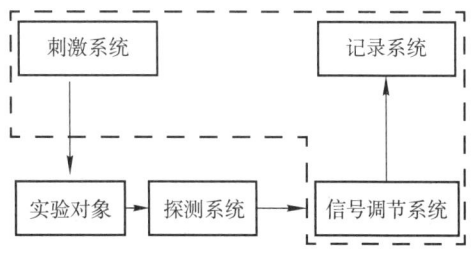
图 1-3-1　生理信号采集系统采集流程示意图

粗大金属电极。当生理现象为其他某种能量形式时,如机械收缩、压力和声音等,探测系统又可以是传感器。由于生物电信号较为微弱,信号调节系统则是一种放大器或放大器的组合。经典实验中各式各样的杠杆和传动装置也起着信号调节作用。20 世纪末之前,记录系统常使用示波器或笔式记录仪(记纹鼓即为一种经典的记录仪)。目前,生理信号采集系统仪器已几乎全部计算机化,本教材重点介绍此类仪器。多种刺激因素,如光、声、电、温度、机械及化学因素等,均能使可兴奋组织产生生理反应。但生理学实验中应用最广泛的是电刺激,因为这种刺激易于控制刺激参数,对组织没有损伤或损伤较小。常用的刺激系统包括电子刺激器或感应电刺激器、刺激隔离器和各种刺激电极。

> **拓展阅读 1-1** *记纹鼓的发现和应用*

1. 刺激系统

(1) 电子刺激器　此为一种能产生一定波形的电脉冲仪。所产生的波形大致有方波、正弦波和锯形波,其中最常用的是方波。其原因是波形简单,方波的上升时间快,这种陡峭的前缘刺激电流对生物组织是较为有效的刺激,且易于控制刺激参数(包括刺激强度、刺激时间和刺激频率)。

刺激强度是指方波幅度,可用电压或电流强度表示,电流强度一般从几微安至几十毫安,电压可在 200 V 以内。刺激强度过小,不能使细胞膜静息电位达到阈电位而引起细胞兴奋;强度过大,可引起组织内电解和热效应而使其损伤和破坏。因此,在实验过程中,过强或过弱的刺激均应避免。

刺激时间是指方波的持续时间,又称波宽(图 1-3-2)。一般刺激器的持续时间从几十毫秒至数秒。采用单向方波刺激时,刺激时间不宜过长,否则将产生损伤效应。为了减少引起组织损伤的电解和热效应,应尽量缩短刺激时间,并采用正负双向方波刺激。计算机生理信号采集系统的刺激时间设置为 0.1 ms 至数秒。

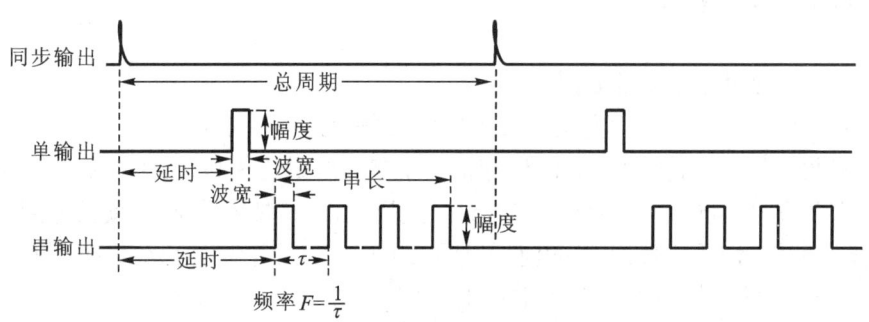

图 1-3-2　电子刺激器的波形及其参数

刺激频率是刺激方波的重复频率,一般少于 1 000 次 /s。刺激频率过高时,可能有一部分刺激会落于组织的不应期而无反应,使刺激与生理效应不能同步。刺激频率的选择随被刺激组织的不同而变化。一般认为,在实验中,应用连续刺激时,可根据实验需要调节"串长"。"串长"表示以重复频率不断输出刺激方波可持续的时间,即一连产生数个方波的时间。电子刺激器除可调节上述刺激参数外,尚有其他功能可供使用。总周期是同步脉冲的周期,同步脉冲表示一次刺激的时间起点相同。同步脉冲输送到整个实验系统中,使各仪器有共同的时间起点,以保持时间上的同步。在电生理学实验中,刺激器的同步输出可将同步脉冲送至示波器的同步输入,而触发其一次扫描;也可送至另一台刺激器,使两台刺激器之间保持特定的时间关系。从同步脉冲至刺激方波的出现,这段时间称为"延时",可使方波或方波刺激所引起的生理反应出现在示波器荧光屏上合适的位置,以便观察和记录。两台同步的刺激器也可通过调节各自的"延时"来改变其先后次序和时间间隔。这些设计为特殊的实验方案提供了方便条件。在使用计算机生理信号采集系统进行一般实验时,刺激设置的延时应调至最短。

生物体是一个容积导体。实验时,由于刺激器输出和放大器输入具有公共接地线,使得一部分刺激电流流入放大器的输入端,而使记录系统记录到一个刺激电流产生的波形,即刺激伪迹。为了减小刺激伪迹,常用一刺激隔离器使刺激电流的两个输出端与地隔离,切断了刺激电流从公共地线返回的可能,从而减小伪迹。计算机生理信号采集系统中,配备了生理学实验常用的刺激系统、探测系统、信号调节系统、时间参数、记录系统及多种信号处理方法等,而且为适应新实验的需要,其软、硬件还在不断升级,仪器的使用方法应按仪器说明书操作。

(2) 感应电刺激器(感应电极) 刺激生物组织用的经典仪器是感应电刺激器,主要由原线圈和副线圈组成,当接通或切断原线圈中的直流电流时,副线圈即出现瞬时的感应电流,以刺激组织。感应电刺激器的缺点是输出的波形不稳定,单个电振的刺激时间和连续电振的刺激频率均无法控制和调节,因此已为电子刺激器所取代。

(3) 锌铜弓(或称铜锌夹) 锌铜弓(Zn-Cu forcep)是检验标本机能活性最常用而简易的刺激器,由铜片和锌片两种金属制成。最早由 L. Galvani 创制,故又称 Galvani 镊子(图 1-3-3)。锌铜弓之所以具有刺激作用,是因为金属与溶液之间产生电位差,即电极电位。通常将金属浸入电解质溶液中,Zn 则溶解成锌离子,而在 Zn 电极上则形成负电荷。Cu 在溶液中则相反,金属与溶液之间便产生了电位差——电极电

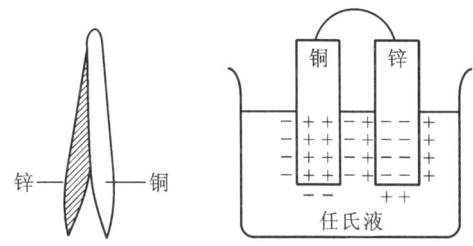

图 1-3-3 锌铜弓及其电极电位的产生

位。如果将 Zn 电极和 Cu 电极一端接触,则在接触部位电流由 Cu 电极向 Zn 电极方向流动;而在溶液中则相反,由 Zn 电极向 Cu 电极流动。当锌铜弓接触组织时(注意:组织表面必须湿润),电流便沿 Zn 电极→可兴奋组织→ Cu 电极方向流动,而产生刺激作用。这样,锌铜弓就像一个电池,Zn 片为阳极,Cu 片为阴极。神经或肌肉的电刺激阈值非常小,所以仅用锌铜弓接触,就可构成刺激,进而可检验组织的机能活性。

(4) 刺激电极 刺激电极多用金属制成。根据其性能可分为普通电极、保护电极和乏极化电极等(图 1-3-4)。普通电极和保护电极多用银丝或不锈钢丝制成,一般将一条或两条金属丝镶嵌在有机玻璃或硬塑框套内,刺激端裸露,作为细胞外刺激用。保护电极的绝缘框套在刺激端弯曲成钩状,金属丝包埋其中,金属丝仅保留钩内一面裸露,以便施加刺激时,保护其周围的组织免受刺激。由于金属电极与生物组织接触后通以直流电产生上述电极电位,从电极上测得的电位差是电极电位与生物电动势的叠加,这就干扰了生物电的测量。为了避免或减少电极电位的产生,电生理学实验中通常选用乏极化电极。它是一种乏极化的锌-硫酸锌电极。更为常用的乏极化电极是 Ag-AgCl 电极。这种电极的 AgCl 镀层可使 Ag^+ 和 Cl^- 在电极和电解质之间自由移

动,以对抗电极电流的形成。当这种电极接正电位时,Cl^- 和 Ag^+ 电极结合而生成 AgCl 的过程加强,Ag-AgCl 电极上又多生成一些 AgCl。由于电极上原已存在大量 AgCl,新生成的 AgCl 并不明显地改变电极和周围溶液之间的电位差,因此电极电位变化很小。如果电极接负电位,则电极上的 AgCl 减少,同理,电极电位变化也不大。可见,电极电位稳定是 Ag-AgCl 电极的主要优点。制备 Ag-AgCl 电极的方法是:取银丝或银片,先用细砂纸擦光,然后用石油醚擦干净(注意:勿用手再接触银丝)。将两条银丝用导线与 1.5 V 的电池连接,并将两条银丝浸入 0.1 mol/L HCl 溶液中。待电流流过 30 s

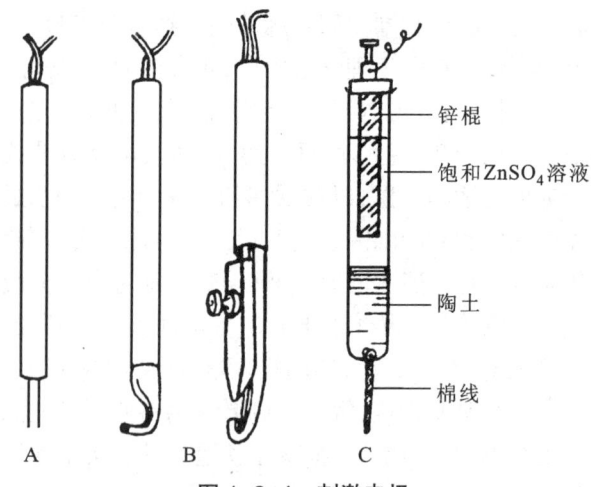

图 1-3-4 刺激电极
A. 普通电极;B. 保护电极;C. 乏极化电极

后变换电流的方向。如此重复 3 次,银丝上便镀上一层薄薄的 AgCl,呈暗灰色。由于 AgCl 具有感光性,因此"氯化"的电极需在暗处保存,最佳保存方法是将电极放入任氏液中。

2. 探测系统

(1) 玻璃微电极　微电极作为生理学仪器探测系统的一部分,广泛应用于单细胞电活动的测量,微电极包括金属微电极(可用钨丝、铂丝、不锈钢丝等制作)和玻璃微电极。玻璃微电极技术首先由 Hogg 等(1934)应用于动物细胞,又为后人所完善和发展,今已广泛应用于电生理学研究中。玻璃微电极是用已制备好的玻璃毛细管加热后拉制而成,毛细管以 GG-17 或 GG-95 的硬质玻璃管为佳,因为其软化点、化学稳定性和电阻率较高,而热膨胀系数较低。毛细管的外径一般为 1~2 mm,内径应近于总直径的 2/3。

玻璃微电极的制作方法为:①玻璃毛细管预处理。用清洁液(浓硝酸和浓硫酸各 250 mL 配制而成)浸泡毛细管 1~2 h→取出后用自来水冲洗 30 min→放入盛有蒸馏水的烧杯中加热煮沸 10 min→再用蒸馏水反复冲洗 3 次→取出后放入烘箱中烘干备用。②使用微电极拉制器拉制。拉制器有两类:垂直型和水平型,拉制原理基本相同。当玻璃毛细管在固定的位置被可调的电热丝加热软化后,靠毛细管下面的重力或拉力,将毛细管拉成两根微电极,同时电热丝的电流立即被切断。拉制微电极主要依靠调节电热丝的电流以控制温度及其下的重力或拉力。多数拉制器采用电磁铁产生的拉力,其优点在于拉力可以调节。在毛细管未完全软化前,拉力可以调节得较小或仅依靠一定的重力将毛细管慢慢拉长,待毛细管熔化后,再突然加大拉力,这样可以在毛细管温度较高时再迅速拉制,因而可以拉出尖端外径小于 0.5 μm 的玻璃微电极。一支合格的微电极应包括茎部、肩部、锥部和端部 4 部分(图 1-3-5)。③给拉制的微电极灌注 3 mol/L KCl 溶液。微电极的充灌方法较多,如加热减压法、直接充灌法等。如果所用玻璃毛细管内附数根玻璃微管,那么直接充灌法则极为简便,其方法是:取 5 mL 注射器一支,内充 3 mol/L KCl 溶液。将长而细的针头或尖端较细的塑料管

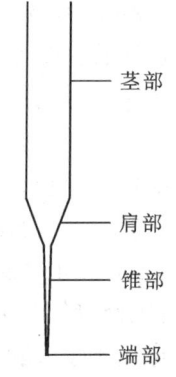

图 1-3-5　玻璃微电极

由微电极茎部插入,直至肩部和锥部的交界处,用注射器将 KCl 溶液灌入微电极,溶液靠毛细管作用进入锥部和端部。注意微电极内不得有气泡。直接充灌法的成功率,一方面取决于玻璃毛细管的预处理,如预处理良好、毛细管内洁净,则溶液易进入微电极锥部直达端部;另一方面也取决于 KCl 溶液的纯净和清洁程度。一般要求 KCl 试剂为 AR 二级分析试剂,用双蒸水配制,配制好的 KCl 溶液需用分析滤纸过滤两次。玻璃微电极的保存方法很多,比较简便易行的方法是用大培养皿保存,即取一培养皿,下放滤纸垫底,其上放置一块宽、高约为 1.5 cm、长度与培养皿直径相等的泡沫塑料,其上每隔 0.5 cm 切一小口。用自来水将滤纸和泡沫塑料完全浸湿,将充灌好的微电极置于泡沫塑料上的小切口内,加盖后放入冰箱中保存。用这种方法保存微电极的有效寿命大约是一周。由于机械振动、表面张力、干燥、KCl 溶液出现杂质或沉淀物等原因,试图长期保存已充灌的微电极是难以做到的,因此应尽可能地缩短充灌微电极和进行微电极实验之间的时间。④微电极阻抗的测量。在细胞内记录的微电极实验中,微电极端部的直径是十分重要的参数。如端部直径过大,既不可能得到正确的静息电位数值,又不可能稳定地记录电位。因此,在实际应用中,必须了解微电极端部直径的大小。实验前,可在显微镜下用测微尺直接测量端部直径的数值,但更多的是采用测量阻抗法间接了解直径大小。在一般情况下,微电极的阻抗可以反映端部的粗细。因此,可以通过测量阻抗来判断微电极端部的内径。有些微电极放大器本身设有测量微电极阻抗的线路,可按照说明在实验前或实验中随时进行测量,较为方便。如不具此种微电极放大器,也可用电子管电压表(万用表)测量。一般说来,微电极端部直径在 0.5 μm 左右,其阻抗为 $10 \sim 50$ MΩ,端部越细,阻抗值越大。记录犬、猪、兔、豚鼠、大鼠等心室肌细胞电活动微电极的阻抗达 $15 \sim 30$ MΩ 即可。

(2) 传感器　传感器是指将一种能量形式转变成另一种能量形式的装置。作为探测系统的组成部分,可将非电性质的生理现象,如机械、声、光、磁及温度等能量形式转变为电信号,然后把这种电信号经过前置放大器放大,显示或记录在显示器或记录仪上。

传感器的种类繁多,如压力传感器、张力传感器、声传感器、光传感器及温度传感器等。其中,压力传感器与张力传感器在生理学实验中的应用相对广泛,可以测量机体的各种压力变化(如血压、胸膜腔内压、肺内压、心腔内压及消化管内压等),以及在体、离体组织或器官的舒缩活动情况,这里将着重介绍。

压力传感器可用应变片制作。应变片有电阻丝应变片和半导体应变片两种。压力传感器主要由承受压力的压力室和应变片组成。压力室可用金属波纹管、波纹片或橡皮薄膜制作,其上有开口通过接管与被测压力的部位连接。压力室外通过接管与外界相通,可用来测定压差(图 1-3-6)。

将应变片贴在有弹性的应变梁的上、下两侧,可制成张力传感器记录力或位移的变化(图 1-3-7)。生理学实验中,张力传感器的应用最为广泛。呼吸传感器(图 1-3-8)与指脉传感器(图 1-3-9)同样可以记录张力的变化,常用于记录整体动物(或人)的呼吸运动、人体手指脉搏图。

光传感器主要用光敏元件——光电管或光电池制作,其基本原理是将光电强弱的变化转变为电流的变化。此变化的电流转变为电位,可直接引进显示器或记录仪。这类传感器也可用于测量位移或压力的变化,还可测量小动物的自发活动及脉搏的变化等。

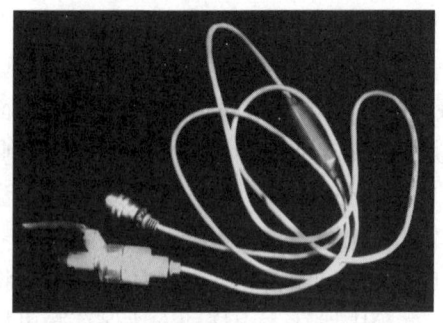

图 1-3-6 压力传感器

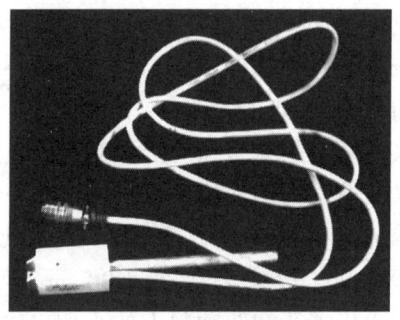

图 1-3-7 张力传感器

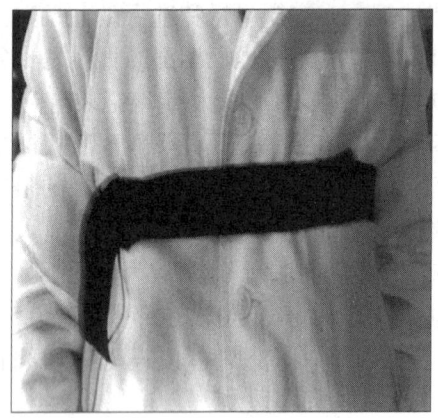

图 1-3-8 呼吸传感器

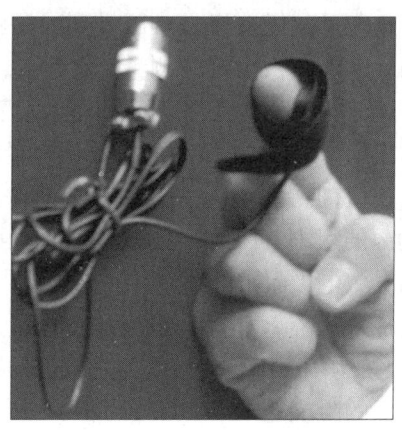

图 1-3-9 指脉传感器

(二) 常用生理信号采集系统的使用

经典的生理学实验记录装置是记纹鼓,用以记录生理指标变化。其后采用前置放大器处理十分微弱的生物电信号,并用记录仪记录或示波器显示。目前已广泛使用计算机生理信号采集系统,与传感器配合,可以进行多种生理信号的采集、显示与处理工作。但由于生理信号采集系统的生产厂家和型号各不相同,所以使用方法各不相同。在上实验课之初,可根据采集系统的使用说明书安排一次实验,学习计算机生理信号采集系统的使用方法,重点要掌握传感器的使用方法、生理信号的采集与处理方法。

1. 需学习和掌握如下内容

(1) 熟练掌握各种传感器和引导电极的使用。

(2) 熟练掌握开机与关机、实验工作界面进入与退出的操作方法。

(3) 掌握仪器系统复位的方法。

(4) 掌握通道的输入方法与不同通道生理信号的设置。

(5) 掌握选择扫描速度的方法,并认清横坐标所表示的时间基数。

(6) 掌握通道基线调零、上移、下移、显示与隐藏的方法。

(7) 掌握控制扫描开关(开、暂停与停止实验)的方法,并学会保存实验记录、反演记录及剪辑、复制实验结果的方法。

(8) 学习各种显示方式的选择方法,尤其注意两种信号的比较显示方式。

(9) 学习刺激器参数设置中,各项刺激参数的调节方法与刺激标记的使用方法。

(10) 学习输入信号的增益(放大或缩小)的调节法。

(11) 根据需要,学习显示通道的背景色、格子色、格子种类与信号色的选择方法。

(12) 学习使用通用标记与时间标记的方法。

(13) 学习从实验设置中选择实验项目的方法。

(14) 学习编辑特殊实验标记的方法。

(15) 学习生理信号的显示与记录方法。

2. 利用生理信号采集系统采集人体指脉的张力信号和心电图

下面以分别或同时采集人体指脉的张力信号(即指脉图)和心电图为例来熟悉生理信号采集系统的使用。正常心脏收缩、舒张的周期性活动推动了周身血液循环。在心动周期中,血流因心脏的活动产生周期性变化,外周血管也会出现相应变化。这种变化可以通过指脉传感器经过计算机生理信号采集系统处理显示为指脉图,指脉传感器实质上是一种张力传感器。

采集指脉信号和心电图主要需要计算机生理信号采集系统、指脉传感器、心电图导联线与电极夹、生理盐水、酒精棉球等仪器和物品。具体步骤如下:

(1) 开启计算机生理信号采集系统,指脉传感器与采集系统某一通道接口连接,该通道输入张力信号。

(2) 受试者端坐,手心向上置于大腿上。将指脉传感器绕于示指指肚(见图1-3-9),调节松紧合适(使不过紧、不滑脱)。

(3) 检查计算机接地良好后,在ECG输入接口上连接好心电引导电极并接通心电图通道。将准备安放电极的部位先用酒精棉球脱脂,再涂上导电糊(或用生理盐水擦湿),以减小皮肤电阻。电极夹应安放在肌肉较少的部位,一般两臂应在腕关节上方(屈侧)约3 cm处,两腿应在小腿下段内踝上方约3 cm处。一般以5种不同颜色的导联线插头与身体相应部位的电极连接,上肢导联线颜色为左黄、右红;下肢导联线颜色为左绿、右黑;胸部白色。常用胸部电极的位置有6个。接通导联线后,选择Ⅱ导联输入。

(4) 调节两个通道的信号增益,使心电图与指脉图清楚地分别显示出来。

(5) 选择比较显示的方式,使心电图与指脉图信号显示在同一个信号显示窗口,通过调节基线的位置,使两种信号线相对位置发生改变。

(6) 调节两个通道的扫描速度一致,观察心电图与指脉图的相关性(图1-3-10)。

(7) 在信号采集过程中,要学会控制信号的记录和不记录,不记录的信号,是不能保存、反演及剪辑的;还要注意内标尺、刺激参数的显示和设置。

(8) 实验观察:①仔细观察指脉图有几个波,其形态有何不同;②观察心电图与指脉图是否随呼吸节律而发生变化;③记录正常指脉图与心电图后,让受试者深吸气,观察指脉图与心电图的变化,并做好特殊标记如"深呼吸";④记录正常指脉图与心电图后,让受试者憋气(以不能忍受为度),观察图形变化(图1-3-11)。

(9) 在实验过程或实验结束后,注意剪辑能表达实验结果的典型图形。

(10) 参考的实验结果处理见图1-3-10至图1-3-12。

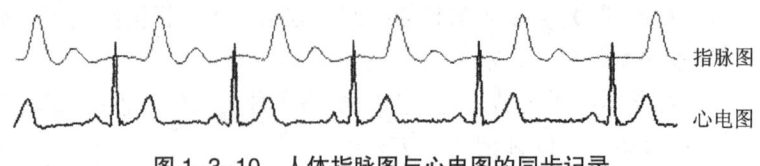

图 1-3-10　人体指脉图与心电图的同步记录

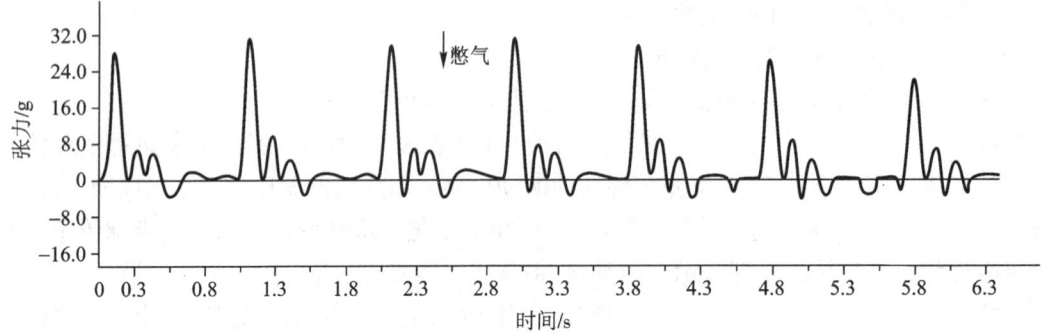

图 1-3-11　憋气对人体指脉图曲线的影响

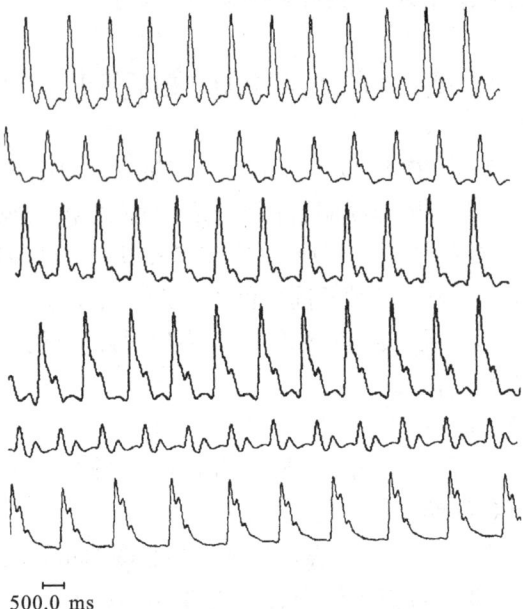

图 1-3-12　不同人指脉图的比较

二、膜片钳实验系统

膜片钳技术(patch clamp technique)是用来测量离子通道(ion channel)跨膜电流的技术,也可用于研究分子的非电中性跨膜转运。这一技术的发明和应用,迅速将生命科学研究推进到细胞和分子水平。膜片钳技术以微弱电流信号测量为基础,利用玻璃微电极与细胞膜封接可测量多种膜通道电流,其值可小到皮安(pA,10^{-12}A)数量级,是一种典型的低噪声测量技术。在1976—1981年,两位德国细胞生物学家 E. Neher 和 B. Sakmann 所开创的膜片钳技术为细胞生理学研究带来了一场革命性的变化,两位科学家于1991年荣获诺贝尔生理学或医学奖。

> **拓展阅读 1-2** 电生理学及其技术发展掠影

膜片钳实验系统包括防震工作台、屏蔽罩、倒置显微镜、膜片钳放大器、数据采集卡、数据记录和分析系统等。另外,还有其他若干辅助部件,如玻璃微电极拉制仪和抛光仪、微电极定位的微操纵器、添加试剂或溶液的灌流设备等。其中膜片钳放大器是该实验系统中最为关键的仪器,目前世界上仅有中国、德国、美国、日本等少数国家具有生产膜片钳放大器的能力。

三、学习和记忆测试系统

学习和记忆功能属于大脑的高级功能,对于学习记忆的研究是目前神经生理学领域的热点之一。动物脑内的记忆过程是无法直接观察的,只能通过动物完成某项任务表现出来的成绩来衡量。学习、记忆实验方法的基础是条件反射,各种各样的方法均由此演化而来。现在发展的方法主要有跳台法、避暗法、穿梭法、爬杆法及迷宫法(又称迷津法)等,其中迷宫法又可分为Y形迷宫法、放射状八臂迷宫法、水迷宫法和莫里斯水迷宫法等。这里主要介绍避暗法、穿梭法、Y形迷宫法和莫里斯水迷宫法所用的仪器设备。

(1) 避暗法(step-through test)所用的主要仪器为避暗箱,实验装置分为明、暗室。明室大小为 11 cm×3.2 cm,上方有灯光照明。暗室较大,大小为 17 cm×3.2 cm。两室之间有一直径为 3 cm 的圆洞。两室底部铺以铜栅,暗室底部中间位置的铜栅可以通电,一般采用 40 V 电压。暗室与一计时器相连,计时器可自动记录潜伏期的时间。这种方法利用鼠类的嗜暗习性而设计。将小鼠面向洞口放入明室,同时启动计时器。动物穿过洞口进入暗室遇到电击所需要的时间即为潜伏期。24 h 或更长时间后重复测验,记录进入暗室的动物数、潜伏期和 5 min 内的电击次数。

(2) 穿梭法所用的仪器为穿梭箱(shuttle box),商业化的装置由实验箱和自动记录打印装置组成。实验箱大小为 50 cm×16 cm×18 cm。箱底部格栅为可通电的金属棒,箱底中央部有一高 1.2 cm 的挡板,将箱底分隔为左右两侧。实验箱顶部有光源和蜂鸣音控制器。自动打印装置可连续自动记录动物对电刺激或条件刺激(灯光或/和蜂鸣音)的反应和潜伏期,并将结果打印出来。训练时,将大鼠放入箱内任何一侧,20 s 后开始呈现灯光或/和蜂鸣音,持续 15 s,且后 10 s 内同时给予电刺激(100 V,0.2 mA)。最初动物只对电击有反应,即逃至对侧以回避电击。20 s 后,再次出现条件刺激并继之电刺激,迫使动物跳至另一侧,如此训练多回后,当灯光或/和蜂鸣音信号呈现后,动物会立即逃至安全区以躲避电击,即认为出现了主动回避反应(条件反应)。一天训练一回,每回 50 次。一定回数(4~5回)后,动物的主动回避反应率可达 80%~90%。

(3) Y形迷宫法采用的装置为Y形迷宫(Y maze)。该装置一般分成3等份,分别称为Ⅰ臂、Ⅱ臂、Ⅲ臂。如以Ⅰ臂为起步区,则Ⅱ臂(右侧)为电击区,Ⅲ臂(左侧)为安全区。训练时将小鼠放入起步区,电击小鼠,小鼠逃至左侧安全区为正确反应,反之则为错误反应。训练的方法有以下几种:①固定训练次数如 10~15 次,记录正确和错误反应的次数。②动物连续获得两次正确反应前所需的电击次数。③学习成绩达到 90% 正确反应前所需的电击次数。24 h 或更长时间则测定记忆成绩。

(4) 莫里斯水迷宫法采用莫里斯水迷宫(Morris water maze)实验装置,这种方法是英国心理学家 R. Morris 和他的同事于 20 世纪 80 年代发明的一种方法。完整的莫里斯水迷宫实验装置由一只乳白色圆形铁皮水桶、站台、摄像器、计算机和图像监视器组成。圆筒的直径可大可小,做小鼠测试一般为 80～100 cm,而大鼠则可为 120～150 cm。实验前向水桶内注入一定量清水,再加入适量的新鲜牛奶或奶粉,使水池成为不透明的乳白色。水温控制在 25℃左右。将站台放置在水池的预定位置,作为动物入水后搜索的目标。站台的顶端平面应低于水池液面 2 cm。实验程序可参见实验 9-7。

四、其他生理学实验常用物品

生理学实验的其他常用物品包括:①支架(3 个);②双凹夹(6 个);③滑轮;④手术器械盘;⑤蜡盘;⑥污物缸;⑦不锈钢盘(或培养皿);⑧纱布;⑨棉线;⑩丝线;⑪橡皮泥;⑫滴管;⑬注射器(1、2、5、10、20 mL)和注射针头。

(刘燕强　解景田)

第四节　探索性实验设计和实验方法研究

一、实验设计

【设计目的】

生理学是一门实验科学。进行实验设计,可以引导学生学习科学的思维方法,树立创新意识与钻研精神,增强学生探索未知领域的积极性与主动索取知识的能力,同时还可以培养学生严谨的科学态度与实事求是的工作作风。

【设计要求】

实验设计应在教师的指导下完成。考虑到学生应熟悉常用生理学实验仪器的操作和使用方法,并掌握动物实验的一般技术,通常安排在实验课的最后几周进行。

教师可预先提出实验设计要求,介绍本实验室的现有条件,对动物、设备、药品等方面的准备要充分细致,使学生可以充分利用实验设备和材料。

学生设计的实验要有创新性,要在原有实验指导的基础上有所创新,可先通过查阅文献资料,提出解决问题的思路,并对其科学性和可行性进行论证,最后提出实验方案。

实验设计选题应包括以下内容:设计的科学依据、拟解决的关键问题、采用的方法手段、观察内容和测定指标、预期结果等。建议在教师的指导下,以小组为单位进行开题报告。

一个完整的实验设计如同申请一项科研课题,应包括:

(1) 课题名称　所设计实验的题目要具体、明确、简洁和清楚。

(2) 目的和意义　明确设计的实验要解决什么问题,有何理论或实践意义。

(3) 基本原理　设计实验的理论基础和科学依据。

(4) 动物、器材与药品　所需动物的种类、数量,实验器材、仪器和药品清单。
(5) 实验方法、观察指标与程序　可用文字、框图形式表述实验各步骤、环节。
(6) 预期结果　验证原理或新的发现。

【设计原则】

1. 科学公正

科学性是实验设计的核心。所设计的实验必须有充分的理论依据或科学推论,切忌盲目、无任何根据的凭空设想。大胆设想、创新是建立在对已有知识掌握的坚实基础之上的。对实验的数据处理要客观、实事求是,切忌编造、篡改、弄虚作假。发现与预期结果不符的数据要认真分析、去伪存真。

2. 条件一致

在实验设计时,要考虑待测因素本身的条件必须前后一致,尽量避免非受控因素的干扰,如电刺激参数,给药的剂型、剂量,动物的品种、性别、体重,环境温度、湿度等。

3. 对照重复

生理学实验的目的在于发现某一因素(条件)对机体活动的影响,因此必须有对照进行比较。对照的基本原则是:除了待检测的因素(条件)有所区别外,对照实验与检测实验的其他条件应完全相同。

欲证明待测因素(条件)所引起的反应具有某种客观规律性(非偶然发生),那么实验结果必须是可以重复的,只有反复重现的结果才有可信性。真理必须经得起实践的检验。

4. 量效关系

如果待测因素(条件)与某种反应之间存在内在联系,则二者之间除因果关系外,还应表现出量效关系。例如,了解药物的作用时,应注意观察不同药物浓度处理后的生理反应;观察电刺激与肌肉收缩的关系时,应测试不同刺激强度、刺激频率时肌肉的收缩反应。

5. 测试定标

为了保证实验数据的准确,应对测试仪器进行认真的定标,如电子仪器的放大倍数、零点平衡的调节、标准试剂的配制等。

6. 统计处理

对获得的实验原始数据或资料应核实、分类整理,采取适当的数理统计方法进行处理,以找出规律,通过计算机做出统计表或坐标图和直方图。

7. 综合论证

科学结论的取得需考虑多方面的因素。如观测某一神经因素的作用时,不仅用刺激的方法,也可用切断、损毁、颉颃药物、受体阻断剂等方法进行验证。另外,有些生理指标受时间、温度、湿度、环境等多种因素的影响,因此应考虑机体动态的变化。机体是一个统一的整体,各系统、器官之间存在着相互作用和相互制约的关系,必须用整合的观点去分析实验结果。

【参考选题】

1. 证明静息电位、动作电位与钾离子的关系。
2. 证明神经动作电位与钠离子的关系。

3. 影响神经干动作电位传导速度的因素。
4. 影响骨骼肌兴奋-收缩耦联的因素。
5. 麻醉药对皮层诱发电位的影响。
6. α僵直与γ僵直的观察。
7. 耳蜗微音器电位与耳蜗动作电位的比较。
8. 心肌细胞动作电位与骨骼肌细胞动作电位的比较。
9. 利用蛙离体心脏观察影响心输出量的各种因素。
10. 温度、体位、呼吸和运动对血压的影响。
11. 负荷对心肌收缩力的影响。
12. 胸膜腔内压与呼吸运动的关系。
13. 化学感受器在调节呼吸运动中的作用。
14. 影响胰液和胆汁分泌的因素。
15. 抗利尿激素对水通透性作用的观察。
16. 肾血浆清除率。
17. 甲状腺素和肾上腺素对代谢和内分泌的影响。

二、实验的组织和实施

【目的要求】

组织和实施探索性生理学实验的总体目标是使学生获得独立进行科学研究的初步训练,提高实验组织实施能力、团队合作能力和分析问题与解决问题的综合能力等,为进一步从事科学研究奠定基础。

【组织实施步骤】

1. 实验准备

学生组成研究小组,查阅文献,确定研究题目,拟定实验设计方案,进行开题报告。实验准备工作包括动物的选择、药品的配制、仪器的安装与调试等。实验准备应在教师和实验员指导下进行。

2. 实验过程中

实验按计划实施后,应有详细的实验过程记录。记录应及时、完整、精确,要保持记录的原始性和真实性。小组成员要有明确分工及相互合作。在实验过程中一般严格按照实验设计既定方案操作,但也可根据具体情况对实验方案进行修改,直至得到理想的实验结果。实验室要全天向学生开放,以保证实验时间。

3. 实验完成后

学生以小组或个人为单位,按小论文形式,写出翔实的实验总结报告。实验结果中的数据要附必要的图、表或照片。关于如何撰写中英文实验报告,具体参见本章第五节。

4. 评定成绩

在总结报告完成后,还需进行答辩。教师依据实验方案、实验过程、实验报告、答辩表现等综合评定成绩。

5. 后续工作

对创新性强、有实际应用价值的报告,建议进一步申请学生科研立项。

三、生理学实验方法的研究

人体及动物的生理学知识,来自对人体及动物有机体的实际研究。研究人体及动物有机体,就要对生命现象进行客观观察与科学实验。学习生理学研究的基本操作技能、学习研究生理学的科学思维方法,对于培养和提高娴熟的动手能力、敏锐的观察分析能力、不懈的科学探索精神和以创新为核心的科学素养是十分有益的。

1. 生理学实验方法研究的重要性

生理学实验方法的研究,本身就是一门科学。只有加强生理学实验方法的研究,才能使生理学的实验方法、实验手段、实验效果不断取得进步,从而最终使我们对生理学的研究不断深入下去。从自己学习做生理学实验,到对实验方法开展研究,最后到自己独立设计生理学实验,是一位生理学工作者从学习生理学实验走向生理学研究的必经之路。

2. 如何开展生理学实验方法的研究

怎样开展生理学实验方法的研究? 首先就要树立一种方法学上的研究意识。思想意识决定一个人的行动,有了具体的行动才有可能产生积极的结果。因此说一个人如果没有生理学实验方法上的研究意识,是绝对不会在实验方法上取得进展或突破的。

(1) 破除"迷信"是基础 不要迷信教科书中的实验方法,对一件事情不迷信而敢于怀疑,才会产生对它进行改进完善的意向和动力。过去客观条件下是最好的方法,不一定现在还是。一般来说,被写进生理学实验指导教科书中的一些实验方法,基本上大多是在一定条件下比较成熟的实验方法,是比较行之有效的实验方法。但是,任何方法技术都不可能是尽善尽美的,任何的方法都不可能永远是最佳的方法。实验方法上的研究同其他的科学研究一样,也是需要不断改进的。任何方法技术都只有更好,没有最好。作为一位自然科学工作者,除了尊重事实以外,不要迷信任何所谓的权威和理论教条。经得住反复检验的事实才是至高无上的权威。

(2) 创新意识最重要 现代教育理念就是培养人的创新意识。在生理学实验方法研究中,创新意识不是一句空话,它需要在实践工作中在符合科学原则的前提下敢于突破原有的、传统的方法技术,把其他实验中的方法技术引入进来。譬如,受滴器原本是在生理学实验中用来自动记录尿液滴数的,但把它用来自动记录其他的液体滴数也同样可行。因此,有的生理学工作者就把它引入"离体蛙心灌流"实验中,用以进行蛙心输出量的定量和记录。受滴器的工作原理是利用液滴在滴下来时使受滴器的两根金属线暂时短路,使仪器自动记录液体通过的滴数。在测定脊蛙反射的反射实验中,使用目测观察从将硫酸溶液接触到蛙的下肢趾尖,到蛙的下肢产生收缩反应之间的时间,误差就比较大。如果利用此原理将受滴器的一条输入线与蛙的下肢相连,另一条输入线与平皿中的硫酸溶液相连,即可自动测定蛙下肢的反射时。当平皿中的硫酸溶液与蛙的下肢接触时,受滴器的两条输入线短路信号就可以在记录仪器上做出一个记号,当蛙的下肢收缩使下肢离开硫酸液面时,受滴器输入的短路信号终止,又可以记录出一个信号;这样在仪器上测定出来的反射时要比目测用手掐秒表准确而可靠,并可得到客观记录。

(3) 实践中研究是途径　在游泳中学游泳,在工作中学工作,在进行生理学实验过程中开展生理学实验方法的研究,永远是我们取得进步的好方法。不长期介入某一项具体的工作,就不会发现该工作中的具体问题,发现不了具体问题,也就不能使问题得到解决、推动工作的进步。18 世纪末叶,意大利科学家 L. Galvani 发现生物电的过程就是一个很好的例子。Galvani 在研究蛙的神经肌肉标本时偶然发现了这样一种现象:用铜制的钩子钩住新剥制的蛙体下肢,又将铜钩子挂到铁栏杆上,每当蛙的下肢与铁栏杆发生接触时,蛙的下肢肌肉就发生一次收缩。由此,Galvani 认为他发现了"动物电流",即蛙的神经与肌肉组织就像莱顿瓶一样,内外两侧带有不同的电荷,可以放电,金属导线只起着接通电路的作用。物理学家 A. Volta 则认为,电不是来自动物组织,而是由于不同金属和溶液相接触时产生了电位差,是物理电刺激肌肉产生的收缩。为了证实生物电的存在,1794 年 Galvani 设计了一个十分巧妙的实验方法,他把神经纤维上的两点分别与一条蛙肌肉的横断面(溢出细胞内液)和完好部位(细胞外液)同时直接接触,也能引起神经所支配的肌肉产生收缩,以无可争辩的事实证明引起肌肉收缩的刺激不再是物理电,从而证实了生物电的客观存在。

(4) 细心观察很关键　有的人在生理学实验过程中并不缺乏创新改进的意识,也不缺乏生理学实验的经历,但是常常为生理学实验中出现的异常现象而困惑,百思而不得其解,他所缺乏的就是细心观察。任何生理学实验异常现象的反复出现,总会有它的主要原因。若要搞清楚其发生的根本原因,需要的就是细心。粗心大意绝对发现不了问题,更谈不上解决问题。譬如,在观察眼球内的浦肯野蜡烛像时,蜡烛摆放的位置和角度、观察者观察的方位、观察者观察的仔细程度,都是把眼球折光系统不同球形界面反射的蜡烛像清楚辨认的关键。再譬如,利用锌铜弓研究电刺激的极性法则时,如果不细心观察,就不会发现通电刺激强度大于断电刺激的刺激强度差异。如果连正确的实验结果都不能做出来,何谈方法技术上的创新和改进呢?

(5) 微小改进也是进步　所谓的实验方法技术上的改进与创新,绝对不是要求实验者一定要做出多么巨大而带有革命性的、根本性的新发明、新方法。任何一项实验方法技术上的微小改进,只要有其独特、新颖、可靠性、先进性的一面,都是一件有实用意义的突破。我国每年都有数十万大学生从事生理学实验的学习与工作,我们在生理学实验过程中,任何一项很小的创新改进,应用到这么众多的学习者身上,都将具有很大的社会效益。哪怕是一个微小的改进、创新可以节省几分钟的实验时间、节省几元钱的实验经费、使得出的实验数据更加准确可靠、使实验成功率有一定的提高等,都是了不起的成就。

3. 生理学实验方法研究的对象

开展生理学实验方法的研究,涉及的研究对象包括生理学实验的各个环节,需要从整个生理学实验的全部过程入手,如实验原理、实验材料的选择和使用、实验仪器的使用、实验操作技术、实验手术、实验刺激和实验记录等。

(1) 实验原理的研究　作为实验者,首先要清楚本实验的基本原理是什么,也就是说本实验是根据什么科学原理来进行的。一方面是对实验原理的陈述。实验原理不是实验内容的理论原理,也不是实验现象的理论解释,而是实验方法和技术上的基本原理,即做某一实验内容的可行道理和依据,如本实验为什么"这样做"而不"那样做"的基本道理。遗憾的是,现在很多生理学实验课程没有把做该实验的思路原理讲清楚,只谈了与实验相关的理论上的原理和对实验现象的解释。另一方面它指的是对实验原理的正确理解。如果我们真正彻底搞清楚了某一个实验的实验原理，就完全可以从这一基本原理出发，设计出许多种不同的具体实验方法，然后因地制宜从中选择出经济便宜、容易操作、容易成功的较佳实验方案。譬如，传统的肌肉收缩实验描记收缩曲线都使用蛙的坐骨神经腓肠肌标本，这固然不错。但如果把该实验原理理解透彻了，不就是要刺激运动神经使肌肉产生收缩吗，何苦还必须要制备一个坐骨神经腓肠肌标本呢？只要把腓肠肌游离出来用棉线与张力换能器相连，再从蛙的大腿股部剥离出坐骨神经干，将蛙的膝关节固定结实，刺激坐骨神经干不照样可以使腓肠肌产生收缩进行记录吗？这样做总比制作一个坐骨神经腓肠肌标本简单、省时得多。这样做虽然只节省了数分钟的标本制作时间，但谁又能说这不是一件很有意义的改进和创新呢？

(2) 实验材料的研究　实验材料就是生理学实验的研究对象。单从理论上说，如果研究某组织和细胞的生理机能，使用任何动物都应该是可以的。但事实上，某些动物的某些组织细胞最适合做某一方面的研究。譬如，人们在细胞内记录生物电时，需要将微电极插入细胞内部。但是在早期不能制作出十分纤细的微电极时，人们为组织细胞个体太小、电极不够纤细而不能进行细胞内的记录深感困惑。1939年，动物学家 J. Z. Young 发现了枪乌贼的巨大轴突（直径 0.6 mm 以上）。神经生理学家 A. L. Hodgkin 和 A. F. Huxley 得知枪乌贼有如此粗大的神经轴突以后，即刻就想到它是进行细胞内记录的极好实验材料，因此使用微电极在枪乌贼巨大轴突上测定出神经轴突的跨膜电位，实现了细胞内记录膜电位的历史性突破，极大地推动了生物电研究的深入与发展。再譬如，研究离体肌肉收缩会使用哺乳动物的肌肉组织，由于它们的代谢旺盛，必须要对肌肉通氧，还要保持恒温环境，要求设备条件较高，比较难以控制。如果选择两栖动物蛙的肌肉来进行，需要的控制条件就简单容易得多了。由此可见，研究出方便做某种生理学实验的适宜实验材料，对于推动生理学研究的深入发展作用巨大。

(3) 实验仪器的研究　做任何生理学实验都需要使用一定的实验仪器。常言说"工欲善其事、必先利其器"，可见操作工具对于达到实验目的的重要性。

任何新的生理仪器研发出来，都将对揭示生命活动规律做出极大的贡献。生理学实验方法上的改进与研究也同样受到其他学科研究的影响和制约。譬如对生物体施加电刺激的问题，最早在生理学实验研究中，电刺激使用的刺激装置是感应线圈，改变电刺激的强度是变化主线圈与副线圈的距离或者角度，这样的定量刺激显然是很粗糙的。后来随着电子物理学的发展，设计出了电子刺激器，使用电子刺激器对生物体施加电刺激，刺激的参数（刺激强度、刺激波宽、刺激频率等）就精确得多了，调试起来也方便很多。近些年来发展起来的计算机操作系统，使得电刺激的参数更加精确，可以精确到 0.1 mV 甚至更小，这又是电子刺激器所不能比拟的。记录装置的发展与改进更是如此。从记纹鼓描记到示波器照相记录，再到多道记录仪的描笔记录，乃至发展到今天计算机上实现的自动记录、自动储存与自动分析，都反映了生理学实验研究方法上的重大发展和进步。这些都是生理学科学工作者在实验仪器研究上取得的重大成就，都在一定程度上对于揭示生命活动规律做出了重大的贡献。

(4) 实验操作技术的研究　譬如，在进行家兔心血管调节的神经调节实验时，需要用手提起套在颈总动脉上的棉线以阻断其血流，使颈动脉窦的血压降低，从而反射性地引起家兔的动脉血压升高。但是有时候动物的动脉血压不但不升高，反而降低。实验者常常注意不到这一点而对出现的实验结果产生很大的困惑。这里面就有手提棉线的技术细节问题。如果在牵拉棉线时棉线的方向朝向头部用力，棉线阻断血流后使颈动脉窦血压下降，从而通过神经反射会使动脉血压有所升高；反之，如果是牵拉棉线的用力方向朝向主动脉弓一侧，这时动物的动脉血压是升是降就要具体分析：此时颈动脉窦内血压下降本应引起动脉血压反射性升高，但牵拉用力会使得颈动脉窦上的感觉神经末梢受刺激兴奋（就如同动脉血压真的升高了一样的刺激），又使动脉血压反射性降低。不懂得这一点，必然要造成令人困惑的实验结果。在生理学的实验操作中，有很多诸如此类的具体细节都需要精心研究。

总而言之，在生理学实验全部过程的每一个细节中，涉及的全部器械、仪器药品和实验材料、手术操作的方方面面，都有研究和改进的必要和可能。能否在研究方法上取得进展和突破，基础是不满足现状，前提是在实验过程中注意发现问题、解决问题。前人在生理学实验方法上的研究已经为我们做出了榜样，我们也清楚地看到了任何方法技术上的改进和突破都对生理学研究的深入与发展所起到的巨大推动作用。读者们应该在初步涉入生理学实验的学习时，就树立起对生理学实验方法的研究意识并付诸具体的行动。

（李东风　崔庚寅）

第五节　中英文实验报告的撰写

一、实验报告的意义

生理学实验要求学生在实验之后撰写实验报告，这是生理学实验课的基本训练之一。生理学实验要求学生细心观察、记录实验中出现的各种现象，认真分析，精心归纳，科学总结，写出报告。有人说做生理学实验犹如进行一次小型的科学研究——把实验所得到的数据进行分析、总结，最后写出实验报告。与科学研究不同的是，教师已提前做好实验设计，并基本可预知实验结果。尽管如此，生理学实验与实验报告的撰写仍是对学生所进行的基本训练之一，是青年学生逐渐步入科学研究的必由之路。通过实验及撰写报告，可以提高学生对实验现象的观察能力、对实验数据的分析能力、对实验结果的独立思考能力和对前人实验结论的判断能力。如果缺乏这些基本素养和能力，是无法步入真正科学研究之圣殿。因此，千万不可小视所书写的每一份实验报告，它必将为提高自身各种能力（包括观察能力、分析能力、独立思考能力和判断能力）发挥重要的奠基作用，应以科学态度，认真、严肃地对待，以便为日后撰写科学论文打下良好的基础。

为了适应新时期教育的要求，这里将中文实验报告和英文实验报告的撰写分别介绍如下。

二、中文实验报告的撰写

1. 报告的格式

生理学实验报告的撰写要求如下各项。

生理学实验报告

姓名	专业	组别	日期	室温
实验题目				
目的要求				
实验方法				
实验结果				
讨论				
结论				

2. 内容要求

（1）实验题目　一次实验课可能会完成多个实验，但教师只要求就其中1~2个实验书写报告，有的实验还要求学生自行命名。这就需要学生独立思考，综合所做实验，选择适当的实验题目。当然，标题应与报告内容相符，题目的文字不宜过长，力求简明、概括性强。

（2）目的要求　应与实验内容密切相关，不写与之无关的内容。文字力求简练。

（3）实验方法　应按教师的要求书写。一般情况下，重复使用的方法可以简要说明，而自行设计的实验应具体写明实验方法。

（4）实验结果　实验结果是实验报告的重要部分。实验过程中所观察或记录的生理指标和现象，都应如实、正确地反映在实验结果中，并加以记述或说明。如果要求用描记图表示，则需要将原始记录进行合理的剪贴、加工，并在图的下方写明图号、图题、图注及必要的文字说明（图1-5-1），不应将原始记录原封不动地附在报告上。为了便于说明和比较，有些实验结果可以列表或绘图表示。图、表的绘制，可参考本书"附录5　生理学图表的绘制"。表号、表题应写在表的上方，而图号、图题则写在图的下方。

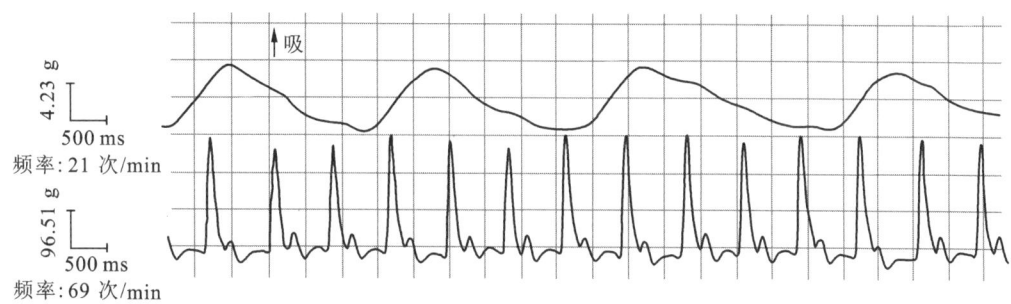

图1-5-1　人体呼吸波（上）与指脉图（下）同步记录

凡是定量测量指标，诸如长度、质量、速度等，均应以正确的单位和数值，准确地写在报告上。有些实验结果需要做统计学处理，如求出均值、标准差及做显著性检验等（表1-5-1），具体方法参见本书"附录4　实验数据的处理及统计"。

（5）讨论　这是实验报告的核心部分。要求学生根据所学的理论知识对实验结果进行科学的分析和解释，并判断实验结果是否与理论相符合。如果出现非预期结果，应分析其中的原因。

对实验结果进行认真的分析讨论，有助于提高学生分析、思考和文字表达能力。在分析讨论中不应盲目抄袭书本，而要用自己的语言来表达（但应注意使用专业术语）。提倡学生根据实验

表 1-5-1　12 名大学生运动前后收缩压的变化

编号	运动前收缩压/mmHg	运动后收缩压/mmHg	差数(x)	x^2
1				
2				
3				
4				
5				
6				
7				
8				
9				
10				
11				
12				
合计				

结果提出自己的独到见解与认识,以及未来想要深入探索的课题。

(6) 结论　结论是从实验结果和讨论中归纳出来的有高度概括性的结语,也是实验所验证的基本概念、基本原理的简要总结。结论的文字应突出重点、简明扼要。写好结论部分,有助于提高学生归纳问题的能力。

三、英文实验报告的撰写

1. 为什么要撰写英文实验报告?

撰写英文实验报告除了有助于提高前述各种能力以外,还可以提高英文表达能力。在科学技术全球化趋势下,我们不仅需要及时了解国际动态,也需要把研究成果尽可能快地报道出去,提升国际学术竞争力。特别是在具有中国特色的科研领域里,如中医、中草药、针灸等,更需要提高我们的英文表达能力。笔者在审阅几种英文杂志的稿件时注意到,有不少来自中国研究者的稿件,虽然他们的设计、结果、分析和讨论都还可以,但却不能发表,原因之一就是英文的表达没有达到要求。

以论文的形式书写英文实验报告无疑为撰写英文论文打下良好的基础。20 世纪 80 年代中期,笔者在南开大学生物系任教时,曾提倡书写英文实验报告,当时的医学生物学专业 20 多位学生中,有 2~3 位同学经常用英文书写。虽然他们开始时写得并不太像样,但对其英语表达能力提高起到了很大作用。一位到美国读博士的学生告诉笔者:"我感觉书写英文实验报告要比做实验困难许多,但它为我以后撰写英文论文起到了无法估量的作用。"

2. 英文实验报告包括哪几部分?

笔者认为,既然撰写英文实验报告的目的是提高英语表达能力,为书写英文论文打下良好基础，一些实验报告就应该以论文的格式书写。这里，就以国际上对科学论文的书写形式和要求概述实验报告的撰写方法。

当前，国际上对科学论文有严格的要求和固定的格式，一般称之为"IMRAD Format"或简称"IMRAD"。IMRAD源自以下单词的首字母：

Introduction　　　　　　　　（I）
Material and Methods　　　（M）
Results　　　　　　　　　　（R）
and　　　　　　　　　　　　（A）
Discussion　　　　　　　　 （D）

虽然不同学科、不同杂志所要求的论文格式略有差别，但是基本上都遵守"IMRAD"这一格式。为了使初学者对科学论文有全面的了解，这里分5个部分进行介绍：Title（论文标题）、Introduction（引言）、Material and Methods（材料和方法）、Results（结果）和Discussion（讨论）[论文中的Reference（参考文献）暂不要求在实验报告中撰写]。

3. 如何"命题"？——Title

（1）命题的原则

科学论文标题的选择是十分重要的。因为读者检索资料时，第一眼看到的总是标题。一般而言，命题的原则是：简明扼要，具有吸引力，并要求在题目中提供关键词以便索引。标题应具有吸引力，让读者看了就想知道你在做什么，是怎么做的？当然，在标题中应该避免缩写词、难懂的词及装腔作势的用语。

（2）论文标题中的常用词组和表达方式

A对B的作用（effort of A on B）：如Protective effect of omeprazole on endothelin-induced gastric mucosal injury。

A与B的关系：如Correlation（relation/relationship）between A and B。

（3）应该避免的命题格式

值得注意的是，应该避免某些命题格式，避免使用某些非必要的文字表述。如表1-5-2所指出的"Studies on…"或"An investigation of …"等，这些表述都没有意义，应该在标题中避免，因为做实验的本身就是要研究、要观察，而学者、学生在中文语境下比较习惯使用这种命题格式，如"……的研究""……的实验观察""……的初步研究"等，但在英文命题时必须避免，因为这些都不是SCI杂志能够接受的论文命题格式。

（4）论文标题范例

这里提供字数适中、不同类型的8个论文标题，供读者参考使用。

① Canine nonischemic left ventricular dysfunction: a model of chronic human cardiomyopathy.

② Catheter ablation for supperventricular tachycardia in children and congenital heart diseases.

③ Spinal cord injury alters cardiac electrophysiology and increases the susceptibility to ventricular arrhythmias.

④ Molecular physiology of cardiac repolarization.

⑤ Electrotonic cell-cell.

⑥ Modification of cellular interactions in cardiac tissue: effects on action potential propagation and repolatization communication by gene transfer.

⑦ Neuronal sodium channels in ventricular heart cells are localized near T-tubules openings.

⑧ Molecular correlates of repolarization alternans in cardiac myocytes.

4. 如何撰写"引言"？——Introduction

引言是一篇科技论文及实验论文的开场白，它写在正文之前。每篇实验论文的引言，主要用以说明它的主题和总纲。实验论文中的引言要求简明扼要。注意这里说的是一般科技论文引言的内容，而不是实验报告论文的要求。

(1) 引言的主要内容

一般而言，在引言中应该回答以下3个问题：

① 在你研究的领域里，当前存在的问题是什么？在简摘当前有关研究的来龙去脉、关键性的术语及概念之后，明确地把问题提到读者的面前。

② 问题的重要性在哪里？综述有关研究，提出争论或未解决的问题、未测试的群体和未试验的方法等，使读者深切地感到此问题亟待解决。

③ 如何解决这些问题？简述你的实验设计、方法及理论基础，即如何通过实验回答前面所提出的问题。

一个好的引言是具有吸引力的。因为鲜明而重要的问题摆在读者面前，人们大都会想刨根问底，看个究竟。

(2) 引言中的引证

在引言中，一个十分重要的写作技巧是引证(cite)。在引用文献中提出问题，说明问题的重要性。在引用前人的文献时，应抓住其核心，不可大段抄搬。引用文献的格式，各杂志的要求不同，在撰写论文时应该严格遵守各杂志的规则，切勿粗心大意。

(3) 引言中的常用词组和表达方式

以下介绍几组引言中可被接受的词组和表达方式，供读者参考使用。

① It is sporadically reported that…

② Previous studies have demonstrated (indicated, shown) that…

③ There is scarcity of data that…

④ Several lines of evidence suggest…

⑤ The focus of the conference will be…

⑥ To the best of our knowledge, the prophylactic efficacy of … for skeletal muscle cramps in HD patients has not yet been reported in the English language literature.

⑦ However, only limited data are available in the literature with regard to chemopreventive effects of … on experimental carcinogenesis.

⑧ Thus, electropharmacological actions of … and the constituents on cardiac ionic channel currents still remain. Therefore, the aim of this study was to investigate more detailed cardiac electropharmacological actions of the containing compounds, especially their modulations of the action potentials and the underlying ionic currents, using a patch-clamp technique.

⑨ …cancer is a significant public health problem in the world. Therefore, to prevent and treat this disease, it is necessary to identify and use effective chemopreventive agents.

⑩ It is unknown, however, what the specific mechanism of SF in reducing ischemia-reperfusion injury is. Therefore, the aim of the present study was to clarify (A) whether SF could improve myocardial injury due to ischemia-repefusion, (B) whether its cardioprotective effects were related to scavenging hydroxyl radicals, (C) whether SF was more effective than its separated herbal extracts prepared from radix ginseng and radix aconnitum carmicheali.

5. 如何书写"材料和方法"？——Material and Methods

(1) 为什么写"材料和方法"？

在一般论文中，写出具体材料和方法的目的是让读者了解研究所使用的方法是什么，所用的材料是否适合、公认，让后人可以依据所提供的材料和方法重复该项工作（表1-5-2）。

(2) "材料和方法"的主要内容

正如表1-5-2所示，在"材料和方法"中所要回答的问题是：

① 如何研究你所提出的问题？

② 用什么具体方法研究？

③ 用这种方法是如何进行研究的？

④ 用什么方法进行统计学处理？

表 1-5-2 The guidelines for effective "material and Methods"

Questions to Address	How to Address Them
How did you study the problem?	Briefly explain the general type of scientific procedure you used
◆ What did you use? （May be subheaded as Materials）	◆ Describe what materials, subjects, and equipments (chemicals, experimental animals, apparatus, etc.) you used (These may be subheaded Animals, Reagents, etc.)
◆ How did you proceed? （May be subheaded as Methods or Procedures）	◆ Explain the steps you took in your experiment (These may be subheaded by experiment, types of assay, etc.)

Additional tips:
1. Provide enough detail for replication, include genus, species, strain of organisms; their source, living conditions, and care; and sources (manufacturer, location) of chemicals and apparatus.
2. Order procedures chronologically or by type of procedure (subheaded) and chronologically within type.
3. Use past tense to describe *what you did*.
4. Quantify when possible: concentrations, measurements, amounts (all metric); times (24-hour clock); temperatures (centigrade).

What to avoid:
1. Don't include details of common statistical procedures.
2. Don't mix results with procedures.

为了较为详尽地回答这些问题，目前更多的科学杂志要求写"Material and Methods"，而不单单是"Methods"。这就需要详尽地描写实验中所使用材料，包括：化学物质（纯度、浓度、出产公司、城市、国别等）；研究对象，包括动物的种、属、来源（厂家、城市等）；饲养条件；护理条件；实验分组；

等等。当然,实验所使用的仪器、设备和装置等也应有详细介绍,如用"cell line"进行实验,则须说明细胞系的来源、类别、产地、厂家及培养条件等。在英文的时态上,需要注意的是在撰写方法时,一般都使用过去时。

(3) 分小标题的写法,更清晰明了

翻开科研论文,你可以看到,绝大部分的"材料和方法"中均分小标题。这样可使文章更明了清晰,便于读者查询。下面将常用的小标题列出来,供读者参考使用。

① Chemical Reagents and Analysis of Re-using HPLC
② Cardiomyocyte Culture Preparation
③ Video/Fluorescent Microscopy
④ Measurement of Intracellular ROS
⑤ Viability Assay
⑥ Statistics

(4) "材料和方法"中应该避免的内容

正如表1-5-2所指出的,书写实验方法的过程不要与实验结果混淆,以免造成不必要的重复。一般而言,"材料和方法"中的最后一个小标题应该是"Statistical Analysis"。在这里,应简要说明所使用的统计学方法,而无须详解统计学程序。

6. 如何呈现实验"结果"? ——Results

(1) 实验"结果"的主要内容

在实验中所观察到的现象、所记录到的数据、所拍摄的图片资料、所测试的结果,经过组织、总结、分析、科学归纳及统计学处理,应图表兼用地出现在实验"结果"里。在实验"结果"中,你所要回答的问题只有一个,就是"在实验中观察到了什么现象"。为了更好地表述所观察到的现象,人们常常使用表和图的形式,以提高结果的直观性,使读者一目了然。这里,我们仅提供两种最常用、最简单的图示,棒状图和曲线图,并加以说明。具体绘制方法请参考本书"附录5 生理学图表的绘制"。

图1-5-2是棒状图,三七根提取物对结肠癌细胞SW480(0.05 g/L、0.5 g/L、1.0 g/L)的抑制作用。这里既说明了图中缩写字的意义,也说明了使用药物的浓度。棒状图必须具有横坐标(Concentration)及纵坐标(Proliferation of SW480 Cells)。棒上加有星号(*),以说明其具有$P<0.05$的统计学意义。

图1-5-3是曲线图,此图说明中国人参总皂苷(TGCG)对 ob/ob mice 小鼠静脉注射葡萄糖试验(IPGTT)的影响,有横坐

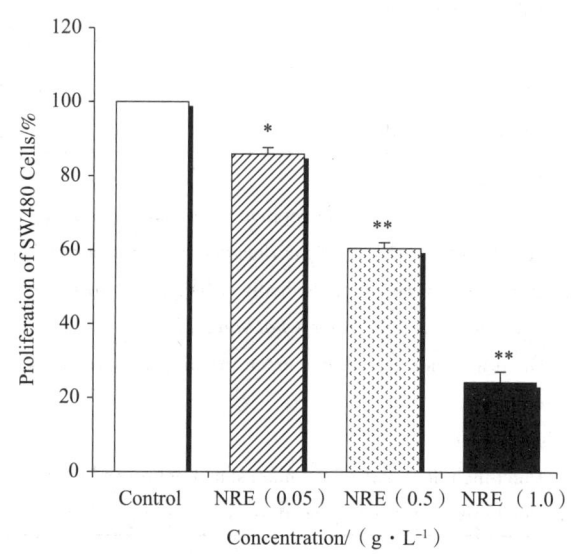

图1-5-2 Inhibitory effects of *Panax notoginseng* radix extract (NRE, 0.05, 0.5, 1.0 g/L) on proliferation of SW480 colorectal cancer cells (%)
* $P<0.01$;** $P<0.001$

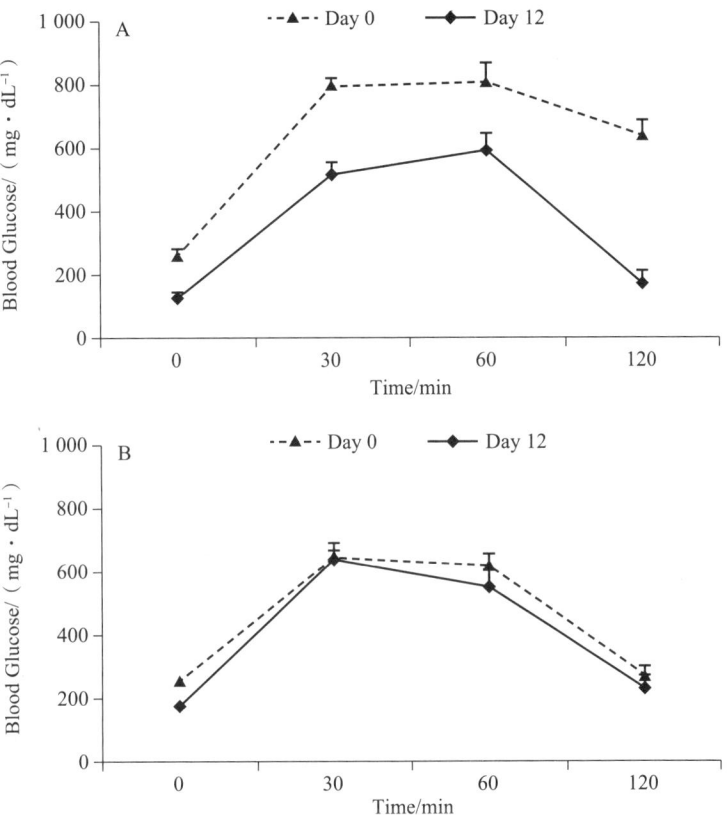

图 1-5-3　Effect of the total ginsenosides of Chinese ginseng(TGCG) and vehicle on intraperitoneal glucose tolerance test(IPGTT) in *ob/ob* mice before(Day 0) and after a 12-day treatment(Day 12)

A:TGCG(200 mg/kg, $n = 7$);B:Vehicle(Saline solution, $n = 6$)

标(Time)和纵坐标(Blood Glucose),A 为中国人参皂苷,B 为对照组。虚线示注射前、实线示注射12 天时的数据。

(2) "结果"中的常用词组和句子

在实验"结果"的呈现中,也有一些常用的、可被接受的习惯词组和句型,这里也供读者参考使用。

① It is noteworthy that the extracts do not affect the level …

② As alluded to above, …; As described above, …

③ … were divided into/classified/grouped into; … were divided randomly/randomized into; … were divided equally into.

④ Assays were performed at least three times.

⑤ … showed strong inhibition in a dosage-dependent(time-dependent) manner.

⑥ … decreased fasting blood glucose in *ob/ob* mice significantly.

⑦ Collectively, the data strongly suggest that…

⑧ In paralleled with the reduction of blood glucose levels, there was a significant decrease in …; significant difference; very/highly significant difference; very/highly significant difference; nonsignificant difference/no difference.

⑨ Compared to control group (100%), ... reduced the cell proliferations by 61.0% ± 6.1% at the concentration of 0.05 g/L ($P < 0.01$).

(3) "结果"中应该避免的内容

表 1-5-3 是有效组织"结果"的入门。需要说明的是在组织呈现实验结果时,应该:

① 避免重复数据,即在表中列出了数据,在叙述中又重复一遍。

② 避免分析结果,即"结果"中只谈结果,无须进行分析讨论。如进行分析,必然与"讨论"重复,均应避免之。

③ 杜绝一切伪造和欺骗行为。科学论文是纯科学的行为,一切伪科学、反科学行为均应杜绝。从已揭露出来的事实看,国内外知名学者伪造实验结果的行为屡见不鲜。必须认识到,这是危害科学、危害国家和个人的行为。在学生时期的实验论文中就应坚决抵制和杜绝这类现象。

表 1-5-3　The guidelines for effective "Results"

Question to Address	How to Address it
◆ What did you observe ?	◆ Report main results, supported by selected data: ＊ Representative: most common ＊ Best Case: best example of ideal or exception

Additional tips:
1. Order multiple results logically:
   ＊ From most to least important
   ＊ From simple to complex
2. Use past tense to describe *what happened*.

What to avoid:
1. Don't simply repeat table data; select.
2. Don't mix results with procedures. Don't interpret results.
3. Avoid extra words: "It is shown in Table 1 that X induced Y" → "X induced Y."
4. Avoid any speculation and fraud.

7. 怎样进行分析"讨论"? ——Discussion

"讨论"是一篇论文的核心,也是实验报告或论文中最难写的一部分。读者应在撰写"讨论"时多花些工夫,多读几篇类似论文的"讨论",以便为写"讨论"做好必要的准备。

(1) "讨论"的基本内容

如表 1-5-4 所示,一个有效、合格的"讨论"也应该回答 3 个基本问题:

① 你的实验观察代表什么?

② 你能得到什么结论?

③ 如何扩大应用你的实验结果?

一般在"讨论"之初,先简述研究所得到的最主要的发现。而后描述与实验结果有关的代表性文献报道。说明你的实验结果是否与所引文献是一致的,提示了什么问题,如与所引文献不一致,如何解释。最后把实验结果所要提示的问题详细写明,包括理论意义和应用价值等。如能设

表 1-5-4　The guidelines for effective "Discussion"

Questions to Address	How to Address Them
◆ What do your observations mean? ◆ What conclusions can you draw?	◆ Summarize the most important findings at the beginning. ◆ Describe the patterns, principles, relationships your results show. ◆ Explain how your results relate to expectations and to literature cited in your *Introduction*. Do they agree, contradict, or are they exceptions to the rule? ◆ Explain plausibly any agreements, contradictions, or exceptions. ◆ Describe what additional research might resolve contradictions or explain exceptions.
◆ How do your results fit into a broader context?	◆ Suggest the theoretical implications of your results. ◆ Suggest practical applications of your results. ◆ Extend your findings to other situations or other species. ◆ Give the big picture: do your findings help us understand a broader topic?

Additional tips:
1. Move from specific to general: your finding(s) → literature, theory, practice.
2. Don't ignore or bury the major issue. Did the study achieve the goal (resolve the problem, answer the question, support the hypothesis) presented in the *Introduction*?
3. Make explanations complete.
   * Give evidence for each conclusion.
   * Discuss possible reasons for expected and unexpected findings.

What to avoid:
1. Don't overgeneralize.
2. Don't ignore deviations in your data.
3. Avoid speculation that cannot be tested in the foreseeable future.

计一两个图,说明你的结果和可能的机制,则使人更容易理解。

(2)"讨论"中的常用词组和句型

为帮助读者写好"讨论",笔者也选择一些常用的、可被接受的习惯词组和表达方式,供参考使用:

① It has been shown for first time that…

② It is widespread accepted that…; It is generally accepted that…

③ This study provides the first evidence that…

④ It is probable that the reason is linked to its chemical structure.

⑤ Although the mechanism by which IH-901 exerts its cytotoxic activity on the tumor cells is largely unknown, it is reported that…

⑥ Consideration of these findings lead to the possibility that…might regulate the ovarian function, at least in part, by inducing the cytokine secretion.

⑦ It is clear that…; It is well known that…

⑧ It is necessary that…;It is important that…;It is possible that…

(3) "讨论"中应该避免的内容

具体参见表1-5-4,并注意:

① 不可偏离自身实验数据和条件,更不可无限扩大实验结果,如把离体的实验资料无条件地应用于在体的分析中,把在动物体上所得到的资料无条件地应用于人体。

② 不可投机取巧。避免将来不能预测的任何推测和设想。

(解景田)

第二章 神经与肌肉

实验 2-1　坐骨神经 – 腓肠肌标本和腓肠肌标本制备

【实验背景与相关原理】

离体实验是动物生理学主要的实验方法之一。两栖动物是冷血动物,其神经 – 肌肉的基本生理机能与温血动物近似,而其离体组织器官维持活性所需要的条件比较简单,因此常被作为实验动物,为生理学实验提供离体组织或器官。蛙类坐骨神经(sciatic nerve)– 腓肠肌(gastrocnemius muscle)在任氏液中可维持生理活性数小时,在其基础上还可进一步制作神经干标本、腓肠肌标本,可用于研究肌肉收缩的特性,神经和肌肉的兴奋性、传导性、刺激与反应的关系,神经肌肉接头活动等生理活动及相关机制,甚至还可以用于药物筛选,如作为抗疲劳药物筛选的模型等。因此坐骨神经 – 腓肠肌标本是生理学实验有广泛用途的标本,制备坐骨神经 – 腓肠肌标本则是生理学实验的基本实验技能。

【目的要求】

1. 学习蛙类动物单毁髓与双毁髓的方法。
2. 学习并掌握坐骨神经 – 腓肠肌标本及腓肠肌标本的制备方法。
3. 了解电刺激(electrical stimulation)的极性法则。

【实验器材】

牛蛙、常用手术器械(手术剪、手术镊、手术刀、金冠剪、眼科剪、眼科镊、毁髓针、玻璃分针)、蜡盘、蛙板(木质或硬泡沫塑料)、玻璃板、固定针、锌铜弓(Zn-Cu forcep)、培养皿或不锈钢盘、污物缸、滴管、纱布、粗棉线和任氏液。

 拓展阅读 2-1　任氏液及其发现

【方法与步骤】

1. 双毁髓

一手握住实验动物(可用纱布包裹动物躯干部),使其背部向上(参见图 1-2-5)。用拇指压住其背部,示指按压其头部前端,使头端向下低垂;另一手持毁髓针,由两眼之间沿中线向后触划,当触及两耳中间的凹陷处(此处与两眼的连线呈等边三角形)时,持针手即感觉针尖下陷,此处即为枕骨大孔的位置。将毁髓针由凹陷处垂直刺入，即可进入枕骨大孔。然后将针尖向前刺入颅腔（如毁髓针在颅腔内，实验者可感到针尖触及颅骨），在颅腔内搅动，以捣毁脑组织，此时的动物为单毁髓动物。然后，将毁髓针退至枕骨大孔，针尖转向后方，与脊柱平行刺入椎管，以捣毁脊髓。彻底捣毁脊髓时，可看到动物的后肢突然蹬直，而后瘫软如棉，此时的动物为双毁髓动物。如动物仍表现四肢肌肉紧张或活动自如，必须重新毁髓。操作过程中应注意使动物头部向外侧（不要挤压耳后腺），防止耳后腺分泌物射入实验者眼内（如被射入，则立即用生理盐水冲洗眼睛）。

2. 坐骨神经-腓肠肌标本制备（▶操作示范 2-1）

（1）剥制后肢标本　如果动物个体较大，可将双毁髓的动物腹面向上放入蜡盘中。一手持手术镊轻轻提起耻骨联合上方的皮肤，另一手用手术剪横向剪开皮肤，再剪开体壁肌肉（开口要大）。然后用手术镊轻轻提起内脏，自耻骨部剪断（勿损伤脊神经）。一手轻轻托起后肢，使头部及内脏向下，看清支配后肢的脊神经发出部位，于其前方用金冠剪横向剪断脊柱。然后再沿脊柱两侧到横向切口剪断体壁，一手用蘸有任氏液的拇指和示指捏住断开的脊柱后端，另一手向后撕剥皮肤并除去断开脊柱以上部位的肢体及内脏。如果下肢撕皮困难，可在撕皮至股部时，用手勾住双股中间后再行撕剥（图 2-1-1）。将剥干净的后肢放入任氏液中备用。清洗手及用过的手术器械。

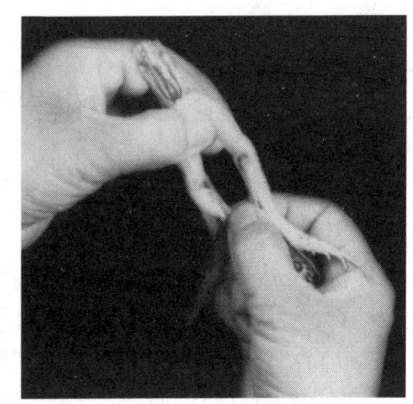

图 2-1-1　剥去后肢皮肤的方法

如果动物个体较小，可将其背面向上放入蜡盘中。用手术镊轻轻提起两前肢之间的背部皮肤，并用手术剪横向剪开皮肤，用金冠剪剪断脊柱。然后再用手术镊提起断开的脊柱后端，用金冠剪沿脊柱两侧剪开体壁并剥皮（方法同上）。

注意：操作过程中不可将剥皮的标本同皮肤、内脏等弃物放在一起。

（2）分离两后肢　将去皮的后肢腹面向上置于玻璃板上，脊柱端在左侧，用左手拇指和示指固定标本的股部两侧肌肉，右手持手术刀，于耻骨联合处向下按压刀刃，切开耻骨联合。然后用手托起标本，用金冠剪剪开两后肢相连的肌肉组织，并纵向剪开脊柱（尾杆骨留在一侧），使两后肢完全分离。将分开的后肢，一只继续剥制标本，另一只放入任氏液中备用。

（3）分离坐骨神经　将一侧后肢的脊柱端腹面向上，趾端向外侧翻转，使足底向上，用固定针将标本固定在玻璃板下方的蛙板上。用玻璃分针沿脊神经向后分离坐骨神经（图 2-1-2）。在股部，可沿腓肠肌正前方的股二头肌和半膜肌之间的裂缝找出坐骨神经。在坐骨神经基部（即与脊神经相接的部位）有一梨状肌盖住神经，用玻璃分针轻轻挑起肌肉，便可看清下面穿行的坐骨神经。剪断（或用玻璃分针扯断）梨状肌，完全暴露坐骨神经及与其相连的脊神经。再用玻璃分针轻轻挑起神经，自前向后剪去支配腓肠肌之外的分支，将坐骨神经分离至腘窝处。取下脊柱端的固定针，保留神经发出部位的一小块脊椎，用金冠剪剪去其余部分脊椎及肌肉。再用手术镊轻轻提起连有神经的脊椎片，将神经移开股骨。

（4）游离腓肠肌　一手捏住趾端，另一手用手术镊（尖头镊）在腓肠肌跟腱下面穿线，并用结线扎紧。提起结线，游离腓肠肌。

（5）分离股骨头或胫腓骨头　如果所用动物个体小，可分离股骨头。方法是：一手捏住股骨，沿膝关节剪去股骨周围的肌肉,再用金冠剪自膝关节向前刮干净股骨上的肌肉,保留约 1 cm 股骨头并剪断股骨。提起腓肠肌上的扎线,剪去膝关节下部的后肢,仅保留腓肠肌与股骨的联系。

如果所用动物个体大,可分离胫腓骨头。此方法简便而易于操作。即在分离出腓肠肌的基础上,移开腓肠肌,用金冠剪剪去胫腓骨上的肌肉,自膝关节以下保留约 1 cm 长的胫腓骨并剪断后肢,然后自膝关节剪断股骨。

制备完整的坐骨神经－腓肠肌标本应包括:连有坐骨神经的脊椎、坐骨神经、腓肠肌、股骨头或胫腓骨头 4 部分(图 2-1-3)。

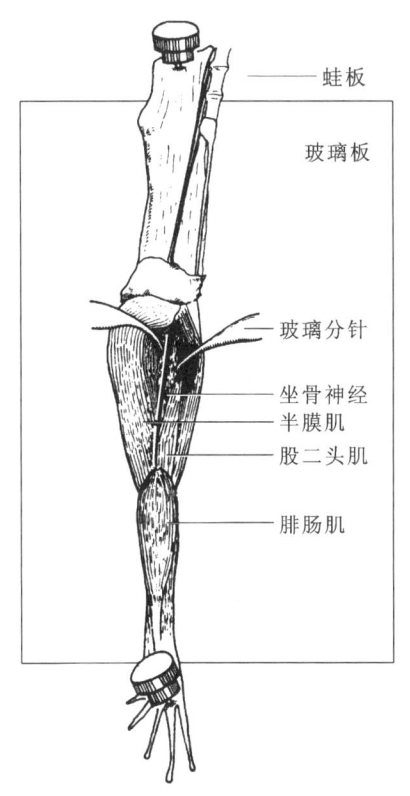

图 2-1-2 分离坐骨神经的方法

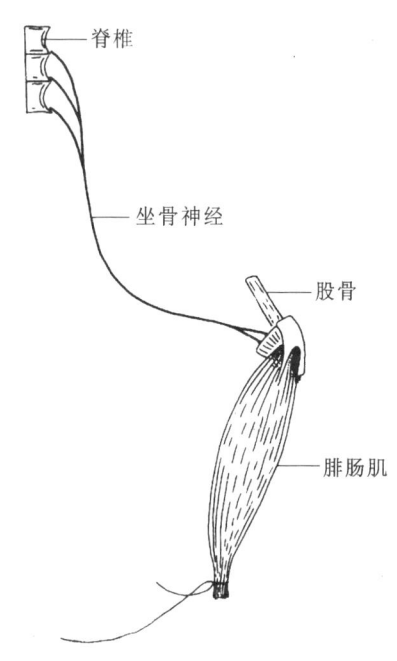

图 2-1-3 蛙坐骨神经－腓肠肌标本

(6) 检验标本　用手术镊轻轻提起标本的脊椎片,使神经离开玻璃板。再用任氏液蘸湿锌铜弓,并将其两极接触神经,如腓肠肌发生迅速收缩,则表示标本机能正常。提起腓肠肌上的结扎线,不使神经受到牵拉,轻轻将标本放入任氏液中保存,稳定 15～20 min 后即可进行实验。此标本可以用于神经干兴奋的传导、神经肌肉接头的传递,以及骨骼肌的收缩等实验研究。注意:在制备标本过程中要经常用任氏液湿润标本。

(7) 利用标本对刺激的极性法则验证　直流电刺激可兴奋细胞,之所以使细胞产生兴奋,从根本上讲是电刺激改变了细胞原来膜内外之间的电位差。细胞的静息膜电位为外正内负,如果刺激使膜电位差值减小(去极化),细胞则兴奋;如果使膜电位差值增大(超极化),细胞则兴奋性降低(抑制)。因此,在细胞膜外使用直流电刺激细胞,通电时兴奋只发生在负极,正极的兴奋性下降;在持续通电期间不形成刺激;断电时产生反向电流,兴奋只发生在正极;通电的刺激强度大于断电。

刺激神经干最简单的方法就是使用锌铜弓。锌铜弓在溶液中蘸湿以后,锌的表面电离出正离子,里面形成负离子;而铜的表面电离出负离子,里面形成正离子。当用锌铜弓接触活组织时,电流便沿着锌→活组织→铜的方向流动而产生刺激效应。所以锌相当于正极,而铜相当于负极发挥刺激作用。当断开时,则发生相反的效应。在剥离的坐骨神经干(也可在在体的神经干)上用锌铜弓进行这一实验,步骤如下:

① 在坐骨神经-腓肠肌标本的神经干中间部位用干棉线结扎,以阻断其传导兴奋的能力。

② 用锌铜弓跨越扎线结,刺激坐骨神经干。使锌极在腓肠肌一端刺激,观察腓肠肌收缩发生在通电(接触神经干)时还是断电(离开神经干)时。

③ 调转锌铜弓的极性,使铜极在腓肠肌一端刺激,观察腓肠肌收缩发生在通电时还是断电时。注意比较实验步骤②和③引起腓肠肌收缩的强度是否一样,哪个收缩强度比较大。

④ 可以多位同学手拉手串联起来,第一位同学用锌铜弓的铜极接触扎线结一端的神经干,最后一位同学拿另一只锌铜弓用锌极接触扎线结另一端的神经干,即使中间有5位以上同学拉手串联,也能得到良好的实验效果。

⑤ 解释各项实验结果。

3. 腓肠肌标本制备

(1) 双毁髓(方法同1)。

(2) 用手术剪环切动物股部皮肤并将后肢剥皮,剪断膝关节以上的股骨。在腓肠肌肌腱上穿线并扎,游离腓肠肌(方法同前),剪去胫腓骨上附着的肌肉后,自膝关节以下约1 cm处剪断肢骨。完整的腓肠肌标本应包括腓肠肌、胫腓骨头(如果动物个体小,可分离股骨头代替胫腓骨)。

【注意事项】

1. 用锌铜弓刺激时,一定要使神经干悬空,且勿接触其他物体。
2. 如果神经干结扎不好,通电和断电时都会引起腓肠肌收缩,需重新结扎。

【思考题】

1. 剥去皮肤的后肢,能用自来水冲洗吗?为什么?
2. 金属器械碰压或损伤神经与腓肠肌,可能引起哪些不良后果?
3. 如何保持标本的机能正常?
4. 试解释电刺激的极性效应。

【创新与探索】

1. 你认为该标本的制作方法有哪些需要改进的地方?请说出你的想法。
2. 试想该标本可以进行哪些实验研究?试设计实验内容。
3. 试设计一个新的、更简便的制作坐骨神经-腓肠肌标本的方法。
4. 试自行设计制作较长神经干的方法。

(刘燕强　崔庚寅)

实验 2-2　骨骼肌收缩特性和收缩形式的观测

【实验背景与相关原理】

腓肠肌由许多肌纤维组成,刺激腓肠肌时,不同的刺激强度会引起肌肉的不同反应。当刺激强度过小时,肌肉不发生收缩反应,此时的刺激为阈下刺激(subthreshold stimulus)。而能引起肌肉发生收缩反应的最小刺激强度,为阈刺激(threshold stimulus),大于阈刺激强度的刺激为阈上刺激(suprathreshold stimulus)。当全部肌纤维同时收缩时,则出现最大的收缩反应。这时,即使再增大刺激强度,肌肉收缩的力量也不会再随之加大。可以引起肌肉发生最大收缩反应的最小刺激强度为最适刺激强度。

神经受到一次阈刺激或阈上刺激,先产生一次动作电位,通过神经肌肉接头处兴奋的传递,引起受支配的骨骼肌产生动作电位,然后通过兴奋-收缩耦联过程引起骨骼肌收缩,该过程涉及复杂的分子机制。肌肉组织对于一个阈上强度的刺激,发生一次迅速的收缩反应,即单收缩。单收缩的过程可分为 3 个时期:潜伏期(incubation period)、收缩期(contraction period)和舒张期(relax period)。

拓展阅读 2-2　神经肌肉兴奋-收缩的耦联过程

两个同等强度的阈上刺激,相继作用于神经-肌肉标本,如果刺激间隔大于单收缩的时程,肌肉则出现两个分离的单收缩;如果刺激间隔小于单收缩的时程而大于不应期,则出现两个收缩反应的重叠,即收缩的总和;但如果第二个刺激在第一个收缩反应的不应期内,则第二个刺激不产生收缩反应。

当同等强度的连续阈上刺激作用于标本时,则出现多个收缩反应的叠加,即强直收缩(tetanus)。当后一收缩发生在前一收缩的舒张期时,即发生不完全强直收缩(incomplete tetanus);后一收缩发生在前一收缩的收缩期时,各自的收缩则完全融合,肌肉出现持续的收缩状态,即发生完全强直收缩(complete tetanus)。强直收缩是维持机体姿势和活动的骨骼肌最基本的状态。

【目的要求】

1. 学习肌肉实验的电刺激(electrical stimulus)方法及肌肉收缩(muscular contraction)的记录方法。
2. 观察刺激强度与肌肉收缩反应的关系。
3. 观察骨骼肌(skeletal muscle)单收缩过程。
4. 观察肌肉收缩的总和(summation)及强直收缩现象。

【实验器材】

蛙类腓肠肌标本、常用手术器械、生理信号采集系统、张力传感器(100 g)、双针露丝刺激电极、支架、双凹夹、肌槽、不锈钢盘或培养皿、滴管、橡皮泥、棉线和任氏液。

【方法与步骤】

1. 实验仪器用品的准备

打开生理信号采集系统,连接张力传感器与刺激输出。将标本的股或胫骨头固定在肌槽的固定孔或夹缝内,腓肠肌肌腱上的扎线与张力传感器的应变梁相连,坐骨神经搭在肌槽内的两个金属电极上,电极接头与刺激输出线接通,方法见图2-2-1。调节扎线松紧度,使肌肉自然拉平(保证肌肉一旦收缩,即可牵动张力传感器的应变梁)。

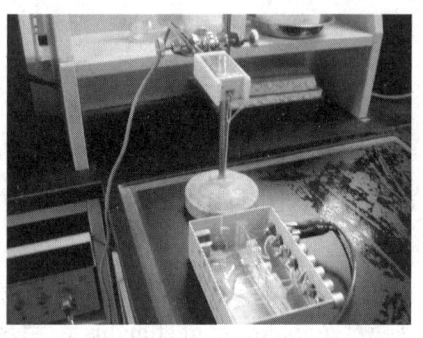

图 2-2-1　刺激与反应的实验装置

2. 计算机生理信号采集系统的准备

开通与张力传感器相连的通道,选择张力信号输入,然后启动波形显示图标,此时显示通道中出现扫描线。调节刺激装置的设置,将延时、波宽及刺激强度调至适当大小,选择好刺激方式。启动刺激图标,调节扫描基线接近刺激标记线后即可进行实验。

3. 实验观察(▶操作示范 2-2)

(1) 观察刺激强度与收缩反应的关系　从实验模块中选择神经肌肉的强度与收缩反应的实验项目,初始刺激强度为 0.01~0.05 V,增量为 0.005 V,启动刺激开关,观察肌肉收缩反应。分析该标本的阈刺激强度、阈上刺激强度和最适刺激强度(当刺激强度达到某一数值后,肌肉收缩幅度不再随刺激强度的增加而升高)。当出现 3~4 次同等高度的收缩曲线时,停止刺激。

(2) 观察腓肠肌单个收缩的时程　选用单刺激方式,调节刺激强度,使肌肉收缩的幅度适中。将实验用通道的扫描速度调快,启动刺激开关。当显示通道出现一个单收缩曲线时,立即点击暂停图标。测量单收缩的 3 个时程:潜伏期、收缩期与舒张期。

(3) 观察肌肉收缩的总和现象　启动波形显示图标,调节刺激设置为双刺激方式,并使两个阈上刺激强度相等。先调节刺激间隔大于单收缩的时程,然后逐渐缩短刺激间隔,分别观察并记录肌肉收缩形式的变化。这个过程也可以通过设置刺激间隔的程序一次完成。

(4) 观察肌肉的强直收缩　减慢扫描速度并衰减振幅增益,使单收缩的幅度减小至 3~5 mm。调节刺激设置为串刺激或连续单刺激方式,或设置高级刺激方式,自定义组数,设定不同组的刺激频率和脉冲数,刺激频率与脉冲数成正比增长,观察并记录肌肉收缩曲线的变化。

【参考结果】

参考结果见图 2-2-2 至图 2-2-5。

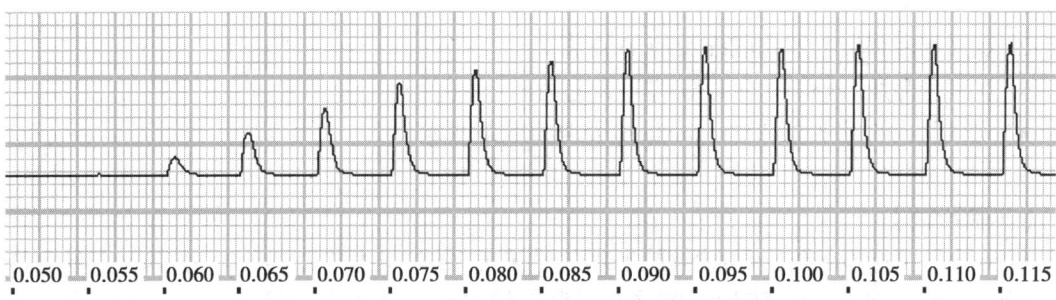

图 2-2-2　刺激强度与腓肠肌收缩反应的关系

下方的标注数字为刺激强度(单位为 V)

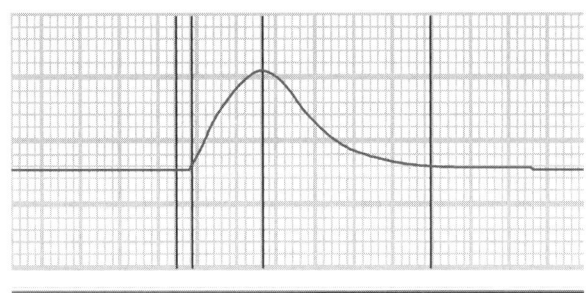

图 2-2-3 腓肠肌单收缩的形成

横线上的标注点为刺激点:潜伏期为 20.00 ms,收缩期为 90.00 ms,舒张期为 215.00 ms

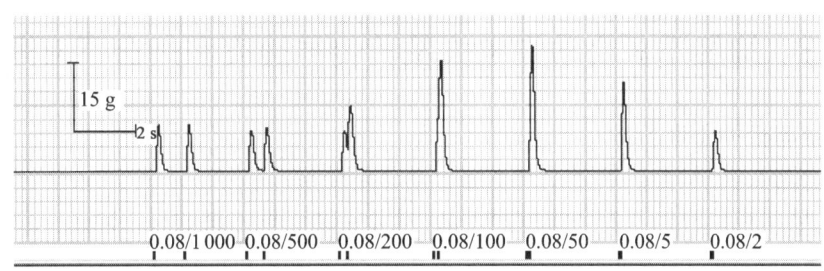

图 2-2-4 两个阈上刺激的波间隔与腓肠肌收缩的关系——骨骼肌收缩总和的形成

标注数字为刺激强度/波间隔(单位为 V/ms)

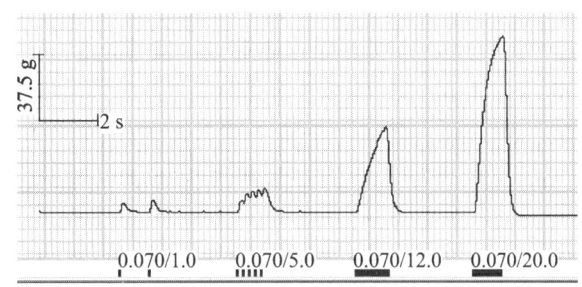

图 2-2-5 阈上刺激频率与腓肠肌收缩的关系——强直收缩的形成

标注数字为强度/频率(单位为 V/Hz)

【注意事项】

1. 注意保持标本在实验过程中机能稳定。
2. 避免肌肉过度疲劳。

【思考题】

1. 何为标本的最适刺激强度?
2. 你所制作的标本兴奋性如何?其指标是什么?
3. 同一标本的阈刺激强度与最适刺激强度是否会发生变化?为什么?
4. 刺激骨骼肌与刺激神经的单收缩曲线有何不同?
5. 刺激神经是如何引起肌肉收缩的?

【创新与探索】

1. 试设计实验,观察同等刺激强度下波宽对肌肉收缩反应的影响。
2. 你的实验过程是否有需要改进的地方?试说出改进意见。
3. 请你设计实验,观察不同动物单收缩时程的区别,并说明其生理意义。
4. 试设计实验,观察高频率的连续刺激对肌肉收缩形式的改变。
5. 请你设计实验,观察刺激腓肠肌与刺激支配腓肠肌神经的不应期、阈刺激强度和最适刺激强度有何不同。

(刘燕强)

实验 2-3　神经干复合动作电位及其传导速度和兴奋不应期的测定

【实验背景与相关原理】

神经干在受到有效刺激以后可以产生复合动作电位(compound action potential),标志着神经发生兴奋。如果在离体神经干的一端施加刺激,从另一端引导传来的兴奋冲动,可以记录出双相动作电位(diphasic action potential);假如在引导的两个电极之间将神经干麻醉或损坏,阻断其兴奋传导能力,这时候记录出的动作电位就称为单相动作电位(monophasic action potential)。神经细胞的动作电位是以"全或无"方式发生的。但是,复合动作电位的幅值在一定刺激强度下是随刺激强度的增加而增大的。

如果在远离刺激点的不同距离处分别引导离体神经干动作电位,两引导点之间的距离为 m,在两引导点分别引导出的动作电位的时相差为 s,即可按照公式 $v = m/s$ 来计算兴奋的传导速度(conduction velocity, CV)。蛙类的坐骨神经干属于混合性神经,其中包含有粗细不等的各种纤维,其直径一般为 $3 \sim 29\ \mu m$,其中直径最粗的有髓纤维为 A 类纤维,传导速度在正常室温下为 $35 \sim 40\ m/s$。

神经每兴奋一次及其在兴奋以后的恢复过程中,其兴奋性都要经历一次周期性变化,其全过程依次包括绝对不应期(absolute refractory period, ARP)、相对不应期(relative refractory period, RRP)、超常期和低常期 4 个时期。为了测定坐骨神经在发生一次兴奋以后兴奋性所发生的周期性变化,首先要给神经施加一个条件性刺激(S1)引起神经兴奋,然后在前一兴奋及其恢复过程的不同时相再施加一个测试性刺激(S2),用以检查神经的兴奋阈值以及所引起的动作电位的幅值,以判定神经兴奋性的变化。当刺激间隔时间长于 25 ms 时,S1 和 S2 分别引起的动作电位幅值大小基本相同。当 S2 距离 S1 接近 20 ms 左右时,S2 所引起的第二个动作电位幅值会开始减小。再逐渐使 S2 向 S1 靠近,第二个动作电位的幅值则继续减小。最后可因 S2 落在第一个动作电位的绝对不应期内而完全消失。

【目的要求】

1. 观察蛙坐骨神经干复合动作电位的基本波形,并了解其产生的基本原理。
2. 学习测定牛蛙离体神经干上神经冲动传导速度的方法和原理。
3. 学习测定神经干兴奋不应期的基本原理和方法。

【实验器材】

牛蛙、常用手术器械、计算机、生理信号采集系统、电子刺激器、神经屏蔽盒和任氏液。

【方法与步骤】

1. 坐骨神经干的标本制备（▶ 操作示范 2-3）

参照实验 2-1 的方法剥离蛙的坐骨神经干，尽量把神经干标本剥离得长一些，要求上自脊髓附近，下沿腓神经与胫神经一直分离到踝关节附近，要尽量把神经干周围的组织剔除干净，剥离时切勿损伤神经干标本。

2. 实验装置的连接

按照图 2-3-1 将神经屏蔽盒与生理信号采集系统连接，屏蔽盒的地线良好接地。

用手术镊子提起坐骨神经干两端的结扎线，轻轻置于滤纸上，吸去坐骨神经干上的多余任氏液，然后将坐骨神经干标本放入神经屏蔽盒内，中枢端搭在刺激电极上，外周端搭在引导电极上。注意：保持坐骨神经干悬空，不要接触到屏蔽盒的其他部位。

神经屏蔽盒内左侧第一对为刺激电极（S1、S2），与生理信号采集处理系统刺激器输出相连，红色鳄鱼夹为刺激输出正极，黑色鳄鱼夹为刺激输出负极；紧邻的一个黑色鳄鱼夹为信号输入的接地电极（r3）。向右是第 1 对（r1 负、r1 正）和第 2 对（r2 负、r2 正）引导电极分别与生理信号采集处理系统 1、2 通道相连，其中绿色鳄鱼夹为信号输入负极、红色鳄鱼夹为信号输入正极。

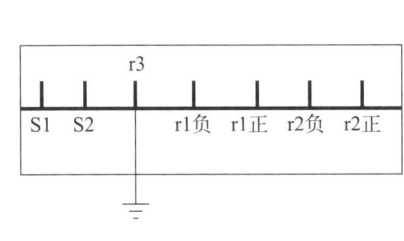
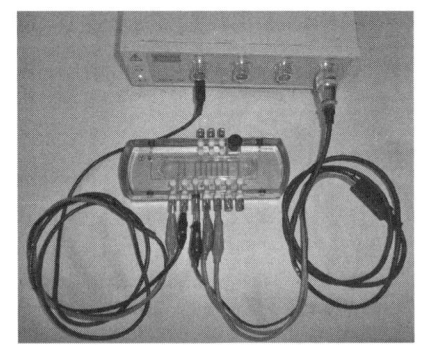

图 2-3-1　实验仪器的连接方法

左图 S1 和 S2 为刺激线接头，r 为引导线接头；右图连线依次为 S1、S2、r3、r1 负和 r1 正（扫二维码见彩图）

3. 仪器的操作和实验参数的设置

（1）本实验在 Windows 界面的生理信号采集系统平台下进行，打开生理信号采集系统。

（2）选择神经干动作电位实验项目，设置刺激参数：选择刺激模式（强度递增或单刺激），刺激波宽 0.2 ms，延迟 1 ms，同步触发。

（3）换能器信号输入生理信号采集处理系统 1 通道，通道模式为生物电，可根据标本实际情况设定参数，如：通道时间常数 0.02 s、滤波频率 3 kHz、灵敏度 5 mV（即纵坐标）；采样频率 100 kHz，扫描速度 0.4 ms/div（即横坐标，div 指格子数）。

4. 刺激、观察、记录神经干复合动作电位

（1）阈强度和最大刺激强度测定　调节刺激器面板上的刺激模式为"强度递增刺激"，设

置较小的起始刺激(如 0.1 V)和 0.005 V 的刺激增量(可根据标本实际情况设定参数)。随着刺激强度逐渐增大,找出刚出现动作电位时的刺激强度(阈强度)。继续增强刺激强度,观察动作电位是否相应增大。找出刚能引起神经干动作电位振幅最大时的刺激强度,即最大刺激强度(图 2-3-2)。

改变生物电信号在 x 轴和 y 轴的放大增益,即可观察到每次的神经干复合动作电位为双相动作电位(见图 2-3-2)。也可以单刺激的刺激模式,刺激强度为最适刺激,每刺激一次即出现一个双相动作电位。连续刺激一定时间后,应让神经浸泡于任氏液中,让神经充分休息后再继续实验。

(2) 在两个引导电极之间损伤神经干标本,即可使原来的双相动作电位的下相消失,变为单相。注意观察上相动作电位的图形出现什么样的变化。

(3) 选取最为理想的动作电位图形,打印出来,附于实验报告上。

5. 神经干兴奋传导速度的测定

(1) 神经干动作电位的传导速度引导电极使用两对,同时引导两对引导电极下的动作电位图形,两对引导电极之间的间隔距离尽量大一些。将第 1 对和第 2 对引导电极分别与生理信号采集处理系统 1、2 通道相连。

(2) 刺激方式改为单刺激,刺激强度为最适刺激,点击"刺激"。这时,显示窗口的通道 1 就显示第 1 对引导电极引导出的动作电位图形,而通道 2 则显示第 2 对引导电极引导出的动作电位图形。调整好实验显示窗中动作电位的图形。由于第 2 对引导电极距离刺激点更远,所以通道 2 中动作电位图形出现得比较靠后(图 2-3-3)。用鼠标点击区域测量工具测出通道 1 和通道 2 两个动作电位的起始点或峰值点,即测定出两个动作电位的时间差(单位为 ms)。

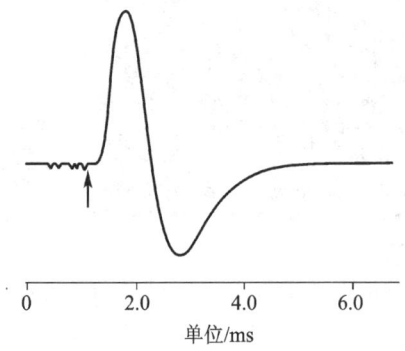

图 2-3-2　坐骨神经干的
复合动作电位

双相动作电位,箭头所指处为刺激伪迹

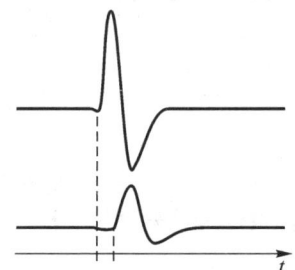

图 2-3-3　神经冲动传导速度的测定

上曲线为通道 1 记录,下曲线为通道 2 记录;
两条纵向虚线之间的距离为动作电位的时间差

也可在示波器上进行神经冲动传导速度的测定。在测定时,将一对引导电极输入示波器的上线,另一对引导电极输入示波器的下线。展宽示波器的扫描速度,以动作电位离开基线的起点为标志准确读取上线和下线引导动作电位的时间差。

(3) 测量两对引导电极神经干的长度　使用毫米刻度尺准确量出两对引导电极的距离,即为神经干两引导点之间的距离(单位为 mm)。

(4) 按照实验原理中的计算公式,计算出蛙坐骨神经干的兴奋传导速度(单位为 m/s)。

6. 神经干兴奋不应期的测定

(1) 采用一对引导电极引导,可引导双相动作电位,也可引导单相动作电位。

(2) 测定神经干兴奋不应期　选择神经干不应期观测实验项目,刺激参数设置:波间隔递增刺激,波宽为 0.2 ms,刺激强度为最适刺激,开始波间隔为 30 ms,结束波间隔为 0.2 ms,延时为 20 ms,波间隔增量为 0.1 ms,组间延时为 2 ms。

(3) 用鼠标点击"开始刺激",最初可见到相距 30 ms(首间隔)的两个动作电位图形,而且两个图形的幅值是同样大小的。第二个刺激即按照"间隔"所设定的时间向第一个刺激靠近一次,从而使第二个动作电位图形向第一个动作电位相应靠近。当发现第二个动作电位的图形幅值刚开始比第一个减小时,说明第二个刺激落入到第一次兴奋后的相对不应期。第二个刺激越是靠近第一个刺激,其动作电位的幅值就越小。当第二个刺激距离第一个刺激为 1.5~2 ms 时,第

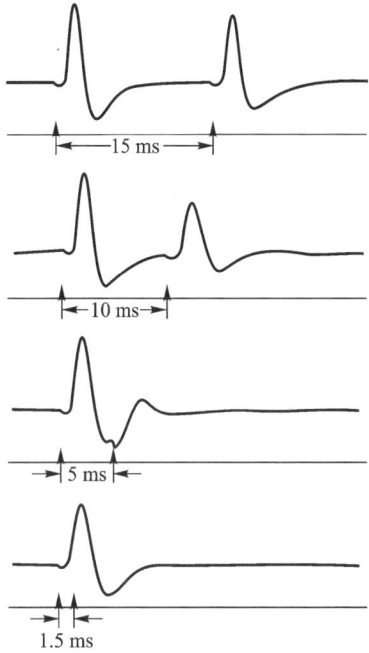

图 2-3-4　神经干兴奋不应期的测定

二个动作电位则完全消失,表明第二个刺激落入到第一次兴奋后的绝对不应期(图 2-3-4)。

拓展阅读 2-3　关于神经干复合动作电位相关实验的若干疑难问题

【注意事项】

1. 整个实验过程中要注意保持标本的活性良好,经常用任氏液湿润。
2. 如果在显示窗上发现动作电位图形倒置,把引导的两个电极位置对换即可。
3. 如果神经干长度足够,则可尽量把两对引导电极的距离拉远一些,距离越远,测定的传导速度就越准确。
4. 将神经干搭在引导电极上时,尽量把神经干拉成直线,勿下垂或斜向放置,这样会影响神经干长度测量的准确性,最终影响传导速度的计算。
5. 尽量减小动作电位的刺激伪迹,这样更加容易确定动作电位离开基线的起始点。

【思考题】

1. 神经干复合动作电位的图形为什么不是"全或无"的?
2. 本实验测量出来的神经干复合动作电位幅值和图形为什么与细胞内记录的不一样?
3. 神经干动作电位的上、下相图形的幅值和波形宽度为什么不对称?
4. 神经干的动作电位为什么是双相的?在两引导电极之间损伤标本后,为什么动作电位变为单相?单相(上相)的动作电位形状与双相(有下相)的波幅和波宽有何不同?为什么?
5. 本实验测定出来的神经传导速度是神经干中哪类纤维的兴奋传导速度?为什么?
6. 为什么在绝对不应期内,神经对任何强度的刺激都不再发生反应?
7. 绝对不应期的长短有什么生理学意义?

【创新与探索】
1. 尝试自己设计并记录骨骼肌的动作电位。
2. 参照本实验方法,在自己的计算机生理信号采集系统上完成本实验内容。
3. 参照本实验方法,自己尝试在示波器上完成本实验内容。
4. 自己设计实验,测定其他神经干的动作电位和兴奋传导速度。
5. 自己设计实验,测定细胞外液不同钠离子浓度、局部麻醉药物等对动作电位图形的影响。
6. 自己设计实验,测定各种因素(如温度、麻醉药物等)对神经干兴奋性和传导速度的影响。
7. 查阅参考书,自己尝试测定人体在体神经干的兴奋传导速度。

(王艳芹　崔庚寅)

实验 2-4　时值与强度 – 时间曲线的测定

【实验背景与相关原理】
组织受到刺激以后能否发生兴奋反应,不仅需要一定的刺激强度,也需要一定的刺激作用时间。刺激强度与刺激作用时间之间的相互关系可以用强度 – 时间曲线(strength-duration curve)来表示。刺激作用时间足够长时的刺激强度阈值,称为基强度(rheobase)。在基强度下引起组织兴奋的最短刺激作用时间,称为利用时。在两倍基强度下引起组织兴奋所需的最短刺激作用时间称为时值(chronaxie)。时值是衡量组织兴奋性的重要指标之一。如果我们在刺激神经组织时,不断改变刺激作用时间,分别测出在每一刺激作用时间下引起组织兴奋的强度阈值,然后将测得的这一系列数据在坐标图上描绘出来,即为该组织的强度 – 时间曲线。

【目的要求】
1. 掌握衡量组织兴奋性的指标——时值的概念。
2. 掌握测定强度 – 时间曲线的基本方法。
3. 进一步了解引起组织兴奋时刺激强度与刺激作用时间的依赖关系。

方法一

【实验器材】
牛蛙、常用手术器械、蛙板、玻璃板、计算机、生理信号采集系统、神经屏蔽盒、引导电极、培养皿、任氏液、棉线和 20 g/L 普鲁卡因溶液。

【方法与步骤】
1. 制备坐骨神经干标本

取牛蛙一只,按照剥制"坐骨神经 – 腓肠肌标本"的方法操作,分离一侧后肢的坐骨神经干。坐骨神经下行至腘窝处分为两支:内侧为胫神经,走行表浅;外侧为腓神经。沿胫、腓神经走向分离至踝部,剪断侧支。结扎坐骨神经干的脊柱端及胫、腓神经的足端,完全游离出坐骨神经干。然后将坐骨神经干标本置于盛有任氏液的培养皿中静置 5 min 以上,以稳定其兴奋性。

2. 用手术镊提起坐骨神经干两端的结扎线,将坐骨神经干轻轻置于滤纸上,吸去多余任氏液,然后将坐骨神经干标本放入神经屏蔽盒内,中枢端搭在刺激电极上,外周端搭在引导电极上。注意保持坐骨神经干悬空,不要接触到屏蔽盒的其他部位。

3. 将生理信号采集系统的"刺激输出"电极与神经屏蔽盒的刺激电极相连,将引导电极一端与生理信号采集系统的通道相连,一端与屏蔽盒相连,并将引导电极上的地线与屏蔽盒上的地线相连。

4. 设置生理信号采集系统刺激器的刺激参数:刺激强度为 0.01 V;刺激方式为强度递增刺激;波宽为 30 ms;强度增量为 0.001 V。找到标本的基强度,即刚能引起神经干动作电位的刺激强度。

5. 强度 – 时间曲线的测定

(1) 将刺激强度分别调至基强度的 1.2、1.4、1.6、1.8、2.0、2.5、3.0、5.0 倍,逐个测出不同刺激强度时各自产生动作电位的最小波宽,并填入表 2-4-1 中。

表 2-4-1　强度 – 时间曲线测定记录表

刺激强度 /V	最小波宽 /ms
基强度	
基强度 ×1.2	
基强度 ×1.4	
基强度 ×1.6	
基强度 ×1.8	
基强度 ×2.0	
基强度 ×2.5	
基强度 ×3.0	
基强度 ×5.0	

(2) 以 x 轴代表刺激作用时间,y 轴代表刺激强度,将以上测得的一系列实验数据在坐标纸上绘出强度 – 时间曲线,并标出基强度、利用时和时值。

6. 改变组织的兴奋性对强度 – 时间曲线的影响

用蘸有 20 g/L 普鲁卡因的棉球润湿刺激电极处的神经干标本,大约 2 min 以后,再按照上面的步骤重新测定该神经标本的基强度、时值和强度 – 时间曲线,并将这些数据绘于前图之中。可见二者的强度 – 时间曲线并不重合。如果将神经干标本置于 4℃ 的任氏液中浸泡 5 min 以后重新测定,也会得出类似的结果。

方法二

【实验器材】

牛蛙、常用手术器械、蛙板、玻璃板、电子刺激器、前置放大器、SBR-1 型双线示波器、神经屏蔽盒、坐标图纸、培养皿、任氏液、棉线和 20 g/L 普鲁卡因溶液。

【方法与步骤】

1. 制备坐骨神经干标本

取牛蛙一只,按照剥制"坐骨神经 – 腓肠肌标本"的方法操作,从腘窝处往后分离出胫神经和腓神经,沿胫、腓神经走向分离至踝部,分别在神经干的脊椎端(上端)和胫、腓神经末端(下端)扎线,游离出整个坐骨神经干。然后将标本置于盛有任氏液的培养皿中静置 5 min 以上,以稳定其兴奋性。

2. 仪器的安装与调试

(1) 将电子刺激器的"刺激输出"接神经屏蔽盒的刺激电极,"刺激监视"输出接示波器的下线,用以测定并监视刺激输出方波的波幅(刺激强度)和波宽(刺激作用时间),同时将刺激器的"同步"接示波器的"外触发";调节示波器的"触发电平"旋钮在适当位置,使刺激器的"刺激输出"与示波器扫描同步。"刺激频率"以 10~20 次 /s 为宜。

(2) 放大器的"输入"同神经屏蔽盒的引导电极相连,"输出"接示波器的上线输入,用于观测神经干的动作电位。放大器"增益"置于 200~1 000 倍。

(3) 各仪器与神经屏蔽盒要妥善接地。

3. 基强度与时值的测定

(1) 用手术镊提起坐骨神经干两端的结扎线,将坐骨神经干轻轻置于滤纸上,吸去其上多余任氏溶液。将坐骨神经干标本放入神经屏蔽盒内,中枢端搭在刺激电极上,外周端搭在引导电极上。

(2) 调节电子刺激器的波宽为 30 ms,然后逐渐加大刺激强度。当神经干刚好出现一个小小的动作电位时,此刺激强度即为神经干中 Aα 类纤维的刺激阈强度——基强度。

(3) 增大刺激强度,使之正好为基强度的两倍,可见动作电位的幅值增大,然后再逐渐缩短刺激的波宽,使示波器荧光屏上刚刚产生一个小小的动作电位,此时的波宽时间就是神经干中 Aα 类纤维的时值。

4. 后续做法同本实验方法一的步骤 5、步骤 6。

> **拓展阅读 2-4** 关于时值与强度 – 时间曲线测定的若干疑难问题

【注意事项】

1. 刺激强度和刺激波宽的数据要从示波器的下线监视波形读取,必要时可增大示波器的下线 y 轴增益和 x 轴的扫描速度,将波形放大,这样读取的数据更加精确。

2. 整个测试过程要尽量迅速缩短实验时间,否则长时间刺激会使得组织的兴奋性发生变化,使得测得的强度 – 时间曲线不理想。

【思考题】

1. 强度 – 时间曲线上的任何一点表示什么?
2. 强度 – 时间曲线右上方或左下方的任何一点分别表示什么?

3. 为什么说这样测定出的强度－时间曲线是神经干中 Aα 类纤维的强度－时间曲线？
4. 强度－时间曲线发生位移表示什么意思？如果曲线向右上方发生位移说明了什么问题？
5. 时值增大或减小分别说明什么问题？

【创新与探索】
1. 利用本实验方法，自己尝试测定蛙骨骼肌的时值和强度－时间曲线。
2. 自己尝试在计算机操作系统上测定时值和强度－时间曲线。
3. 比较一下做本实验用计算机操作系统和示波器各自的利弊。
4. 自己设计一个改变组织兴奋性实验，测定组织的时值与强度－时间曲线。

（王艳芹　崔庚寅）

实验 2-5　坐骨神经－缝匠肌标本的制备及终板电位的测定

【实验背景与相关原理】
运动神经末梢与肌纤维相接触的部位称为运动终板或神经肌肉接头，是一典型的化学传递突触。肌肉在静息时，经常有个别囊泡释放乙酰胆碱进入突触间隙，产生 0.5～1.0 mV 的微终板电位（miniature end-plate potential，mEPP），这些微终板电位总和起来形成终板电位（end-plate potential，EPP）。它们为不具有"全或无"性质的局部电位，其幅度随引导电极距离运动终板的远近而呈指数式衰减或增大。只有当终板电位达到足够大时（约 40 mV），肌纤维膜才产生扩布性动作电位，引起兴奋－收缩耦联，导致肌肉收缩。在一般情况下，终板电位被肌细胞膜动作电位所掩盖，不易观察到。而用箭毒处理肌肉标本，竞争性阻断乙酰胆碱与烟碱型受体结合后，终板电位降至肌膜阈电位以下，此时可观察到终板电位。

常用的终板电位测定方法有两种：细胞外微电极记录法和细胞内微电极记录法。

（1）细胞外微电极记录法　细胞外记录时，将微细的记录电极（Ag-AgCl 乏极化电极）置于神经肌肉接头处，无关电极置于肌肉耻骨端，刺激神经便可在终板膜处引导出终板电位，经前置放大器放大，在示波器荧光屏（或电脑显示器）上显示。

（2）细胞内微电极记录法　细胞内引导时，将玻璃微电极插入肌纤维内，无关电极置于细胞外，采用微电泳注射技术将乙酰胆碱注入终板区的神经肌肉接头间隙处，可引导出终板电位。

【目的要求】
1. 学习坐骨神经－缝匠肌标本的制备方法。
2. 学习测定骨骼肌终板电位的方法。
3. 观察终板电位和微终板电位的波形。
4. 了解突触传递的特性。

【实验器材】
牛蛙、常用手术器械、示波器、微电极放大器、电子刺激器、刺激隔离器、微操纵器、解剖显微镜、玻璃微电极拉制器、毛坯玻璃管、肌槽、Ag-AgCl 乏极化电极、无关电极、不锈钢针、蜡盘、蛙板、玻璃板、硅橡胶、固定针、锌铜弓、培养皿、粗棉线、任氏液和 0.1 g/L 筒箭毒（tubocurarine）溶液。

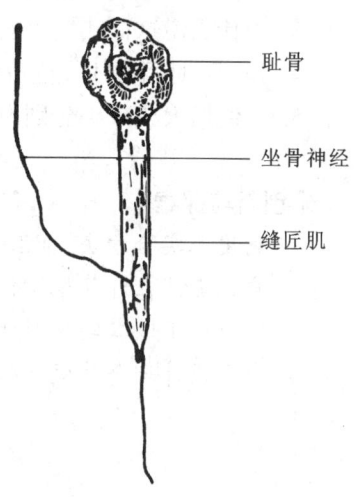

图 2-5-1　坐骨神经 – 缝匠肌标本

【方法与步骤】

1. 识别解剖部位

缝匠肌位于股部腹内侧面，起于耻骨联合，止于胫骨，为一肌纤维平行排列的长条肌肉（图 2-5-1）。缝匠肌受坐骨神经的分支支配。此分支起于梨状肌的尾骨侧下面，沿途又向半膜肌、半腱肌等发出分支。并由内大收肌和股内直肌之间穿过，到达股部腹面，在缝匠肌内侧面下 1/3 处进入肌肉。由于该神经在走行沿途中一再分支，到达缝匠肌时已很纤细，解剖时须倍加小心以免伤及神经。

2. 按实验 2-1 操作步骤剥制完整的后肢标本。

3. 取一侧下肢，腹位置于蛙板上。找到梨状肌（图 2-5-2），将其在尾骨的附着处剪断。小心分离其下的坐骨神经，认清坐骨神经在此处发出的 3 个分支。在分支的中枢端结扎坐骨神经，并在结扎线的中枢端及 3 个分支的外周端剪断坐骨神经。轻轻提起结扎线，细心地对 3 个分支略加分离，确认从内直肌和半腱肌之间进入大腿腹面的一支（注意：此分支为支配缝匠肌的神经）。再将其他两个分支自坐骨神经起始处剪断，将保留的一支神经置于由任氏液湿润的棉球下以保护之。

4. 翻转下肢标本，将其背位置于蛙板上，找到缝匠肌（图 2-5-3）。用尖镊子在其胫骨附着点

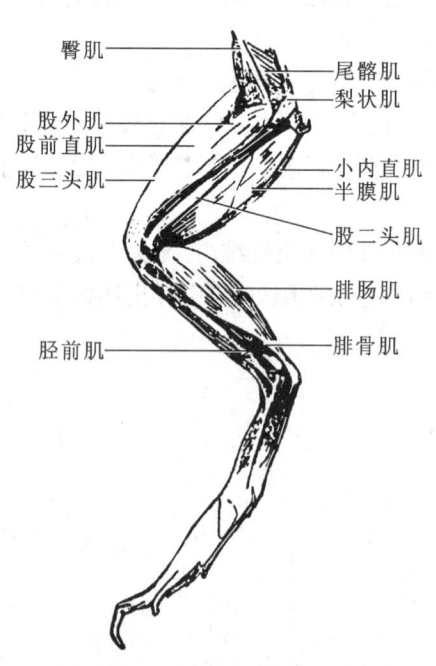

图 2-5-2　蛙后肢肌腹面观

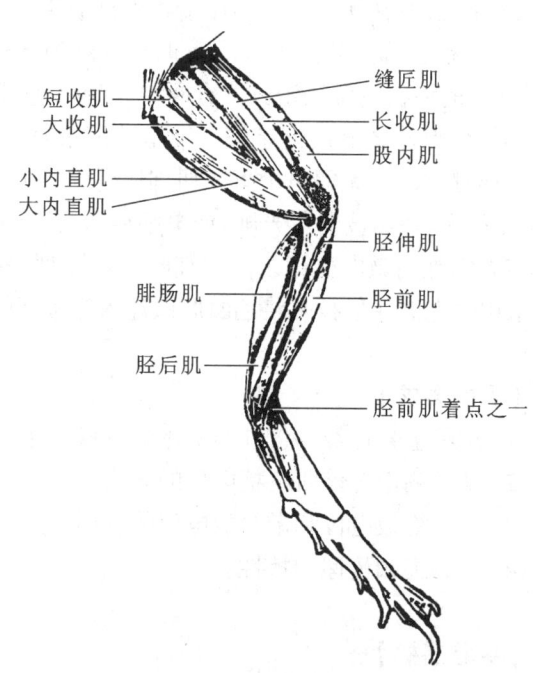

图 2-5-3　蛙后肢肌背面观

腱膜下开一小孔，穿线结扎。提起结扎线，用手术剪将结扎线外侧的腱膜剪断。

5. 轻轻提起结扎线，用眼科剪沿缝匠肌外侧缘仔细剪开肌膜，直至缝匠肌在耻骨联合的附着处。为保护肌纤维，可在附着处剪下少量耻骨。

6. 用玻璃分针将缝匠肌以内侧缘为轴翻转180°，使其内表面向上，即可清楚地看到支配肌肉的神经在其下 1/3 的内侧缘进入肌肉。随后将肌肉翻正复原，用眼科剪沿内侧缘由前向后剪开肌膜。注意：留下约 2 mm 神经进入处的肌膜，以便在下一步操作中保护神经不被牵拉。

7. 用玻璃分针分离内大收肌和股内直肌，将在背面已分离的神经由分离处穿至腹面，在此过程中需将支配其他肌肉的神经分支——剪断，注意勿伤及支配缝匠肌的神经，这样即可把坐骨神经 - 缝匠肌分离出来。用镊子分别夹住耻骨和结扎线，将标本移至盛有任氏液的培养皿内，用锌铜弓检查标本。

8. 玻璃微电极制备

用玻璃微电极拉制器拉制尖端直径小于 2 μm 的玻璃微电极，充灌 3 mol/L KCl 溶液。玻璃微电极的阻抗为 10～20 MΩ。

9. 标本安置

将标本移入盛有任氏液的肌槽中，缝匠肌内侧面向上，用不锈钢针将耻骨端固定于肌槽的一侧，另一端拉紧结扎线，将肌肉伸长到原来的 1.2～1.5 倍，并用钢针固定。将坐骨神经搭在肌槽的刺激电极上。

10. 安装、连接、调试仪器

仪器的连接如图 2-5-4 所示。将制备好的玻璃微电极放入微操纵器的夹持器内，把一根与微电极放大器探头正极相连的 Ag-AgCl 乏极化电极插入玻璃微电极的 KCl 溶液内。调节微操纵器的水平位移旋钮，使玻璃微电极置于待插肌纤维的上方。再调节垂直位移粗调，使微电极尖端进入靠近肌纤维的任氏液内。与微电极放大器探头负极相连的无关电极插入肌槽的任氏液内。

示波器采用 DC 双端输入，外触发扫描，灵敏度为 100 μV/cm，时间基准为 2～5 ms/cm，放大器增益为 1 000，高频滤波为 100 Hz，时间常数为 1 s。刺激器采用手控单脉冲或双脉冲信号，波宽 0.1～0.5 ms。

11. 微终板电位的观察

在解剖显微镜下仔细观察缝匠肌，可见在肌肉表面走行的神经分支。调节微操纵器的水平和垂直位移旋钮，将微电极插入神经末梢刚刚消失的部位，即可见到静息电位（约 -90 mV）。提

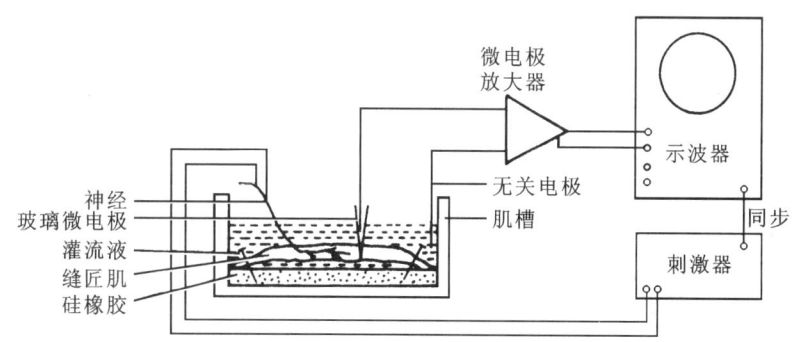

图 2-5-4　测定骨骼肌肌纤维动作电位的实验装置示意图

高示波器灵敏度(0.5~1 mV/cm),可见静息电位基础上出现微小的电位变化,即微终板电位。在此基础上,反复移动微电极的位置,直至得到振幅最大的微终板电位。

12. 终板电位的观察

打开刺激器,刺激神经,可出现终板电位。测量终板电位的大小与持续时间。反复移动微电极的插入部位,找到最大幅度的终板电位(在电位上升支上有一个转折,其上部为动作电位)。改用双脉冲刺激,在第一个刺激引起的终板电位消失之前给予第二个刺激,然后缩短两个刺激的间隔,直至所引导的两终板电位完全重叠(时间总和)。

改变刺激强度或引导电极至运动终板的距离,观察终板电位的变化。

13. 筒箭毒的阻滞作用

向肌槽内灌流 0.1 g/L 筒箭毒溶液,同时记录肌肉收缩反应,可见肌肉收缩强度逐渐减弱乃至消失(图 2-5-5)。为了避免筒箭毒的作用过深,影响实验观察,当刺激神经仅仅引起肌肉极微弱的收缩时,即可停止筒箭毒的灌流,并用任氏液冲洗。

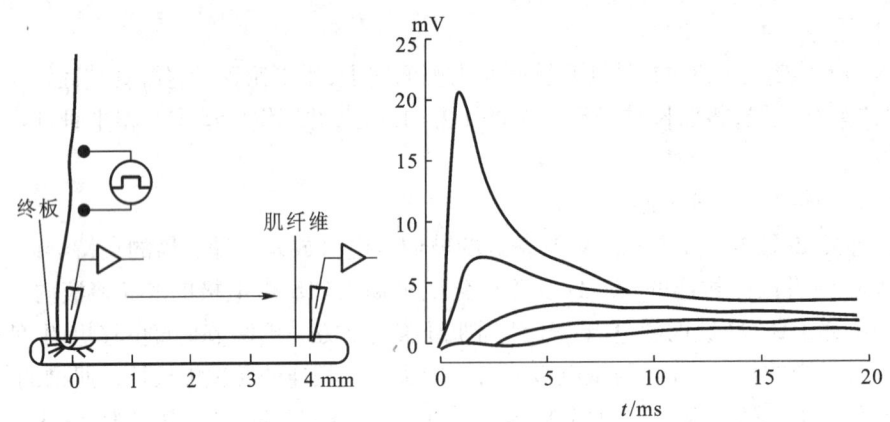

图 2-5-5 箭毒化的蛙终板电位

【注意事项】

1. 分离坐骨神经和缝匠肌只能使用玻璃分针,不可使用金属器械。
2. 分离神经时,应当辨清神经分支后再分离,避免伤及神经干和分支,也不可过度牵拉。
3. 要先结扎缝匠肌胫骨端的肌腱并剪断,然后轻轻提起结扎线,再将缝匠肌和其他肌群分离。
4. 在标本的制作过程中,要经常滴加任氏液,保持湿润,防止干燥。
5. 用锌铜弓检查肌肉收缩的情况,了解坐骨神经和缝匠肌的兴奋性以及是否被损伤。

【思考题】

1. 制备坐骨神经-缝匠肌标本的关键步骤是什么?
2. 用锌铜弓检查标本的原理是什么?
3. 终板电位与动作电位有何不同?
4. 终板电位的总和有何意义?

【创新与探索】
1. 试设计另一神经与所支配的骨骼肌标本的制作方法。
2. 除本实验外,坐骨神经-缝匠肌标本还可以用于哪些实验研究?
3. 终板电位有何生理特征?试设计几个实验加以证明。
4. 更换任氏液,分别加入 0.1 g/L 三碘季铵酚、0.1 g/L 乙酰胆碱、0.1 g/L 毒扁豆碱、0.5 g/L 新斯的明后,终板电位有何变化?为什么?

(李东风 解景田)

实验 2-6 骨骼肌纤维动作电位的测定

【实验背景与相关原理】
肌肉与神经组织一样,同属可兴奋组织。在静息状态下,肌细胞膜表面的任何两点都是等电位的,但细胞膜内外存在明显的电位差,即静息电位(resting potential)。当肌细胞受到刺激而产生兴奋,膜电位会发生突然的可扩布性变化,称动作电位(action potential)。

将直径小于 2 μm 的玻璃微电极(glass microelectrode)插入肌细胞内,把无关电极置于细胞外,以观察和测定肌细胞的静息电位和动作电位。

【目的要求】
1. 学习利用微电极技术测定单肌纤维动作电位的方法。
2. 观察骨骼肌单肌纤维动作电位的基本特征。

【实验器材】
牛蛙、常用手术器械、示波器、微电极放大器、电子刺激器、刺激隔离器、微操纵器、解剖显微镜、玻璃微电极拉制器、毛坯玻璃管、肌槽、Ag-AgCl 乏极化电极、无关电极、不锈钢针和任氏液等。

【方法与步骤】
1. 玻璃微电极的制备
利用玻璃微电极拉制器拉制尖端直径小于 2 μm 的玻璃微电极,充灌 3 mol/L KCl 溶液。玻璃微电极的阻抗为 10~20 MΩ。

2. 坐骨神经-缝匠肌标本的制备
按实验 2-5 方法制备坐骨神经-缝匠肌标本。将标本移入盛有任氏液的肌槽中,缝匠肌内侧面向上,用不锈钢针将耻骨端固定于肌槽的一侧,另一端拉紧结扎线,将肌肉伸长到原来的 1.2~1.5 倍,并用钢针固定。将坐骨神经搭在肌槽的刺激电极上。

3. 实验仪器的连接与参数的调整
(1) 刺激系统 包括刺激器、隔离器和肌槽上的电极。刺激器采用手控,波宽为 0.1~0.2 ms,刺激强度以肌肉稍有收缩为准。
(2) 探测系统 包括玻璃微电极、无关电极及微操纵器。将制备好的玻璃微电极放入微操纵器的夹持器内,把一根与微电极放大器探头正极相连的 Ag-AgCl 乏极化电极插入玻璃微电极的 KCl 溶液内。调节微操纵器的水平位移旋钮,使玻璃微电极置于待插肌纤维的上方。再调节垂直位移粗调,使微电极尖端进入靠近肌纤维的任氏液内。与微电极放大器探头负极相连的无关电极插入肌槽的任氏液内。

(3) 连接微电极放大器和示波器　放大器的增益为 1;示波器 DC 双端输入,灵敏度为 20 mV/cm。记录静息电位,用连续扫描,时间基准为 0.5～2 ms/cm。记录动作电位时,用外触发扫描。

4. 单肌纤维静息电位的观察

调节微操纵器垂直位移细调,将微电极尖端刺入肌纤维内,此时监听器的音调会发生突然变化,同时示波器的扫描线也同步下移,此即为单肌细胞膜的静息电位。将微电极提起,移出肌纤维,则示波器扫描线回至零位。注意:当微电极刺穿肌纤维或微电极尖端折断时,扫描线也回至零位。记录静息电位的数值。

5. 单肌纤维动作电位的观察

将微电极刺入肌纤维,待静息电位稳定后,以两倍阈强度刺激坐骨神经,可出现动作电位(图 2-6-1)。扫描线由静息电位水平上升至零电位,并出现超射现象(内正外负),而后迅速恢复到静息电位水平。观察动作电位的波形,测量动作电位的幅值和时程。

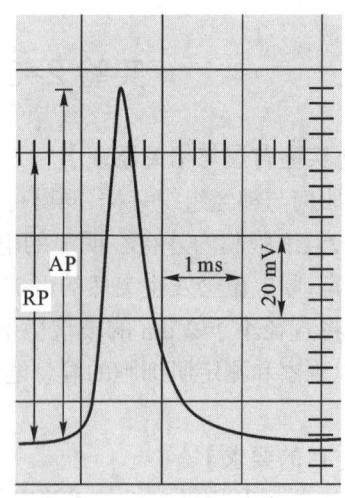

图 2-6-1　单肌纤维静息电位
AP:动作电位的幅值;RP:静息电位的数值

【注意事项】
1. 在标本的制作过程中,要经常滴加任氏液,保持湿润,防止干燥。
2. 电极制备与仪器调试时要耐心细致。

【思考题】
1. 在固定缝匠肌标本时,为何将肌纤维适当拉长?
2. 在测试过程中如果单肌纤维动作电位不稳定,请你思考原因。
3. 单根骨骼肌纤维动作电位与神经干复合动作电位有何区别?

【创新与探索】
1. 设计一实验,证明骨骼肌静息电位与钾离子浓度的关系。
2. 设计一实验,证明骨骼肌动作电位与钠离子浓度的关系。

(李东风)

实验 2-7　骨骼肌电兴奋与收缩的时相关系

【实验背景与相关原理】

骨骼肌兴奋的电变化与收缩是两个性质不同但又密切相关的生理过程。当基膜受到刺激以后,首先产生局部电位,然后通过对局部电位的叠加总和,使肌膜达到阈电位,之后产生可传播的动作电位。肌膜上动作电位则激活肌细胞上的钙通道,使钙离子内流,肌肉发生收缩。因此,骨骼肌受到刺激时先发生兴奋(excitation),随后才发生收缩反应。同时记录骨骼肌的电变化和收缩过程,即可观察到两者之间的时相关系(phasic relation)。另外,也可以此为基础进一步观测肌电和肌肉收缩活动的影响因素并探索相关的机制。

【目的要求】

1. 学习同时记录骨骼肌电兴奋与机械收缩的方法。
2. 观察骨骼肌电兴奋与收缩的时相关系。

【实验器材】

蛙腓肠肌标本或坐骨神经-腓肠肌标本、常用手术器械、生理信号采集系统、张力传感器(100 g)、双针露丝刺激电极、肌电引导针电极、支架、双凹夹、肌槽、不锈钢盘或培养皿、滴管、橡皮泥、棉线和任氏液。

【方法与步骤】

1. 按实验 2-2 的方法准备仪器并安装张力传感器,接通张力传感器传入通道。
2. 将肌电引导电极置于刺激电极上方并插入肌肉(图 2-7-1),输入端接通要观察的肌电信号通道。
3. 选择单刺激,调节刺激强度为阈上强度,扫描速度要快。启动刺激图标,用比较显示方式扫描,观察肌电信号与肌肉收缩曲线的关系。
4. 分别测量刺激标记至肌电信号和肌肉收缩起点的时间。
5. 在不同刺激方式下,进行 3 个信号输入,同时记录肌肉收缩、肌电或神经电之间的关系。

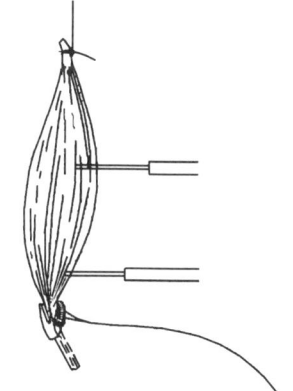

图 2-7-1　骨骼肌肌电与肌肉收缩电极装置

【参考结果】

参考结果见图 2-7-2 至图 2-7-5。

【思考题】

1. 从刺激开始至肌电出现,标本内部发生了哪些变化?
2. 肌电至肌肉收缩之间,肌肉内部又有什么生理活动?
3. 试分析神经兴奋、肌肉兴奋与肌肉收缩有何不同。

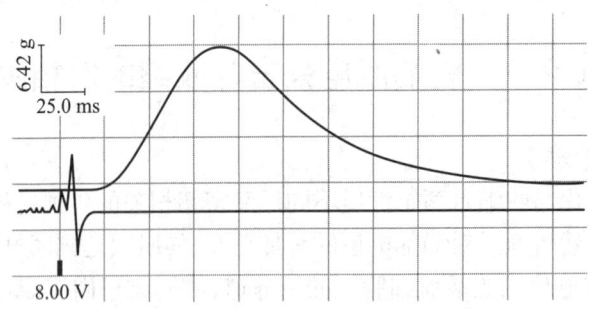

图 2-7-2　蛙坐骨神经 – 腓肠肌肌电与肌肉收缩同步记录
单刺激，上线为肌肉收缩曲线，下线为肌电曲线

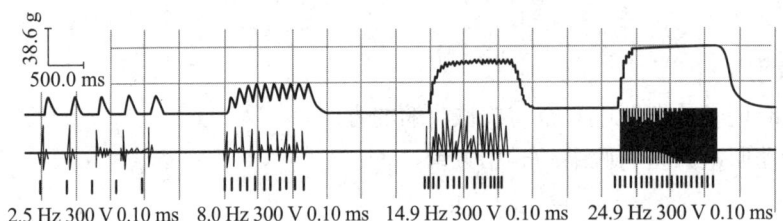

图 2-7-3　蛙坐骨神经 – 腓肠肌肌电与肌肉收缩同步记录
连续刺激，上线为肌肉收缩曲线，下线为肌电曲线

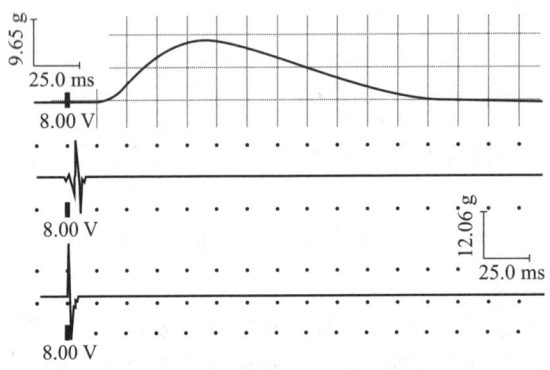

图 2-7-4　蛙坐骨神经 – 腓肠肌肌肉收缩、肌电与神经电同步记录
单刺激，上线为肌肉收缩曲线，中线为肌电曲线，下线为神经电曲线

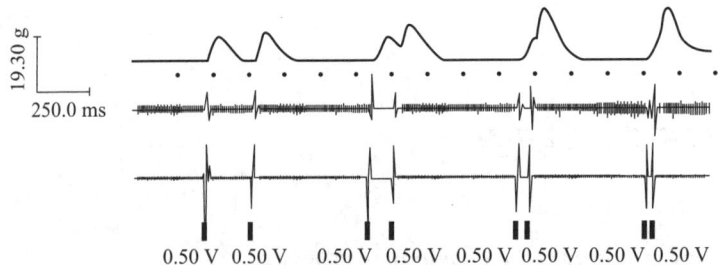

图 2-7-5　蛙坐骨神经 – 腓肠肌神经电、肌电与肌肉收缩同步记录
双刺激，上线为肌肉收缩曲线，中线为肌电曲线，下线为神经电曲线

【创新与探索】
1. 试设计实验,观察并记录刺激标记、神经兴奋、肌电与肌肉收缩的时相关系。
2. 设计实验,观察刺激强度和波宽对肌电与肌收缩强度的影响。
3. 试设计实验,观察不同离子或药物对骨骼肌收缩的影响。

(刘燕强)

实验 2-8 人体肌电图观察

【实验背景与相关原理】

肌电图是骨骼肌在收缩前的电兴奋,再经过引导、放大和记录而形成的图形。它可以确定周围神经、神经元、神经肌肉接头及肌肉本身的功能状态。

实际使用的描记方法有两种:一种是表面导出法,即把电极贴附在皮肤上导出电位;另一种是针电极导出法,即把同轴单心或双心针电极刺入肌肉导出局部电位(一个负电位区)。由此,用于引导肌电的电极也有两类,即针电极(包括普通针电极、埋藏电极和微电极)与表面电极。

表面电极根据容积导体原理而设计,即肌肉收缩时,动作电位可以从肌纤维经组织液反映到皮肤表面。表面电极为直径 1 cm 的盘状或片状电极,由导电橡胶、氯化银等材料制成,固定在所测肌肉的皮肤表面,可引导出骨骼肌较多运动单位的动作电位,以研究人体活动时整块肌肉的状态。通过表面电极采集肌电因其无创性而易于接受,故广泛应用于临床医学、生理学、心理学、体育运动科学及宇宙航空学等许多领域。

针电极可被刺入某肌肉肌腹内,并使用另一个刺激电极对其施予一定的适宜刺激,刺激电极被放置于支配该肌肉之神经的对应体表部位,通过针电极可引导出单个或数个运动单位以至整块肌肉的综合动作电位变化,并记录肌肉每次的动作电位。而根据从每秒数次到二三十次的肌肉动作电位情况,可发现频率的异常。针电极检测方法可用于临床诊断和动物实验,以观察深层肌纤维的电活动。但针电极必须刺入肌肉内,因此不适合在运动中使用。

【目的要求】
1. 掌握表面电极肌电图的原理,学习肌电图的描记方法。
2. 了解肌电图在研究肌肉活动中的运用。
3. 学习肌电图分析方法。

【实验器材】

肌电图仪(包括放大器、显示器、记录仪、监听器、刺激器和平衡器等)或医用计算机生理信号采集系统、表面盘状电极、导电膏、75% 酒精和棉棒等。

【方法与步骤】

本实验只介绍通过人体表面电极采集肌电的方法。要求受试者主动收缩某骨骼肌,如肱二头肌。本实验不使用刺激电极。

1. 定标

为了保证对肌电图进行定量分析的准确性,在记录肌电图之前,先要给放大器输入一个标准电压,依据所测肌电的振幅范围选择定标电压值,一般分为 50 μV ~ 1 mV。此时可以根据显示器或记录仪上显示的振幅调节增益,使之达到所需幅度。

2. 选择输出频率

一般使用表面电极记录的肌肉放电频率多在 100 ~ 500 Hz,通过表面电极可记录的肌电频率范围为 10 ~ 1 000 Hz。

3. 固定表面电极

(1) 皮肤处理　根据所记录的某骨骼肌解剖学特点,选择适宜部位皮肤。剃除贴电极处汗毛,再用酒精清理皮肤表面,用细砂纸去除表皮角质层至皮肤微红,尽量使皮肤电阻在 3 000 Ω 以下。

(2) 加导电膏于测量电极上。

(3) 电极分正负两极,按肌纤维走行贴于肌腹处,两片电极之间的距离约 2 cm,用胶布加以固定。辅助电极贴于同侧肢体肌肉分布较少的部位。

4. 连接

将导线正负极与电极相连接,放大器置于测量位。此时肌肉收缩,在显示器上应有肌电图显示(图 2-8-1)。

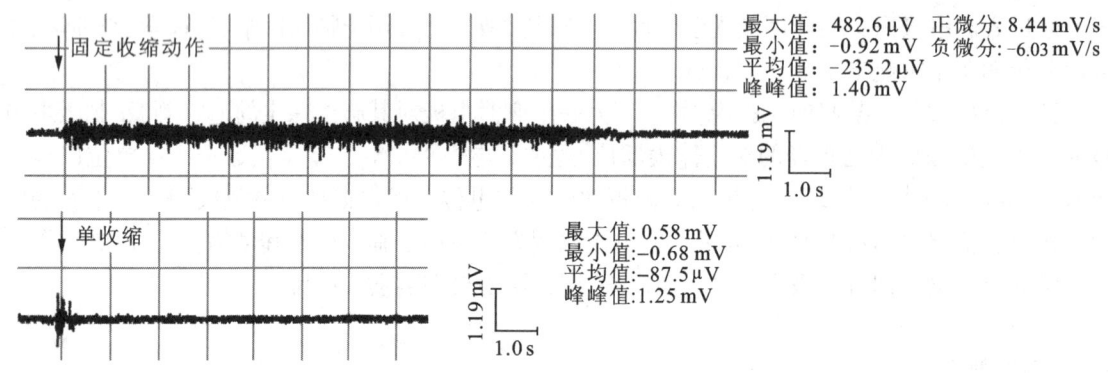

图 2-8-1　腿部肌肉固定收缩动作时的肌电图

5. 肌电图描记

(1) 让受试者肌肉放松,此时运动神经元无冲动下达,运动单位不活动,显示器上呈现一条直线,称为静息状态。

(2) 要求受试者由弱到强做肌肉随意收缩,由于参与活动的运动单位逐渐增多,在显示器上记录的动作电位的波形,也随收缩的加强而逐渐增大。

(3) 用表面电极同时记录某肌肉与其颉颃肌的肌电图(可以选择肱二头肌和肱三头肌),可以得出交替出现的动作电位(图 2-8-2)。

(4) 根据需要,描记速度可选择 25 mm/s 或 50 mm/s,观察肌电图的变化。

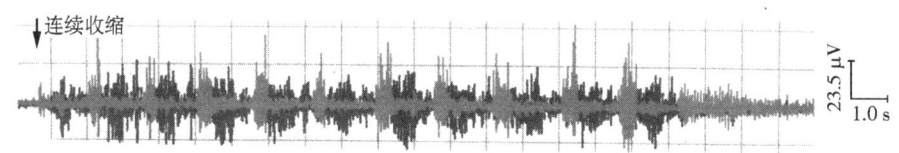

图 2-8-2 臂部颏颃肌的肌电图

【实验观察】
1. 学会独立采集肌电图及分析的方法。
2. 完成一个动作或姿势,观察某一肌肉活动情况。
3. 了解肌肉拉长后肌电图的变化。
4. 观察肌肉等长收缩时的肌电图变化。
5. 观察肌肉等张收缩时的肌电图变化。

【参考结果】
1. 波形
波形与选择的电极有关。
(1) 针电极记录肌电图　因针电极尖端与肌纤维群的相对位置不同,活动的肌纤维数目不同或运动单位排列的形式不同,可以出现单向、双向或三向等不同形式的波形(图 2-8-3)。
(2) 表面电极记录肌电图　由于反映较多运动单位的动作电位,表面电极描记的肌电图呈"干扰型"波(图 2-8-4)。

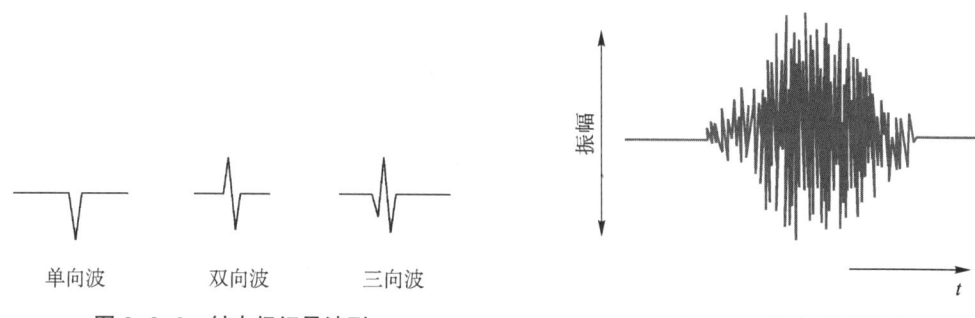

图 2-8-3　针电极记录波形　　　　图 2-8-4　肌电图干扰型

2. 振幅
振幅的大小取决于运动单位由多少肌纤维组成,四肢肌或躯干肌可达 2 mV,而颜面肌或眼外肌多在 1 mV 以下。
3. 放电频率
当肌肉收缩强度加大时,参与活动的运动单位增多,放电频率随之增加。
4. 肌电图分析
分析肌电图常用积分肌电图。肌电图可以直接采集到计算机上,有选择地对肌电图进行积分和频谱等定量分析。

【注意事项】

临床上的肌电图检查多用同轴单心或双心针电极及应用电刺激技术,检查过程中有一定的痛苦及损伤,因此除非必要,不可滥用此项检查。另外,检查时要求肌肉能完全放松或做不同程度的用力,因而要求受检者充分配合。对于某些检查,检查前 16 h 要停止使用某些药物,如可以引起肌张力改变的新斯的明等。

【思考题】

1. 讨论实验结果,说明肌电图与肌肉收缩活动的关系。
2. 试述肌电图在医学临床上有什么应用价值。

【创新与探索】

1. 设计实验,观察用针电极引导的肌电图。
2. 设计实验,记录人体正中神经运动支的神经传导速度。
3. 设计实验,记录人体胫后神经感觉支的神经传导速度。

(赵　强)

实验 2-9　大鼠骨骼肌超微结构的电子显微镜观察

【实验背景与相关原理】

机体可以针对不同的内部和外部刺激信号做出相应的调节和反应。与运动有关的调节和反应通常是由肌肉组织参与并表现出来的。根据肌肉细胞结构和收缩功能的不同,可以将肌肉组织分为骨骼肌、心肌和平滑肌。根据肌肉所受神经支配和控制的不同,可以将肌肉组织分为受躯体运动神经支配和控制的随意肌(即骨骼肌),以及受自主神经支配和控制的非随意肌(包括心肌和平滑肌)。骨骼肌和心肌都具有由肌节组成的高度有序的超微结构,在光学显微镜下表现为有规则的、明暗相间的横纹结构,故又被称为横纹肌。

骨骼肌中的肌纤维也即多核的骨骼肌细胞,是由很多成肌细胞在发育过程中不断融合而成的。骨骼肌肌纤维长短不一,粗细也不同,长的肌纤维可以超过 10 cm,短的仅几毫米,直径范围 10 ~ 100 μm。很多肌纤维在一起组成肌束,粗细不等的肌束外面包以结缔组织膜组成骨骼肌组织。

肌节是骨骼肌细胞收缩和舒张的基本单位,其有组织地串联起来组成肌纤维。组织学上把相邻两 Z 线间的区域叫作肌节,骨骼肌肌节静息时长度为 2.1 ~ 2.5 μm。肌节由很多互相平行的肌丝间隔 10 ~ 20 nm 排列构成,包括粗肌丝和细肌丝两种。粗肌丝又称肌球蛋白丝,主要由肌球蛋白组成,直径约 15 nm,长度约 1.6 μm。单个肌球蛋白分子由 6 条肽链构成,2 条重链组成杆部,杆部头端各结合 1 对轻链构成头部,整个分子形如豆芽。肌球蛋白分子的头部连同连接头部的一小段称为"桥臂"的杆部区域从粗肌丝中向外伸出来,形成特殊的横桥结构,每条粗肌丝伸出的横桥数目一般为 300 ~ 400 个。细肌丝又称肌动蛋白丝,直径约 8 nm,长约 1 μm,主要由肌动蛋白、原肌球蛋白和肌钙蛋白组成。球形的肌动蛋白分子单体聚合成相互缠绕的双螺旋链,构成细肌丝的主体部分,肌动蛋白分子上有能与横桥结合的位点。肌肉收缩和舒张时,粗细肌丝发生相对滑行是肌球蛋白的横桥与肌动蛋白横桥结合位点结合、扭动和复位的过程。

骨骼肌的细胞膜又称为肌膜,肌膜在肌节 Z 线附近向内凹陷并向深部延伸形成的复杂管状结构称为横管系统(transverse-tubule system),包括横管和轴管两种成分。横管方向与肌纤维走向垂直,轴管方向与肌纤维走向平行。横管系统周围分布着特化的内质网,即肌质网。肌质网和横管系统共同围成很多竹筒状结构包绕在成束的肌原纤维外侧。不管横管还是轴管都可以和肌质网形成耦联结构,这种耦联结构在骨骼肌中称为三联体,是骨骼肌细胞兴奋－收缩耦联(excitation-contraction coupling)的结构和功能单位。位于横管膜上的 L 型钙通道(L-type calcium channel)和位于肌质网膜上的雷诺丁受体(ryanodine receptor)有直接的物理相互作用,当肌膜去极化引起 L 型钙通道构象发生改变时,产生类似"拔塞"的作用,使肌质网膜上的雷诺丁受体钙释放通道开放,释放大量钙离子到胞质内,引起胞质内钙离子浓度上升和肌肉收缩。

透射电子显微镜(transmission electron microscope)以电子束作为光源,其分辨率可以达到 0.2 nm,常用来观察细胞内的超微结构。

【目的要求】
1. 学习大鼠趾短屈肌的剥离方法。
2. 学习透射电子显微镜样品的制备方法。
3. 利用透射电子显微镜观察骨骼肌的超微结构。

【实验器材】
实验用大鼠、常用手术器械(金冠剪、眼科剪、手术镊、尖镊)、刀片、鼠板(或硬泡沫塑料)、25 g/L 阿佛丁溶液、培养皿、污物缸、滴管、台氏液、离心管、电子显微镜样品制备试剂、缝合针及线。

【方法与步骤】
1. 大鼠趾短屈肌的剥离
(1) 麻醉　实验用鼠以 25 g/L 阿佛丁(125～400 mg/kg 体重)溶液腹腔注射,动物 5 min 内可完全麻醉,维持麻醉 10～40 min,如手术时间需要延长,可在大鼠苏醒前腹腔补注射 0.3～0.5 mL 麻醉剂(通常每 100 g 体重大鼠注射 1 mL 的麻醉剂,可维持麻醉 1 h 左右)。

(2) 暴露趾短屈肌　大鼠麻醉后,使其趴在鼠板上,后肢脚心朝上。用左手拇指和示指沿重力方向捏紧鼠左后脚脚面皮肤,使脚掌皮肤呈紧绷状态。将金冠剪打开约等于趾跟到脚后跟距离一半的角度,沿脚掌方向,置于紧绷的趾跟和脚后跟皮肤中轴线的中部,向下轻压剪刀并钝性剪出一个皮肤开口(注意开口深度的把握,开口浅不容易暴露趾短屈肌,开口太深容易剪破趾短屈肌周围血管,造成出血量比较大,影响组织剥离速度)。换用眼科剪,继续沿中轴线慢慢剪开脚掌皮肤,边剪边观察是否沿中轴线方向剪开,能否看到中轴线下方的趾短屈肌(图 2-9-1)。如果方向偏了或者看不到肌肉束,要及时调整方向和深度(若剪刀方向、伤口深度把握好,基本不会出血)。

(3) 剥离趾短屈肌　充分暴露趾短屈肌后,用尖镊的一尖端沿趾短屈肌底部从右向左刺穿。

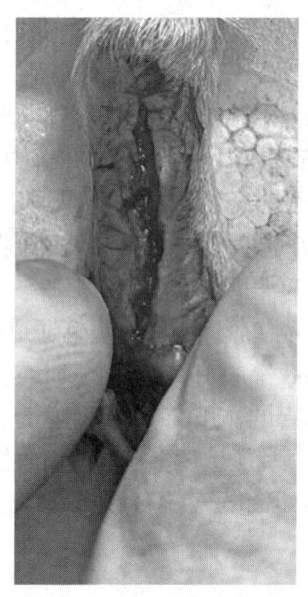 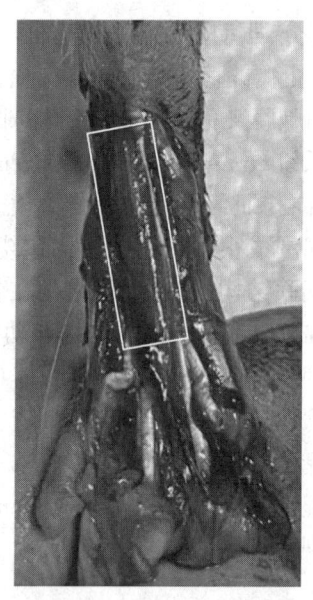

图 2-9-1　暴露大鼠趾短屈肌,并取黑框中的肌肉组织用于电子显微镜制样

将眼科剪的一端伸进孔中,剥离趾短屈肌与周围组织的连接,之后用眼科剪将趾短屈肌两端剪断,迅速投入预冷的台氏液中,洗净残留血渍,并用刀片沿肌丝方向将趾短屈肌组织切成直径约 1 mm,长度不超过 5 mm 的组织条,并收集组织条于盛有台氏液的 1.5 mL 离心管中备用。这样切割组织的方法可以保证组织在电子显微镜制样中被很好地固定和染色,也为沿细胞长轴方向进行超薄切片提供便利)。

2. 骨骼肌透射电子显微样品的制备

(1) 前固定　配制前固定液,含 40 g/L 多聚甲醛和 2.5% 戊二醛的 0.1 mol/L 二甲砷酸钠溶液,pH 7.3 ~ 7.4。将离心管中的台氏液吸弃干净后加入前固定液,室温避光静置 2 h,期间每隔 30 min 振荡混匀 1 次。

(2) 漂洗　将组织样品从离心管转移到 6 孔板培养皿中,放置在低速摇动的常温摇床上,用 0.1 mol/L 二甲砷酸钠溶液漂洗 5 次,每次 5 min。

(3) 后固定　配制含 20 g/L 锇酸和 8 g/L 亚铁氰化钾的 0.1 mol/L 二甲砷酸钠溶液(现用现配,将储存的 20 g/L 锇酸溶液加入盛有亚铁氰化钾和二甲砷酸钠粉末的离心管中),吸弃上一步漂洗液,将后固定液加入样品中,常温避光静置保存 1 h,其间每隔 30 min 振荡混匀 1 次。

(4) 漂洗　样品放置在常温摇床上低速转动,用 0.1 mol/L 二甲砷酸钠溶液漂洗 2 次,每次 5 min。用去离子水漂洗 3 次,每次 5 min。

(5) 铀染　吸弃上一步骤样品中的去离子水,加入 40 g/L 乙酸双氧铀水溶液,常温避光,摇床低速摇动,染色 1 h。

(6) 漂洗　回收上一步骤乙酸双氧铀水溶液。将样品放置在常温摇床上低速摇动,用去离子水漂洗 5 次,每次 5 min。

(7) 乙醇逐级脱水　吸弃上一步骤去离子水,骨骼肌组织用 50%、70%、80%、90%、90% 乙醇各脱水 10 min,之后用无水乙醇脱水 2 次,每次 10 min。

(8) 样品浸透 配制无水乙醇与 Spurr 包埋剂体积比分别为 1∶1、1∶2、1∶3、0∶1 和 0∶1 的溶液,将骨骼肌组织依次置于其中各浸透 1 h,并置于常温摇床上低速摇动。

(9) 包埋 用纯 Spurr 树脂包埋样品于 3.5 cm 培养皿中,置于 65℃杂交炉中处理 18~24 h。

(10) 修块及切片 在教师指导下制备玻璃刀对样品进行修块,并制备超薄切片。用透射电子显微镜进行成像,并在图像中识别细肌丝、粗肌丝、细肌丝与粗肌丝交叠区、Z 线、连接型肌质网(侧囊)、纵行肌质网、横管、三联体(注意其所在的位置)、横管与肌质网之间疑似雷诺丁受体分子的结构、线粒体外膜、线粒体内膜、线粒体嵴、超薄切片制备产生的刀痕等。

【参考结果】

骨骼肌电子显微镜成像的参考结果见图 2-9-2。

图 2-9-2 骨骼肌超薄切片超微结构图像
图中右上角为图中白框区域的放大图

【注意事项】

1. 注意麻醉剂的用量,保证手术过程中实验用鼠不苏醒、不死亡。
2. 注意保持趾短屈肌在剥离过程中的生理活性。
3. 电子显微镜前固定液最好在实验开始前配制好,及时将准备好的组织条放入前固定液中,以保证样品生理活性和固定效果。
4. 透射电子显微镜的使用部分本实验没有详述,初学者需要请专业人员协助进行电子显微镜观察。

【思考题】

1. 在样品获取过程中如何保持肌肉的生理活性?

2. 请查阅资料,了解在样品固定、染色过程中,不同试剂的用量对观察效果的影响。
3. 试解释骨骼肌细胞收缩机制与细胞超微结构之间的关系。

【创新与探索】

1. 在实验之后,你认为组织样品和超薄切片的制作方法有哪些需要改进的地方?
2. 试自行查阅文献,设计心肌组织用于超微结构观察的样品制作方法,并对比心肌和骨骼肌超微结构的不同。

(梁景辉　王世强)

第三章 血液

实验 3-1 血细胞的计数

【实验背景与相关原理】

血细胞(blood cell)数量众多,需采用一定倍数的等渗溶液稀释血液后,置于专用的血细胞计数板的计数室(counting chamber)内,在显微镜下计数,然后可推算 1 mm³ 或 1 L 血液内的各种细胞数。常用计数板的结构一般为一块刻有一定面积刻度的长方形厚玻璃板(图 3-1-1、图 3-1-2 和图 3-1-3),通常有前后 2 个计数室,每室划分 9 个大格,格与盖玻片的距离为 0.1 mm,每大格边长为 1 mm,面积为 1 mm²,体积为 0.1 mm³。四角的 4 个大方格被划分为 16 个中方格,一般 4 个大方格用作白细胞的计数;中央大方格中的每一个中方格被 3 条等分的线条划分,故中央大方格共得 25 个中方格,每个中方格边长为 0.2 mm,面积为 0.04 mm²,体积为 0.004 mm³,每个中方格又得 16 个小方格,一般情况下,中央大方格四角的和中央的中方格及其内部的小方格用作红细胞的计数。红细胞(red blood cell,erythrocyte)占血细胞数量的绝大多数,因此计数白细胞(white blood cell,leukocyte)和血小板(blood platelet,thrombocyte)时需要相应稀释液能破坏红细胞,以避免其对计数的干扰。

如条件允许,计数工作应在相差显微镜下进行。在医学临床上已使用仪器——血液多参数自动测量仪,使血细胞计数工作完全自动化。

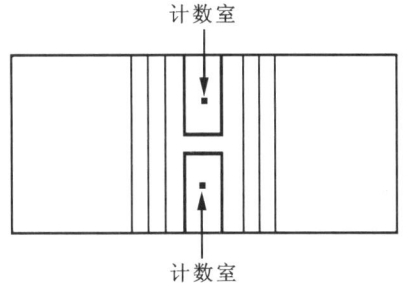

图 3-1-1 血细胞计数板平面图

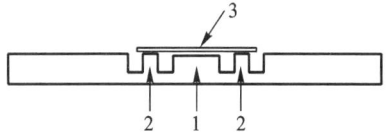

图 3-1-2 血细胞计数板纵切面图
1. 计数室,计数室与盖玻片的距离为 0.1 mm;2. 盖玻片支柱;3. 盖玻片

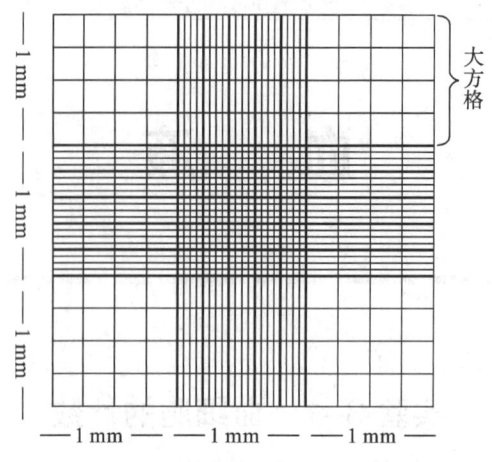

图 3-1-3　血细胞计数板上计数室的分格

【目的要求】

学习红细胞、白细胞和血小板的人工计数方法。

【实验器材】

家兔、血细胞计数板、一次性刺血针、一次性定量毛细取血管(10 μL、20 μL)、移液管(1 mL、2 mL、5 mL)、滴管、小试管、显微镜、75%酒精棉球、NaCl、Na_2SO_4、$HgCl_2$、无水乙酸、10 g/L 龙胆紫(或 10 g/L 亚甲基蓝)溶液、尿素、柠檬酸钠、40% 甲醛溶液及蒸馏水。

【方法与步骤】

1. 稀释液准备

(1) 红细胞稀释液(即 Hayem 稀释液)　称取 NaCl(维持渗透压)0.5 g、Na_2SO_4(使溶液密度增加,红细胞均匀分布,不易下沉)2.5 g、$HgCl_2$(固定红细胞并防腐)0.25 g,蒸馏水加至 100 mL。

(2) 白细胞稀释液　无水乙酸(破坏红细胞)2.0 mL、10 g/L 龙胆紫或 10 g/L 亚甲基蓝溶液(将细胞核染为淡蓝色,以便识别)1 mL,蒸馏水加至 100 mL,过滤后备用。

(3) 血小板稀释液(许汝和氏含尿素稀释液)　称量尿素(维持渗透压)10 ~ 13 g、柠檬酸钠(防止血小板凝集)0.5 g、40%甲醛溶液(防腐)0.1 mL,蒸馏水加至 100 mL。注意:先将尿素、柠檬酸钠溶于蒸馏水中,然后再加甲醛溶液。为方便观察,可加少许亚甲基蓝使溶液呈蓝色。稀释液放于冰箱中保存,用前一定要过滤。

2. 采血及稀释

实验时,用 5 mL 移液管吸取 3.98 mL 红细胞稀释液并放入 1 号小试管中备用,用 1 mL 移液管吸取 0.38 mL 白细胞稀释液并放于 2 号小试管中备用,再用 2 mL 移液管吸取 2 mL 血小板稀释液并放入 3 号小试管中备用。

常规消毒兔耳耳尖部的耳缘静脉采血部位,待耳缘静脉充血后,用一次性刺血针刺破血管,让血液自然流出,擦去第一滴血液,用一次性定量毛细取血管分 3 次准确吸取血液 20 μL、20 μL 和 10 μL,擦净管外沾染之血,依次、分别将滴管插入放有上述盛有稀释液的试管底部,轻轻吹出血液,并用上清液清洗毛细取血管 2~3 次,轻轻摇动试管 1~2 min,使血液与稀释液充分混匀。

3. 使用血细胞计数板

将盖玻片(与计数板配套购置)放入计数板中央,用洁净玻棒蘸取少量已稀释混匀后的血细胞悬浮液,于盖玻片边缘一次性滴入计数室内,使之灌满,静置 2~3 min,待细胞下沉后进行计数。计数血小板的血细胞悬液应静置 15 min。滴入计数室的细胞悬液不能过多或过少。在计数红细胞、白细胞和血小板时,可各使用一个计数室。

4. 计数方法

用低倍镜观察计数室内被计数的特定血细胞分布是否均匀,分布均匀者方可计数。

(1) 红细胞计数 把计数室中央的大方格置于视野内,转用高倍镜,计数 5 个中方格(中央大方格四角的和正中的 5 个中方格)内的红细胞总数。计数时必须遵循一定方向和规则逐格进行,如将下侧和右侧线上的红细胞数入,则勿将上侧和左侧线上的数入(图 3-1-4)。

(2) 白细胞计数 在低倍镜下,计数四角 4 个大方格中所有的白细胞总数。计数原则同红细胞计数。

(3) 血小板计数 计数方法同红细胞。应将显微镜的聚光镜光圈缩小,使视野略暗,以便能看清血小板的折光。如条件允许,可使用相差显微镜。血小板直径相当于红细胞的 1/4~1/5,其为圆形或椭圆形。应注意将血小板与红细胞、白细胞碎片和霉菌等区别开来,防止错误计数。

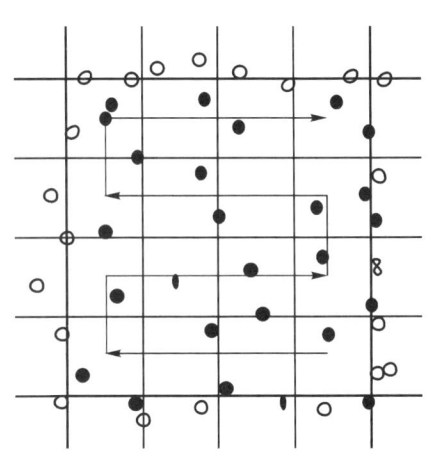

图 3-1-4 红细胞计数图
●应计数的红细胞;○不应计数的红细胞;
→计数时的方向与顺序

5. 计算

(1) 红细胞数

$$红细胞数/mm^3 = 5 个中方格数得的红细胞总数 \times 10^4$$

$$红细胞数/L = 红细胞数/mm^3 \times 10^6$$

计算原理如下:

① 加 20 μL(即 0.02 mL)血液于 3.98 mL 红细胞稀释液中,使血液稀释 200 倍。

② 共计数 0.02 μL 稀释后血液中的红细胞总数(一个中方格的容积为 $0.2 \times 0.2 \times 0.1 = 0.004 \ mm^3$;5 个中方格的容积为 $0.004 \times 5 = 0.02 \ mm^3$,换算成每 mm^3 时应乘以 50)。

③ 红细胞数/mm^3 = 5 个中方格中所数的红细胞数 × 稀释倍数(200)× 50。

(2) 白细胞数

$$白细胞数/mm^3 = 4 个大方格数得的白细胞总数 \times 50$$

$$白细胞数/L = 白细胞数/mm^3 \times 10^6$$

(3) 血小板数

$$血小板数/mm^3 = 5 个中方格数得的血小板总数 \times 10^4$$

$$血小板数/L = 血小板数/mm^3 \times 10^6$$

【参考结果】

见附录 3 中家兔的主要生理学数据。

【注意事项】

1. 血液加入试管后,须充分摇匀,但动作要轻,避免出气泡,防止血细胞(尤其是血小板)被破坏。
2. 计数室内细胞分布要均匀。计数红细胞时,如果发现各中格的红细胞数目相差 20 个以上,或计数白细胞时,发现各大格的白细胞数目相差 8 个以上,表示血细胞分布不均匀,必须把稀释液摇匀后重新计数。
3. 混悬液滴入计数室时,液量要适当。混悬液过多则会溢出至两侧深槽内,使盖玻片浮起、计数室体积增加,导致计数不准,此时需用滤纸片吸出多余的溶液,以槽内无溶液为宜。混悬液滴入过少,经反复充液可能造成计数室内有气泡,影响计数室体积,此时应洗净计数室,待干燥后重新滴液。
4. 所用吸管、试管、计数板等必须十分干净,各种稀释液严防混入杂质或有细菌生长,尤其在血小板计数时,某些脏物和细菌也会透明发亮或形状类似于血小板,影响计数准确度。
5. 应待血小板完全下沉后再计数。
6. 如遇冷凝集现象,可把标本置 37℃ 温箱中温育几分钟,摇匀后再计数。
7. 过去在采血时曾普遍应用红、白细胞计数专用吸管,现在多已不用,而代之以一次性定量毛细取血管。该管上面有标记,可一次性取血 10 μL 或 20 μL。

【思考题】

1. 在操作过程中,哪些因素可能会影响血细胞计数的准确性?
2. 参考红细胞计数公式的计算原理,说明本实验中白细胞和血小板计算公式的计算原理。
3. 各种血细胞的基本功能是什么?

【创新与探索】

设计人或其他动物血细胞计数的实验方法。

(刘巍 赵强)

实验 3-2 血液红细胞相关物理常数和血红蛋白的测定

【实验背景与相关原理】

红细胞比容、溶解和沉降率是与红细胞生理性能密切相关的物理常数。将抗凝血装于分血管(也称分血计,常用的是温氏管)或微量毛细取血管,在一定条件下离心沉淀,由此可测出红细胞占全血体积的百分比,称为红细胞比容(hematocrit,又称血细胞比容)。此时,管中的血液分为 3 层:上层为淡黄色的透明液体——血浆,中层为极薄的一层呈灰白色的白细胞和血小板,下层为被挤压得很紧的暗红色的红细胞。目前,临床上应用微量毛细管比容法,也可采用商品化的专用肝素化(抗凝)毛细玻璃管,采血后加热毛细玻璃管两端或以橡皮泥封口,在小型专用的超速离心机上离心 5 min，转速至少为 10 000 r/min，然后在红细胞比容测定板上读出体积百分比，也可采用更为先进的电阻抗微量比容法等方法测定红细胞比容。

红细胞在高渗氯化钠溶液中，会失去水分发生皱缩；在低渗氯化钠溶液中，会因过多水分进入红细胞而膨胀，甚至破裂，使血红蛋白释出，此即红细胞溶解或溶血（hemolysis）。红细胞对低渗溶液具有不同的抵抗力，这种抵抗力与红细胞表面积与体积的比值有关，也即红细胞有不同的渗透脆性，表面积与体积的比值小者抵抗力小（渗透脆性大）；反之则抵抗力大（渗透脆性小）。各种有机溶剂、酸、碱等都会使红细胞膜发生溶解或破坏，使血红蛋白释出，此即红细胞的化学性溶血。发生溶血后，残留的红细胞膜碎片被称为红细胞血影（erythrocyte ghost）。

红细胞沉降率（erythrocyte sedimentation rate，简称血沉）是指血沉管内的抗凝血被静置一段时间（如 1 h）后，红细胞因重力关系而下沉的毫米数。它是以血浆层的高度来计算的，血浆层越高，则血沉越快。通常把红细胞的沉降过程分为 3 期：形成缗钱状红细胞簇期、迅速下沉期及最后的聚集期。如果有更多的缗钱状红细胞叠连（此时每个红细胞形态正常），那么这些聚集的红细胞团与血浆接触总面积将减少，其受到血浆的逆阻力减弱而易于下沉，即血沉增快。剧烈运动后、女性在经期和孕期时，血沉加快，贫血、发热、多种炎症、风湿性疾病和多种恶性肿瘤疾病均可使血沉加快。红细胞增多症患者血沉减慢。检测血沉的方法有韦（Westergren）氏法（使用普通的血沉测定管）和潘（Ланченков）氏法（使用微量血沉管）。本实验仅介绍潘氏法。

血红蛋白是判断机体是否贫血的重要指标。测定血红蛋白含量的方法有很多，常用比色法。在此介绍用于目测比色的酸化法，即沙利（Sahli）氏比色法。其原理是在一定量血液中加入少许盐酸，酸不仅使红细胞膜破坏，而且使原来位于红细胞内的亚铁血红素转化成高铁血红素（即酸化血红素），后者呈较稳定的棕色。将其用蒸馏水稀释后与血红蛋白计的标准色进行目测比色，即得每 100 mL 血液所含的血红蛋白质量（克数）或百分率。

【目的要求】

1. 学习红细胞比容测定方法。
2. 学习测定红细胞沉降率的方法，了解测定血沉的意义。
3. 学习引起红细胞溶解的各种实验方法，观察溶血现象。
4. 掌握测定血红蛋白含量的基本方法——比色法。

【实验器材】

家兔、注射器（2 mL 或 5 mL）、针头（6 号或 6.5 号）、一次性刺血针、一次性定量毛细取血管（20 μL）、2 mL 吸管、离心机（最好采用直角离心机）、细长滴管、小试管、5 mL 试管 12 支（溶血实验用）、小表面皿、玻棒、碘酒棉球、75% 酒精棉球、吸耳球、温氏管、微量血沉管、血沉管架、血红蛋白计、双草酸盐抗凝剂（草酸铵 1.2 g、草酸钾 0.8 g、40% 甲醛溶液 1 mL，加蒸馏水至 100 mL）、50 g/L 柠檬酸钠溶液、9 g/L 氯化钠溶液、0.1 mol/L 盐酸溶液、0.1 mol/L 氢氧化钠溶液、乙醚、38 g/L 柠檬酸钠溶液及 171 mmol/L 氯化钠溶液（氯化钠 1.0 g、蒸馏水 1 000 mL）。

【方法与步骤】

1. 红细胞比容的测定

(1) 温氏管(Wintrobe 管) 管长 110 mm, 内径约 2.5 mm, 内径必须均匀, 管底平坦。管的两侧标有厘米和毫米分格刻度, 右侧数由下而上, 最下部为 0, 最上部为 10; 左侧数反之, 它们分别供读取比容和血沉用(图 3-2-1)。

(2) 抗凝小试管的制备 吸取双草酸盐抗凝剂 0.2 mL, 置于小试管内, 并使该抗凝剂均匀分布于小试管内壁上, 烘干备用, 此管可抗凝 2 mL 血。

(3) 采血 采用家兔心脏穿刺采血法(参见第一章第二节), 用干燥、消毒的注射器抽取血液 2 mL, 置于已用双草酸盐抗凝的小试管内, 充分混匀。

(4) 离心 以细长的滴管伸入温氏管内, 沿管壁将抗凝血液准确加到管上端刻度 10 处(自右侧计数), 切勿混入气体。配平后, 按 3 000 r/min 离心 30 min。

(5) 计算红细胞比容 取出比容管直接读数, 若红细胞柱的高度为 45 mm, 则红细胞比容为 45%。

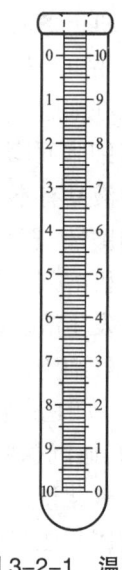

图 3-2-1 温氏管 (Wintrobe 管)

2. 红细胞的溶解

方法 1: 渗透性溶血——红细胞渗透脆性的测定

(1) 配制不同浓度的低渗氯化钠溶液 取 12 支试管, 分别按表 3-2-1 加入 171 mmol/L 氯化钠溶液和蒸馏水。

表 3-2-1 红细胞渗透脆性实验操作表

试剂 \ 试管号	1	2	3	4	5	6	7	8	9	10	11	12
171 mmol·L^{-1} 氯化钠溶液 /mL	1.7	1.6	1.5	1.4	1.3	1.2	1.1	1.0	0.9	0.8	0.7	0.6
蒸馏水 /mL	0.8	0.9	1.0	1.1	1.2	1.3	1.4	1.5	1.6	1.7	1.8	1.9
氯化钠溶液的终浓度 /mmol·L^{-1}	116.3	109.4	102.6	95.8	88.9	82.1	75.2	68.4	61.6	54.7	47.9	41.0
氯化钠溶液的最终质量浓度 /g·L^{-1}	6.8	6.4	6.0	5.6	5.2	4.8	4.4	4.0	3.6	3.2	2.8	2.4

(2) 观察溶血情况 用干燥的注射器及针头取血 1~2 mL, 立即通过 6 号针头滴入各管中, 每管 1 滴, 轻轻摇匀后于室温下静置 2 h 后观察各试管的溶血情况。也可用生理盐水配制 5% 红细胞混悬液代替静脉血进行此步实验。5% 红细胞混悬液制备方法见本实验方法 2。

(3) 结果判断 从高浓度管开始观察: 不溶血, 上层浅黄、透明, 下层红色、不透明; 开始溶血, 上层红色、透明, 下层红色、浑浊而不透明; 完全溶血, 全部液体变红且透明。

方法 2: 化学性溶血

(1) 5% 红细胞混悬液制备 取兔血 2 mL, 加入盛有 38 g/L 柠檬酸钠溶液 0.2 mL 的离心管中,充分混合，放入离心机中，按 3 000 r/min 离心 5 min。取出后，弃去上清液，加入生理盐水，混合后再离心，然后再弃去上清液。同法重复一次，即得洗涤后的红细胞。用生理盐水配成 5% 红细胞混悬液。

(2) 取试管 4 支，各盛 5% 红细胞混悬液 2 mL，分别加入下列溶液，并观察红细胞在各试管中的溶解现象：9 g/L 氯化钠溶液 1 mL、乙醚 0.2 mL、0.1 mol/L 盐酸溶液 1 mL、0.1 mol/L 氢氧化钠溶液 1 mL。

(3) 半小时后，观察并记录各试管溶液的溶血情况，注意颜色与透明度。

3. 红细胞沉降率的测定

(1) 微量血沉管管长 172 mm、内径 1 mm、容积约 0.15 mL，自管底端向上有 100 格刻度，每格距离 1 mm。刻度"0"处（最上方）有"K"标志，50 mm 处有"P"标志。微量血沉管用前先用 50 g/L 柠檬酸钠溶液冲洗一次。

(2) 用微量血沉管吸取 50 g/L 柠檬酸钠溶液至"P"处，吹入小试管或表面皿中。

(3) 用刺血针在兔耳缘静脉采血，擦去第一滴血，用微量血沉管两次取血至刻度"K"处，迅速吹入盛有抗凝剂的小试管或表面皿中，充分混合。

(4) 以微量血沉管吸取小试管或表面皿中混匀的抗凝血至"K"处，擦净管尖血液，将血沉管直立并固定于血沉管架上。

(5) 1 h 后观察结果，记录微量血沉管中血浆层的高度。

4. 血红蛋白含量测定

(1) 血红蛋白计（图 3-2-2）包括：①标准比色架，架的一侧或两侧镶有两个棕色的标准色柱；②血红蛋白稀释管，呈方形或圆形，两侧有刻度，一侧以克为计数单位，对侧以百分率计，是按我国血红蛋白正常值，即以每 100 mL 血液内含血红蛋白 14.5 g 为 100% 进行百分率刻度标记。

(2) 用滴管滴加 0.1 mol/L 盐酸至血红蛋白稀释管的刻度 10 处（用百分率计算的那一侧刻度值）。

(3) 用刺血针在兔耳缘静脉采血，血滴宜大些。用一次性毛细取血管的尖端接触血滴，吸血至刻度 20 mm³ 处（0.02 mL，即 20 μL）。

(4) 用滤纸片或棉球擦净毛细取血管口周围的血液，将一次性毛细取血管插入血红蛋白稀释管的盐酸液内，轻轻吹出血液至管底部，反复吸入并吹出稀释管内上层的盐酸，洗涤吸管多次，使一次性毛细取血管内部的血液完全洗入稀释管，摇匀或用小玻棒将其搅匀后，放置 10 min，使盐酸与红细胞及其内部的血红蛋白充分作用。

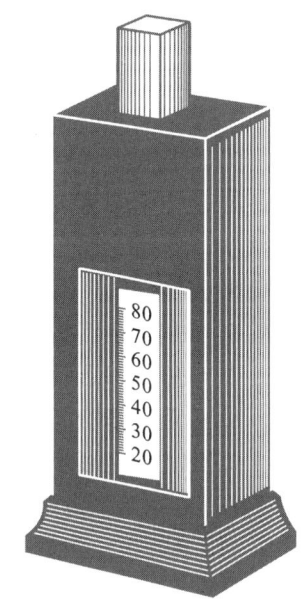

图 3-2-2　血红蛋白计

(5) 把稀释管插入标准比色架两色柱中央的空格中，使其无刻度的两侧面位于空格的前后方，以便于透光和比色。

(6) 用滴管向稀释管内逐滴加入蒸馏水（每加一滴要搅拌），边滴边观察颜色，直至颜色与标准玻璃色柱的颜色相同为止，此时稀释管上液面的读数即为 100 mL 血液中血红蛋白的克数。

【参考结果】

见附录 3 中家兔的主要生理学数据。

【注意事项】

1. 用来测定红细胞比容的温氏管必须清洁干燥。
2. 应选用不影响红细胞体积的抗凝剂,故以双草酸盐为好。
3. 离心条件尽可能恒定。
4. 测量红细胞比容时要防止出现溶血现象(有溶血者血浆呈红色)。
5. 试管编号排列顺序切勿弄错、颠倒。
6. 药品、血样的量要准确。
7. 溶血试剂加入血液后,应轻轻摇匀溶液,切勿剧烈振荡。
8. 应在光线明亮处观察结果,溶血实验必要时吸取试管底部悬液一滴,在显微镜下观察。
9. 测量血红蛋白实验中,蒸馏水须逐滴加入,多做几次比色,以免稀释过量。每次比色时,应将搅拌用的玻棒取出,以免影响比色。

【思考题】

1. 哪些因素可以影响红细胞比容?
2. 如何防止溶血?
3. 急性失血 300 mL 后,红细胞比容将有何变化?为什么?
4. 为什么在获取活细胞进行细胞培养的科研实验中或在医学临床上需用各种生理盐水溶液?
5. 产生渗透性溶血和化学性溶血的机制有什么不同?
6. 如何判定红细胞最大渗透脆性和最小渗透脆性?
7. 红细胞渗透脆性实验的基本原理是什么?有什么意义?
8. 引起红细胞沉降的原理是什么?
9. 试述影响红细胞沉降率的各种因素。
10. 测定血红蛋白含量的实际意义是什么?血红蛋白具有什么功能?
11. 血红蛋白含量的变化和红细胞数目的增减是否一定呈线性平行关系?为什么?

【创新与探索】

1. 试设计一个仅借光学显微镜区分等渗溶液和等张溶液的实验方法。
2. 结合生物化学知识,在实验室条件允许的前提下自学如何用光电比色的氰化法测定血红蛋白含量。

(刘巍　赵强　刘燕强)

实验 3-3　利用染料稀释法测定血容量

【实验背景与相关原理】

血液由血浆和悬浮于其中的血细胞组成,人或者动物机体中血浆和血细胞的总和称血容量(blood volume)。正常的血容量对于维持生命活动是必需的,正常情况下人的血液总量相当于体重的 7%～8%,或相当于每千克体重有血液 70～80 mL,其中血浆量为 40～50 mL。某些疾病会导致血容量变化,如真性红细胞增多症会使红细胞容量和血浆容量增加,而出血、休克、烧伤、再生障碍性贫血等会使血容量减少。因此,血容量的测定对某些疾病的临床诊断有重要意义。

静脉注射某种无害染料(常用 T1824,又称伊文思蓝),然后采血样,测定染料在体内被血液稀释的倍数。根据稀释法原理,求出血浆容量,再根据红细胞比容来推算血容量。

【目的要求】

学习用染料稀释法测定实验动物血容量的原理和方法。

【实验器材】

家兔、离心机、分光光度计、5 mL 注射器、10 mL 刻度离心管、温氏管、滴管、移液管(1 mL、5 mL)、5 g/L T1824 溶液、生理盐水及双草酸盐抗凝剂。

【方法与步骤】

1. 抗凝管制备

按以下方法配制抗凝剂:称量草酸铵 1.2 g,草酸钾 0.8 g,40% 甲醛溶液(防止霉菌生长) 1 mL,加蒸馏水至 100 mL。

取离心管 2 支,分别标以Ⅰ、Ⅱ记号,两管内各加入双草酸盐抗凝剂 0.6 mL,使其均匀涂布于离心管内壁,置离心管于烤箱内烘干(温度不超过 80℃)后待用。

2. 采血

常规固定家兔,消毒取血部位,于兔耳中央动脉或心室腔内抽血 6 mL 后,使家兔恢复正常体位并限制其活动。将抽出的血液缓缓沿管壁移送至离心管Ⅰ内,用涂过凡士林的拇指堵住管口,轻轻将管倒转两三次,使血液与抗凝剂充分混合。注意:接触血液的器皿必须清洁、干燥,移送血液时要轻而慢,防止溶血。

3. 测定红细胞比容(方法见实验 3-2)。

4. 注射染料

经兔耳缘静脉,按每千克体重 1 mL 注入 5 g/L T1824 溶液,记录注射时间,10 min 后由兔心室腔内采血 3 mL,放入离心管Ⅱ并与抗凝剂充分混合。

5. 沉淀、取血浆

Ⅰ、Ⅱ管离心(转速 3 000 r/min,离心 30 min)后,用细长滴管将上层血浆吸出,分别放入两个小试管内,并对应地标明Ⅰ、Ⅱ记号。

6. 比色

（1）配制标准液　Ⅰ管血浆 1 mL + 生理盐水 5 mL + 稀释的 T1824 溶液 1 mL 放入比色管内。稀释的 T1824，即 5 g/L T1824 溶液用生理盐水稀释 50 倍。

（2）配制测定液　Ⅱ管血浆 1 mL + 生理盐水 6 mL 放入比色管内。

（3）配制对照液　Ⅰ管血浆 1 mL + 生理盐水 6 mL 放入比色管内。

（4）用分光光度计进行比色　比色时须用 620～624 nm 的滤光板，先用对照液定零点，再分别测定标准液和测定液的光密度值。

7. 计算

血浆容量 =（标准液的光密度值 × 50 × 注射的 T1824 溶液毫升数）/ 测定液的光密度值

血液总量 =（100 × 血浆容量）/（100− 红细胞比容）

8. 根据家兔体重，求出血液总量占家兔体重的百分数。

【注意事项】

1. 比色时最好用 721 型分光光度计或较精确的比色计。一般的光电比色计因滤光板太小，不够精确，所得结果往往偏低。

2. 注射的 T1824 溶液的量要很准确。

【思考题】

1. 人体血量的正常值是多少？有几种表示方法？
2. 当一次性献血 500 mL 后，人会有何表现，为什么？

【创新与探索】

在有条件的情况下，学习用 ^{32}P 或 ^{51}Cr 标记红细胞，或用 ^{131}I 标记血浆蛋白，进而用液体闪烁测定仪等仪器来推算血容量。

（项　辉）

实验 3-4　出血时间、凝血时间及血液凝固的观测

【实验背景与相关原理】

血液流出血管后会很快凝固，凝血过程是一种发生在血浆中由多种凝血因子（coagulation factor）参与的连锁性化学反应，其结果是使血液由流体状态转变为凝胶状态。血液凝固过程可分为 3 个阶段：第一阶段为凝血酶原激活物（prothrombin activator）的形成；第二阶段为凝血酶（thrombin）的形成；第三阶段为纤维蛋白（fibrin）的形成。凝血系统包括内源性（仅发生于血浆中）和外源性（有存在于组织中的组织因子参与）两套凝血系统。

出血时间是指从针刺使皮肤毛细血管破裂后，血液从创口内流出到自动停止流出所需的一段时间。出血时间用于检查机体生理止血功能是否正常，即主要用于初步了解毛细血管功能及血小板功能是否正常。

凝血时间是指从血液流出体外时起至血液在体外自动凝固时止所需的时间。凝血时间用于检查血液本身的凝血过程是否正常,而与血小板和毛细血管功能关系较小。

检测凝血时间的方法有玻片法、试管法和毛细管法等,也可借助血液凝固时间自动测定仪等仪器进行自动化检测。

在因创伤而出血后,凝血酶原激活物可通过两种途径形成。采取直接从静脉取血而不直接与组织因子接触的方法,可比较两套凝血系统。因脑组织中含有丰富的组织因子,本实验利用兔脑粉观察外源性凝血系统的作用。

【目的要求】

1. 学习测定出血时间、凝血时间的方法,熟悉测定出血时间和凝血时间的意义。
2. 了解血液凝固的基本过程及加速、延缓血液凝固的因素。

【实验器材】

家兔或犬、一次性刺血针、秒表、小滤纸条、75%酒精棉球、碘酒棉球、干燥的注射器和针头、毛细玻璃管(长约 10 cm、内径 0.8~1.2 mm,也可用一次性定量毛细取血管代替)、内径 8 mm 小试管若干、载玻片、恒温水浴箱、50 mL 烧杯(2 个)、0.5 mL 移液管(6 支)、棉花、粗糙竹签、石蜡油、冰块、200 g/L 或 250 g/L 氨基甲酸乙酯、肝素、38 g/L 柠檬酸钠溶液、270 mmol/L 氯化钙溶液、生理盐水、富血小板血浆、少血小板血浆、兔脑粉悬液及凝血酶溶液。

相关试剂制备方法

【方法与步骤】

1. 出血时间的测定

用 75% 酒精消毒耳垂或指端后,再用无菌干棉球擦干。用一次性刺血针穿刺皮肤 2~3 mm 深,勿用手挤压出血部位,让血液自然流出。从出血后开始每隔半分钟用滤纸吸去血滴一次(不要触及皮肤),直至血流停止。记录从开始出血至停止出血的时间间隔。

2. 凝血时间的测定

(1) 毛细管法 常规消毒指尖或耳垂,用一次性刺血针刺穿皮肤,让血液自然流出,用消毒棉球吸去第一滴血,用毛细玻璃管吸取第二滴血,直至血液充满管腔为止,此时立即记录时间。每隔半分钟折断毛细玻璃管一小段(5~10 mm),直至两段玻璃管之间有血丝连接时,表示血液已经凝固。从血液进入毛细玻璃管起至血液凝固时止,所用的时间为凝血时间。

(2) 玻片法 针刺后,让血液自然下滴,滴到玻片上开始计时,其血滴不应小于黄豆粒。然后在室温下自然凝固,每隔半分钟轻挑一次,若有细血丝挑起,即为凝固,停止计时。

(3) 试管法 见下述血液凝固实验采用的方法,此处略。

3. 血液凝固的观察

(1) 常规静脉或腹腔麻醉动物,分离颈总动脉或颈外静脉。

(2) 观察纤维蛋白原在凝血过程中的作用 用带有粗针头的注射器直接从静脉或动脉取血 6~10 mL,注入两个烧杯内。其中一杯静置不动,作为对照;另一杯则用粗糙的竹签搅拌血液半分钟,然后取出竹签,用生理盐水洗去血细胞,观察缠绕在竹签上的纤维蛋白。观察并比较两个烧杯里的血液有何区别。

(3) 观察内源性及外源性凝血过程　取 3 个干燥的小试管,按表 3-4-1 分别加入富血小板血浆、少血小板血浆、生理盐水和兔脑粉悬液,然后同时加入 270 mmol/L 氯化钙溶液,摇匀后放置在试管架上并计时。每隔 15 s 倾斜试管一次,直到血浆凝固(即血浆液面不随试管倾斜)。分别记录 3 个试管内血浆凝固的时间并填入表 3-4-1。

表 3-4-1　血浆凝固时间记录表

	第一管	第二管	第三管
富血小板血浆	0.2 mL		
少血小板血浆		0.2 mL	0.2 mL
生理盐水	0.2 mL	0.2 mL	
兔脑粉悬液			0.2 mL
270 mmol/L 氯化钙溶液	0.2 mL	0.2 mL	0.2 mL
血浆凝固时间 /min			

(4) 凝血酶时间的测定　取少血小板血浆 0.2 mL,迅速加入稀释的凝血酶溶液 0.2 mL 并计时。摇匀溶液后,置 37 ℃ 水浴箱中,不断倾斜试管,密切观察并记录凝血时间。

(5) 血液凝固的加速与延缓　取干燥、洁净的试管 6 支,按表 3-4-2 准备各种不同的实验条件。用带 8 号针头的 10 mL 注射器迅速抽取家兔或犬静脉血 6~10 mL。当血液进入注射器时,立即启动秒表,将血液按每管各 1.5 mL 左右的比例分装于已准备好的 6 支试管中(表 3-4-2),每 30 s 倾斜试管一次,观察血凝现象是否发生,并记录凝血时间。

表 3-4-2　影响血液凝固的因素

	实验条件	凝血时间	解释
粗糙面	放少许棉花		
	用石蜡油润滑整个试管内表面		
温度	在 37 ℃ 水浴箱保温		
	放在冰浴中		
抗凝剂	加入肝素 8 单位(加血后摇匀)		
	加入 38 g/L 柠檬酸钠溶液 1~2 mL(加血后摇匀)		

【参考结果】

出血时间的正常值为 1~4 min。

毛细管法、玻片法凝血时间的正常值为 2~8 min;试管法为 5~10 min。

【注意事项】

1. 在测定凝血时间时,最好将毛细管两端用胶泥封闭,置于 37 ℃ 恒温箱中,以保持温度恒定。
2. 如出血时间超过 15 min,应立即中止实验,并进行止血。
3. 采血前可进行局部按摩。
4. 玻片法测定凝血时间时,温度不可过高或过低,血滴不可过小,挑动不可过勤。
5. 试管法测定凝血时间时,血样不要混入气泡。

【思考题】
1. 生理性止血过程是怎样的?
2. 哪些因素会影响出血时间和凝血时间?
3. 本实验凝血时间的测定是检测机体的哪种或哪几种凝血系统?为什么?
4. 试分析出血时间和凝血时间分别与什么因素有关。出血时间延长,凝血时间一定会延长吗?
5. 比较不同的凝血时间测定方法的原理及优缺点。
6. 为什么柠檬酸钠具有抗凝作用?它影响了凝血的哪个过程?
7. 某被检测者的凝血酶时间延长,这提示被检测者血液中的哪些成分发生了什么改变?

【创新与探索】
根据所学习的知识设计一系列实验,用于筛选和鉴定机体内源性凝血系统、外源性凝血系统和某些凝血因子的功能是否正常。

(刘巍 赵强)

实验 3-5　血型鉴定与配血试验

【实验背景与相关原理】

血型(blood type)通常是根据存在于红细胞膜外表面的特异性抗原(镶嵌于红细胞膜上的特异性糖蛋白)来确定的,这种抗原(或称凝集原)由遗传基因决定。血清中的抗体或称凝集素,可与红细胞膜上不同的抗原结合,产生凝集反应,最后发生红细胞溶解。由于这种现象,临床上在输血前必须进行血型鉴定,以确保安全输血。在血型系统中最重要的是 ABO 血型系统(只要 ABO 血型系统相合,输血安全率可达 91.4%),其次为 Rh 系统。

ABO 血型系统据受试者红细胞上是否含有凝集原和所含凝集原种类的不同,将血型分为 A、B、AB 和 O 这 4 种基本血型。ABO 血型鉴定是将受试者红细胞分别加入标准 A 型血清(含足量的抗 B 凝集素)、标准 B 型血清(含足量的抗 A 凝集素)、标准 O 型血清(含足量的抗 A 和抗 B 凝集素)。

Rh 系统用抗 C、抗 D、抗 E、抗 c 和抗 e 这 5 种血清将 Rh 血型分为 18 个型别,因其中 D 抗原性较强,最具临床意义,故通常用抗 D 血清确定 Rh 血型阳性或 Rh 血型阴性。

除了主要的 ABO、Rh 血型系统之外,仍可能存在其他的抗原抗体反应足以威胁输血安全,因此即使输同型血还必须事先对供血者和受血者进行交叉配血试验,同时也可以进一步检验原血型鉴定是否正确。配血试验主要检查受血者血清中有无破坏供血者红细胞的抗体,这是配血试验的"主"侧;对于供血者血清中是否有破坏受血者红细胞的受体也应给予注意,这是配血试验的"次"侧,两者合称交叉配血(图3-5-1)。配血完全相符,即为主侧试验和次侧试验均无凝集反应,可以输血。不论何种原因导致主侧试验有凝集,则供血者的血绝对不能输给受血者。主侧试验无凝集、次侧试验出现凝集时(可见于受血者为A型或B型血,供血者为O型血时;或A型、AB型同型输血存在亚型问题时),如病情紧急又无其他血源可用,而凝集又较弱时,可试输少量(不超过200 mL)该型血液,但在输血过程中应密切观察,防止意外发生(表3-5-1)。

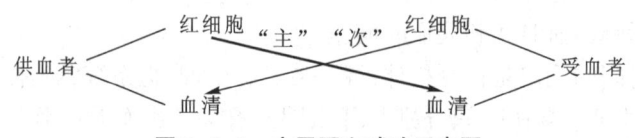

图 3-5-1 交叉配血试验示意图

表 3-5-1 交叉配血反应结果判定

主侧试验	次侧试验	结果判定
阴性	阴性	可以输
阴性	阳性	少量输
阳性	阴性	不能输
阳性	阳性	禁止输

阴性:即无凝集现象;阳性:即发生凝集现象。

检测血型和交叉配血均可分为玻片法和试管法,两种方法类似,前者较简便,但后者较灵敏。本实验主要介绍玻片法。

【目的要求】

1. 学习鉴别血型的基本方法。
2. 观察红细胞凝集现象,掌握ABO血型和Rh血型鉴定的原理。
3. 熟悉交叉配血的方法,了解输血的一般原则。

【实验器材】

显微镜、三凹玻片(或载玻片、白瓷砖片)、一次性刺血针、消毒牙签、玻棒、试管架、恒温水溶箱、试管、滴管、移液管、消毒的5 mL(或10 mL)注射器及针头、小试管、标准血清(A、B、O血型)、生理盐水、碘酒棉球、75%酒精棉球及抗D(完全抗体)血清。

【方法与步骤】

1. ABO血型鉴定

(1) 在三凹玻片上左、中、右3个凹陷或格子旁,用蜡笔依次标注上"A""B"和"AB"字样。

(2) 用3个小滴管分别依次吸A型、B型和O型标准血清各一滴,分别滴在三凹玻片上注有

A、B 和 AB 字样的相对应凹陷或格子部位，并依次用 3 个玻棒分别将血清涂匀而呈直径 1～2 cm 的圆形。

（3）制备 5% 红细胞悬液　常规消毒，穿刺采血部位（手指或耳垂）并取血。取试管 1 支，加生理盐水 1 mL，加入受检者血液 1～2 滴，混合均匀即可。

（4）在三凹玻片标注 A、B、AB 的 3 处分别加入 5% 红细胞悬液 1 滴，慢慢转动三凹玻片，也可用牙签搅拌，使抗血清和红细胞悬液充分混合（图 3-5-2）。在室温下静置 10～15 min 后，观察凝集结果。

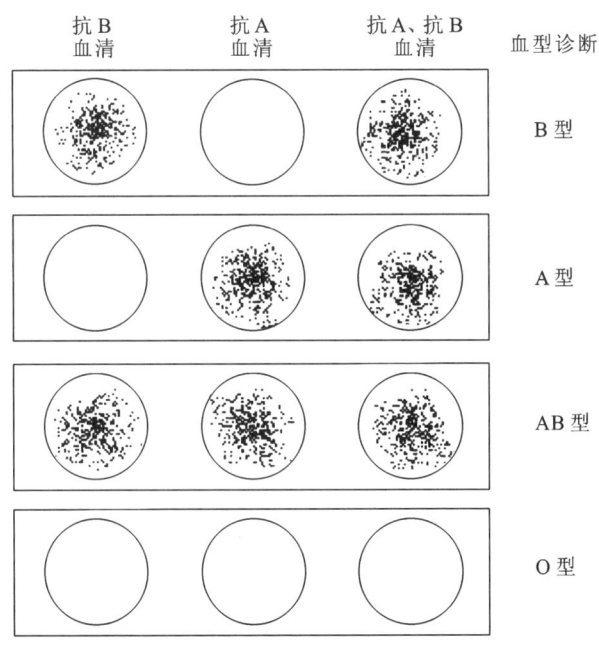

图 3-5-2　ABO 血型的鉴定（仿蒋德昭，2001）

2. Rh 血型鉴定——盐水法

（1）同上法制备 5% 红细胞悬液。

（2）观察凝集现象　取小试管 1 支，滴加抗 D 标准血清及受检者 5% 红细胞悬液各 1 滴，混匀，37℃水浴 1 h 后，手持试管倾斜转动以观察凝集结果。凝集者为 Rh 阳性，不凝集者为 Rh 阴性。

3. 交叉配血试验

（1）制备受血者的 5% 红细胞悬液和血清　以碘酒、酒精消毒皮肤，用消毒的注射器抽取受血者静脉血 2 mL。取其中的两滴加入装有 2 mL 生理盐水的小试管中，制成红细胞悬液；待其余血液凝固后，将血液离心，得上清液备用。

（2）制备供血者的 5% 红细胞悬液和血清（方法同上）。

（3）玻片法　在玻片两侧分别注上"主""次"字样。在主侧分别滴加受血者的血清及供血者的红细胞悬液各 1 滴，于次侧分别滴加受血者的红细胞悬液及供血者的血清各 1 滴。分别用不同的牙签将主侧和次侧的液体混匀，置室温下 15 min 后观察结果。为安全起见，有必要在显微镜低倍镜下观察有无凝集及溶血现象（图 3-5-3）。

(4) 试管法 主、次侧管内所加内容物同玻片法(滴量可按比例适当增加),混匀后 1 000 r/min 离心 1 min,取出并观察结果。此法比玻片法迅速。

(5) 根据上面结果并参考表 3-5-1,判断该样品输血是否可行。

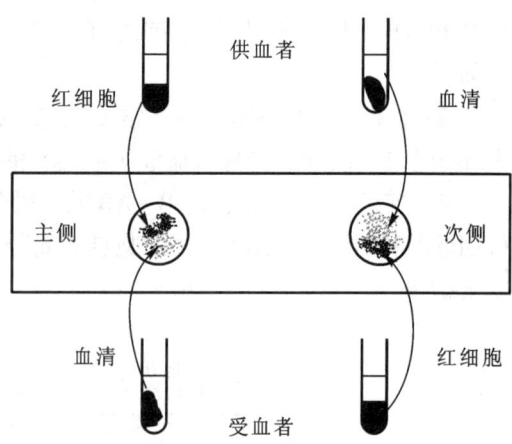

图 3-5-3 玻片法交叉配血试验示意图

【注意事项】

1. 凝集反应的强度因受检者抗体效价而异。在肉眼看不清凝集现象是否发生时,应在显微镜下观察并加以核实。

2. 红细胞悬液和标准血清均应新鲜、合格且无污染,防止出现假凝集现象。

3. 注意是否有溶血,切勿把溶血当作不凝集(溶血和凝集均提示配血不合)。

4. 在操作中,应严格分离各种检测用品,注意吸取标准血清的滴管和搅拌用的竹签等用品绝不能混用,即防止在进行操作时相互污染。

5. 判断红细胞凝集,要有足够的时间。如室温过低,可延长观察时间,或将载玻片保持在 37℃培养箱中。

【思考题】

1. 根据自己的血型,说明你能接受何种血型的血液和输血给何种血型的人,为什么?
2. 无标准血清时,用已知 A 型或 B 型人的血能进行血型的粗略分析吗?为什么?
3. 对有反复输血史或同时输入多名献血员的血液情况,应注意什么问题?

【创新与探索】

1. 试设计一个更为完善的鉴别 ABO 血型的检验方法,并给出判断标准。
2. 了解目前临床上采用抗 A、抗 B 和抗 AB 单克隆抗体检测 ABO 血型的方法。
3. 查阅有关其他鉴定血型的方法,了解原理并自学鉴定方法。

(刘巍 赵强)

第四章 循环

实验 4-1 蛙类心脏收缩与电兴奋的关系及期外收缩与代偿间歇的观测

【实验背景与相关原理】

两栖动物的心脏具有两心房（cardiac atrium）和一心室（cardiac ventricle），与哺乳动物的两心房和两心室结构不一样。静脉窦（venous sinus）的节律（rhythm）最高，心房次之，心室最低，所以两栖动物心脏的起步点（pacemaker）是静脉窦，这也与哺乳动物的心脏起步点为窦房结（sinoatrial node）不同。正常情况下，两栖动物心脏的活动节律服从静脉窦的节律，其活动顺序为：静脉窦→心房→心室。这种有节律的活动可以通过张力传感器在生理信号采集系统中记录下来，形成心搏曲线。

心脏收缩的机械活动与心脏兴奋的产生、传导和恢复过程中的生物电变化，是两个不同的生理过程。与骨骼肌相似的是，心肌也有一个兴奋耦联的过程，但兴奋耦联的过程及机制与骨骼肌有明显的差异，这使心肌兴奋和收缩呈现其固有的特性。心脏收缩的机械活动可以通过心搏曲线记录下来，而心脏的生物电变化可以通过心电图表现出来。同时记录心脏的机械活动与电变化，可以清楚地观察到两个生理过程之间的时相关系，进而可以分析两者之间可能的内在联系。

心肌的机能特性之一是具有较长的不应期，整个收缩期都是有效不应期。一般在心室收缩期给予刺激，心室都不发生反应。在心室舒张期给予单个阈上刺激，则产生一次正常节律以外的收缩反应，即期外收缩（premature systole）。当静脉窦传来的节律性兴奋恰好落在期外（期前）收缩的收缩期时，心室不再发生反应，须待静脉窦传来下一次兴奋才会收缩。因此，在期外收缩之后，就会出现一个较长时间的间歇期，即代偿间歇（compensatory pause）。

【目的要求】

1. 学习暴露蛙类心脏的方法，熟悉心脏的结构；观察心脏各部位节律性活动的时相及频率。
2. 学习在体蛙类心脏活动的记录方法；了解心脏的电活动与机械收缩活动的时相关系。
3. 观察心室在收缩活动的不同时期对额外刺激的反应；了解心肌收缩的生理特性。

【实验器材】

牛蛙、常用手术器械、蛙板（或蜡盘）、蛙心夹、生理信号采集系统、张力传感器、支架、双凹夹、滑轮、两个针电极(可用针头代替)、双针露丝刺激电极、秒表、滴管、培养皿(或小烧杯)、纱布、棉线、橡皮泥和任氏液。

【方法与步骤】(▶ 操作示范 4-1)

1. 暴露动物心脏

取一只牛蛙,双毁髓后背位置于蛙板上(或蜡盘内)。一手持手术镊提起蛙胸骨后方的皮肤,另一手持金冠剪剪开一个小口,然后将剪刀由开口处伸入皮下,向左、右两侧下颌角方向剪开皮肤。将皮肤掀向头端,再用手术镊提起胸骨后方的腹肌,在腹肌上剪一口,将金冠剪紧贴体壁向前伸入(勿伤及心脏和血管),并沿皮肤切口方向剪开体壁,剪断左、右乌喙骨和锁骨,使创口呈一倒三角形。一手持眼科镊,提起心包膜,另一手用眼科剪剪开心包膜,暴露心脏。

2. 观察心脏的结构

从心脏的腹面可看到一个心室,其上方有两个心房,房室之间有房室沟。心室右上方有一动脉圆锥,是动脉根部的膨大,动脉干向上分成左、右两分支(图 4-1-1)。用蛙心夹夹住少许心尖部肌肉,轻轻提起蛙心夹,将心脏倒吊,可以看到心脏背面有节律搏动的静脉窦(图 4-1-2)。在心房与静脉窦之间有一条白色半月形界线,称为窦房沟。前、后腔静脉与左、右肝静脉的血液流入静脉窦。

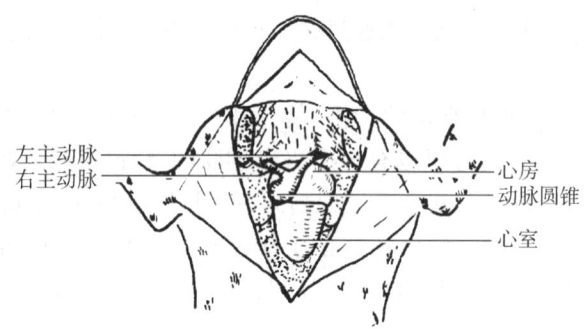

图 4-1-1　蛙类心脏腹面观

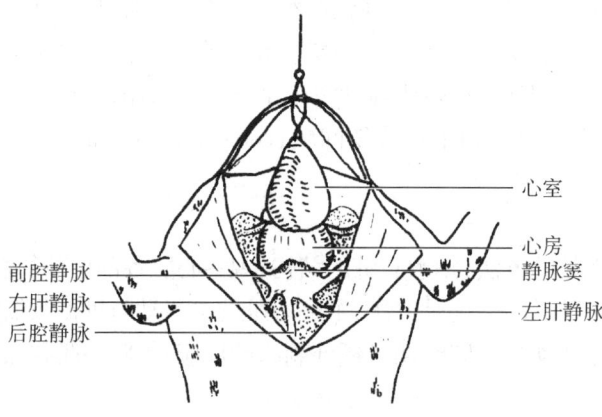

图 4-1-2　蛙类心脏背面观

3. 观察心搏过程

仔细观察静脉窦、心房及心室收缩的顺序和节律。在主动脉干下方穿一条线,将心脏翻向头端,找准窦房沟,沿窦房沟做一结扎,称为斯氏第一结扎。观察心脏各部分搏动节律的变化,用秒表计数每分钟的搏动次数。待心房和心室恢复搏动后,计数其搏动频率。然后在房室交界处穿线,准确地结扎房室沟,此称为斯氏第二结扎。待心室恢复搏动后,计数每分钟心脏各部分搏动次数。将记录结果填入表 4-1-1。

表 4-1-1 斯氏结扎记录表

实验项目	频率/(次·min^{-1})		
	静脉窦	心房	心室
对照			
第一结扎			
第二结扎			

4. 记录心搏曲线

打开生理信号采集系统,接通张力传感器输入通道。蛙心夹的系线与张力传感器的应变梁孔连接,调节系线的拉力,使心脏的收缩活动在显示屏上出现。调整扫描速度,使心搏曲线的幅度与宽度适中。记录心搏曲线,仔细观察曲线各波与心脏各部位活动的关系。

5. 观察心脏的电活动与机械收缩活动的时相关系

如图 4-1-3,用蛙心夹夹住心尖部,将蛙心夹上的系线绕过滑轮与张力传感器相连,输入第 1 通道。调节滑轮位置,使心脏不离开体腔且能记录心搏曲线。调节扫描速度与心搏曲线的幅度适中。引导心电的两个电极夹分别夹住刺入上下肢皮下的针电极。接通动物心电输入通道,观察心电信号。如果信号不大,可调节显示器的增益,直到出现明显的心电信号。调节两个通道的

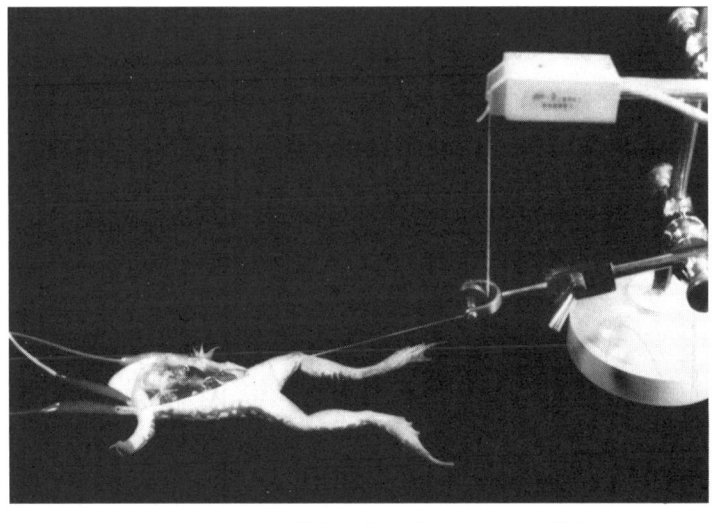

图 4-1-3 蛙心搏曲线与心电图同步记录装置

扫描速度一致。用比较显示方式,仔细观察心电图的 P 波与心房收缩波、QRS 波群与心脏收缩波在时间上的相关性。

6. 观察心室肌的期外收缩和代偿间歇

按照图 4-1-4 装置,将双针露丝刺激电极安放在心室外壁,使之既不影响心搏又能同心室紧密接触。刺激电极与刺激输出端相连。记录正常心搏曲线作为对照。选择能引起心室发生期外收缩的刺激强度(于心室舒张期调试),分别于心室收缩期和舒张期的早、中、晚给予单个刺激(注意:刺激前后要有 3～4 个正常心搏曲线作为对照,不可连续输出两个刺激),观察心搏曲线有无变化。同上法,加大刺激强度,观察心室肌对额外刺激的反应。

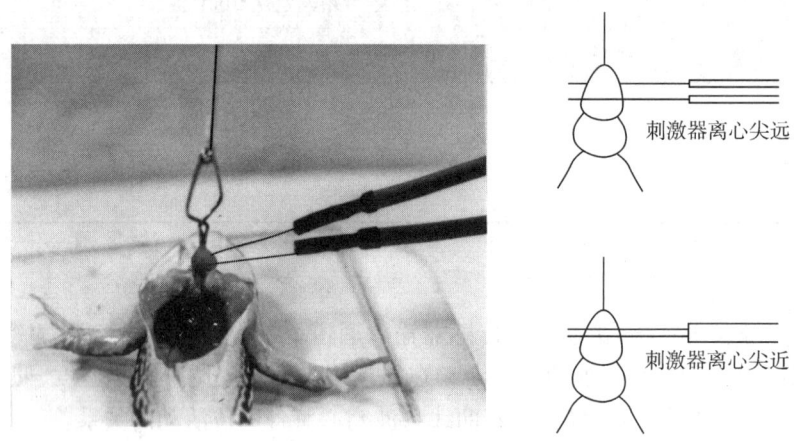

图 4-1-4　观察蛙心室肌期外收缩和代偿间歇的实验装置

【参考结果】

参考结果见图 4-1-5 至图 4-1-7。

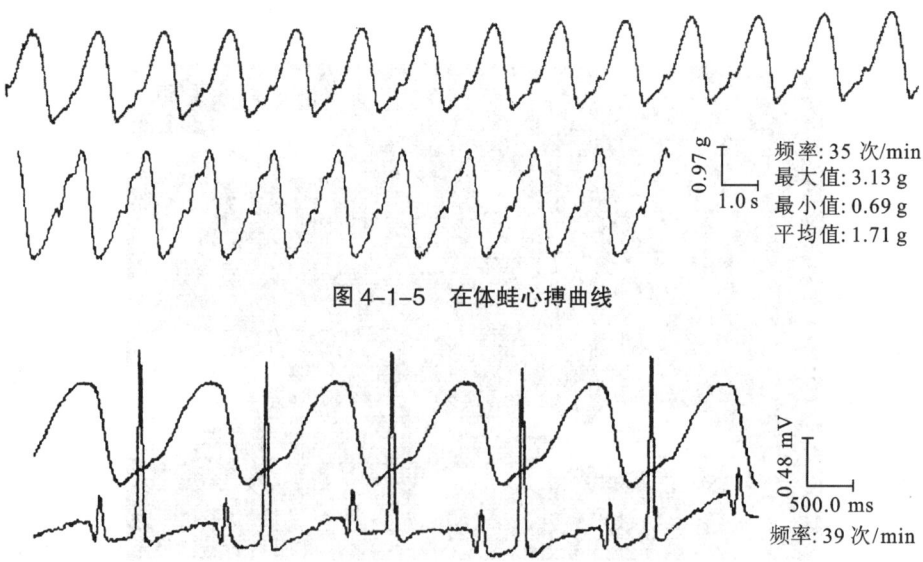

图 4-1-5　在体蛙心搏曲线

图 4-1-6　蛙心搏曲线(上)与心电图(下)同步记录

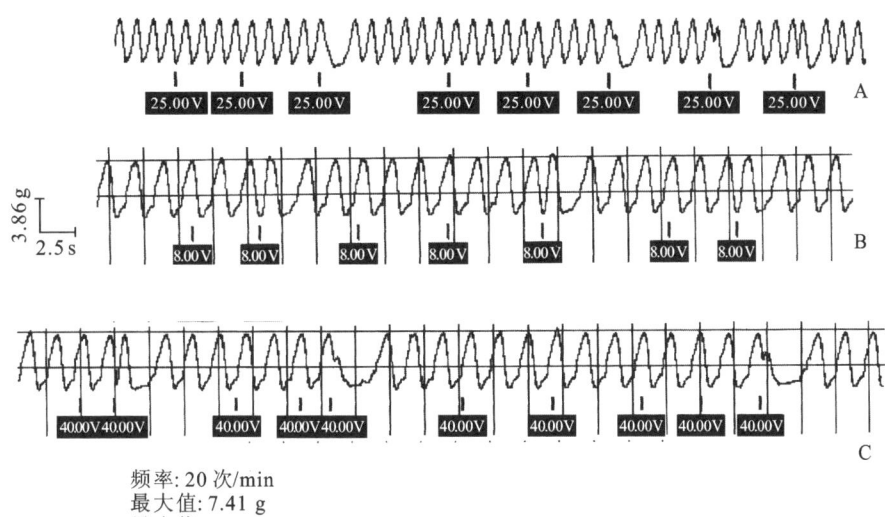

频率:20 次/min
最大值:7.41 g
最小值:1.39 g
平均值:3.73 g

图 4-1-7 蛙心室的期外收缩与代偿间歇
A-C 示不同时间刺激;B、C 为同一心脏的不同刺激强度

【思考题】
1. 斯氏第一结扎和第二结扎后,房室搏动频率各有何不同?实验结果表明了什么?
2. 观察并分析心搏曲线各波形成的原因。
3. 分析实验结果,P 波早于心房收缩波、QRS 波群早于心室收缩波,这说明什么?
4. 根据学过的理论,说明心脏发生收缩反应之前的生理过程。
5. 将实验结果同骨骼肌比较,心肌具有什么特性?该特性有何生理学意义?

【创新与探索】
1. 试自行设计实验,证明两栖动物心脏的起步点是静脉窦。如何寻找不同动物心脏的起步点?
2. 试设计实验说明不同部位心肌的自动节律性不同。
3. 改变心电引导电极的插入部位,观察心电图的形态变化。
4. 设计实验,观察刺激强度、刺激时间对期外收缩幅度的影响。
5. 设计实验,观察不同高频脉冲连续刺激对心肌活动的影响。

(刘燕强)

实验 4-2 蛙类斯氏或八木氏离体心脏灌流

【实验背景与相关原理】
心肌具有自动节律性(autorhythmicity,又称自律性)收缩的特性,可用人工灌流的方法研究心脏活动的规律及特点。正因为心脏活动的这一特点,使临床上心脏移植成为可能。心脏离体灌流比较经典和常用的方法有斯氏离体蛙心灌流法和八木氏离体蛙心灌流法。其中,斯氏离体蛙心灌流法曾是药理学家 O. Loewi 发现神经递质——乙酰胆碱的实验设计(图 4-2-1),该设计据称是他"日有所思,夜有所梦"而获得的灵感。Loewi 因发现乙酰胆碱而于 1936 年获得诺贝尔生理学或医学奖。在此经典实验方法基础上,因为实验目的的不同也衍生出不同的灌流方法。我们利用这一实验模型既可观察灌流液成分的改变对离体心脏活动的影响,又可利用该实验模型筛选治疗心脏疾病的药物。

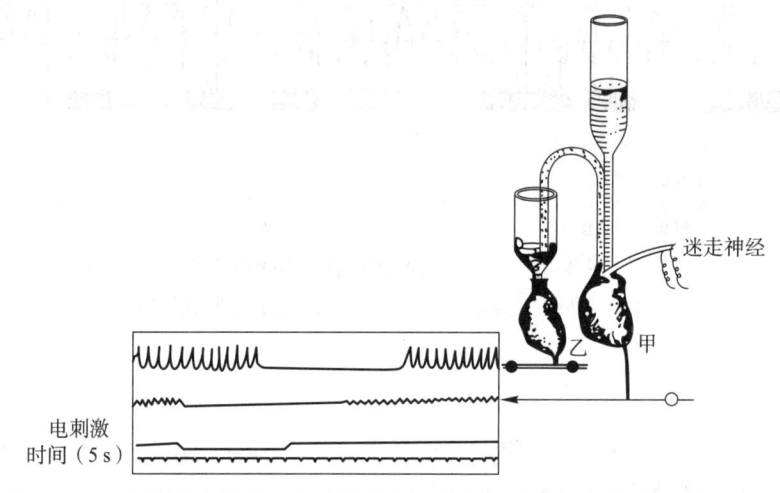

图 4-2-1 证明迷走神经兴奋时释放神经递质——乙酰胆碱的蛙心灌流实验

拓展阅读 4-1 蛙心灌流与第一种神经递质——乙酰胆碱的发现

【目的要求】
1. 学习斯氏或八木氏离体蛙心灌流法。
2. 了解心肌的生理特性。
3. 观察 Na^+、K^+、Ca^{2+} 及肾上腺素、乙酰胆碱等对离体心脏活动的影响。

【实验器材】
牛蛙、蛙心套管(斯氏套管或八木氏套管)、套管夹、支架、双凹夹、滑轮、烧杯、常用手术器械、蛙板(或蜡盘)、蛙心夹、计算机生理信号采集系统、张力传感器、滴管、培养皿(或小烧杯)、污物缸、纱布、棉线、橡皮泥、任氏液、6.5 g/L NaCl 溶液、50 g/L NaCl 溶液、20 g/L $CaCl_2$ 溶液、10 g/L KCl 溶液、1∶5 000 肾上腺素溶液、1∶100 000 乙酰胆碱溶液和 300 U/mL 肝素溶液。

【方法与步骤】(▶ 操作示范 4-2)
1. 仪器准备
打开计算机生理信号采集系统,接通张力传感器输入通道。从显示器的"设置"菜单,弹出

"设计实验标记"对话框,选择"蛙心灌流"后,再从"实验项目"的"循环实验"中,选定"蛙心灌流"实验(用以标记实验)。所用仪器若无此设置,可以用通用标记作实验标记。

2. 离体蛙心的制备

离体蛙心插管的方法有两种。

(1) 斯氏蛙心插管法　取一只牛蛙,双毁髓后背位置于蛙板上或蜡盘中,按实验4-1的方法暴露心脏。仔细识别心脏周围的大血管。在左主动脉下方穿一线,于动脉圆锥处结扎(动物个体小时,结扎位置可靠上些)。再从左右两主动脉下方穿一线,并打一活结,备用。左手提起主动脉上的结扎线,右手用眼科剪在结扎线下方、沿向心方向将动脉上壁剪一斜口。选择大小适宜的蛙心套管,然后将盛有少量(套管内2~3 cm高度)任氏液(内加入一滴肝素溶液)的斯氏蛙心套管,由开口处插入动脉圆锥(图4-2-2)。当套管尖端到达动脉圆锥基部时,应将套管稍稍后退,使尖端向动脉圆锥的背部后下方及心尖方向推进,经主动脉瓣插入心室腔内(于心室收缩时插入,但不可插得过深,以免心室壁堵住套管下口)。此时可见血液冲入套管,并使液面随心脏搏动而上下移动,这表明操作成功(否则需退回并重新插入)。用滴管吸去套管中的血液,更换为新鲜任氏液。稳定住套管后,轻轻提起备用线,将左右主动脉连同插入的套管用双结扎紧(不得漏液),再将结线固定在套管的小玻璃钩上,然后剪断结扎线上方的血管。轻轻提起套管和心脏,看清静脉窦的位置,于静脉窦下方剪断有牵连的组织,仅保留静脉窦与心脏的联系,使心脏离体(切勿损伤静脉窦)。用任氏液反复冲洗心室内余血,使套管内灌流液不再有残留血液。整个实验过程中,要保持套管内液面的高度一致(1.5~2 cm)。

(2) 八木氏蛙心插管法　同上法暴露蛙的心脏,于左主动脉下方穿一线,再用蛙心夹夹住心尖,使心脏轻轻吊起,将线向后绕过左、右前腔静脉,左、右肺静脉及右主动脉支,并于结扎后剪断血管(也可分别结扎)。将心脏翻向头端,用线结扎右肝静脉及后腔静脉(勿伤静脉窦)并剪断血管。再于左肝静脉下方穿一线,打一活结备用。用眼科剪沿向心方向剪一斜口,将装有灌流液的八木氏静脉套管从开口处插入肝静脉(尖端勿伤静脉窦,若套管插入静脉,则心脏的颜色变浅),此

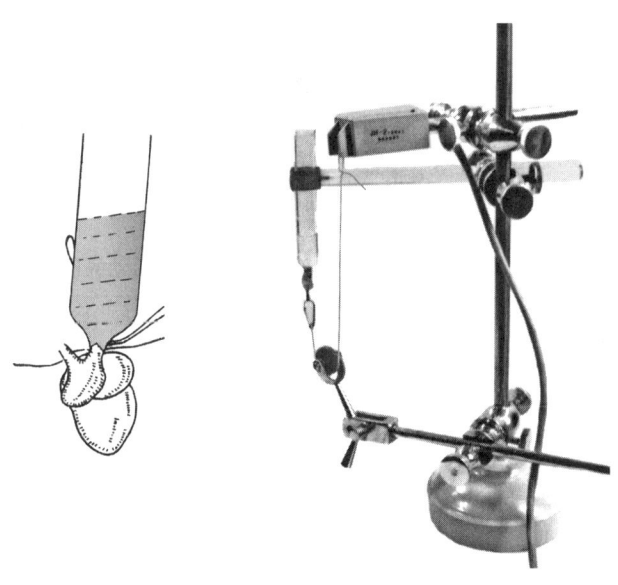

图4-2-2　斯氏蛙心插管法

时可继续加入灌流液,将心脏内余血冲洗干净,然后扎紧静脉套管(图 4-2-3)。再于左主动脉下方穿一线,先用眼科剪将动脉剪一小口,将动脉套管沿向心方向插入动脉(尖端不深入动脉圆锥),此时可见套管中有灌流液流出,随即扎紧套管,剪断左主动脉及左肝静脉,使心脏完全离体。将套管稳妥地固定在灌流支架上,调节两个套管的方向,当灌流液在心缩时能畅通地从动脉套管流出并回至静脉套管时,即可进行实验。

3. 将插好离体心脏的套管固定在支架上,用蛙心夹夹住少许心尖部肌肉(不可夹得过多,以免因夹破心室而漏液)。再将蛙心夹上的系线绕过一个滑轮与张力传感器相连(注意:勿使灌流液滴到传感器上)。调节显示器上心脏收缩曲线的幅度适中。

4. 实验观察
(1) 记录正常心搏曲线。

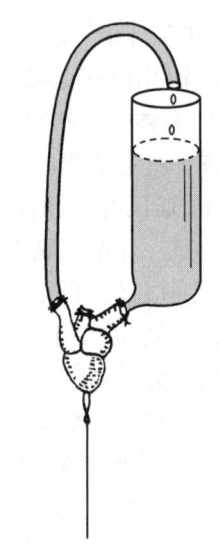

图 4-2-3　八木氏蛙心插管法

(2) 改用 6.5 g/L NaCl 溶液灌流,并做好加药标记,观察心搏变化。待曲线出现明显变化时,立即吸去套管中的灌流液,同时做好冲洗标记,并用新鲜任氏液清洗 2~3 次,待心搏恢复正常。注意:换液时切勿碰套管,以免影响描记曲线的基线,同时保持灌流液面高度与之前一致(以下同)。

(3) 向套管内加 2~6 滴 50 g/L NaCl 溶液(较细的套管应少加),做好加药标记,观察心搏曲线的频率及振幅变化。当曲线出现明显变化时,应立即吸去套管中的灌流液,并做好冲洗标记,迅速用新鲜任氏液清洗 2~3 次,待心搏恢复正常。

(4) 同法向套管内加入 1~4 滴 20 g/L $CaCl_2$ 溶液,观察并记录心搏曲线的变化。当出现明显变化时,立即更换任氏液,待心搏恢复正常(如果恢复迟缓,可多次冲洗)。

(5) 向套管中加 1~2 滴 10 g/L KCl 溶液,记录心搏曲线的变化。当心搏曲线变化时,同法更换灌流液,待心搏恢复。

(6) 同法记录套管中加入 1~2 滴肾上腺素溶液(1∶5 000)后心搏曲线的变化。

(7) 同法记录套管中加入 1~2 滴乙酰胆碱溶液(1∶10 000)后心搏曲线的变化。

【参考结果】

实验结果可填入表 4-2-1,参考结果见图 4-2-4。

表 4-2-1　改变灌流液成分对蛙离体心脏活动的影响

实验项目	心率/(次·min^{-1})	振幅/mm	基线变化	其他
6.5 g/L NaCl 溶液	对照			
	给药			
	恢复			
50 g/L NaCl 溶液	对照			
	给药			
	恢复			

续表

实验项目	心率/(次·min^{-1})	振幅/mm	基线变化	其他
20 g/L CaCl$_2$ 溶液	对照			
	给药			
	恢复			
10 g/L KCl 溶液	对照			
	给药			
	恢复			
1∶5 000 肾上腺素溶液	对照			
	给药			
	恢复			
1∶10 000 乙酰胆碱溶液	对照			
	给药			
	恢复			

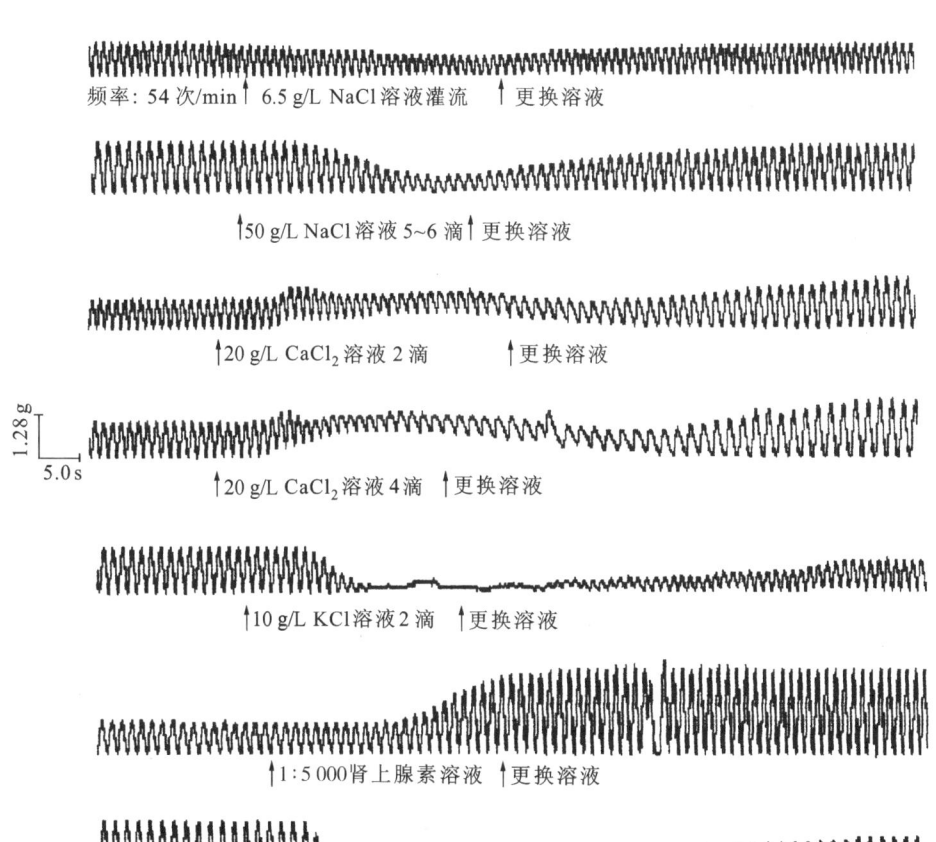

图 4-2-4 改变灌流液成分对蛙离体心脏活动的影响

【思考题】
1. 本实验说明心肌具有哪些生理特性?
2. 设计实验,说明内环境相对恒定的重要意义。
3. 试分析任氏液中适量的 Na^+、K^+ 和 Ca^{2+} 对心肌的作用。
4. 为何强调实验中保持灌流液面的恒定?灌流量对心脏活动会有什么影响?
5. 活的机体在心交感神经兴奋或心迷走神经兴奋时,对心脏有什么影响?

【创新与探索】
1. 试设计一个新的、更简单的离体心脏插管方法。
2. 设计一个实验,用于了解某种药物对心房肌收缩力与节律的影响。

(刘燕强)

实验 4-3 离体蛙心灌流计滴器的设计及节律性收缩与搏出量影响因素

【实验背景与相关原理】

心脏收缩时,任氏液由动脉插管经阻力管进入计滴槽;心脏舒张时,槽内液体经静脉插管回流入心脏,形成离体蛙心的体外循环。进入计滴槽的液滴经过两个记录电极的瞬间,由点滴换能器(transducer)转换为方波输入计算机显示、记录和测量(图 4-3-1)。这是在经典斯氏或八木氏离体蛙心灌流实验方法基础上对离体蛙心灌流装置设计的新尝试,可望在精准记录心搏出量方面有一定改进。

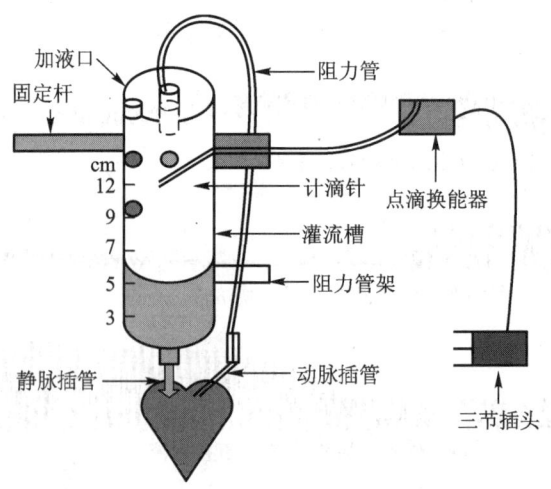

图 4-3-1 计滴器原理示意图

【目的要求】
1. 学习制作蛙离体心脏体外循环标本的新方法,观察心脏的自动节律性。

2. 观察 K^+、Na^+、Ca^{2+}、H^+、OH^-，以及肾上腺素和乙酰胆碱等因素对心脏的自动节律性 (autorhythmicity) 及其对蛙心搏出量的影响。

【实验器材】

牛蛙、计滴装置、任氏液、蛙板、蜡盘、常用手术器械、支架、双凹夹、棉线、棉花、烧杯、玻璃分针、4 号线、10 mL 和 1 mL 的注射器、20 g/L $CaCl_2$ 溶液、10 g/L KCl 溶液、25 g/L $NaHCO_3$ 溶液、3% 乳酸溶液、1∶10 000 肾上腺素溶液及 1∶100 000 乙酰胆碱溶液。

【方法与步骤】(▶ 操作示范 4-3)

1. 计滴装置的制作

(1) 计滴器的制作　取 30 mL 塑料注射器或有机玻璃管作计滴槽，侧壁固定两根细电极（或针灸针），并将两电极向下弯成 30° 角，一端伸入计滴槽内，另一端焊接两条电线和点滴换能器连接。取直径约 2 mm 的硬塑料管（如空圆珠笔芯），用微火（火柴）适度加热，稍加牵拉，冷却后在细端剪断，制作动脉插管、静脉插管。静脉插管内径比动脉插管大些，插管前端稍大，以便结扎，不易脱出。不同直径的阻力管也用较粗的塑料拉制而成，阻力管长度等长，约为 15 cm。

(2) 点滴换能器的制作如图 4-3-2 所示。

2. 离体蛙心体外循环标本的制备

(1) 抓好实验动物，由枕骨大孔刺入探针。针尖向上搅动，破坏脑神经；针尖向下，破坏脊髓。破坏其神经系统后，动物肌紧张消失。

(2) 将蛙仰面固定在蜡盘上，用镊子提起皮肤呈倒三角形，剪开，提起胸骨柄，暴露心脏。

(3) 剪开心包膜，辨别心脏的心室、心房和动脉球，由动脉球延伸为动脉，分为左、右主动脉。在右主动脉下穿线结扎。左主动脉下穿线，打活结备扎。

(4) 在两根动脉下穿一小玻璃分针，向头端翻转心脏。观察背面，辨别静脉窦，两栖动物无窦房结，由静脉窦起搏，引导心脏跳动。要特别辨清后腔静脉，两侧左、右肝静脉（参见图 4-1-2 与图 4-3-3）。

(5) 用小剪刀剪去静脉周围的薄膜，特别注意勿剪破静脉血管。血管壁很薄，容易与腹膜混淆，因此需细心辨认，方法是：用小镊子提起组织后其为白色，放下后其为红色，则是血管壁；如提起、放下均为白色才是要剪去的腹膜。在左、右主动脉、后腔静脉和肝静脉下穿线结扎，这就将除主动脉和静脉以外的其他血管结扎了。再在后腔静脉和肝静脉下穿线，打一活结，用小镊子提起后腔静脉或者肝静脉的血管壁，用眼科剪剪破静脉，血管剪破后出血，不易辨别剪破口，此时用棉球擦去流出的血液，或用玻璃分针细端由破口插入心房内，以确定静脉插管插入的部位。然后将静脉插管插入心脏，并扎一结。为确认静脉插管是否插入心房，由此管注入约 10 mL 任氏液，注入液体后，如心脏鼓起，说明静脉插管已插入心脏，最后再扎第二结，扎牢。另外，由静脉插管注入适量任氏液可稀释心脏内血液，防止血液凝固形成血栓堵塞动脉脉管。扎入静脉插管是实验成功的关键。

(6) 当蛙心被冲洗变白后，用镊子提起主动脉，用眼科剪呈 45° 角剪一小口（勿剪断），插入动脉插管扎牢，手持动脉插管和静脉插管提起心脏，剪断无关组织，摘出心脏。

(7) 整理标本，由静脉插管注入 2~3 mL 任氏液，心脏鼓起，而后收缩，液体从动脉插管流出，

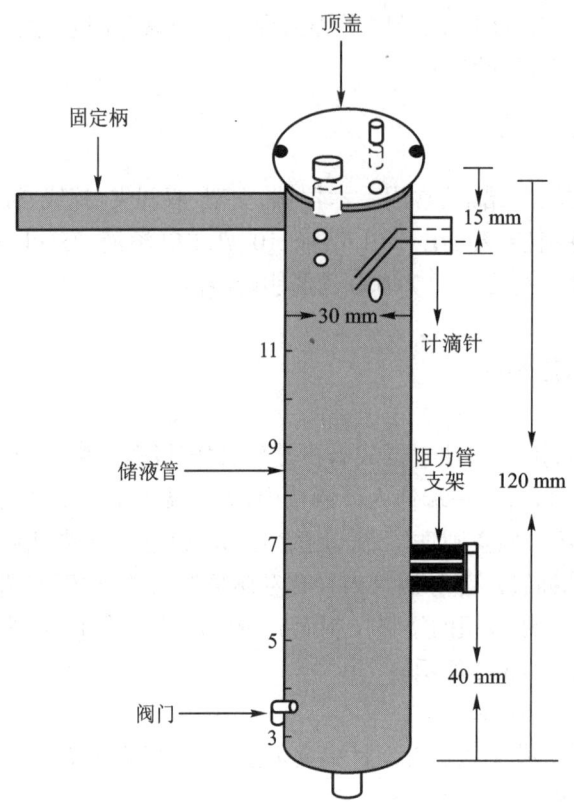

说明:1. 储液管:用直径 30 mm、长 120 mm 的有机玻管,顶盖、底盖上共开 3 个口,直径不同、位置不同。

2. 计滴针:用 5 mm×10 mm×13 mm 有机玻璃,两者间放两根细电极或针灸针,间距为 2 mm。储液管壁开直径 6 mm 孔。
3. 固定柄:用直径为 10 mm 的玻璃棒粘牢。
4. 阻力管支架:用 40 mm×12 mm 有机玻璃,在距外缘 2.5 mm 处打小孔。

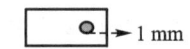

图 4-3-2 点滴换能器的制作示意图

如果心脏收缩动脉插管没有液体流出,说明有血栓堵塞,用注射器从动脉套管抽吸,以去掉堵塞的血栓。调整动脉插管和心脏的相对位置,当心脏收缩时,只有液体从动脉套管流出,然后才能接阻力管。

(8) 连接计滴器。静脉插管另一端直接插入计滴器下孔,阻力管另一端插入计滴槽上口。由计滴槽上端加液口向槽内加入任氏液,心脏舒张时计滴槽内的液体经静脉插管回流入心脏,心脏收缩,驱使灌流液经心脏、动脉插管、阻力管又回到计滴槽。这就做成一个体外循环的离体蛙心灌流标本。

3. 实验操作

(1) 将做好的标本固定在支架上,连好点滴换能器,三节插头插入计算机第 2 插孔。

(2) 打开计算机生理信号采集系统,以第 2 通道记录计数信号,扫描速度设置为 20~50 mm/s,

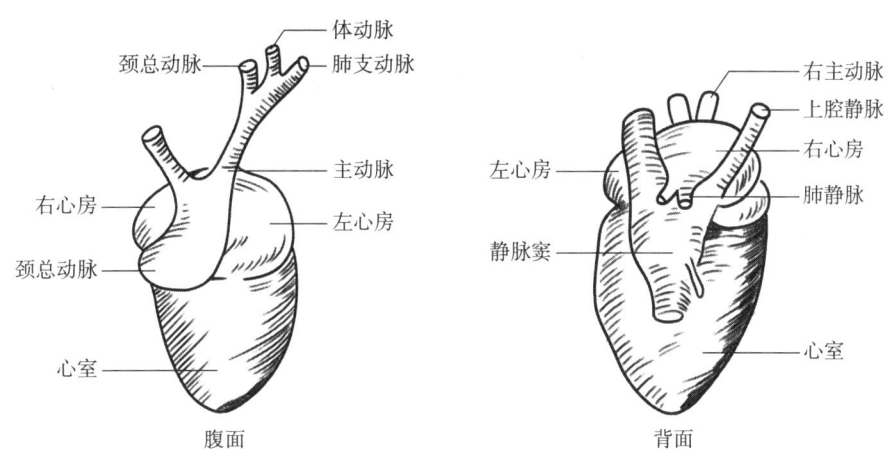

图 4-3-3 蛙心脏解剖图

调"0"后开始记录。

4. 实验观察

(1) 前负荷和后负荷保持不变,经计算机描记正常搏出量(液滴)方波,注意观察心缩力(方波的个数)、心率(方波簇数),或直接数出心率和搏出量(方波个数)。

(2) 由灌流槽顶部加入 1~2 滴 1∶10 000 肾上腺素溶液,观察心脏活动的变化。当观察到心缩力加强、心率增加时,马上将阻力管上端移开计滴槽,移去含有肾上腺素的任氏液,用正常任氏液冲洗几次,使心脏活动恢复正常。

(3) 加入 1~2 滴 1∶100 000 的乙酰胆碱溶液,当观察到心率减慢、搏出量减少时,按上述方法移去灌流槽内液体,并至少进行 3 次冲洗。使心跳恢复正常。

(4) 加入 1~2 滴 20 g/L $CaCl_2$ 溶液,观察 Ca^{2+} 对心脏活动的影响。按(2)中方法清除 Ca^{2+},加入正常任氏液。

(5) 加入 1~2 滴 10 g/L KCl 溶液,观察 K^+ 对心脏活动的影响。

(6) 观察酸碱对心脏活动的影响　加入 25 g/L $NaHCO_3$ 溶液 1 滴,当心脏活动发生变化后,用任氏液冲洗。待心脏活动恢复正常后,加入 3% 乳酸溶液 1 滴,观察 H^+ 对心脏活动的影响。此时再加入 1 滴 $NaHCO_3$ 溶液,观察 OH^- 与 H^+ 的相互拮抗作用。

5. 实验结果

根据施加每项影响因素前后,心率、搏出量及心输出量的变化,即可推断出不同理化因素对心功能的影响(见图 4-3-4 示意)。

【注意事项】

1. 离体蛙心标本制作过程中,所有需结扎处,采用 4 号线扎牢以防漏液。
2. 本实验插入静脉插管是关键,要胆大心细,勿伤及静脉窦。
3. 注意滴下液滴和电极的相对位置,要保证使液滴和两个电极同时接触,然后再固定。
4. 计滴器内液体不可太少,否则空气易进入心脏形成气栓,影响液体循环。
5. 每项实验冲洗后应维持灌流槽一定液面,保持一定的前负荷;使用同一个阻力管,保持一

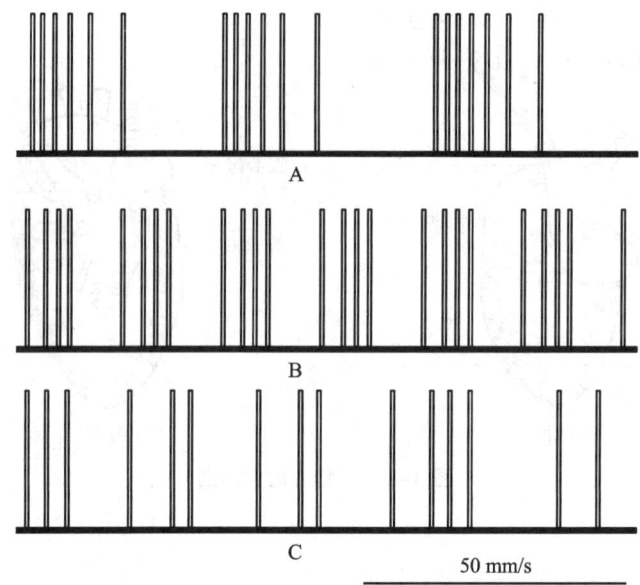

图 4-3-4 肾上腺素和乙酰胆碱对心脏活动的影响
A. 正常；B. 加入肾上腺素；C. 加入乙酰胆碱

定的后负荷。

【思考题】
1. 肾上腺素和乙酰胆碱对心脏活动的影响有何不同？说明各自的原理。
2. 为何在每一项实验中要保持前、后负荷不变？
3. K^+、Na^+、Ca^{2+} 对蛙心脏活动的影响有何区别，为什么？

【创新与探索】
根据自己实验室的实验条件，自行设计制作离体蛙心灌流装置并完成本实验。

(王庆山)

实验 4-4　神经对蛙类心脏活动的调节

【实验背景与相关原理】
了解心脏的神经支配、作用及作用机制，对学习心血管的神经调节、心血管药理学和心血管疾病机制意义重大。本实验以蛙类为实验对象，使用先进的实验记录系统，直观显示出蛙类心脏的神经支配及作用。实验花费少，操作简单，结果科学客观。

蛙类心脏受副交感神经(行走于迷走神经中)和交感神经双重支配。它们的迷走神经和颈交感神经混合成一个神经干，称迷走交感神经干。在正常情况下，迷走神经(vagus nerve)兴奋时，心脏搏动减弱、减慢；交感神经(sympathetic nerve)兴奋时，心脏搏动增强、加快。由于迷走神经的兴奋性较高,因而低频、低强度电刺激迷走交感神经干时,多产生迷走效应;高频、高强度刺激时,易产生交感效应;中等频率和强度的刺激,往往表现为先迷走后交感的双重效应。阿托品(atropine)可阻断迷走神经对心脏的影响,而使心脏表现为单纯的交感效应。

【目的要求】

了解蛙心脏的神经支配,观察迷走神经和交感神经对心脏活动的影响。

【实验器材】

牛蛙、常用手术器械、蛙板(或蜡盘)、玻璃分针、棉花、蛙心夹、张力换能器、生理信号采集系统或其他记录仪、保护电极、刺激器、任氏液及 10 g/L 阿托品溶液。

【方法与步骤】

1. 暴露迷走交感神经干

取牛蛙一只,损毁脑和脊髓后背位固定在蛙板或蜡盘上。在一侧下颌角与前肢之间剪开皮肤,分离深部的结缔组织后,可以看到一条长形的提肩胛肌,切断此肌即能看到一血管神经束,其中含有皮动脉、颈静脉和迷走交感神经干(图 4-4-1)。该神经干中包含出入延髓的迷走神经和从第 4 交感神经节发出的交感神经。分开血管神经束,用玻璃分针提起迷走交感神经干,穿线备用。

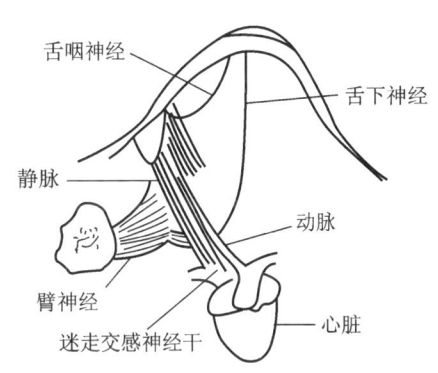

图 4-4-1　蛙迷走交感神经干的解剖位置

2. 暴露心脏并连接实验装置

自剑突剪开胸骨柄,暴露心脏,剪开心包膜,用蛙心夹夹住心尖,通过换能器连接生理信号采集系统。打开生理信号采集系统,在第 1 通道观测张力信号。选择合适的扫描速度和增益使心搏曲线便于观测,参考扫描速度为 800 ms/div。如果使用二道生理记录仪,扫描速度以 20 mm/s 为宜,也可使用其他装置进行记录。保护电极仔细地安放在迷走交感神经干上。

3. 电刺激迷走交感神经干观察心搏活动的变化

描记一段正常心搏曲线。然后用低频、低强度电刺激迷走交感神经干,观察和记录心搏活动的变化。之后用中等频率和强度的电刺激,观察和记录心搏活动的变化。最后用高频、高强度电刺激,观察和记录心搏活动的变化。

刺激方式为连续刺激,波宽 5~10 ms,每次刺激持续时间约 20 s,待心搏活动明显变化后停止刺激;间隔 3~5 min 待心搏活动恢复正常再进行下次刺激。

4. 滴加阿托品后再电刺激迷走交感神经干观察心搏活动的变化

在静脉窦和心房部位加 10 g/L 阿托品溶液 2~3 滴。5 min 后,再用原刺激强度刺激迷走交感神经干,观察并记录心搏活动的变化。这时,由于阿托品阻断了迷走神经对心脏的作用,迷走效应不会出现,而表现为单纯的交感效应。

5. 保存实验结果

停止实验,给文件命名后将实验结果保存在电脑硬盘或其他媒体。点击图形剪辑图标,选取所需图形,将之自动粘贴在新的文件中,实验结果较多时可以重复选取和粘贴,最后打印实验结果。

【参考结果】

通常低频、低强度电刺激迷走交感神经干时,多产生迷走效应,即心搏抑制;高频、高强度刺激时,易产生交感效应,即心搏活动增强;中等频率和强度的刺激,往往表现为先迷走后交感的双重效应,即心搏活动先抑制后增强。若在心脏处滴加阿托品溶液,可阻断迷走神经对心脏的影响,而表现为单纯的交感效应,即只表现心搏活动增强(图 4-4-2)。

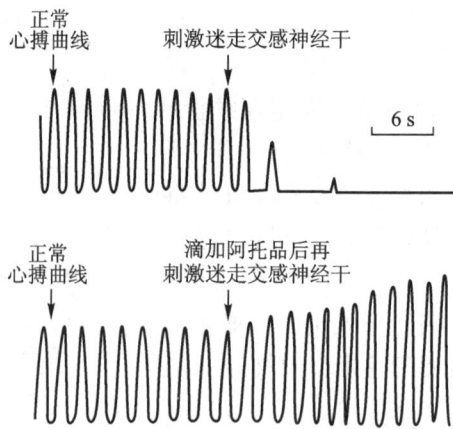

图 4-4-2　阿托品对刺激迷走交感神经干效应的影响
刺激方式为连续刺激,波宽 5 ms,刺激频率 10 次 /s,强度 8 V

拓展阅读 4-2　蛙类心脏活动的神经调节

【注意事项】
1. 神经周围的组织液需用棉球吸干,以防短路或电流扩散。
2. 每次刺激的时间不能过长,两次刺激之间必须间隔 3~5 min,以防损伤神经。
3. 须常用任氏液湿润神经和心脏,以防组织干燥而失去生理机能。
4. 交感神经和迷走神经的效应往往随季节、气温和动物个体而变化,在实验过程中需灵活掌握。

【思考题】
1. 迷走神经和交感神经兴奋时,各对心脏产生什么样的效应?为什么?
2. 低频、低强度电刺激迷走交感神经干时,为什么只显示出迷走效应?
3. 滴加阿托品溶液后再电刺激迷走交感神经干时,心搏将发生什么样的改变?其机制是什么？
  4. 怎样区分蛙迷走交感神经干和臂丛神经？
  5. 试设计一种单纯刺激迷走神经和单纯刺激心交感神经的实验。

【创新与探索】

本实验通过张力换能器连接生理信号采集系统记录心搏活动，比传统的实验记录装置更为先进，结果自动存储，可随时调取、客观精确。请在本实验室的设备条件下完成这个实验。

（宋士军　崔庚寅）

实验 4-5　蛙类在体心肌细胞动作电位的测定

【实验背景与相关原理】

正常蛙心的节律性兴奋开始于静脉窦，依次扩布到心房和心室。心房肌和心室肌细胞兴奋时，细胞膜对不同离子的通透性改变，膜电位发生一系列变化：首先是快速去极化过程，形成动作电位陡峭的升支，随后经过复杂的复极化过程，恢复到静息水平，形成动作电位的降支，其中电位变化较小、曲线较为平坦的"平台期"持续较长时间。由于复极化过程中平台期的存在，心肌细胞的动作电位长达几百毫秒，与骨骼肌细胞的动作电位有明显区别，这决定了心肌收缩时程较长、不发生强直收缩的特性，对于心脏的泵血功能具有重要意义。

每一个心动周期，心房肌和心室肌依次兴奋，心脏呈现有规律的电变化，该变化可通过心脏周围的导电组织和体液传播到身体各部，因此在体表一定部位安放电极，可记录到心脏的这种规律性电活动，即心电图（electrocardiogram，ECG）。

本实验采用悬浮式玻璃微电极，通过细胞内记录方式采集心肌细胞动作电位，并通过细胞外记录方式同步采集心电图，进而确定心电图各波与心肌细胞电活动的对应关系。悬浮式玻璃微电极具有弹性，当刺入心肌细胞后，可随心脏搏动而上下浮动，有利于心肌细胞动作电位的记录。

【目的要求】

1. 学习蛙类在体心肌细胞动作电位的测定方法。
2. 同步采集心肌细胞动作电位和心电图，观察二者的特征和对应关系。

【实验器材】

牛蛙、常用手术器械、微电极拉制仪、SWF-2W 微电极放大器、微电极操纵器、RM6240C 型多道生理信号采集系统、屏蔽网（或屏蔽箱）、玻璃毛坯管（直径 1.5～2 mm）、细银丝、粗银丝、银丝乏极化装置、铂丝悬浮电极、任氏液、3 mol/L KCl 溶液、微电极充灌针头、微电极储罐、蛙板（或蜡盘）及大头针等。

【方法与步骤】(▶ 操作示范 4-4)

1. 悬浮式玻璃微电极的制备

(1) 制作玻璃微电极　用微电极拉制仪将玻璃毛坯管拉制成尖端直径小于 0.5 μm 的玻璃微电极。电极内充灌 3 mol/L KCl 溶液，电极阻抗 10~30 MΩ（详细方法见第一章第三节中"玻璃微电极"）。充灌好的微电极可放入微电极储罐中备用。

(2) 制作悬浮电极　用直径小于 100 μm 的细银丝自制悬浮电极。取长约 10 cm 的细银丝，中间绕成直径约 5 mm 的弹簧圈，约 3~5 圈。下端约 2 cm 做乏极化处理（详细方法见第一章第三节中"刺激电极"），需插入玻璃微电极内。上端焊接一根直径约 1 mm、长约 3 cm 的粗银丝，以便固定于操纵器上。

取一只备好的玻璃微电极，在距离尖端约 1.5 cm 处折断（注意：切勿伤及尖端），将弹簧圈下端的乏极化银丝从断口处插入微电极，直至推不动、紧嵌于管内为止，并使玻璃微电极和悬浮电极都保持垂直、电极尖端朝下，即制成悬浮式玻璃微电极。也可购买市售的铂丝悬浮电极，按上述操作插入玻璃微电极内，制成悬浮式玻璃微电极。

2. 在体心脏标本的制备

动物双毁髓处死后，将其腹面向上，背位固定于蛙板或蜡盘上。剖开前胸，剪去心包膜，暴露心脏。手术中避免出血。

3. 仪器连接

如图 4-5-1 所示，将标本置于屏蔽网或屏蔽箱内的悬浮式玻璃微电极下方。悬浮电极由操纵器固定，并连接微电极放大器探头，微电极放大器的参考电极夹于靠近动物心脏的胸肌切口处。微电极放大器连接 RM6240C 型多道生理信号采集系统通道 1，采集心室肌细胞动作电位信号。

动物右前肢及左后肢分别用大头针固定，作为心电图导联电极，右后肢固定大头针作为接地电极，由输入导线连接多道生理信号采集系统通道 2，采集心电图信号。

采用如下工作参数：多道生理信号采集系统调整为生物电记录模式，采样频率 40 kHz；通道 1 放大器灵敏度 50 mV、直流、高频滤波 3 kHz；通道 2 放大器灵敏度 1 mV、时间常数 0.2 s、高频滤波 100 Hz；两通道的扫描速度一致，为 200 ms/div。

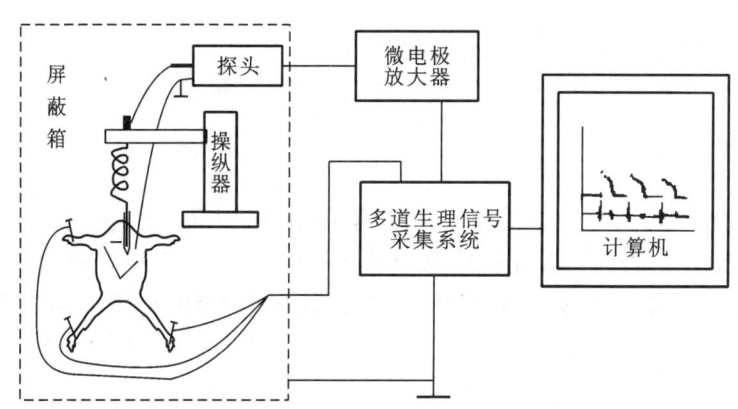

图 4-5-1　在体心肌细胞动作电位及心电图记录装置示意图

4. 同步采集心室肌细胞动作电位与心电图

（1）采集系统处于"记录"状态。

（2）首先记录到周期性的心电图 P 波、R 波和 T 波。

（3）再记录心室肌细胞动作电位。微电极放大器输入端"短路"，调节零位，去除电位偏差，之后解除短路，接悬浮电极。调节微操纵器，使微电极尖端对准心室表面活动较为平稳的部位，垂直下移，即将接近心室表面时，加快推进速度，借心脏向上搏动之力刺入心肌。若刺入细胞，即可看到动作电位出现在屏幕上。选择多个位点重复操作，进行多次记录。一般测得的动作电位幅度为 60~80 mV，最高可达 110 mV。通常在标本鲜活、电极尖端电阻值较高、新刺入细胞时能获得较为理想的波形。若波幅太低，表明细胞受损或电极移位到胞外，如电极电阻正常，可更换心室其他位点再进行记录。

5. 数据测量与分析

对采集到的图形进行测量和分析。注意观察心电图与心室肌细胞动作电位之间的对应关系（图 4-5-2）。

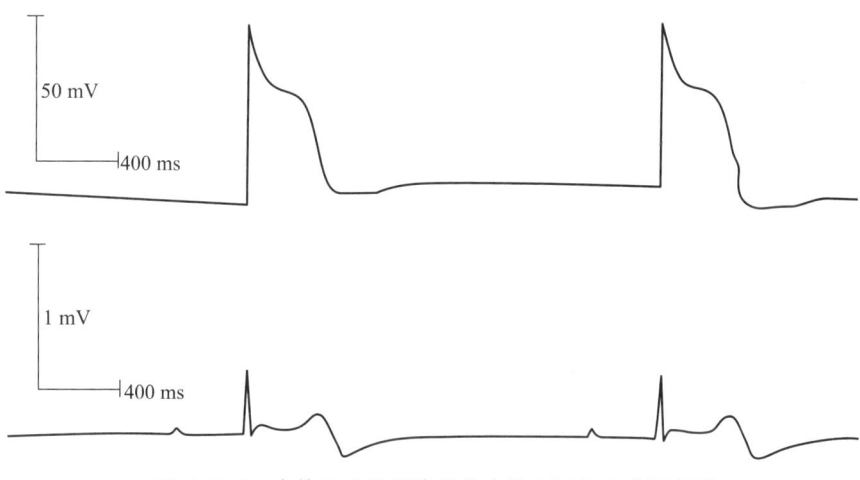

图 4-5-2 在体心室肌细胞动作电位（上）与心电图（下）

【思考题】

1. 心肌细胞动作电位的特征是怎样的，具有什么生理意义？
2. 分析心电图与心室肌细胞动作电位的对应关系，试推测心电图各波产生的原因。
3. 如果将电极刺入心房肌细胞，预测动作电位 0 期应与心电图哪个波对应？

【创新与探索】

1. 尝试记录心房肌细胞的动作电位，观察其与心电图的对应关系。
2. 试设计实验，观察肾上腺素、乙酰胆碱对心肌细胞动作电位的影响。

(孙颖郁)

实验 4-6　豚鼠离体心肌细胞动作电位的测定

【实验背景与相关原理】

心肌细胞的跨膜电活动,包括安静时的静息电位和兴奋时的动作电位。心肌细胞在安静时,细胞膜对直径较小的 K^+ 可以自由通透,膜内浓度较高的 K^+ 带着正电荷外流弥散所形成的电位差有抵制 K^+ 继续外流的作用,在达到电化学平衡时,膜内、外的电位差称静息电位。当离体心肌标本受到外来刺激或在体心脏的心肌接收到传导而来的兴奋时,则可产生扩布性电位变化,即动作电位(action potential)。本实验应用细胞内微电极技术,记录豚鼠心室乳头肌单个细胞的静息电位和动作电位。

【目的要求】

1. 学习哺乳动物离体心肌细胞动作电位的测定方法。
2. 观察心肌细胞动作电位的特征。

【实验器材】

豚鼠、常用手术器械、止血钳、微电极放大器、示波器、刺激器、微分器、示波照相机、微电极操纵器、微电极拉制器、玻璃微电极(阻抗为 10～30 MΩ、制备方法见第一章第三节中"玻璃微电极")、刺激电极(Ag-AgCl 乏极化电极、制备方法见第一章第三节中"刺激电极")、无关电极、不锈钢针若干、屏蔽箱、肌槽、恒温灌流装置、充有 95% O_2 + 5% CO_2 的台氏液、20 g/L 戊巴比妥钠及台氏液。

【方法与步骤】

1. 按图 4-6-1 连接仪器。

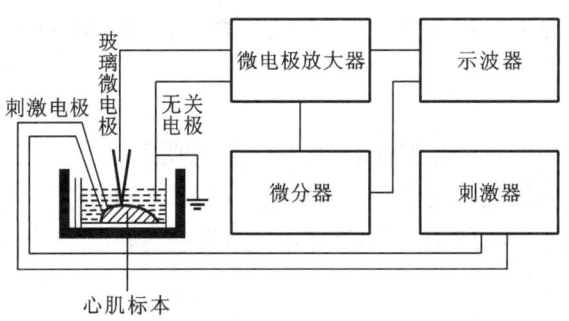

图 4-6-1　离体心肌细胞动作电位记录装置示意图

2. 心肌标本制备

按 40～50 mg/kg 体重的剂量向豚鼠腹腔注射 20 g/L 戊巴比妥钠溶液,使其昏迷,迅速开胸取出心脏,投入充有 95% O_2 + 5% CO_2 的台氏液培养皿中。快速剪去心房,取出右心室乳头肌。经台氏液稍加冲洗后,用不锈钢针固定于肌槽底部硅橡皮上。

标本在肌槽内用 95% O_2 + 5% CO_2 的台氏液恒速(8~10 mL/min)循环灌流。槽内水温恒定在 35~36℃。

3. 电极的安置

记录电极和无关电极原则上都应通过台氏液 - 琼脂盐桥,学生实验可省略,即:玻璃微电极通过 Ag-AgCl 丝与微电极放大器探头直接连接;无关电极直接放入槽内台氏液中,也作接地电极。刺激电极为一对外套绝缘塑料管的乏极化电极,尖端裸露约 0.5 mm。使用微电极操纵器将刺激电极轻压于心肌标本表面上。

4. 调整仪器

取阻值合适的玻璃微电极一根,固定于操纵器上,转动粗调使电极尖端与液面接触。调节微电极放大器平衡旋钮,使示波器上两条基线重叠,此时输出为"0"。

示波器为直流输入,整机灵敏度调至 50 mV/cm 或 20 mV/cm 为宜。刺激方波频率为 60 次/min,波宽 1~2 ms,强度取阈强度的两倍左右。

5. 测定单个心肌细胞的静息电位和动作电位

先转动操纵器粗调,至快接近心肌标本时改用细调。当微电极尖端插入心肌细胞瞬间,即可见到示波器上原先重叠的两基线之一向下跳动 80~90 mV,此即心肌细胞静息电位,也即记录电极(细胞内)较无关电极(细胞外)负 80~90 mV。当给予电刺激时,可见静息电位极性反转(去极化),产生 110 mV 左右的动作电位(图 4-6-2)。注意观察动作电位 0、1、2、3、4 各相期的特征。如要观察 0 相期去极化最大上升速率(V_{max}),可将动作电位经微分器处理后的脉冲信号输入示波器另一基线,进行分析和测定。

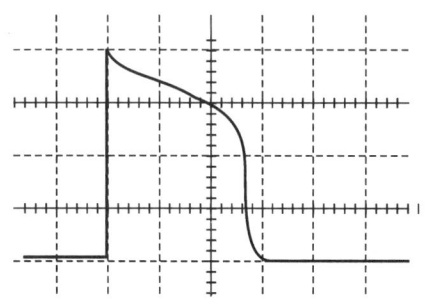

图 4-6-2 豚鼠心室肌细胞的动作电位
1 格为 28 mV,100 ms

6. 测定 10 点不同位置的心肌细胞静息电位,用均值 ± 标准差($\bar{x} \pm SD$)表示(方法见附录 4)。观察若干点心肌细胞动作电位,测定其 0 相期振幅和上升速率、动作电位的间期。

【思考题】

1. 说明心肌细胞和神经纤维动作电位的区别。
2. 单个心肌细胞动作电位各相期的离子基础如何?

【创新与探索】

1. 试设计一实验,观察蛙类离体心肌细胞的动作电位。
2. 应用计算机生理信号采集系统完成以上实验内容。

(解景田)

实验 4-7 蛙类微循环血流观测

【实验背景与相关原理】

微循环(microcirculation)是指血液在微动脉与微静脉之间的流动,是血液与组织液直接进行物质交换的场所。在体组织只要是比较薄、易于透光的部位,都可以直接在显微镜下观察它们的血液流动情况。蛙的肠系膜、舌、后肢足蹼、膀胱,以及肺等部位的薄组织,都适于直接观察血液流动的情况和特点。

【目的要求】
1. 掌握观察微循环血流的基本方法。
2. 观察不同组织和血管内血流的特点。
3. 了解某些药物对血管活动的影响。

【实验器材】

显微镜、牛蛙、常用手术器械、大头针、有孔(孔直径 2~3 cm)蛙板、玻璃板、塑料环或玻璃环(要求边缘光滑、直径 8 cm 左右、高 3~4 cm)、胶泥、砂纸、2~5 mL 注射器、200 g/L 氨基甲酸乙酯溶液、0.1 g/L 去甲肾上腺素溶液、0.1 g/L 组胺溶液和任氏液。

【方法与步骤】

1. 动物的麻醉

取一只牛蛙,称重后,按照 2~3 mg/g 体重的剂量从皮下淋巴囊注入 200 g/L 氨基甲酸乙酯溶液(图 4-7-1)。大约静置 10 min 之后,动物便进入麻醉状态。

2. 观察蛙肠系膜的微循环血流

(1) 手术操作 将蛙体仰置于玻璃板上,从躯体的腹侧位切一 1~2 cm 的小口(注意避开血管),打开腹腔,用镊子轻轻将小肠拉到体外。将肠系膜平铺在事先用胶泥围成的小环(直径约 1 cm,高 4~5 cm,内滴少许任氏液)上,也可套在塑料环或者玻璃环上。注意不要将肠袢拉得过紧,以免肠系膜破裂或阻断血流。将玻璃板置于显微镜下,使显微镜的物镜正好对准肠系膜,观察肠系膜的微循环血流。

也可将蛙体置于有孔蛙板上,将拉出的小肠肠系膜对准蛙板小孔,用数枚大头针分别将肠袢固定在蛙板上,使肠系膜尽量展平。再将蛙板置于显微镜下,使显微镜的物镜正好对准肠系膜观察微循环血流。

(2) 观察血流 观察时先用低倍镜,可见到粗细不等、纵横交错的血管。一般越是粗大的血管,血液越呈红色,细小的血管血液红色越淡。注意区分小动脉、小静脉和毛细血管。改换成高倍镜后,可以看到微小的红细胞颗粒在毛细血管中呈单行流动。微

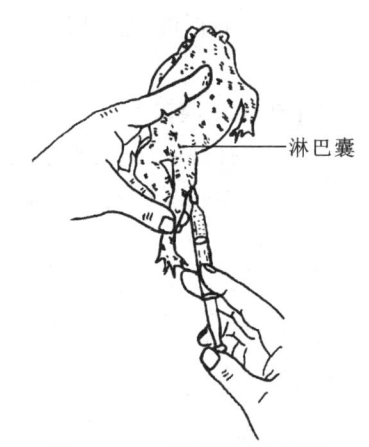

图 4-7-1 淋巴囊注射麻醉

循环血流的主要特点见表 4-7-1。

(3) 观察血管对药物的反应　用小注射器向视野中的肠系膜上滴加少许 0.1 g/L 去甲肾上腺素溶液,可见到动脉血管床变窄、血流减慢甚至停滞,通血的毛细血管数目变少。此状况大约持续 10 min 便恢复正常。此后再在视野中的肠系膜上滴加少许 0.1 g/L 组胺溶液,可见到通血的毛细血管数目增多。观察到效果以后,用任氏液将药液冲洗干净。

表 4-7-1　显微镜下不同血管的主要区别

项目	小动脉	小静脉	毛细血管
血管口径	较小;管壁相对较厚,有平滑肌纤维	口径相对较大;管壁平滑肌较薄	口径极细,只允许单个血细胞——通过
血流方向	从主干流向分支	由分支向主干汇流	由小动脉流向小静脉
血液颜色	较鲜红	较暗红	橙黄透亮
血流特点	流速快,有轴流,有快慢波动	流速较小动脉慢,无轴流和快慢波动	血细胞以单排成串流过,流速极缓慢,有时动时停现象

3. 观察蛙膀胱的微循环血流

将麻醉后的蛙体仰卧位置于蛙板或者玻璃板上,从蛙的耻骨联合处向上剪开皮肤 1.5～2 cm,然后再沿着腹白纹剪开腹壁肌肉(注意不要将膀胱剪破),暴露膀胱。如果膀胱内充满尿液,可轻轻将膀胱拉到两下肢之间,使膀胱正好位于蛙板的小孔上(或者位于玻璃板上)。然后再置于显微镜下观察膀胱的微循环血流。如果膀胱内无尿液,可将膀胱壁用大头针松紧适度地平展在蛙板孔上观察(图 4-7-2)。

4. 观察蛙舌的微循环血流

将麻醉后的蛙俯卧位置于有孔蛙板上,用小镊子轻轻拉出蛙的舌,再用数枚大头针将蛙舌平展固定在蛙板孔的上方。然后再置于显微镜下观察蛙舌薄膜部分的微循环血流(图 4-7-3)。蛙舌血管动脉由舌根流向舌尖,而静脉的血流方向相反。平展蛙舌时注意不要牵拉过紧,否则会影响毛细血管的血液流动。

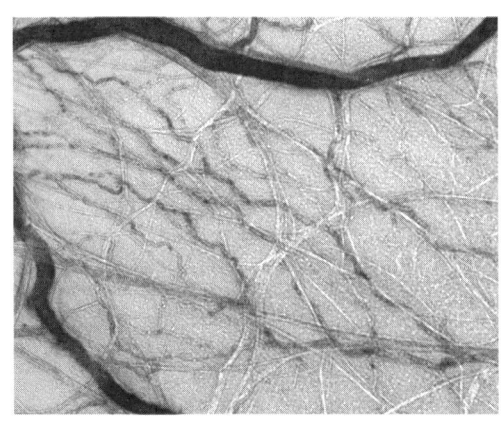

图 4-7-2　蛙膀胱的微循环

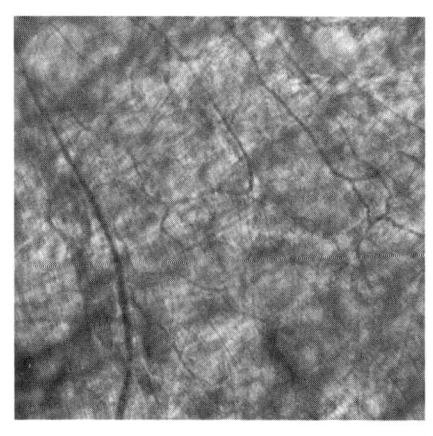

图 4-7-3　蛙舌的微循环

5. 观察蛙蹼的微循环血流

将麻醉后的蛙下肢足趾展开,用数枚大头针将足趾固定在蛙板上,使蛙蹼正好对准蛙板孔,然后置于显微镜下观察。蛙蹼动脉血管的血流由足趾上端流向末端;毛细血管多在足趾之间的蹼上,方向迂回曲折;静脉血管的血流则由足趾的末端流向足趾上端。

6. 观察蛙肺部的微循环血流

将麻醉的蛙体仰卧位置于蛙板上。先从剑突下方分别向两侧下颌角将皮肤剪开,再用粗剪刀将胸前壁完全剪掉,暴露出蛙的肺部。如果肺内充满空气,则用针尖将肺刺破一个小口使之萎缩塌陷。将肺叶拉向一侧,对准蛙板孔将肺叶展开并用数枚大头针固定,然后置于显微镜下观察。蛙肺部的微循环血流极为丰富,毛细血管呈渔网状(图 4-7-4)。

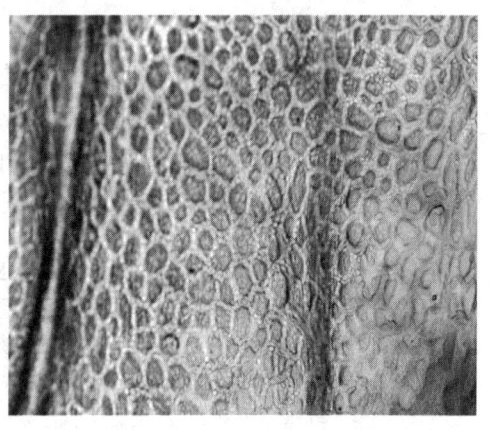

图 4-7-4　蛙肺的微循环

7. 观察其他小动物的微循环血流

在砂纸上剪开一个直径约 1 cm 的小孔,用来代替有孔蛙板,可将泥鳅的尾鳍对准砂纸上的小孔展开,置于显微镜下观察泥鳅尾鳍的微循环血流。动物不必麻醉,砂纸可以防止动物乱动。也可用同样的方法观察家养金鱼鱼鳍的微循环血流。注意:观察后要将动物放回原饲养处。

【注意事项】

在观察蛙的肠系膜、膀胱、舌或肺部的微循环血流时,要注意经常用任氏液保持湿润。

【思考题】

1. 在辨别不同血管血流的特点中,区分小动脉与小静脉的最重要标志是什么?
2. 不同血管的血流特点如何与其生理机能相适应?
3. 分析各种药物对血管活动的影响机制。
4. 观察蛙体的微循环血流时,能否不麻醉而用双毁髓的方法进行?为什么?
5. 根据上述实验过程,你认为观察蛙体的哪个部位最为方便、观察效果最好?

【创新与探索】

1. 除本实验中提到的实验动物和观察部位以外,尝试在其他动物探究观察微循环血流,譬如小鼠的耳郭、家兔的耳郭等。
2. 探究其他药物对微循环血流的影响。
3. 探索在人体进行无创伤观察微循环血流的实验方法。

(王艳芹　崔庚寅)

实验 4-8　家兔颈部手术及降压神经放电的引导

【实验背景与相关原理】

颈部手术是以家兔进行急性生理学实验常用或必要的环节。无论观察哪个器官的生理规律和影响因素，如果涉及手术，首先必须进行气管插管，这样才能保证在麻醉后不致引起呼吸不畅而导致实验动物死亡。颈部的血管、神经相对身体的其他部位来说是容易分离的。颈动脉是进行直接测血压并观测血压影响因素的理想血管，而颈部的多条神经，尤其是迷走神经是常用于观测内脏活动神经调节的最常用的神经，因为迷走神经支配大多数内脏及血管的活动。

降压神经(depressor nerve)是主动脉弓压力感受器的传入神经，又称主动脉神经(aortic nerve)。早在1866年，科学家就发现刺激降压神经中枢端引起动物血压降低。神经传入冲动的频率，在一定范围内随主动脉血压的升高或降低而相应增加或减少，从而使压力感受器反射增强或减弱，以维持动脉血压的相对稳定。人类和犬的降压神经混合在迷走神经内，而家兔降压神经在颈部独成一束，易于分离，故常以家兔为实验动物进行降压神经冲动的引导与血压调节实验。正常情况下，降压神经冲动放电随血压舒张变化的信号，可以通过记录图线显示出特征性的波形，如果转化成音频信号也可以监听到特征性的声音。

【目的要求】

1. 学习家兔颈部手术与分离降压神经的方法。
2. 学习在体神经冲动引导与记录的方法，理解降压神经的生理功能。

【实验器材】

家兔、兔手术台、常用手术器械、止血钳(4~6把)、支架、双凹夹、气管插管、计算机生理信号采集系统、神经冲动引导电极、音箱、照明灯、纱布、棉球、棉线、彩色丝线、注射器(1 mL、20 mL)、生理盐水、200~250 g/L 氨基甲酸乙酯及石蜡油。

【方法与步骤】(▶ 操作示范 4-5)

1. 动物准备

(1) 术前准备

① 麻醉动物　取家兔一只，称重并剪去耳缘静脉上的被毛。用 20 mL 注射器由耳缘静脉缓慢推注 200 g/L(或 250 g/L)氨基甲酸乙酯(剂量为 1 g/kg 体重)进行麻醉。注射时注意要先从耳缘静脉尽可能远心端注射(第一次注射不成功时，可稍向近心一些注射)，注射时速度要慢，并随时观察动物情况。当动物四肢松软、呼吸变深变慢、角膜反射迟钝时，表明已被麻醉，即可停止注射。

② 固定与剪毛　将动物背位固定于手术台上，用剪毛剪将颈部手术野的被毛剪去，即可进行手术。

(2) 手术

① 切开皮肤　术者一手的拇指和示指按住家兔颈部两侧，另一手持手术刀，在紧靠喉头下

缘,沿颈部正中线做一长 5~7 cm 的皮肤切口。然后用止血钳或手术剪分离皮下结缔组织后,夹住少许皮肤并向两侧分开创口。

② 分层分离肌肉　术者与助手分别持止血钳轻轻提起少许气管正上方的肌肉(距离要尽可能近),然后用手术剪在两止血钳夹住的肌肉之间,纵向(沿肌肉纤维走向)将肌肉层剪开一个小口(亦可用止血钳扩开口)。用剪刀或止血钳将创口纵向扩大,再用止血钳夹住少许肌肉,向两侧分开肌层。继续用两把止血钳夹住下层气管上方的少许肌肉,轻轻提起,同法剪开并扩大肌肉创口。如此层层分离肌肉,直至看见肌肉层下方的气管(如果创口不够大,亦可用两手示指深入创口后再向前后方撕裂肌膜,使创口扩大)。用止血钳向气管两侧拉开最后一层肌肉,暴露出气管。手术时,注意切口不可偏离气管上方,不可横向剪断肌肉,以免造成血管断裂出血。切口也不要过于扩大,以免造成气胸。如果发现肌肉或血管有少量出血,可用浸过温热生理盐水的纱布(不可过湿)轻轻按压止血;如果出血不止,应立即用止血钳夹住出血部位,然后用棉线结扎止血。

③ 气管插管　一般用麻醉动物实验时,须行气管插管术,以免分泌物堵塞气管致死。气管插管的方法是:先用止血钳在甲状腺后方的气管背面穿过一条粗棉线(切勿损伤甲状腺及其血管,否则会出血不止),并打一活结备用,然后在气管上方做一倒"T"字形切口,将与气管口径相近的气管插管,沿向心方向插入气管(不可插入过深,以免伤及支气管)并扎紧备用线,将余线固定于气管插管的分叉处,以防气管插管松脱。

④ 分离降压神经　家兔颈部的神经、颈总动脉被结缔组织膜包在一起,形成血管神经束,位于气管两侧,其腹面被胸骨舌骨肌和胸骨甲状肌所覆盖。术者用拇指和示指轻轻捏住分离的肌肉和皮肤,使示指向上顶而拇指向外翻,即可将血管神经束翻于示指之上。用弯头玻璃分针轻轻划开局部结缔组织束膜,仔细辨认3种神经与颈总动脉(图4-8-1):颈总动脉呈红色,有波动,壁有较强的弹性;迷走神经最粗,有较好的韧性,色洁白,一般位于外侧;交感神经较细,略呈灰色,一般位于内侧;降压神经最细,一般位于两神经之间。由于降压神经纤细,离开神经、动脉束的包膜后难以分辨,所以应首先在原自然位置找到,并用玻璃分针沿纵向轻轻划动,分离出 2 cm 左右(此神经的韧性很差,易拉断,分离时要十分小心)。用玻璃分针轻轻挑起分离后的神经,再用弯头眼科镊由神经下方穿过,将一浸过生理盐水的彩色丝线放于镊子内,轻轻收回夹住丝线的眼科

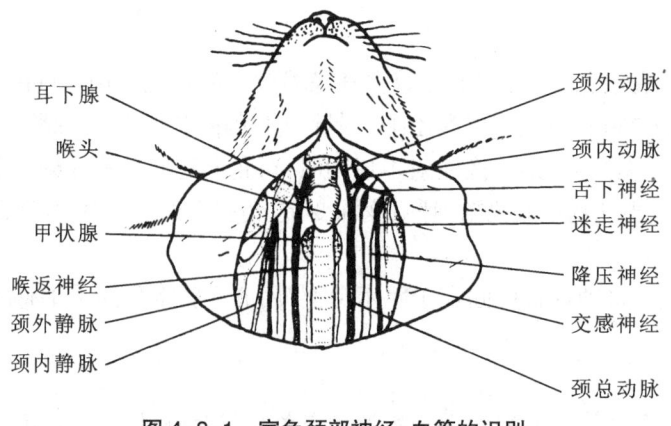

图 4-8-1　家兔颈部神经、血管的识别

镊,穿好线并打一活结备用。如果不能辨认出3条神经,则可先在颈总动脉下方穿过一条粗棉线(方法同上,但只分离很小的一段动脉,需保留其前后的结缔组织束膜)。当轻轻提起动脉时即可看清3条神经,同法分离降压神经。

2. 实验装置准备

(1) 开启计算机生理信号采集系统,从实验项目中选取降压神经放电项目。

(2) 将音箱的信号输入线插在采集系统的"监听"插口上。

(3) 轻轻提起降压神经上的穿线,将神经置于引导电极之上。为保护神经,可在上面滴加石蜡油。注意勿使神经受到过度牵拉。

3. 实验观察

注意观察神经放电图线并通过监听声音判断是否分离正确。当降压神经置于引导电极之上时,立刻会听到节奏明显的、酷似火车行进的声音,放电图线参考结果如图4-8-2所示。如神经未分离正确,须再行分离直至分离正确。

4. 处死动物

实验结束后耳缘静脉注射空气处死动物。

【参考结果】

参考结果见图4-8-2。

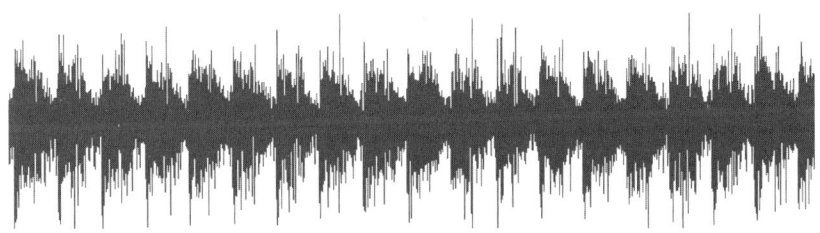

图4-8-2 家兔降压神经放电图线

【注意事项】

1. 麻醉实验动物时,要小心控制药量和进程速度,防止动物麻醉期间死亡。
2. 颈部手术分离肌肉要注意采用钝性分离操作,防止出血。
3. 降压神经细小,只有注意正确的操作顺序和技巧才能保证分离正确。

【思考题】

1. 总结降压神经的生理功能。
2. 降压神经放电与正常血压和心电有何关系?

【创新与探索】

设计实验,观察不同因素(如不同体液因素和呼吸运动)对降压神经放电的影响。

(刘巍 刘燕强)

实验 4-9　家兔动脉血压的神经和体液调节

【实验背景与相关原理】

在正常生理情况下，人和高等动物的动脉血压(arterial blood pressure, ABP)是相对稳定的。这种相对稳定性是通过神经和体液因素的调节而实现的，其中以颈动脉窦 – 主动脉弓压力感受器反射尤为重要。此反射既可使升高的血压下降，又可使降低的血压升高，故有血压缓冲反射之称。家兔的降压神经在解剖上独成一支，易于分离与观察其作用。

本实验应用液导系统直接测定动脉血压。即由动脉插管与压力传感器连通，其内充满抗凝液体，构成液导系统，将动脉插管插入动脉内，动脉内的压力及其变化可通过封闭的液导系统传递到压力传感器，并由计算机生理信号采集系统记录下来。具体的实验项目可以验证血压反射的感受器位置和作用；降压神经、迷走神经在反射弧中的作用，以及反射最后的效应组织细胞(如心肌)因存在不同受体对神经递质或者内分泌激素的反应最终引起血压变化。

【目的要求】

1. 学习直接测定家兔动脉血压的急性实验方法。
2. 观察神经、体液因素对心血管活动的影响。

【实验器材】

家兔、兔手术台、常用手术器械、止血钳(4~6把)、支架、双凹夹、气管插管、动脉插管、三通管、动脉夹、计算机生理信号采集系统、压力传感器、保护电极、照明灯、纱布、棉球、丝线、注射器(1 mL、5 mL、20 mL)、生理盐水、40 g/L 柠檬酸钠溶液、200~250 g/L 氨基甲酸乙酯溶液、200 U/mL 肝素溶液、肾上腺素溶液(1∶5 000)及乙酰胆碱溶液(1∶10 000)。

【方法与步骤】(▶ 操作示范 4-6)

1. 实验仪器的准备

打开计算机生理信号采集系统，接通压力传感器。从控制界面的菜单"实验项目"中选取"循环实验"的"家兔血压的调节"条，或者直接将相应采集通道的模式调整为"压力"模式。使图线显示压力读数。

2. 连通液导系统并制压

将压力传感器的下方支管通过输液管连接三通管，再连接动脉插管。上侧管供制压时排出管内空气使用。先用装有 20 mL 40 g/L 柠檬酸钠溶液的注射器，通过三通管向连接动脉插管的输液管内推注，使之充满液体(不要使动脉插管高过压力传感器的上方支管)后，再用止血钳夹住动脉插管端的输液管。然后继续向三通管内推注，直至充满压力传感器的上方支管，并用塞子塞住(注意：液导系统内不可有气泡)。继续向三通管内推注，同时观察显示器上压力变化。当加压到 120 mmHg(1 mmHg≈133 Pa)左右即可关闭三通管，观察压力是否发生变化。如果压力下降，则需要检查液导系统的漏液原因，并重新制压。调节血压显示器的灵敏度，使 30~130 mmHg 的变化都能在显示器上明显地反映出来。将动脉插管端的导管内充满肝素溶液。

3. 动物的准备

(1) 按照实验 4-8 方法麻醉家兔并进行颈部手术,插入气管插管、分离降压神经。同法分离迷走神经并穿线备用。再将止血钳从颈总动脉下方穿过,轻轻张开止血钳,分离出 2~3 cm 长的颈总动脉。分离出的颈总动脉外壁应该十分光洁,外面并无结缔组织及脂肪等物。在动脉上穿两条备用棉线,分别打上活结。将两线分别拉至分离出的动脉两端备用。用同样的方法分离另一侧血管与神经(一侧动脉用于插管测压,另一侧动脉用于实验)。由于家兔的品种不同,个体之间也有差异,3 条神经的解剖位置常会有些变异。降压神经的最后确认,以对血压的影响为准。

(2) 动脉插管　首先用 5 mL 注射器从耳缘静脉注入肝素(剂量为 200 U/kg 体重)以防凝血,然后在一侧动脉行动脉插管术以记录血压,方法如下。

将动脉头端(远心端)的备用线尽可能靠头端结扎(务必扎紧,以防渗血),然后在另一备用线的向心侧(尽可能近心端),用动脉夹夹闭。轻轻提起动脉头端的结扎线,用锐利的眼科剪在靠近扎线的稍后方,沿向心方向斜向剪开动脉上壁(注意:不可只剪开血管外膜,也切勿剪断整个动脉,剪口大小约为管径的一半)。一手持弯头眼科镊,将其一个弯头从剪口处插进动脉少许,轻轻挑起剪开的动脉上壁,另一手将准备好的动脉插管由开口处插入动脉管内。如果插入较浅,可用一手轻轻捏住进入插管的动脉管壁,另一手拿住动脉插管,顺势轻轻推进至 6~8 mm(如果手感滞涩,说明插管并未进入动脉,必须退出插管,重新剪口再插),用备用线将动脉连同进入的插管扎紧(插管不可因扎线松动而滑出,亦不可漏液),并将余线系在插管的固定侧支上,以免滑脱。注意:插管应与动脉血管的方向一致,以防插管尖端扎破动脉管壁。轻轻取下向心端动脉夹,可见动脉血与插管内液体混合,再取下通向压力传感器的止血钳,此时显示器上出现血压的波动曲线。

4. 实验观察

(1) 观察正常血压曲线　调节扫描速度与增益,可以明显地观察到心室射血与主动脉回缩形成的压力变化与收缩压、舒张压的读数。有时可以观察到血压曲线随呼吸变化,心搏为一级波,呼吸波为二级波。然后将扫描速度调慢,观察正常血压曲线。

(2) 夹闭对侧颈总动脉　轻轻提起对侧完好颈总动脉上的备用线,用动脉夹夹闭(于夹闭前记录动脉通畅时的血压曲线),观察并记录血压变化。出现变化后即取下动脉夹,记录血压的恢复过程。

(3) 按压颈动脉窦　记录对照血压曲线后,用手指按压颈动脉窦(下颌下方内侧),观察并记录血压变化。当血压明显下降时,则停止按压,待血压恢复(注意:如果血压反而升高,说明按压的是血管,应重新寻找按压位置)。

(4) 刺激降压神经　将刺激输出端连接保护电极,轻轻提起降压神经上的备用线,小心地将神经置于保护电极之上。记录对照血压曲线后,再用中等强度的连续电脉冲信号(可设为 4~10 V,30~40 Hz)通过保护电极刺激神经 2~5 s。血压出现明显下降后即可停止刺激,并待血压恢复。如果血压并不下降,可调整刺激强度或刺激频率再行刺激。任何刺激都无效时,则表示此神经并非降压神经,需要重新辨认神经后再行实验。

(5) 分别刺激降压神经中枢端和外周端　双结扎降压神经后(务必扎紧),从两扎线结之间剪断神经。记录对照血压后,同法分别刺激神经的中枢端和外周端,观察并记录血压变化。

(6) 刺激迷走神经　记录对照血压后,用同样的方法刺激迷走神经,观察血压下降曲线与步骤(4)有何不同(如果血压下降得很快、很低,应立即停止刺激)。

(7) 分别刺激迷走神经中枢端和外周端　双结扎并剪断迷走神经,方法同步骤(5),分别刺激其外周端和中枢端,观察并记录血压变化有何不同。

(8) 观察肾上腺素对血压的影响　记录对照血压曲线后,用 1 mL 注射器,从耳缘静脉注入 0.1 ~ 0.3 mL 肾上腺素溶液,观察并记录血压变化及恢复曲线。

(9) 观察乙酰胆碱对血压的影响　同法注入 0.1 ~ 0.2 mL 乙酰胆碱溶液,观察并记录注射前后血压变化。

(10) 观察失血对血压的影响　从另一侧动脉插入一支动脉插管后慢慢放血,观察放血量对血压的影响。

5. 整理实验结果,并将结果填入表 4-9-1。

表 4-9-1　家兔血压实验记录表　　　　　　　　　　(单位:mmHg)

	实验前血压对照	实验时血压变化极值	恢复稳定值
夹闭另一侧颈总动脉			
按压颈动脉窦			
刺激降压神经			
刺激降压神经中枢端			
刺激降压神经外周端			
刺激迷走神经			
刺激迷走神经中枢端			
刺激迷走神经外周端			
注入肾上腺素溶液			
注入乙酰胆碱溶液			
失血 1 mL			
失血 2 mL			
失血 3 mL			

【参考结果】

参考结果见图 4-9-1。

【注意事项】

1. 麻醉、手术参考实验 4-8 的要求,手术质量对本实验成功很重要。

2. 动脉血管插管及实验结束拆下插管都要注意防止操作失误引起动脉血液喷漏。常见的误操作包括:忘记必要的结扎、误用止血钳代替动脉夹或动脉夹边缘过于锋利夹破动脉、动脉插管固定不牢固而滑脱等。

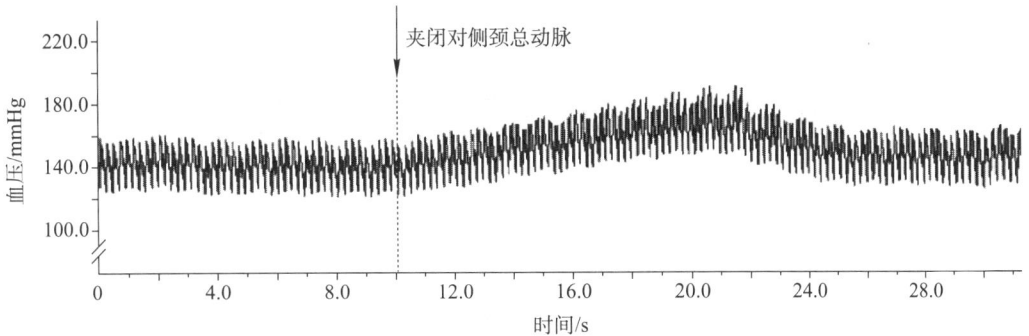
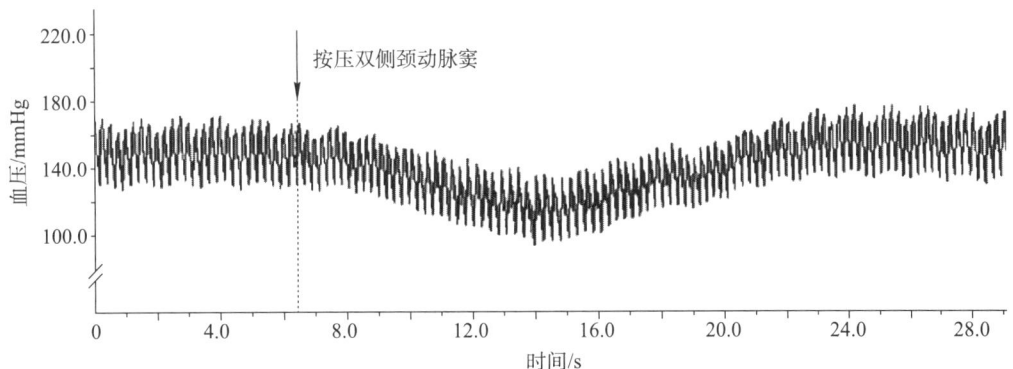
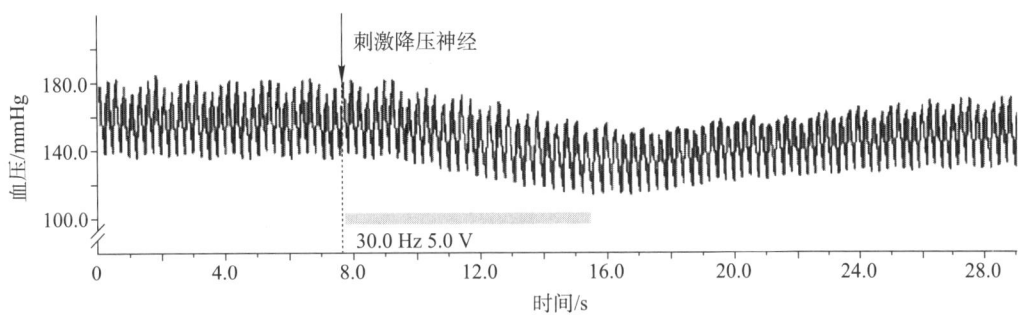
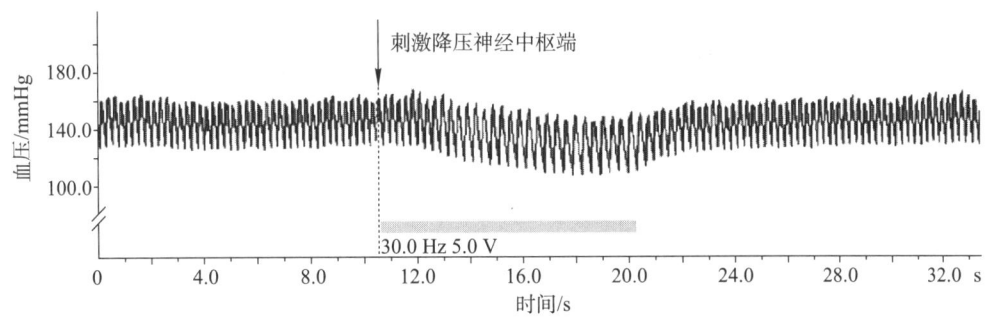

图 4-9-1　神经、体液因素对家兔动脉血压的影响

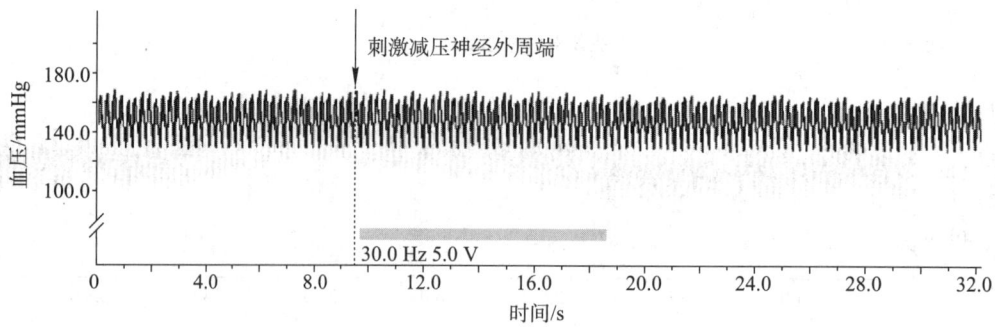
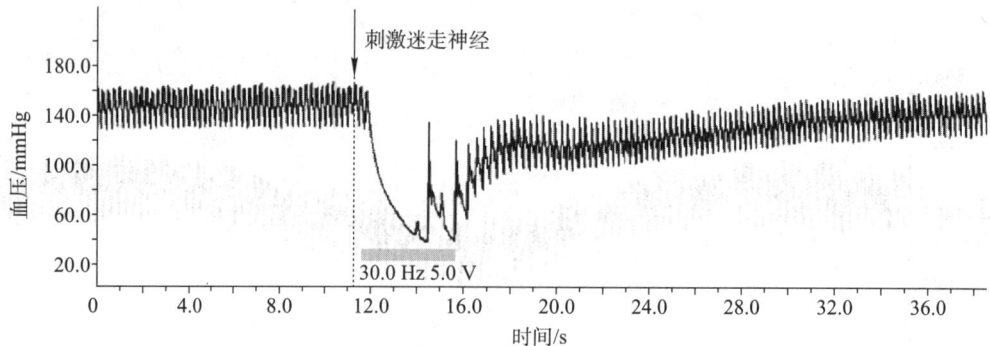
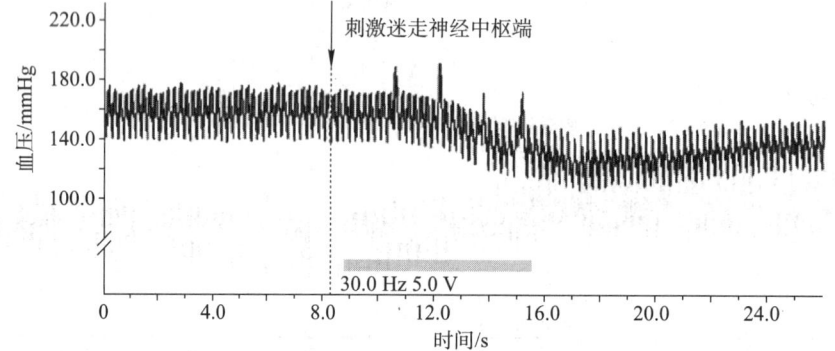
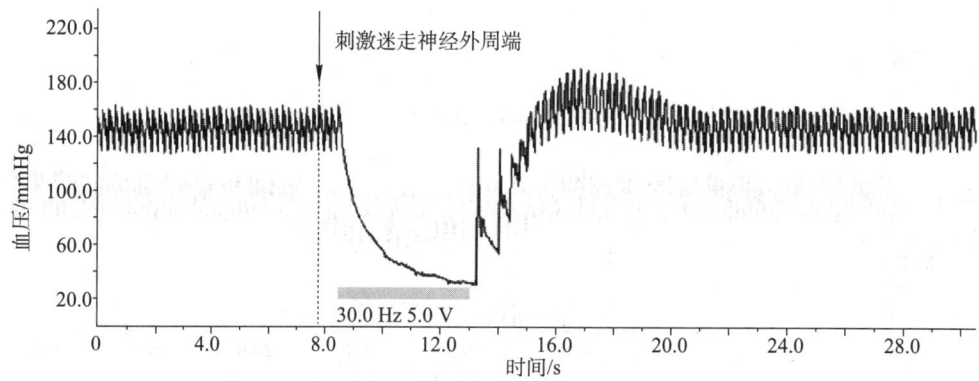

图 4-9-1　神经、体液因素对家兔动脉血压的影响（续）

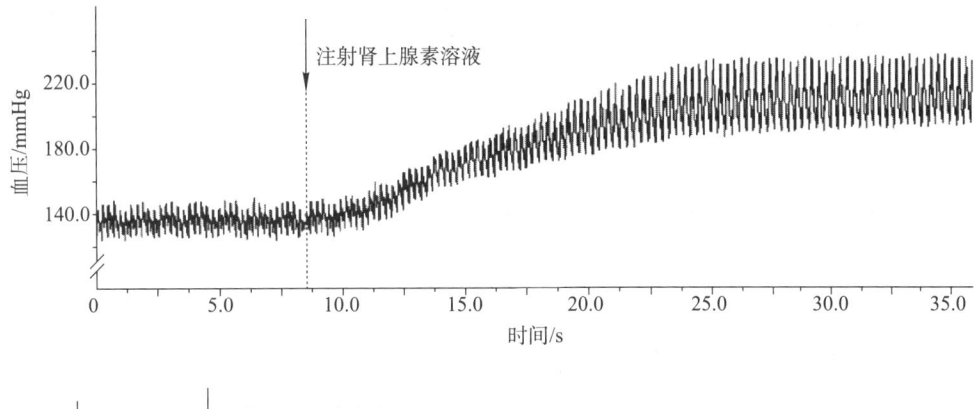
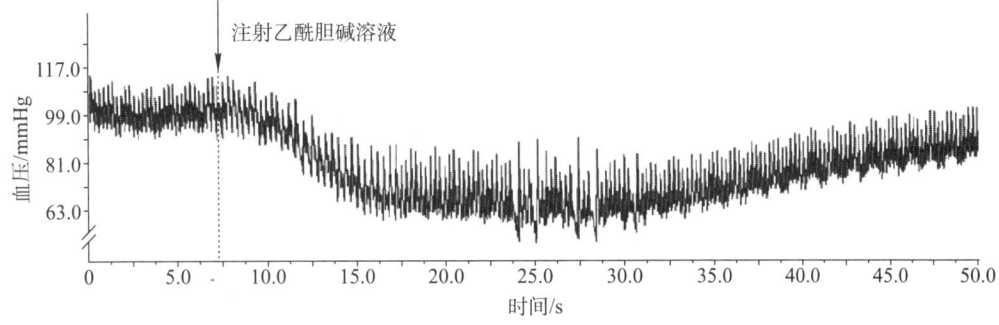

图 4-9-1　神经、体液因素对家兔动脉血压的影响（续）

3. 麻醉和注射肝素及其他实验药品都要用到耳缘静脉注射,所以要注意保持兔耳的状态,尽量提高入针成功率。

4. 分离出的神经注意保持活性,不要暴露在空气中干燥太久或浸于血液中;剪断神经前的双结扎要扎紧并且结扎点距离要适中。

【思考题】

1. 讨论各项实验结果,说明血压正常及发生变化的机制。
2. 如何证明降压神经是传入神经?
3. 如何证明迷走神经外周端对心脏有调节作用? 如果同时剪断两侧迷走神经,血压图线如何变化?
4. 试分析降压神经放电与血压变化的关系（图 4-9-2）。

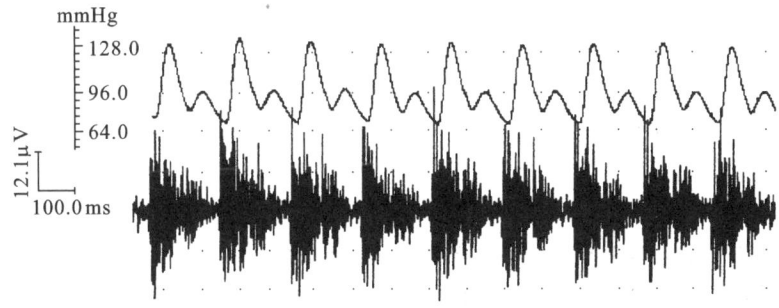

图 4-9-2　家兔动脉血压与降压神经放电同步记录

【创新与探索】
1. 设计实验,在观察血压变化的同时观察降压神经放电、呼吸及机体其他生理指标的变化。
2. 试设计其他测量血压的方法。
3. 思考本实验有何应用价值。

(刘巍　刘燕强　解景田)

实验 4-10　家兔颈动脉窦压力感受器反射观测

【实验背景与相关原理】

颈动脉窦(carotid sinus)具有压力感受器(baroreceptor),能感受血管壁的被动牵张,实质上是一种牵张感受器,从组织构造上来说是未分化的枝状神经末梢。当动脉血压升高时,动脉管壁被牵张的程度就增大,压力感受器发放的神经冲动也就增多。在一定范围内,压力感受器的传入冲动频率与动脉管壁被动扩张的程度成正比。颈动脉窦压力感受器的传入神经纤维组成窦神经(sinus nerve)。早在 20 世纪 20 年代就发现刺激窦神经可引起血压下降,同时对犬颈动脉窦进行的灌流实验证明了颈动脉窦的压力感受器功能,该发现及有关颈动脉体(carotid body,属于化学感受器,参与呼吸调节)功能的发现获 1938 年诺贝尔生理学或医学奖。在此研究基础上,有学者进一步发现了颈动脉窦和颈动脉体的外周神经通路(窦神经),以及脑干某些核团(如孤束核)参与血压和呼吸调节而获得 1949 年诺贝尔生理学或医学奖。现在可以清楚地知道,颈动脉窦感受的冲动,经窦神经最后加入舌咽神经,进入延脑并与孤束核神经元形成突触联系,最终产生血压调节效应。因此,颈动脉窦压力感受器的中枢为延髓。

如果将颈动脉窦游离出来,不参与血液循环,仅保留神经的联系,则可通过人工灌流的方法,以改变颈动脉窦内的压力作为刺激,观察压力感受器反射(baroreceptor reflex,又称减压反射)。

【目的要求】
1. 学习游离颈动脉窦的方法。
2. 观察窦内压升高所引起的压力感受器反射。

【实验器材】
家兔、手术台、常用手术器械、止血钳(4~6 把)、支架、双凹夹、气管插管、动脉插管(2 个)、三通管、计算机生理信号采集系统、压力传感器(2 个)、照明灯、纱布、棉球、丝线、注射器(1 mL、5 mL、20 mL)、生理盐水、40 g/L 柠檬酸钠溶液、200 g/L 或 250 g/L 氨基甲酸乙酯溶液、200 U/mL 肝素溶液和 20 g/L 普鲁卡因溶液。

【方法与步骤】
1. 开启计算机生理信号采集系统,接通两个压力传感器,并形成密闭的液压系统,扫描显示出两个通道的初始压力变化(20~180 mmHg)。
2. 手术方法参照实验 4-8。把麻醉的家兔背位固定于实验台上,切开颈部皮肤,分离气管并进行插管。先分离右侧颈总动脉直到颈内、颈外动脉分叉处(位于下颌骨下方外侧深处),注意切勿损伤此处的神经。外侧分支为颈内动脉,内侧为颈外动脉。颈动脉窦位置参见图4-10-1。

3. 耳缘静脉注入肝素溶液,然后用线结扎颈内动脉的头端,颈外动脉自基部结扎。于同侧颈总动脉中部进行双结扎并从中间剪断。在颈总动脉的近心端插入动脉套管连接压力传感器,并记录动脉血压。于其远心端再插入一支动脉套管,经三通管与另一压力传感器相连。用注射器通过三通管向动脉内注入生理盐水时,可同时观察到压力变化(管道内充满生理盐水,不得有气泡)。分离左侧颈总动脉并穿线备用。

4. 实验观察

(1) 提起左侧颈总动脉,用动脉夹阻断血流,记录血压变化,待出现明显变化后,移去动脉夹,记录血压变化。

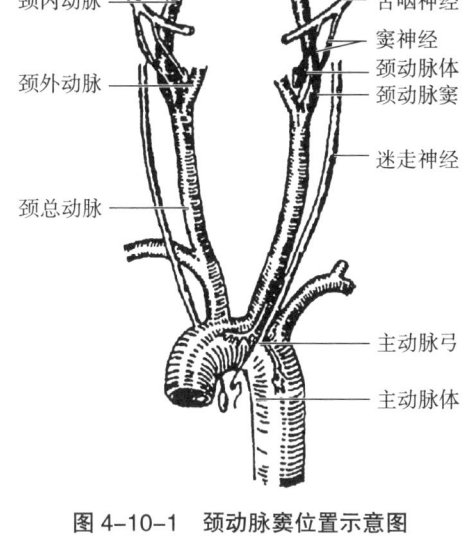

图4-10-1 颈动脉窦位置示意图

(2) 用注射器增加右侧颈动脉窦内压力,记录血压变化与加压数值(每次加压20 mmHg)。找出颈动脉窦内压力变化引起血压变化最敏感的范围。

(3) 用20 g/L普鲁卡因溶液浸润颈动脉窦区3~5 min后,再增加窦内压力,记录血压变化。

(4) 将结果填入表4-10-1,分析各项结果,找出动脉窦最敏感的压力变化范围。

表4-10-1 家兔动脉窦加压对动脉血压的影响 (单位:mmHg)

实验项目	处理前	处理后	恢复后
阻断对侧颈总动脉			
麻醉前窦内加压			
1			
2			
3			
4			
5			
6			
7			
8			
麻醉后窦内加压			
1			
2			
3			

续表

实验项目	处理前	处理后	恢复后
4			
5			
6			
7			
8			

【思考题】
1. 颈动脉窦加压为什么会使血压降低？这个过程经过怎样的一个反射弧？
2. 普鲁卡因处理后，窦内加压有何变化，为什么？
3. 讨论压力感受器反射的生理意义。

【创新与探索】
1. 试设计实验，观察颈动脉窦加压对降压神经或窦神经发放冲动的影响。
2. 试设计实验去掉神经支配后，观察按压颈动脉窦对血压的影响。

(刘燕强)

实验 4-11　家兔中心静脉压的测定

【实验背景与相关原理】
中心静脉压(central venous pressure, CVP)是指近右心房的胸腔大静脉或右心房的压力，取决于心脏和血管两方面的功能状态。当心脏的射血功能增强时，中心静脉压下降；反之，则上升。当静脉回流量增加时，中心静脉压上升；反之，则下降。用静脉导管由颈外静脉或股静脉插至右心房附近，外端连压力传感器，可直接测得中心静脉压，以了解心脏与血管的功能。

【目的要求】
1. 学习家兔中心静脉压的测定方法。
2. 了解测定中心静脉压的意义。

【实验器材】
家兔、手术台、常用手术器械、止血钳(4~6把)、支架、双凹夹、气管插管、计算机生理信号采集系统、高灵敏压力传感器、静脉导管、输液管、三通管、纱布、棉球、丝线、注射器、生理盐水、200 g/L 或 250 g/L 氨基甲酸乙酯溶液、200 U/mL 肝素溶液、肾上腺素溶液(1∶5 000)及乙酰胆碱溶液(1∶10 000)。

【方法与步骤】

1. 按照实验 4-8 的方法将家兔麻醉、固定并剪去颈部的被毛。
2. 在喉头下缘,沿颈部正中线做一长约 6 cm 的皮肤切口,用止血钳分离右侧皮下结缔组织,以右手拇指和示指轻轻捏住分离的皮肤,并稍向外翻,即可看到贴于皮下的粗大颈外静脉。用止血钳分离静脉外的结缔组织(注意:静脉的管壁较薄,且与皮肤接触紧密,分离时勿损伤血管壁),将颈外静脉分离出约 3 cm 长,然后引入两线。一线在远心端结扎(尽可能靠头端),另一线打一活结备用。耳缘静脉注入肝素溶液(剂量为 200 U/kg 体重)抗凝血。
3. 打开计算机生理信号采集系统,接通压力传感器输入通道,按实验 4-9 的方法,将压力传感器通过液导系统与静脉导管相连(用生理盐水充满),用止血钳夹闭充液的输液管,防止生理盐水流出。
4. 提起颈外静脉的结扎线,用眼科剪在结扎处稍下方做一斜形切口(勿将静脉剪断),一般将静脉导管(管径约 2 mm)由切口处向心方向插入 8~10 cm,即可插至心房附近的腔静脉。用另一线将静脉导管结扎固定。移去输液管上的止血钳,在水压与静脉压达到平衡以后,可见到压力随呼吸而搏动。
5. 实验观察

(1) 在静脉压稳定后,每隔 2 min 测定一次中心静脉压的数值,共测定 5 次,求其均值和标准差(见附录 4)。

(2) 观察肾上腺素对中心静脉压的影响　记录对照压力曲线后,用 1 mL 注射器,从耳缘静脉注入 0.1~0.3 mL 肾上腺素溶液,观察并记录中心静脉压变化及恢复曲线。

(3) 观察乙酰胆碱对中心静脉压的影响　同法注入 0.1~0.2 mL 乙酰胆碱溶液,观察并记录注射前后压力变化。

(4) 观察生理盐水对中心静脉压的影响　同法注入 20 mL 生理盐水,观察并记录注射前后压力变化。

【注意事项】

1. 静脉导管的插入深度随动物的体型大小略有差别。一般导管插至右心房时即感到阻力较大,此时需退出少许,以免导管口堵塞。
2. 静脉导管也可取用直径 2 mm 的医用塑料管,塑料管的硬度要适中,过硬易刺穿血管,过软则不易插入。
3. 压力传感器应与心脏同一水平,一般与腋中线一致即可。

【思考题】

什么是中心静脉压?中心静脉压的升高或降低说明了什么生理变化?

【创新与探索】

1. 试选择更好的插管材料用于静脉插管。
2. 试设计实验,观察其他因素对家兔中心静脉压的影响。

(解景田)

实验 4-12　人体动脉血压的测定及其影响因素

【实验背景与相关原理】

通常血液在血管内流动时并没有声音,但当外加压力使血管变窄而形成血液涡流时,则可发生声音(称为血管音)。因此,可以根据血管音的变化来测量动脉血压。测定人体动脉血压最常用的方法,也是国际临床上仍然沿用的方法,就是使用血压计间接测压。测压时,用压脉带在上臂或手腕(腕式血压计)加压,当外加压力超过动脉的收缩压时,动脉血流完全被阻断,此时在动脉处听不到任何声音。当外加压力等于或稍低于动脉内的收缩压而高于舒张压时,则在心脏收缩时,动脉内可有少量血流通过,而心室舒张时却无血流通过。血液断续地通过血管时,会发出声音。因此,恰好可以完全阻断血流的最小外加压力(即发生第一次声音时的压力),相当于收缩压。当外加压力等于或小于舒张压时,血管内的血流连续通过,所发出的音调会突然降低或声音消失。在心室舒张时有少许血流通过的最大管外压力(即音调突然降低时的压力)相当于舒张压。

在正常情况下,人或哺乳动物的血压通过神经和体液调节保持其相对的稳定性。但是血压的稳定是动态的,是在不断地变化的,不是静止不变的。人体的体位、运动、呼吸、温度及大脑的思维活动等因素对血压均有一定影响。

【目的要求】
1. 学习并掌握间接测量人体血压的原理和方法。
2. 观察某些因素对动脉血压的影响。
3. 学习用生物统计学的简易方法处理数据。

【实验器材】
血压计、听诊器(用电子血压计测压可不用)、冰水。

【方法与步骤】
1. 受试者取坐位,心脏与血压计零点同一水平。静坐 5 min,待肢体放松、呼吸平稳与情绪稳定。
2. 松开打气球上的螺丝,将压脉带内的空气排空后再将螺丝旋紧。
3. 受试者脱去左臂衣袖,将压脉带裹于左上臂距肘窝约 3 cm 上方处,压脉带应与心脏同一水平、松紧适度,手掌向上放于实验台上(图 4-12-1)。
4. 在压脉带下方、肘窝上方找到动脉搏动处,将听诊器的胸具置于动脉上。注意:不可过于用力下压。
5. 听取血管音变化

向压脉带充气加压,同时注意倾听声音变化,在声音消失后再加压 30 mmHg,然后稍稍扭松打气球上的螺丝,缓慢放气

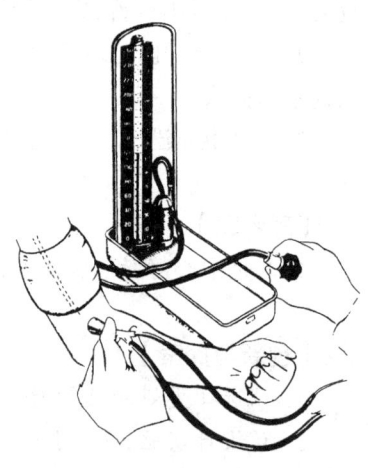

图 4-12-1　人体动脉血压测量法

(切勿过快、过慢),仔细倾听听诊器内血管音的一系列变化:声音先是从无到有,而后由低而高,最后突然变低,完全消失。如此反复进行 2~3 次。

6. 测量正常动脉血压

重复上一操作,同时注意检压计读数。当徐徐放气时,第一次听到的血管音即代表收缩压;最后声音突然变低或完全消失时的血管音代表舒张压,记下血压读数。放空压脉带,使压力降至零。重复测压 2~3 次,记录测压均值(收缩压/舒张压,单位为 mmHg)。

7. 实验观察

(1) 观察加深加快呼吸频率对血压的影响　在记录正常血压后,令受试者加深加快呼吸(约为正常频率的 1 倍),1 min 后测量血压变化。

(2) 观察情绪对血压的影响　待血压恢复正常后,令受试者回忆其最气愤的往事 1 min 而后测压。

(3) 观察肢体运动对血压的影响　让受试者原地做蹲起运动,1 min 内完成 50~60 次,共做 1~2 min。运动后立即坐下测压,并将变化最大的血压数值记录下来。

(4) 观察冰水刺激对血压的影响　受试者取坐位,测量正常血压,然后让受试者的手浸入冰水中 1 min,测量血压的变化。

8. 实验结束后,将实验记录填入表 4-12-1 至表 4-12-4 中。

9. 以大组为单位,将实验数据进行统计学处理(方法见附录 3),求出 P 值,说明实验前、后血压的变化有无显著性差异。

表 4-12-1　加快呼吸对人体血压的影响　　　　　　　　　　　(单位:mmHg)

编号	正常对照血压		呼吸加快时血压		变化值	
	收缩压	舒张压	收缩压	舒张压	收缩压	舒张压
1						
2						
3						
4						
5						
6						
7						
8						
9						
10						
11						
12						

表 4-12-2　情绪变化对人体血压的影响　　　　　　　　　　　　（单位：mmHg）

编号	正常对照血压		情绪变化时血压		变化值	
	收缩压	舒张压	收缩压	舒张压	收缩压	舒张压
1						
2						
3						
4						
5						
6						
7						
8						
9						
10						
11						
12						

表 4-12-3　运动对人体血压的影响　　　　　　　　　　　　（单位：mmHg）

编号	运动前血压		运动后即刻血压		变化值	
	收缩压	舒张压	收缩压	舒张压	收缩压	舒张压
1						
2						
3						
4						
5						
6						
7						
8						
9						
10						
11						
12						

表 4-12-4　手浸入冰水中对人体血压的影响　　　　　　　　（单位：mmHg）

编号	浸入前血压		浸入后血压		变化值	
	收缩压	舒张压	收缩压	舒张压	收缩压	舒张压
1						
2						
3						
4						
5						
6						
7						
8						
9						
10						
11						
12						

【注意事项】
1. 测压时室内要保持安静，以利听诊。
2. 戴听诊器时，应使耳具的弯曲方向与外耳道一致，即接耳的弯曲端向前。

【思考题】
1. 试述传统血压计间接测量血压的基本原理。
2. 实验结果表明什么问题？为什么？
3. 情绪变化对人体血压影响的可能原因是什么？试说明 2~3 点。

【创新与探索】
1. 自行设计实验，观察人体不同情绪及思维状态对血压的影响。
2. 设计实验，观察体位对血压的影响。
3. 设计实验，观察咖啡、茶等饮料及某些气味对人体血压的影响。

【附】电子血压计及使用

人体动脉血压的测定除常规使用的血压计以外，尚有多种应用传感器来测定血压的装置。如今最常用的电子血压计测血压完全自动化，十分方便快捷，有臂式、腕式（图 4-12-2）和指式。电子血压计测压的基本方法和原

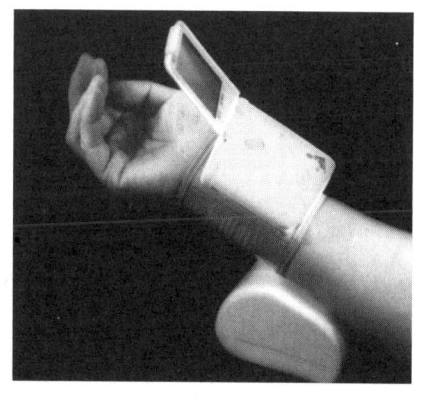

图 4-12-2　腕式电子血压计测压法

理与一般血压计大体相同,所不同的是用微音器代替听诊器获取血管音,再通过传感器将血管音转变为闪光、数字、报话等形式显示血压数值,这样无需专业医护人员帮助就可以自行测量血压。需要说明的是,无论血压计如何变化,无论血压计采用什么先进技术,都必须用水银检压计校对读数,换算为动脉的血压数值。目前,临床所采用的仍然多是水银检压计。

(解景田)

实验 4-13　人体心音听诊和心电图描记

【实验背景与相关原理】

心音和心电都是心脏活动的物理性能,前者是声音变化,后者是电学变化。

心音是由心脏瓣膜关闭和心肌收缩引起的振动所产生的声音。一般来说,用听诊器在胸壁前听诊,在每一心动周期内可以听到两个心音。第一心音音调较低(音频为 25~40 次/s)而历时较长(0.12 s),声音较响,是由房室瓣关闭和心室肌收缩振动所产生的。由于房室瓣的关闭与心室收缩开始几乎同时发生,因此第一心音是心室收缩的标志,其响度和性质变化,常可反映心室肌收缩强弱和房室瓣膜的机能状态。第二心音声调较高(音频约为 50 次/s)而历时较短(0.08 s),较清脆,主要是由半月瓣关闭产生的振动所造成的。由于半月瓣关闭与心室舒张开始几乎同时发生,因此第二心音是心室舒张的标志,其响度常可反映动脉压的高低。临床常用的心音听诊区见图 4-13-1。

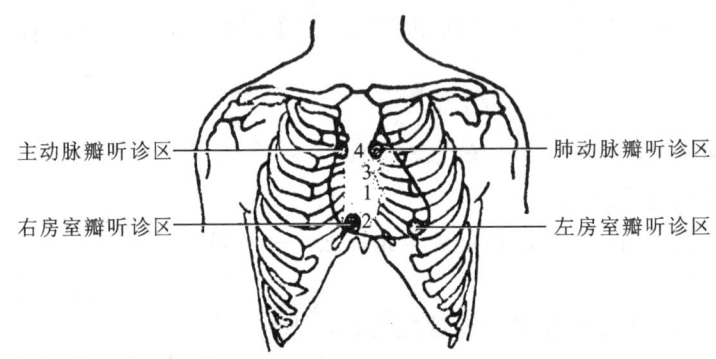

图 4-13-1　心音听诊区的位置

数字表示瓣膜所在位置:1. 左房室瓣;2. 右房室瓣;3. 主动脉瓣;4. 肺动脉瓣。
左房室瓣听诊区:左侧第 5 肋间锁骨中线内侧;右房室瓣听诊区:胸骨下端稍偏右侧;
主动脉瓣听诊区:胸骨右缘第 2 肋间;肺动脉瓣听诊区:胸骨左缘第 2 肋间

与心音完全不同,心电图(electrocardiogram,ECG)记录心脏的电变化。心脏在收缩之前,首先发生电位变化。心电变化由心脏的起步点——窦房结开始,经特殊传导系统至心室,最后到达心肌,引起肌肉的收缩。心脏兴奋活动的综合性电位变化可通过体液传播到人体的表面,经体表电极引导并放大而成的波形为心电图。心电图可以反映心脏综合性电位变化的发生、传导和消失过程。正常心电图包括 P、QRS 和 T 这 3 组波形,它们代表心脏活动不同的生理意义:P 波为心房去极化；QRS 波群为心室去极化；T 波为心室复极化；P-R 间期为兴奋由心房至心室之间的传导时间。

【目的要求】
1. 学习心音听诊的方法，识别第一心音与第二心音。
2. 学习心电图的记录方法和心电图波形的测量方法。
3. 了解人体正常心电图各波的波形及其生理意义。

【实验器材】
听诊器或心音放大器、心电图机或计算机生理信号采集系统、电极夹、诊断床、导电糊（或生理盐水）、酒精棉球。

【方法与步骤】
1. 心音听诊

(1) 受试者安静端坐，胸部裸露。

(2) 检查者戴好听诊器，注意听诊器的耳具应与外耳道开口方向一致（向前）。以右手的示指、拇指和中指轻持听诊器胸具紧贴于胸部皮肤上，按照左房室瓣听诊区、主动脉瓣听诊区、肺动脉瓣听诊区、右房室瓣听诊区顺序，仔细听取心音，注意区分第一心音与第二心音。如难以区分两心音，可同时触诊心尖搏动或颈动脉脉搏，此时出现的心音即为第一心音。

2. 心电图描记

(1) 受试者安静平卧或取坐式，摘下眼镜、手表、手机等微型电器，全身肌肉放松。

(2) 按要求将心电图机面板上各控制钮置于适当位置。如用计算机生理信号采集系统记录人体心电图，则在 ECG 输入接口上连接好心电引导电极，并接通心电图通道。在心电图机或计算机妥善接地后接通电源。

(3) 安放电极　将准备安放电极的部位先用酒精棉球脱脂，再涂上导电糊（或用生理盐水擦湿），以减小皮肤电阻。电极夹应安放在肌肉较少的部位，一般两臂应在腕关节上方（屈侧）约 3 cm 处，两腿应在小腿下段内踝上方约 3 cm 处（图 4-13-2）。

(4) 连接导联线　按所用心电图机的规定正确连接导联线。国际上一般以 5 种不同颜色的导联线插头与身体相应部位的电极连接：上肢导联线颜色为左黄、右红；下肢导联线颜色为左绿、右黑；胸部导联线颜色为白色。常用胸部电极的位置有 6 个。

(5) 调节基线调节装置，使基线位于适当位置。

(6) 输入标准电压　打开输入开关，调好心电图机的工作状态，并输入标准电压（1 mV 在心电图记录纸上为 10 mm）。

(7) 记录心电图　在基线平稳、无肌电干扰和市电干扰后，即可按所用心电图机的操作方法依次记录肢体导联 I、II、III、aVR、aVL、aVF，胸前导联 V_1、V_3、V_5 等 9 个导联的心电图，同时记录标准电压。

(8) 记录完毕后取下记录纸，写上受试者姓名、年龄、性别及记录实验时间。如记录纸上未打印出导联，则需记下导联（图 4-13-3）。

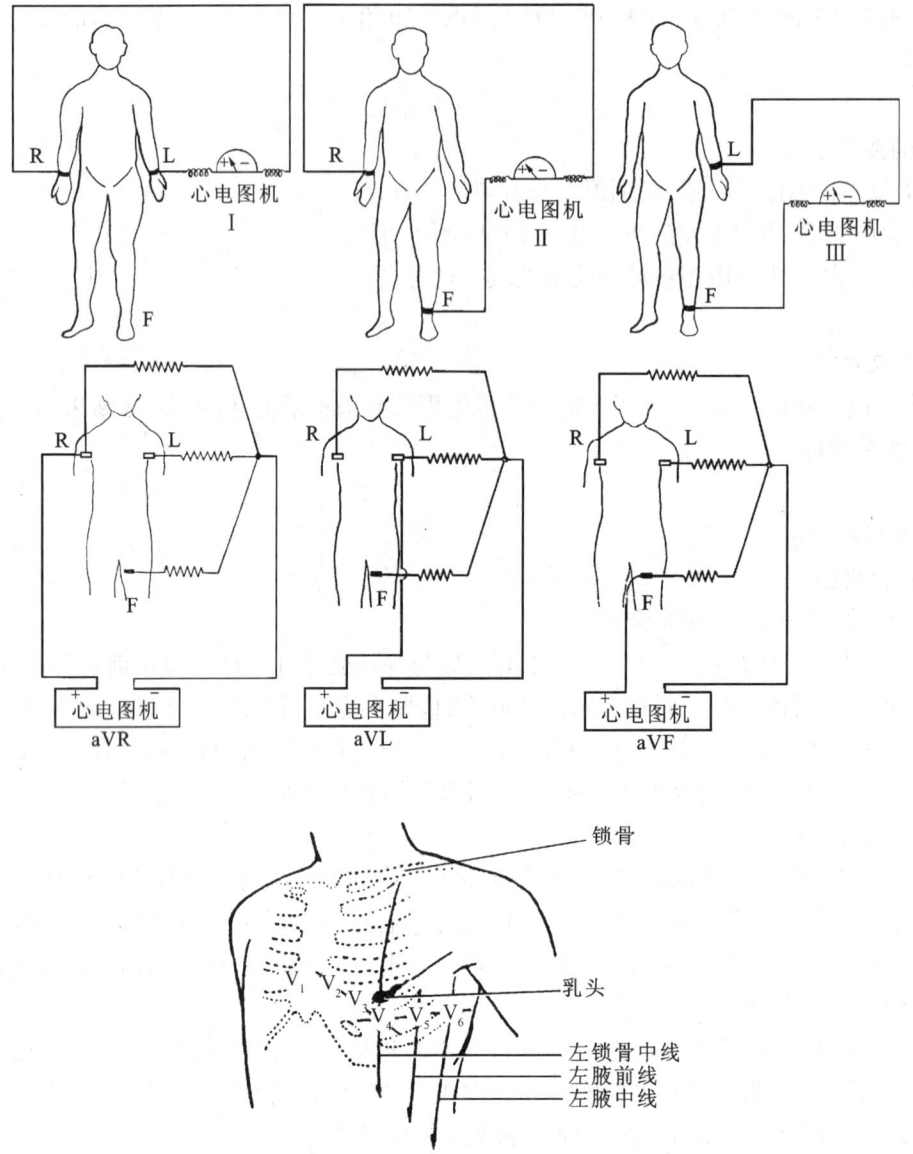

图 4-13-2　心电图的导联方式(上)和电极的安放位置(下)
V_1:胸骨右缘第 4 肋间;V_2:胸骨左缘第 4 肋间;V_3:V_2 与 V_4 连线的中点;V_4:左锁骨中线与第 5 肋间的交点;
V_5:左腋前线与 V_4 同一水平;V_6:左腋中线与 V_4 同一水平

(9) 按图 4-13-4 的方法,测量 Ⅱ、V_5 等导联的 P 波、R 波、T 波振幅,以及 P-R、Q-T、R-R 间期。

【注意事项】
1. 实验室内必须保持安静,以利听诊。
2. 听诊器耳具应与外耳道方向一致。橡皮管不得交叉、扭结,诊器管勿与其他物品摩擦,以免发生摩擦音影响听诊。
3. 如呼吸音影响听诊,可令受试者暂停呼吸片刻。

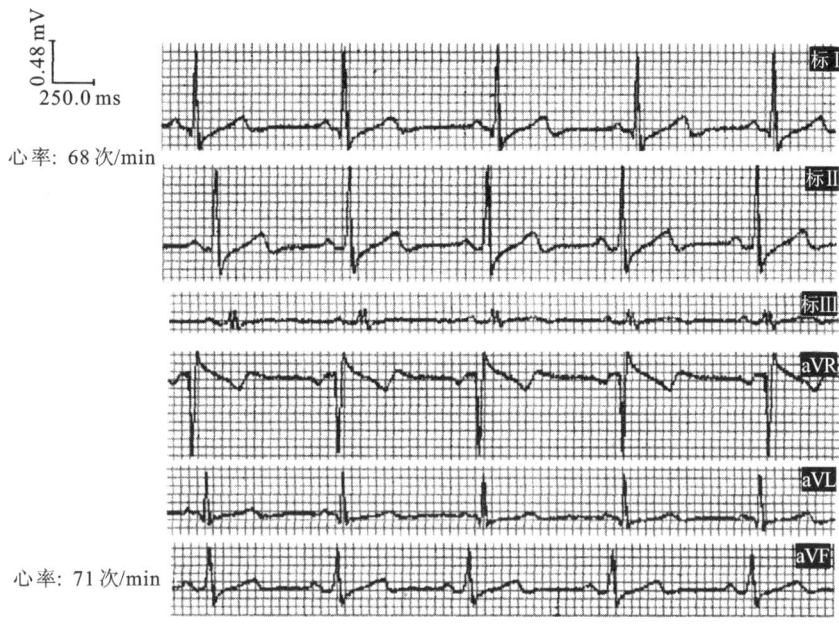

图 4-13-3 人体心电图

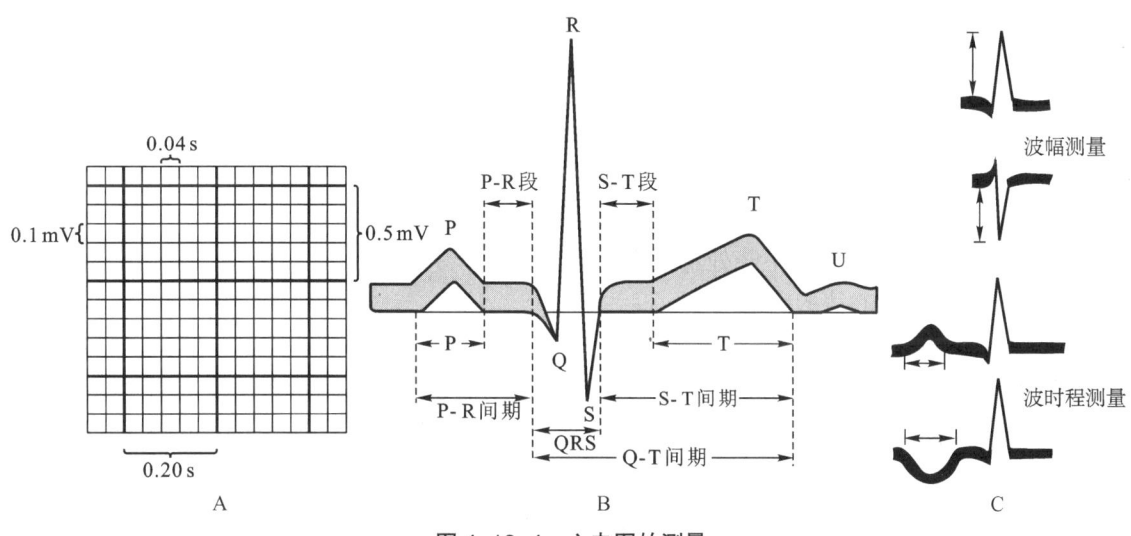

图 4-13-4 心电图的测量

A:心电图记录纸上的方格参数和数值示意;B:形成心电图的各波示意;C:纵向和横向参数测量示意

4. 在描记心电图时,受试者应呼吸平稳、肌肉放松,以防肌电干扰。

【思考题】

1. 第一心音和第二心音是怎样形成的?它们有何临床意义?
2. 心电图各波具有什么生理意义?如果 P-R 间期延长超过正常值,说明什么问题?
3. P-R 间期与 Q-T 间期的正常值与心率有什么关系?

4. P-R 间期变化不一,超过一定数值时,表明心脏可能发生了何种疾患？为什么？

【创新与探索】
1. 试用微音器代替听诊器完成听诊实验。
2. 能否用一台生物放大器、示波器及相关附件观察肢体导联心电图？请提出具体设计方案。
3. 能否记录人体活动时的心电图？试提出你的设计方案。

【附】心电图的基本测量法

1. 心电图记录纸上有水平线和垂直线组成的大、小方格,细线小方格每边为 1 mm,粗线大方格每边为 5 mm,用以计算心电图波形的时间和波幅电压的大小(见图 4-13-4A)。垂直线之间的距离代表时间,水平线之间的距离代表电压。

(1) 时间标准 心电图机的走纸速度有两种:25 mm/s 与 50 mm/s。其常规速度为 25 mm/s,故每小格为 0.04 s,每大格为 0.2 s。

(2) 电压标准 一般情况下,在记录心电图之前需外加一个定标电压,把这个定标电压调节为 1 mV 在心电图记录纸上为 10 mm(即 10 小格),即 1 小格代表 0.1 mV。有时因为心电图电压太低,可有目的地把定标电压调节至 1 mV 为 20 mm。反之,心电图电压过高,可调节至 1 mV 为 5 mm。在测量心电图时,应注意心电图上定标电压的标准,并按此折算。

2. 各波振幅与时间的测量

(1) 振幅测量 某波的高度,即电压的大小,如为向上的波,其高度应从等电线(基线)的上缘垂直地量到波的顶点(见图 4-13-4);而向下波形的深度,则应从等电线下缘垂直地量到波的最低处。

(2) 时间 向上波形的时间,应从等电线的下缘开始上升处量到终点(见图 4-13-4),而向下的波,则应从等电线上缘开始下降处量到终点。

3. 心率的测量与心律的确定

(1) 心率的测量 有两种方法测量心率:①数 30 个大方格(每大格 0.2 s,共 6 s)中 R 波或 P 波的数目,乘以 10,即得每分钟的心率数(心室率或心房率);②测量若干个(5 个以上) R-R(或 P-P)间期,求其平均值,此数值就是一个心动周期的时间(s),每分钟的心率可按下式计算:

$$心率 = 60/R\text{-}R(或\ P\text{-}P)间期平均值$$

为了节省时间,在求得 R-R(或 P-P)间期的平均值以后,可查表 4-13-1 得出心率。表内排列着互相对应的两行数字,如果 R-R 间期的数值在第 1 列中找到,那么第 2 列中与之相对应的数值就是心率。反之也适用。

(2) 心律的确定 在分析一份心电图时,首先要确定心脏的兴奋起源于何处,就是心脏的起步点在什么部位。如果起源于窦房结,总称为窦性心律;如果起源于房室结,则称为结性心律。其确定标准如下。

窦性心律:$P_{I、II}$ 正向,P_{aVR} 负向;P-R 间期 > 0.12 s。
结性心律:$P_{I、II}$ 负向,P_{aVR} 正向;P-R 间期 < 0.12 s。

表 4-13-1　自 R-R 间期推算心率表

1	2	1	2	1	2	1	2	1	2	1	2
77.5	77.5	67	89.5	56	107	45	133	34	176	23	261
77	78	66	91	55	109	44	136	33	182	22	273
76	79	65	92.5	54	111	43	139	32	187	21	286
75	80	64	94	53	113	42	143	31	193	20	300
74	81	63	95	52	115	41	146	30	200	19	316
73	82	62	97	51	117.5	40	150	29	207	18	333
72	83	61	98.5	50	120	39	154	28	214	17	353
71	84.5	60	100	49	122.5	38	158	27	222	16	375
70	86	59	101.5	48	125	37	162	26	230	15	400
69	87	58	103	47	127.5	36	166.5	25	240	14	428
68	88	57	105	46	130	35	171.5	24	250	13	461

（解景田）

实验 4-14　肾上腺素受体通路对心肌细胞钙信号和收缩活动的调节

【实验背景与相关原理】

肾上腺素受体是经典的 G 蛋白耦联受体之一。20 世纪 70 年代 A. G. Gilman 等在一种 G 蛋白缺失的细胞系中发现,尽管肾上腺素受体和腺苷酸环化酶都正常,但肾上腺素仍不能激活腺苷酸环化酶;如果在突变细胞的质膜提取物中加入从正常细胞中提取的 G 蛋白,就可以恢复肾上腺素对腺苷酸环化酶的激活作用。这个研究首次证明,与 G 蛋白的耦联是肾上腺素受体激活腺苷酸环化酶产生第二信使 cAMP 的必要条件。在之后的研究中人们逐步发现,众多激素和神经递质的细胞膜受体需要与相应的 G 蛋白耦联才能发挥对细胞功能的调控作用。由于在阐明 G 蛋白耦联受体信号转导机制中的重要贡献,Gilman 与另一位研究 G 蛋白耦联受体的科学家 M. Rodbell 一起获得了 1994 年的诺贝尔生理学或医学奖。

肾上腺素受体是交感神经系统调节机体功能,包括心脏活动的主要信号途径。在哺乳动物心脏,位于右心房壁上的窦房结起步细胞产生节律性兴奋,并依次传至心房和心室,引起心房、心室收缩以实现泵血活动。当动物遇到危险或发生其他相应生理需求时,交感神经末梢分泌的去甲肾上腺素和肾上腺髓质细胞分泌的肾上腺素作用于起步细胞可加快心率,作用于心肌细胞,则将增强心脏收缩性,这种调节作用主要是通过 β- 肾上腺素受体介导的(图 4-14-1)。

Ca^{2+} 也是重要的胞内信使。在心肌细胞中,Ca^{2+} 引发肌丝滑行的过程是决定心肌收缩力的关键。当心肌细胞兴奋时,去极化激活细胞膜上的钙通道,通过钙通道进入细胞的少量 Ca^{2+} 激活肌质网上的雷诺丁受体(ryanodine receptor)钙释放通道,大量 Ca^{2+} 从肌质网释放到细胞质启动肌丝滑行。这种由细胞兴奋引发的钙致钙释放(Ca^{2+}-induced Ca^{2+} release,CICR)在空间上是同

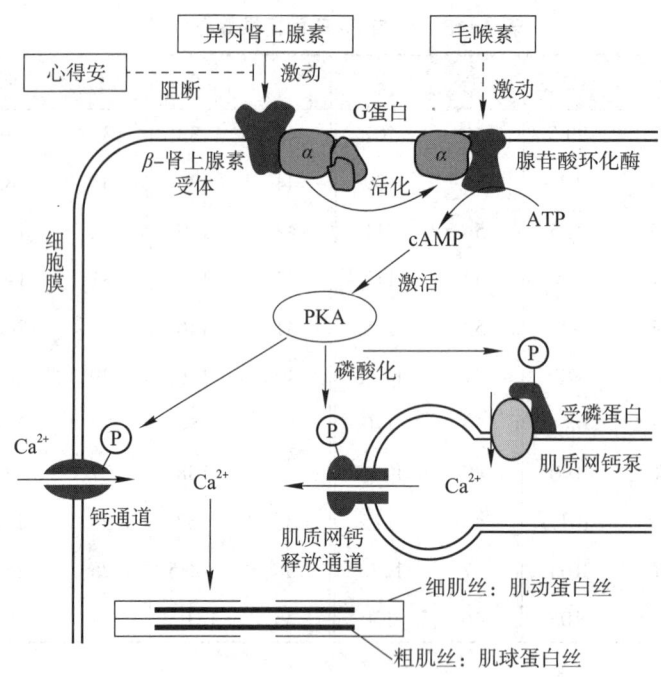

图 4-14-1　心室肌细胞兴奋-收缩耦联、钙致钙释放及 β-肾上腺素受体信号通路示意图

步的,所产生的整个细胞的钙信号称为钙瞬变(Ca^{2+} transient)。单个或少数几个雷诺丁受体产生的钙信号称为钙火花(Ca^{2+} spark)。钙瞬变可以认为是大量钙火花总和的结果。钙火花既可以由细胞膜钙通道的 Ca^{2+} 内流触发产生,也可以自发产生。自发产生的钙火花是随机出现的,通常稍纵即逝(持续时间在 100 ms 以内)。但有时钙火花成簇出现并通过钙致钙释放机制激活临近区域钙释放,这样就会形成一种在细胞内传播的钙信号,称为钙波(Ca^{2+} wave)。

释放到细胞质中的 Ca^{2+} 大部分通过肌质网钙泵回收入肌质网,少量通过钠钙交换机制运出细胞。肌质网钙泵的活性受到受磷蛋白(phospholamban)磷酸化程度的调节。细胞膜钙通道、肌质网钙释放通道的磷酸化也影响其开放概率。细胞膜钙通道、肌质网受磷蛋白和钙释放通道均存在蛋白激酶 A(PKA)的磷酸化位点。肾上腺素或去甲肾上腺素与心肌细胞膜上的 β-肾上腺素受体结合,激活腺苷酸环化酶产生 cAMP,cAMP 继而激活 PKA 对有关蛋白质产生磷酸化修饰。细胞膜钙通道、肌质网钙释放通道和受磷蛋白被磷酸化加快心肌细胞的钙释放和钙回收,从而使心肌细胞收缩得更强、舒张得更快。

在慢性高血压、缺血、衰老等情况下,肾上腺素受体信号转导发生异常,相关蛋白质的磷酸化水平或者不足或者过度,引起心肌细胞钙信号和收缩功能出现病理症状。因此,研究肾上腺素受体信号途径及其调控靶点的变化情况,有助于揭示疾病发生的细胞信号转导机制,从而为预防和治疗相关的疾病提供理论基础和解决方案。

【目的要求】
1. 了解钙火花、钙瞬变、钙波等细胞钙信号的生理特征。
2. 观察心肌细胞收缩活动。

3. 了解 β- 肾上腺素受体信号转导通路及其对心肌细胞钙信号和收缩活动的调节。

【实验器材】

1. 实验材料

体重 200～300 g 的大鼠一只,雌雄均可。

2. 实验仪器

恒温摇床、Langendorff 离体心脏灌流系统(图 4-14-2)、循环水浴、蠕动泵、台式离心机、烧杯若干、量筒及玻璃滴管若干、50 mL 细口瓶一个、细胞培养皿。

常用手术器械、止血钳、尼龙线若干。

配有 40 倍油镜(或水镜)的倒置荧光显微镜,最好是激光共聚焦显微镜。

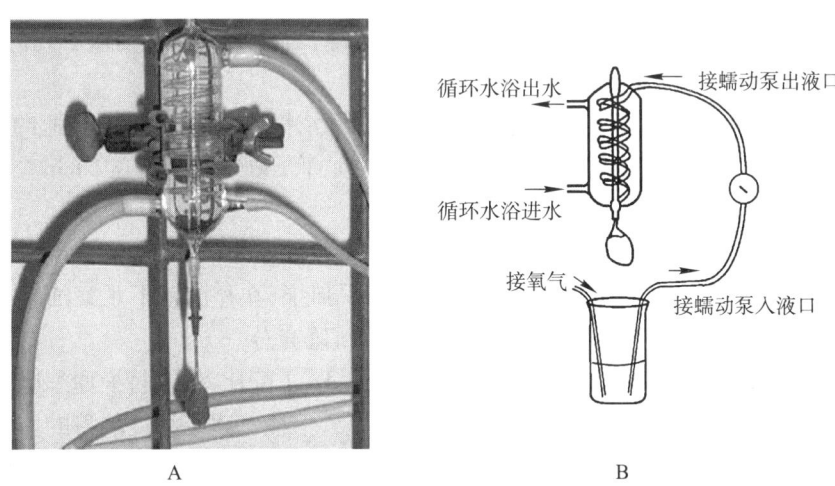

图 4-14-2 Langendorff 离体心脏灌流系统的实物图(A)与模式图(B)

3. 实验试剂

200 g/L 氨基甲酸乙酯溶液、1 mmol/L 异丙肾上腺素(ISO)溶液、1 mmol/L 心得安(又称普萘洛尔)溶液、2.5 mmol/L 毛喉素(forskolin)溶液(溶于二甲基亚砜)、Fluo-4 AM 钙荧光探针。

无钙台氏液:含 137 mmol/L NaCl、5.4 mmol/L KCl、20 mmol/L HEPES、1.2 mmol/L $MgCl_2$、1.2 mmol/L NaH_2PO_4、10 mmol/L 葡萄糖。

低钙台氏液:在无钙台氏液的基础上添加 $CaCl_2$、牛磺酸和牛血清白蛋白,使其终浓度为 0.05 mmol/L $CaCl_2$、10 mmol/L 牛磺酸、0.5 g/L 牛血清白蛋白(BSA)。

高钙台氏液:在无钙台氏液的基础上添加 $CaCl_2$,使其终浓度为 1 mmol/L。

消化液(40 mL):在无钙台氏液基础上添加 $CaCl_2$、牛磺酸、牛血清白蛋白和 II 型胶原酶,使其终浓度为 0.05 mmol/L $CaCl_2$、8 mmol/L 牛磺酸、1 g/L 牛血清白蛋白、0.35 U/mL II 型胶原酶。

【方法与步骤】

1. 心室肌细胞的制备

(1) 取 50 mL 无钙台氏液置于 4℃预冷,同时向剩余的无钙台氏液(50 mL)、高钙台氏液

(50 mL)及消化液(40 mL)中充医用氧气 30 min 以上。

(2) 准备灌流系统。调节蠕动泵流速为 6 mL/min,在灌流管中先通入少量无钙台氏液排尽气泡,再灌入高钙台氏液 5~10 s,然后再灌流无钙台氏液数秒,停止灌流。

(3) 将充气完毕的消化液等量分成两份(各 20 mL),其中一份将用于循环灌流,另一份将用于继续消化。

(4) 将预冷的无钙台氏液倒入两个培养皿中备用。以腹腔注射氨基甲酸乙酯溶液的方式将大鼠麻醉(氨基甲酸乙酯用量约为 1.5 g/kg 体重)并背位固定于解剖板上,迅速开胸取出心脏,置于培养皿中,略涮洗血液后移入另一个培养皿中。以弯头眼科镊提起主动脉,将灌流系统末端导管插入主动脉,以尼龙线圈结扎牢固。

(5) 开启蠕动泵,为心脏灌流无钙台氏液约 10 min,此时应见心脏颜色鲜红、富有弹性。将灌流液切换为消化液,将流出液弃去不用,1.5 min 后改为循环灌流,直至心脏完全丧失弹性后,使用眼科剪剪下心室组织,在 37℃ 温浴的玻璃小碗中剪碎,转移至 50 mL 细口瓶。同时开始为低钙台氏液充气。

(6) 在细口瓶中补加 5 mL 新鲜的消化液,置于 37℃ 水浴摇床中缓慢摇动,转速约为 100 r/min。5 min 后取出细口瓶,静置 30 s,吸取上清液至 10 mL 离心管,500 r/min 离心 1 min。弃去上清液,以低钙台氏液重悬细胞,静置。

(7) 重复第(6)步操作直至组织块消化完全。

(8) 分别取各次消化后得到的细胞悬液 1 滴置于平皿上,在显微镜下观察细胞成活率,弃去细胞成活率差的细胞悬液,其他悬液合并,静置至细胞沉降充分。

(9) 分别将低钙台氏液和高钙台氏液以 3:1、2:1、1:1 配比,依次替换原细胞外溶液,最后完全以高钙台氏液替换细胞外液,以达到逐步提高细胞外溶液钙离子浓度的目的。

(10) 一只大鼠最终得到的细胞悬液约 10 mL,细胞密度应超过 10^6 个/mL。理想情况下可供 100 位学生实验使用。

2. 心肌细胞钙信号和收缩调节实验

有关的实验方案见表 4-14-1。

表 4-14-1 调节心肌钙信号和收缩实验方案

实验组	添加药物			频率、幅度观察			
	ISO	心得安	毛喉素	收缩	钙波	钙火花	钙瞬变
对照组	−	−	−				
ISO 组	+	−	−				
受体阻断组	+	+	−				
cAMP 激动组	−	−	+				

(1) 观察心室肌细胞的形态特征和自发收缩活动 取 3.5 cm 直径培养皿,加入 1.5 mL 细胞外液,以滴管或移液器滴加 5~20 μL 细胞悬液于培养皿中央,静置 10 min 后,使用倒置显微镜 20 倍或 40 倍镜观察细胞形态。注意观察细胞的大小差异、横纹结构、长宽比例等,记录自发收

缩频率和幅度等活动特征。

(2) 观察心室肌细胞自发钙信号　取适量细胞悬液放入含有 10 μmol/L Fluo-4 AM 钙荧光探针的台氏液中,37℃孵育 10 min,去除含染料的上清液,加入有薄玻璃底的培养皿中,用荧光显微镜在蓝光照射下用 40 倍油镜观察绿色荧光,可看到细胞不同步收缩时伴随的钙波,或者同步收缩时伴随的钙瞬变。在安静的细胞中,可观察到细胞局部有稍纵即逝的微小钙信号,便是钙火花。

(3) 观察肾上腺素对心肌细胞钙信号和收缩活动的影响　将 7.5 μL 异丙肾上腺素溶液 (1 mmol/L) 加入 1.5 mL 细胞外液中(终浓度为 5 μmol/L),混匀后加入培养皿中,滴入细胞悬液 5~20 μL,静置 10 min 后观察细胞收缩状况和钙信号的发生,同前 2 个项目比较,观察与记录细胞收缩活动、钙信号的变化。

(4) 观察在心得安存在的条件下,肾上腺素对心肌细胞收缩活动的影响　将 7.5 μL 异丙肾上腺素溶液(1 mmol/L,终浓度 5 μmol/L)和 15 μL 心得安溶液(1 mmol/L,终浓度 10 μmol/L)共同加入 1.5 mL 细胞外液中,混匀后加入培养皿中,加入细胞悬液 5~20 μL,静置 10 min 后观察细胞活动、钙信号,并与以上 3 个项目进行对比。

(5) 观察毛喉素对心肌细胞收缩活动的影响　将 60 μL 毛喉素溶液(2.5 mmol/L,终浓度 100 μmol/L)加入 1.5 mL 细胞外液中,混匀后加入培养皿中,滴入细胞悬液 5~20 μL,静置 10 min 后,观察细胞收缩活动、钙信号的变化。

【参考结果】

钙波、钙火花的示例请见图 4-14-3 和相应视频。

图 4-14-3　心肌细胞的钙波与钙火花

【注意事项】

1. 开胸取出心脏并将其结扎固定在灌流系统上的操作应迅速,保证在 1~2 min 内完成,避免凝血造成梗阻。可以考虑在动物麻醉前 0.5 h 注射 1 000~3 000 U/kg 体重的肝素钠溶液,预防凝血。

2. 在 Langendorff 灌流系统中,恒温、氧饱和并维持一定压力的灌流液经主动脉逆灌进入左心室,此时心脏瓣膜呈关闭状态,灌流液经主动脉根下的冠状动脉口进入冠状血管营养心脏,最终经冠状血管流入右心房,经腔静脉口及肺动脉口流出。

3. 在灌充无钙台氏液的过程中,心脏应该先是柔软而有弹性的。切换到消化液以后,心脏先是变硬,在消化一定时间后(消化时间视酶的活力而定)心脏逐渐整体变软,丧失弹性。

4. 消化完毕后的组织块应尽量剪碎,以提高细胞产率。

5. 对细胞悬液的操作应该缓慢小心,减少机械应力对细胞的损伤。通常状态较差的心肌细胞会自发固缩成球形,而健康细胞则为修长的杆状。两类细胞的自然沉降能力有显著的差异,因此可以通过自然沉降法挑选活力较好的细胞。具体做法是:轻摇离心管,将细胞重悬,静置 30 s ~ 2 min,最先沉降的是未消化完全的多细胞团,其次是新鲜有活力的健康细胞,沉降最慢的是状态差的细胞和死细胞。

6. 实验中应注意自我保护,避免皮肤、黏膜、口腔等裸露部位和药品发生接触,实验完毕应及时清洗双手。

【思考题】

1. 心室肌细胞的形态、结构、钙信号等特征与其生物学功能有何关系?
2. 已知 3 种酶 A、B、C 共同参与到一个复杂的细胞信号转导过程中,如何使用药理学方法判断其在信号通路中的上下游关系(假设已存在 3 种酶的激动剂和阻断剂)?
3. 如果细胞质膜破损,细胞是否还能够进行反复收缩舒张?为什么?

【创新与探索】

1. 上述步骤中观察的都是心肌细胞的自发活动。请查阅文献资料,对心肌细胞进行电刺激,观察 1 Hz 刺激条件下的钙瞬变和收缩活动。
2. 探究改变刺激频率对收缩和钙瞬变的影响。

(郭运波　王世强)

实验 4-15　体液因素对家兔离体心脏自动节律性活动的影响

【实验背景与相关原理】

将哺乳动物的心脏从机体分离出来后,用充氧并维持温度约 37 ℃ 的营养液(克氏液)灌流,可以维持其节律性活动,即为离体心脏自动节律性(autorhythmicity,又称自律性)。因哺乳动物为恒温动物,所以离体心脏灌流条件与两栖动物有一定差异,最主要的差异就是维持灌流液的温度与其体温基本一致。但相同的是,哺乳动物离体心脏的节律性活动,即心脏的收缩、舒张活动也可以通过张力传感器,由生理信号采集系统记录下来,这使应用哺乳动物离体心脏模型筛选相关药物成为可能。当然也可利用其与两栖动物离体心脏进行比较心脏生理学或药理学研究。

【目的要求】

1. 学习 Langendorff 离体心脏灌流技术(isolated heart perfusion technique)。
2. 了解体液因素对哺乳动物离体心脏自动节律性活动的影响。

【实验器材】

家兔、手术台、常用手术器械、止血钳(4~6把)、支架、滑轮、双凹夹、气管插管、动脉插管、三通管、Langendorff 心脏灌流装置、恒温水浴装置、生理信号采集系统、张力传感器、纱布、棉球、丝线、注射器(1 mL、5 mL、20 mL)、克氏液(即 Krebs 液:每 1 000 mL 含 NaCl 6.90 g、KCl 0.35 g、$MgSO_4 \cdot 7H_2O$ 0.29 g、NaH_2PO_4 0.16 g、$NaHCO_3$ 2.10 g、$CaCl_2$ 0.28 g、葡萄糖 2.00 g)、生理盐水、200 g/L(或 250 g/L)氨基甲酸乙酯溶液、50 g/L NaCl 溶液、20 g/L $CaCl_2$ 溶液、10 g/L KCl 溶液、1∶5 000 肾上腺素溶液、1∶100 000 乙酰胆碱溶液和 300 U/mL 肝素溶液。

【方法与步骤】

1. 将 Langendorff 灌流系统的灌流瓶和管道内充满克氏液,并持续供氧。调整灌流贮瓶高度(一般灌流贮瓶高度距心脏约 80 cm),以便达到一定的灌流压力,使灌流液流速达 7 mL/min。过大或过小均可通过调节高度来矫正。调整超级恒温浴槽温度,使灌流液温度维持在 37℃。

2. 选取家兔一只,耳静脉注射空气致其昏迷,迅速打开胸腔,暴露心脏,轻轻提起心脏,剪断腔静脉、肺动脉、主动脉及心脏周围组织,迅速将心脏连同一段主动脉(约 1 cm)取出。心脏取出后,立即放置于预冷的克氏液中,并用手指轻压心室,使心脏的血液排出,以防凝血。用注射器向主动脉根部慢慢注入充氧的冷克氏液,冲洗出残留在冠状血管内的血液。心脏停搏后,迅速剪开心包膜,并剪去心脏周围组织,保留好主动脉。将主动脉套入灌流瓶的套管上,用棉线固定,心脏置于特制的双层灌流槽,以使离体心脏保持一定的湿度和温度(图 4-15-1),以 37℃左右的氧饱和克氏液灌流,灌流液进入冠脉经右心房流出,滴入双层灌流槽中,经底部的漏斗形开口流出。

3. 开启生理信号采集系统,用带有连线的蛙心夹夹住蛙心,经滑轮和张力传感器连接,张力传感器与生理采集系统面板的通道 1 接口相连,开始实验观测。

4. 观测项目

(1) 记录正常心脏自动节律性活动的曲线。

(2) 增加灌流液 Na^+ 浓度(滴加 50 g/L NaCl 溶液),做好加药记号,观察心脏自动节律性活动曲线的频率及振幅变化。当曲线出现明显变化时,应迅速用新鲜克氏液清洗 2~3 次,待心搏恢复正常。

(3) 增加灌流液 K^+ 浓度(滴加 10 g/L KCl 溶液),记录心脏自动节律性活动曲线的变化。当心搏曲线变化时,应迅速用新鲜克氏液清洗,待心搏恢复。

(4) 增加灌流液 Ca^{2+} 浓度(滴加 20 g/L $CaCl_2$ 溶液),观察心脏自动节律性活动曲线的变化。当出现明显变化时,应迅速用新鲜克氏液清洗,待心搏恢复正常(如果恢复迟缓,可多次冲洗)。

(5) 灌流液中加入肾上腺素溶液(1∶5 000)后,观察心脏自动节律性活动曲线的变化。

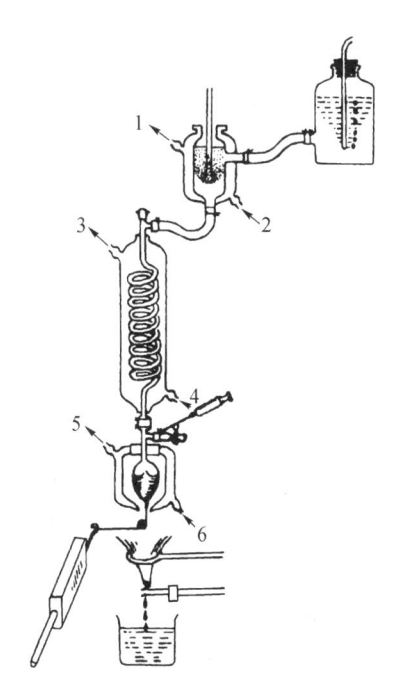

图 4-15-1 家兔离体心脏灌流装置示意图
1,3,5:出水;2,4,6:进水

(6) 灌流液中加入乙酰胆碱溶液(1∶10 000)后,观察心脏自动节律性活动曲线的变化。

5. 整理实验结果。

【注意事项】

1. 在摘取心脏的过程中,动作要小心、迅速和准确,注意保留一段主动脉。
2. 灌流管道内不能有空气,防止形成冠脉内气栓。
3. 心脏套管插入主动脉不能过深,防止主动脉瓣的损伤和冠状动脉的堵塞。
4. 在实验过程中,要注意保证维持体外心脏活性的条件,如温度、氧气和营养液等,同时灌流压力要保持一致。

【思考题】

1. 蛙心灌流与兔心灌流在实验条件上有何差别,为什么?
2. 离子浓度的变化,以及滴加肾上腺素和乙酰胆碱溶液对家兔自动节律性活动有何影响?其机制如何?

【创新与探索】

利用上述灌流装置,试设计实验,观察冠状动脉流量的影响因素。

(刘燕强)

实验 4-16　几种实验动物的心电图描记

【实验背景与相关原理】

在动物进化过程中,虽然心脏的结构和功能不断变化、逐渐完善,但其心肌细胞的基本电活动却大同小异。整个心脏的综合性电变化也可通过动物体作为容积导体,传导到动物的体表,并输入心电图机或计算机进行观察和记录。动物的心电图(electrocardiogram,ECG)与人的心电图相似,基本包括 P 波、QRS 波群和 T 波。但由于某些动物(如鳝鱼、乌龟等)心电活动的电压偏低,在 I 导联上常常描记不出明显的波形。另外,在一些动物心电图的 QRS 波群中,Q 波较小或缺如。在变温动物中,心率受温度或其他因素的影响较大。

【目的要求】

1. 学习描记几种动物心电图的技术方法。
2. 了解鱼类、两栖类、鸟类和哺乳类等典型实验动物正常心电图的波形。

【实验器材】

鳝鱼、牛蛙、乌龟、家鸽、家兔、常用手术器械、心电图机(或计算机生理信号采集系统)、动物手术台、蛙板、针电极(或注射针头)、粗砂纸及分规。

【方法与步骤】

1. 动物的固定

本实验在动物清醒（不麻醉）的状态下进行正常心电图描记。根据不同动物的特点，采用不同的固定方法。

(1) 鳝鱼　将动物体表的黏液用纱布擦去，置于用粗砂纸铺垫的实验台上。动物因失去了体表的黏液又被置于粗糙的表面上而丧失运动能力。

(2) 牛蛙　按图 1-2-17 将动物背位固定于蛙板上。动物一开始会出现挣扎，故在固定后需安静 20 min 左右方可进行描记。

(3) 乌龟　将乌龟背位放置于实验台的棉垫上，即可描记清醒状态下的心电图。但由于乌龟在安静情况下，头部和四肢易自发运动而出现肌电干扰，故在每次描记之前，需轻度刺激腹甲，以保证在安静情况下进行心电图描记。

(4) 家鸽　将动物背位放置于解剖台上，以鸟头固定夹固定其头部，而后以缚带将两肢固定于解剖台的侧柱上。

(5) 家兔　按图 1-2-15 将清醒家兔强行背位固定于解剖台上，常规固定其头部和四肢，但需拉紧缚带。在开始固定时动物有较大的挣扎，一般需要安静 20 min 左右方可进行心电图描记。

2. 电极的安放

(1) 鳝鱼　以 4 个针电极刺入鳝鱼两侧中线皮下，部位约在心脏上下 5 cm 的两侧侧线上。距离越远，电压越低。如欲描记胸前导联心电图，可把电极插入心尖部皮下。

(2) 牛蛙　以针电极刺入动物四肢皮下。描记胸前导联时，可将电极刺入心尖部皮下。

(3) 乌龟　以针电极自前肢肩部皮肤和后肢腋前部皮肤刺入皮下。

(4) 家鸽　取两针电极分别刺入左右两翼（相当于肩部）的皮下，两肢的电极则需刺入股部外侧皮下，切勿刺入跖部。胸前导联电极安放如下：以胸前龙骨突的正中线最顶端上缘向下 1.5 cm 处为起点，由起点向左侧外侧 1.5 cm 处为 V_1，V_1 再向外侧 1.5 cm 为 V_3。根据鸟类的心脏胸骨面几乎全部为右心室外壁的解剖结构特点，V_5 应在左翼的腋后线外下部 1.5 cm 处。以针电极分别刺入以上各点皮下，可得到 V_1、V_3、V_5 的心电图。

(5) 家兔　前肢的两个针电极分别刺入动物肘关节上部的前臂皮下，后肢的两个针电极分别刺入膝关节上部的大腿皮下。胸前导联可参照人的相应部位安放，即：V_1 为胸骨右缘第 4 肋间；V_2 为胸骨左缘第 4 肋间；V_3 为 V_2 与 V_4 连线的中点；V_4 为左锁骨中线与第 5 肋间之中点；V_5 为左腋前线与 V_4 同一水平；V_6 为左腋中线与 V_4 同一水平。

3. 导线的连接与仪器的安装

(1) 如使用心电图机描记，可参看实验 4-13 连接导线。以 5 种不同颜色的导联线插头分别与动物体的相应部位的针电极连接。上肢：左黄、右红（鳝鱼心脏上部的两电极和鸽两翼的两电极相当于上肢部位，亦为左黄、右红）；下肢：左绿、右黑（鳝鱼心脏下部的两电极）；胸前白。

(2) 如不使用心电图机，使用计算机生理信号采集系统记录动物心电图，在计算机 ECG 输入接口上，连接好心电引导电极，并接通心电图通道。

4. 接通电源

按照要求将心电图机面板上各控制钮置于适当位置。在心电图机妥善接地后接通电源，预热 5 min。

5. 调节基线

旋动基线调节钮,使基线位于中间位置。

6. 确定走纸速度

走纸速度一般设置为 25 mm/s。某些动物心率过快时(如兔、鼠等),可将走纸速度设置为 50 mm/s。

7. 输入标准电压

打开输入开关,在热笔预热 5 min 后,重复按动 1 mV 定标电压按钮,使描笔向上移动 10 mm (蛙类、兔与鸽)或 20 mm(乌龟与鳝鱼),开动记录开关,记下标准电压曲线。

8. 记录心电图

旋动导联选择开关,依次记 I、II、III、aVR、aVL 和 aVF 6 个导联的心电图。根据实验要求,如要描记胸导联心电图,可将导联选择开关拨至 V 处进行描记。每记录一个导联的心电图后,需在心电图纸上记下其导联。图 4-16-1 为 4 种动物的心电图记录。

9. 记录完毕,取下针电极。将心电图机面板上的各控制钮恢复原位,最后切断电源。

10. 取下记录纸,记下实验动物、性别、室温及实验日期。

11. 测量 II 导联 P 波、QRS 波群、T 波振幅,P-R、R-R 和 Q-T 间期,并计算动物心率。

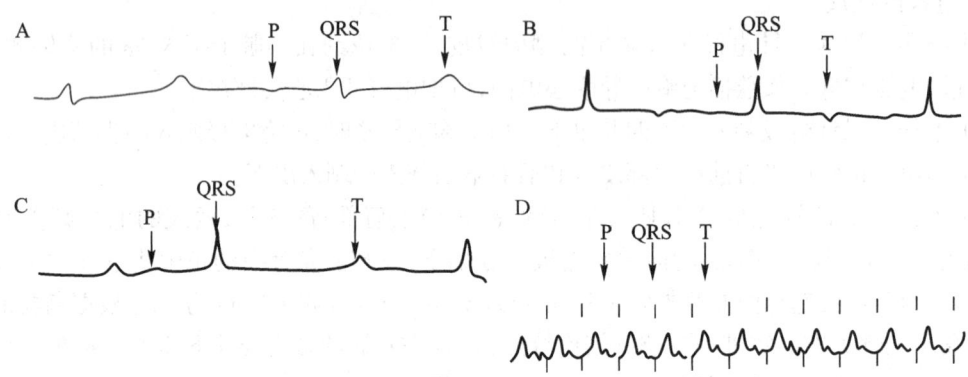

图 4-16-1　4 种动物的心电图记录示意
A. 鳝鱼;B. 牛蛙;C. 乌龟;D. 家兔

【注意事项】

1. 在清醒动物上进行心电图描记必须保证动物处于安静状态,否则动物挣扎,肌电干扰甚大。为此,在固定动物后必须让其稳定一定时间,而后再描记心电图。

2. 针电极与导联连接必须紧密,如有松动会出现 50 Hz 干扰。

3. 记录心电图过程中,每次变换导联时必须先将输入开关切断,待导联变换后再开启。每换一次导联,均须观察基线是否平稳及有无干扰,如基线不稳或有干扰存在,须调整或排除后再记录。

【思考题】

1. 测量、分析各种动物的心电图。

2. 比较人与动物,以及不同动物之间心电图的异同。

【创新与探索】
1. 试设计一种方案,观察、描记实验动物活动时的心电图。
2. 试设计一种方案,观察、描记野生动物的心电图。

(解景田)

第五章 呼吸与代谢

实验 5-1　人体呼吸运动和通气量的测量

【实验背景与相关原理】

膈和胸廓中的胸壁肌是产生呼吸运动的动力器官,它们引起胸廓的张缩,从而牵引肺的运动。呼吸(respiration)时胸廓大小的变化可以通过呼吸传感器(张力传感器或压力传感器)记录下来,成为呼吸运动曲线,用于观察某些因素对呼吸运动(respiratory movement)的影响。

气体进出肺的过程,称为肺通气,人的性别、年龄、疾病及运动情况不同,其肺通气会产生差别。肺通气功能的测定对了解诸多影响因素有重要作用。肺容积和肺容量是评价肺通气功能的基础。通常肺容积可分为潮气量、补吸气量、补呼气量和余气量。正常安静状态下每次呼吸的气体量称潮气量(tidal volume),为 400~600 mL。在平静吸气后再做最大吸气动作所能增加的吸气量称为补吸气量(inspiratory reserve volume),成人为 1 500~1 800 mL。平静呼气后再能呼出的最大气量称为补呼气量(expiratory reserve volume),成人为 900~1 200 mL。肺活量(vital capacity)是指一次尽力吸气后,再尽力呼出的气体总量。肺活量 = 潮气量 + 补吸气量 + 补呼气量。本实验就是测量这些呼吸气量的变化。

【目的要求】

1. 学习描记人体呼吸运动的方法。
2. 观察影响呼吸运动的若干因素。
3. 掌握呼吸通气量的测量方法。

【实验器材】

呼吸传感器及胸带、计算机生理信号采集系统、单筒肺量计、大塑料袋、氧气袋、缝针、棉线、鼻夹、冰水、记录纸、橡皮接口、烧杯、75% 乙醇、酒精棉球。

【方法与步骤】

一、呼吸运动的描记

1. 实验准备

开启计算机生理信号采集系统,接通呼吸传感器的输入通道(可用张力输入信号),请受试者取坐位,将连有呼吸传感器的胸带,在胸部呼吸起伏最明显的水平位置围绕一周,松紧调整适度(图 5-1-1)。启动波形显示图标,调整增益和扫描速度,使正常呼吸曲线清楚地显示出来。仔细识别呼吸运动曲线方向与呼气或吸气的关系。

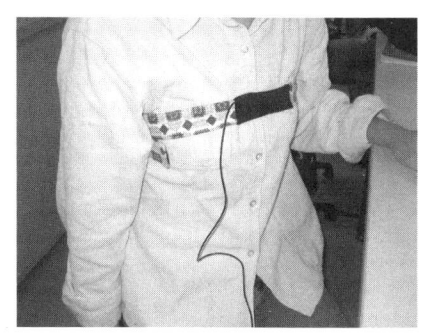

图 5-1-1 呼吸传感器的固定

2. 实验观察

(1) 记录受试者平稳正常呼吸 1~2 min,观察呼吸曲线的频率和幅度。

(2) 过度通气　记录一段正常对照通气的呼吸运动曲线后,便停止记录。让受试者极快、极深呼吸 1~2 min,观察并记录深快呼吸后呼吸运动的暂停现象。注意记录暂停的持续时间与恢复过程。

(3) 在一封闭系统中过度通气　先记录一段对照平稳呼吸运动曲线,然后让受试者的鼻子对着一个封闭的大塑料袋呼吸,重复步骤(2)后,记录过度通气后的呼吸运动曲线,并比较步骤(3)与(2)的实验结果有何不同。

(4) 在一封闭系统中重复呼吸　先记录一段对照平稳呼吸运动曲线,然后用大塑料袋罩住口鼻或套住整个头部,让受试者对着袋子呼吸并连续记录,随后每隔 2 min 观察呼吸频率和幅度的变化。当受试者感到呼吸困难时,则立即停止实验。

(5) 缺氧呼吸　记录一段平稳呼吸运动曲线,然后用大塑料袋套住头面部,袋内放入一小包钠石灰,吸收呼出气中的二氧化碳和水汽,并连续记录呼吸运动曲线的变化。当受试者感觉呼吸困难时,应立即停止实验。

(6) 观察精神集中对呼吸运动的影响　记录一段平稳呼吸运动曲线后,请受试者穿针或朗诵,记录其呼吸运动曲线。这一实验观察延髓以上高级中枢对呼吸运动的作用。

(7) 观察屏息对呼吸运动的影响　先记录一段平稳呼吸运动曲线,然后让受试者尽量屏息,同时记录屏息的持续时间,于屏息达到最高限度后重新呼吸时,观察呼吸运动曲线的变化。

(8) 增加呼吸道阻力　记录平稳呼吸运动曲线后,用鼻夹夹住受试者大部分鼻孔,请其闭口进行呼吸半分钟,观察呼吸运动曲线的变化。

(9) 观察体育运动对呼吸运动的影响　记录一段平稳呼吸运动曲线后,让受试者做蹲起动作 1 min(60 次左右)后立即记录呼吸变化。

(10) 观察冷刺激对呼吸运动的影响　请受试者闭目,记录正常的平稳呼吸运动曲线后,将受试者的一只手浸入冰水中,观察呼吸运动的改变。

(11) 观察情绪对呼吸运动的影响　请受试者闭目,记录平稳呼吸运动曲线后,请受试者回忆令其气愤的事件,观察呼吸运动的变化。

二、呼吸通气量的测定

1. 仪器准备

单筒肺量计(图 5-1-2)的主要部件有:

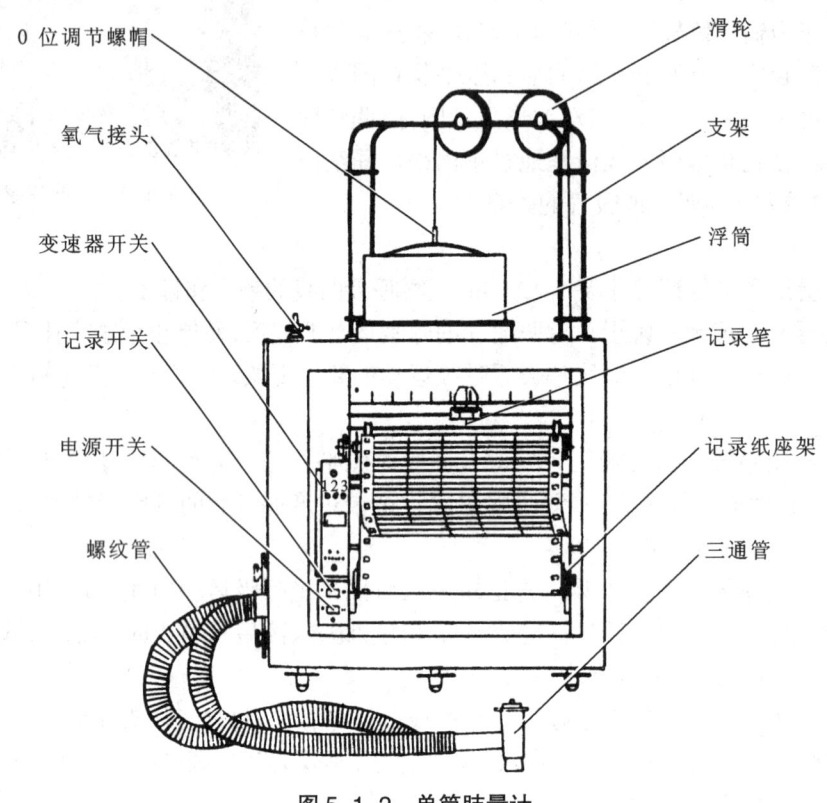

图 5-1-2 单筒肺量计

(1) 测量装置 由两个对口套装的圆筒构成。外筒口向上,筒内有 3 根通气管。内筒又称浮筒,当外筒灌满水后,通过吹气口向通气管内充气时,内筒可以上浮。根据筒内气体增加的容积,可测出吹入气体的量。

(2) 记录装置 浮筒顶端有根吊线,浮筒内容积的变化可以牵动吊线,而吊线的活动又可通过记录笔描记到记录纸上,可以根据需要选择走纸速度,描记出呼吸气量的曲线。

(3) 通气管 共 3 根,开口于浮筒底部。一根是充 O_2 管,可与外界气体相通(图 5-1-2 中的氧气接头),用以调节浮筒内的气体成分。另外两根通气管分别装有钠石灰和鼓风机(用于吸去 CO_2 和推动气流),与吹气口三通管相通。

测量前先将外筒装水至水位表要求的刻度。开放氧气接头,使筒内装有一定量的空气,然后关闭氧气口。转动三通管的开关,关闭肺量计,检查是否漏气。打开电源开关,准备好描笔及记录纸。将描笔调节到记录鼓的中部位置上。

2. 肺通气功能的测定方法

受试者将消毒过的橡皮接口连到三通管上,然后用牙齿咬住接口的两条根,而将橡皮口片置于口腔前庭,用鼻夹夹鼻。转动三通开关,用口平静呼吸外界空气,练习口呼吸数分钟。转动三通开关,打开肺量计,再开慢速走纸档开关,启动记录键,即可测量并记录呼吸气量的变化。

3. 潮气量的测量

每次平静呼吸时吸入和呼出空气的容量约 500 mL。进行这项测量时,不要用力呼吸。记录气量并重复测 3 次。然后计算平均潮气量。

4. 补吸气量测量

正常吸气之后再用力吸入空气的容量,约 2 800 mL。正常呼吸 2~3 次后尽量深吸气,跟着呼入肺量计内,只是到肋骨复位的正常呼气,不要用力,记录其气量并重复 3 次。用测量得出的数字减去潮气量即为补吸气量,然后计算平均补吸气量。

5. 补呼气量测量

正常呼气之后再用力呼气的气量,约 1 000 mL。正常呼吸 2~3 次后用力呼气。重复 3 次,计算平均补呼气量。

6. 肺活量测量

肺内全部可交换气体(即潮气、补吸气、补呼气),约 4 500 mL。正常呼吸 2~3 次后深吸气和呼气,记录气量,并重复 3 次。

7. 用下列公式计算每分钟呼吸通气量(单位为 mL/min)

$$潮气 \times 每分钟呼吸次数 = 每分钟呼吸通气量$$

8. 有关结果填入表 5-1-1。

表 5-1-1 呼吸通气量的测量

项目	潮气量/mL	补吸气量/mL	补呼气量/mL	肺活量/mL	呼吸通气量/(mL·min^{-1})
1					
2					
3					
平均					

【参考结果】

参考结果见图 5-1-3。

【思考题】

1. 分析讨论各种因素引起呼吸运动变化的机制。
2. 为什么每项实验前都要设置对照曲线、实验后要记录一段恢复过程的曲线?
3. 呼吸通气量受哪些因素影响?
4. 呼吸通气量如何调节?

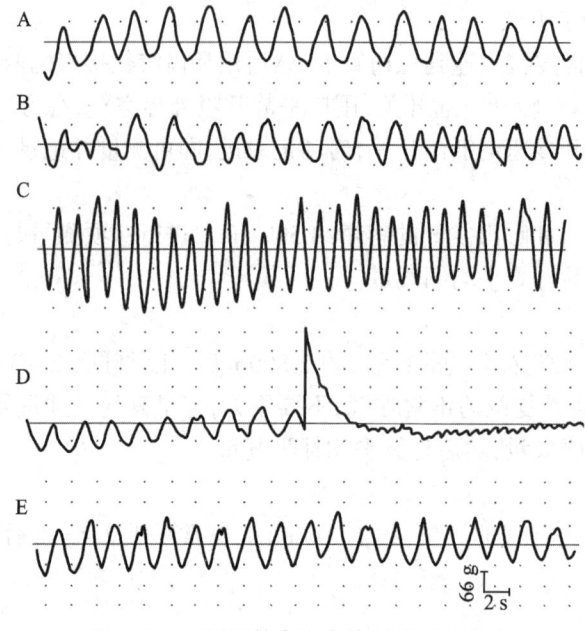

图 5-1-3　不同状态下人体呼吸运动曲线
A. 平静状态；B. 集中精神；C. 运动；D. 屏气；E. 增加呼吸道阻力

【创新与探索】
1. 设计一个新的可记录人体呼吸运动的实验装置。
2. 试设计实验,观察其他因素对呼吸运动的影响。
3. 设想或观察其他测量呼吸气量的仪器与方法。
4. 设计实验,于观察呼气气量的同时,观察其他生理指标(如心电、指脉、呼吸运动等)的变化。

（项辉　刘燕强）

实验 5-2　家兔呼吸运动和胸膜腔内压的影响因素

【实验背景与相关原理】

人体及高等动物的呼吸运动之所以能持续地、节律性地进行,是由于体内调节机制的存在。正常节律性呼吸运动是在中枢神经系统参与下,通过多种传入冲动的作用,反射性调节呼吸的频率和深度来完成的。其中肺牵张反射(pulmonary stretch reflex)是呼吸节律调节的重要反射之一,其感受器存在于支气管和气管的管壁上,可感受气体量的大小变化,然后形成可传递的神经冲动,调节呼吸运动。体内、外的其他刺激,如体液因素(氧、二氧化碳、氢离子等)或调节剂的改变,可以直接作用于不同的感受器,反射性地影响呼吸运动,以适应机体代谢的需要。

胸膜腔是由胸膜脏层与壁层所构成的密闭而潜在的间隙。胸膜腔内的压力为胸膜腔内压(intrapleural pressure),因通常低于大气压,也称为胸内负压。胸膜腔内压的大小随呼吸周期

(respiratory cycle)的变化而改变。吸气时肺扩张,回缩力增强,胸膜腔内压加大;呼气时肺缩小,回缩力减小,胸膜腔内压降低。一旦胸膜腔与外界相通而造成开放性气胸,则胸膜腔内压消失,即形成气胸,此时胸膜腔内的压力与大气压相等,肺随之萎缩。

 拓展阅读 5-1 胸膜腔内压的形成及其生理学意义

【目的要求】
1. 学习记录家兔呼吸运动的方法。
2. 观察并分析肺牵张反射及其他因素对呼吸运动的影响。
3. 学习胸膜腔内压的测定方法。
4. 观察在呼吸周期中胸膜腔内压的变化。

【实验器材】
家兔、家兔手术台、常用手术器械、带输液管的粗针头(磨钝针头尖部)、张力传感器与滑轮或动物呼吸传感器、压力传感器、计算机生理信号采集系统、20 mL 注射器、橡皮管(长约 1.5 m,内径 1 cm)、钠石灰特制低氧瓶、CO_2 发生瓶(瓶内加入 50% 浓硫酸和粉状碳酸氢钠即可产生 CO_2 气体)、纱布、200 g/L(或 250 g/L)氨基甲酸乙酯溶液、3% 乳酸溶液、50 g/L 尼可刹米注射液、50% 硫酸、碳酸氢钠和生理盐水。

【方法与步骤】
急性动物实验时,记录呼吸运动的方法有 3 种,一种是通过压力传感器与气管插管连接记录;另一种是通过系在胸(或腹)部、装有张力或压力传感器的呼吸带记录;第三种是通过张力传感器记录膈肌运动。由于前面两种实验方法简便、易于操作,不作详细介绍,只重点介绍第三种操作方法。

依实验 4-8 的方法,将动物麻醉、固定,进行颈部气管及神经分离术,插入气管插管,分离出一侧颈总动脉和双侧迷走神经,穿线备用。

1. 剑突软骨分离术

切开胸骨下端剑突部位的皮肤,再沿腹白线切开长约 2 cm 的切口。细心分离剑突表面的组织(勿伤及胸腔),暴露出剑突软骨与骨柄,用金冠剪剪去一段剑突软骨的骨柄,使剑突软骨与胸骨完全分离,但必须保留附于其下方的膈肌片,并使之完好无损。此时膈肌的运动可牵动剑突软骨。

2. 开启计算机生理信号采集系统。

3. 用系有长线的金属钩,钩住游离的剑突软骨中间部位,线的另一端通过万能滑轮系于张力传感器的应变梁上,然后把张力传感器与生理信号采集系统第 1 通道连接。

4. 将粗针头上的输液管与压力传感器(或与水检压计)相通,剪开右侧胸部下方的皮肤,在右腋前线第 4、5 肋骨之间将针头垂直刺入胸膜腔内。将压力传感器的侧支封闭,然后与生理信号采集系统第 2 通道连接。注意:针头的斜面应朝向头侧。刺入时可先用较大的力量穿透皮肤,然后控制进针力量,以防进针过深。

5. 点击采集系统菜单"输入信号",输入"1通道–呼吸,2通道–压力",调节系统参数,使呼吸曲线清楚地显示在显示器上,而压力扫描曲线随呼吸搏动而变化。

6. 实验观察

(1) 记录平静呼吸的运动曲线和胸膜腔内压变化的大小,并仔细识别吸气或呼气运动与曲线方向的关系。

(2) 观察增加无效腔对呼吸运动和胸膜腔内压的影响　将橡皮管连于气管插管的一个侧管,用止血钳夹闭气管插管的另一侧管,以增加无效腔。观察并记录呼吸运动曲线和胸膜腔内压的改变。

(3) 观察气道阻力的影响　待呼吸运动恢复正常后,将气管插管的两个侧管同时夹闭数秒,观察呼吸运动曲线和胸膜腔内压的变化。

(4) 观察肺牵张反射的影响　夹闭气管插管的一侧管,通过另一个侧管,用20 mL注射器吸入20 mL空气,待呼吸运动平稳后,用3个呼吸节律的时间,徐徐向肺内注入20 mL空气,观察并记录呼吸运动曲线和胸膜腔内压的改变。实验后立即打开夹闭的侧管,待呼吸恢复正常。同法,于呼气末用注射器抽取肺内气体,观察呼吸的状态有何变化,观察并记录呼吸运动曲线和胸膜腔内压的改变(注意:注气与抽气时间仅限于3个呼吸节律的时间,然后立即打开夹闭的侧管)。

(5) 观察吸入气中 CO_2 浓度增加的影响　将装有 CO_2 发生瓶的管口对准气管插管的侧管,使 CO_2 气流随吸入气进入气管,观察高浓度的 CO_2 对呼吸运动和胸膜腔内压的影响。

(6) 观察低氧的影响　将气管插管的侧管连在钠石灰特制低氧瓶上,观察动物低氧时的呼吸运动和胸膜腔内压的变化情况。

(7) 观察血中 H^+ 增多的影响　用5 mL注射器,由耳缘静脉较快地注入3%乳酸溶液3 mL,记录呼吸运动和胸膜腔内压的变化。

(8) 观察注射尼可刹米的影响　兔耳缘静脉注射50 g/L尼可刹米,剂量为2 mL/kg体重,记录呼吸运动和胸膜腔内压的变化。

(9) 观察阻断迷走神经传导的影响　待呼吸运动恢复正常后,同时结扎双侧迷走神经(二人同时操作,第一结一定要紧、狠,务必阻断神经冲动的传导),观察并记录结扎前后呼吸运动曲线和胸膜腔内压的改变。

(10) 在阻断迷走神经传导的基础上,重复上述步骤(4)的实验,观察并记录结扎前后呼吸运动曲线和胸膜腔内压的改变。

(11) 剪断双侧迷走神经,分别刺激中枢端和外周端,观察并记录呼吸运动曲线和胸膜腔内压的变化。

(12) 在一侧颈总动脉插入动脉插管,缓慢放血20 mL,观察呼吸运动曲线的变化。

(13) 观察气胸对呼吸运动和胸膜腔内压的影响　剪开并剪断右侧肋骨,造成人工开放性气胸,观察胸膜腔内压的变化。

【参考结果】

参考结果见图5-2-1和图5-2-2。

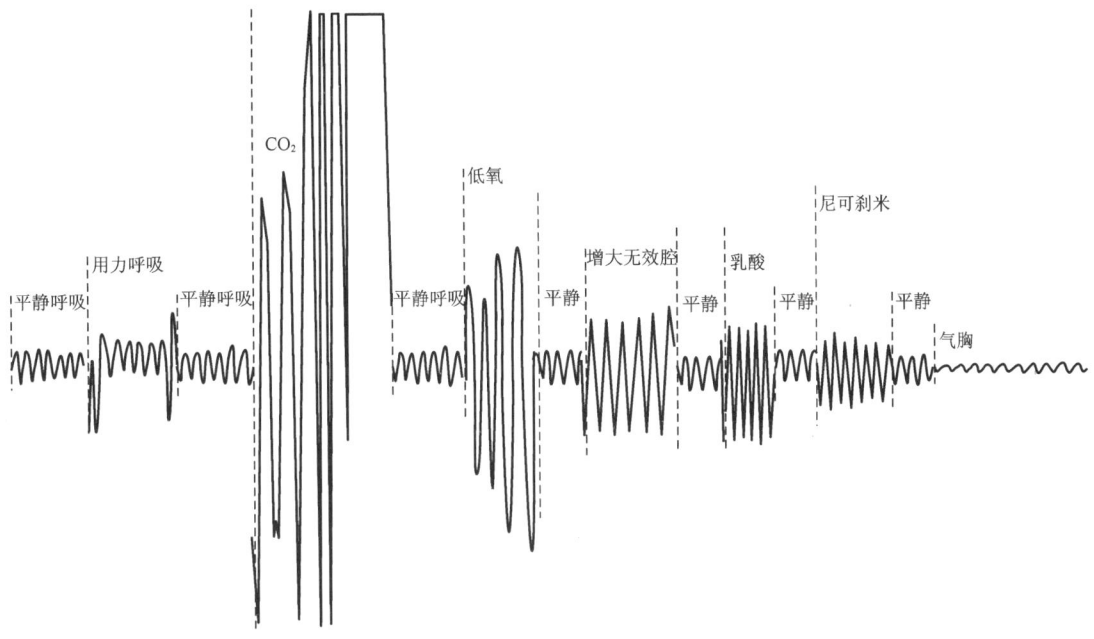

图 5-2-1　一些理化因素对呼吸运动的影响

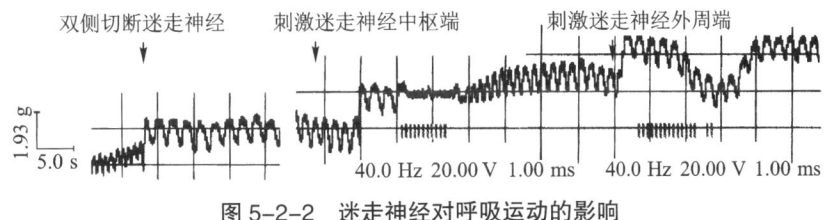

图 5-2-2　迷走神经对呼吸运动的影响

【注意事项】

1. 气管插管时,应注意气管通畅并止血。

2. 每一项目实验前,应先描记平静状态下的呼吸曲线作为对照。每项观察时间不宜过长,出现效应后,应立即去掉刺激因素,待呼吸运动恢复正常后再进行下一项实验。

3. 经耳缘静脉注射乳酸时,注意不要让乳酸外漏,引起动物躁动。而使用 CO_2 时,注意不要超过 4 s,以免因吸入过多 CO_2 而造成呼吸抑制使动物死亡。

4. 电极刺激迷走神经中枢端之前,要调整好刺激强度。刺激强度过强会造成兔全身肌肉肌张力亢进,发生屏气、血压下降而导致死亡,影响实验结果。

5. 用穿刺针做胸膜腔穿刺时,不要插得过猛过深,以免刺破肺组织和血管,造成气胸和出血过多。

【思考题】

1. 分析胸膜腔内压形成的机制。

2. 平静呼吸时,如何确定呼吸运动曲线与吸气和呼气运动的对应关系?

3. 胸膜腔内压是怎样形成的? 为什么胸膜腔内压的数值在呼气与吸气时发生变化? 用力

呼吸时,胸膜腔负压有什么变化?

4. CO_2增多、低氧、H^+增多及注射尼可刹米对呼吸运动有何影响? 其作用途径有何不同?

5. 在平静呼吸时,胸膜腔内压为何始终低于大气压? 在什么情况下胸膜腔内压可高于大气压?

6. 阻断迷走神经后,呼吸运动有何变化? 迷走神经在节律性呼吸运动中起什么作用?

7. 胸膜腔内压的生理意义是什么? 人工气胸后,将胸壁切口严密缝合,再将胸膜腔内的空气抽出,胸膜腔内压能否恢复? 为什么?

【创新与探索】

1. 试设计新的记录呼吸运动的方法。
2. 试设计一实验方法,可以同时记录动物的血压、心电与呼吸运动。
3. 试设计实验,同时观察胸膜腔内压与呼吸运动、心电图及血压的变化。

(刘燕强　解景田)

实验 5-3　家兔膈神经放电及影响因素

【实验背景与相关原理】

脑干的呼吸中枢控制呼吸运动的节律。呼吸中枢通过膈神经和肋间神经下传至膈肌和肋间肌,引起节律性的呼吸运动,因此膈神经(phrenic nerve)是支配膈肌运动的传出神经,其冲动的节律与频率可影响膈肌的收缩节律、频率与强度,且放电活动与降压神经类似,具有特征的节律和声音,它的特征性节律和声音均可被生理信号采集系统记录。另外,影响呼吸运动的许多因素也会影响膈神经的放电活动。观测膈神经的放电活动及其影响因素可了解呼吸中枢或膈神经元的活动状态与呼吸运动的关系,明确中枢神经对呼吸运动调节的相关规律。

【目的要求】

1. 学习记录膈神经放电的方法。
2. 观察膈神经放电与呼吸运动的关系。
3. 了解膈神经放电的影响因素。

【实验器材】

家兔、计算机生理信号采集系统、兔手术台、常用手术器械、止血钳(4~6把)、支架、双凹夹、气管插管、神经冲动引导电极、家兔呼吸传感器、音箱、照明灯、纱布、棉球、丝线、二氧化碳气囊、20 mL 注射器、生理盐水、200 g/L(或 250 g/L)氨基甲酸乙酯溶液、石蜡油和 50 g/L 尼可刹米注射液。

【方法与步骤】

1. 常规麻醉、固定家兔于手术台上。按照实验 4-8 的手术方法,进行颈部气管、动脉及迷走神经分离术,并进行气管插管。

2. 膈神经分离术

家兔的膈神经是由第 4、5、6 对颈神经的腹根会合而成的。在颈部气管背面、喉结下方约 7 cm 处的脊柱一侧,用玻璃分针向深层分离结缔组织,即可见到两束由脊髓发出的分支状白色颈神经。于其发出部位的基部上方,有一条与神经束垂直而与脊柱平行的纤细、洁白的神经,就是膈神经(图 5-3-1),小心穿细线备用。

3. 在兔的胸腹部呼吸起伏最明显的地方,安装好呼吸传感器。

4. 开启计算机生理信号采集系统,接通神经放电与张力(呼吸传感器)信号的输入通道,调节呼吸曲线的扫描速度、增益与基线,使曲线便于观察。

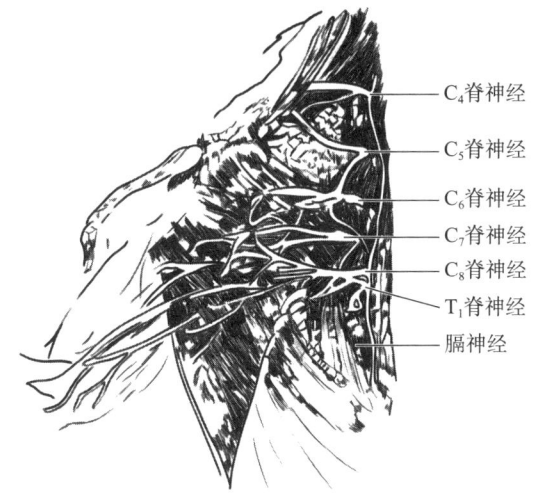

图 5-3-1　家兔膈神经位置

5. 打开监听装置,安装好神经放电的引导电极,轻轻提起膈神经上的备用线,并将神经搭在引导电极上(注意:不可过度牵拉神经)。当听到与呼吸同步的"轰-轰"声时,即可判定分离的神经确实是膈神经。为保护神经,可在神经上滴加少许石蜡油。

6. 实验观察

(1) 观察正常呼吸运动与膈神经放电的关系。与降压神经放电时监听器发出的声音比较,有何明显的区别?

(2) 夹闭气管插管,观察膈神经放电的变化及与呼吸运动的关系。

(3) 于气管插管的另一侧管上连接一条约 50 cm 长的橡皮管,即增加无效腔,观察呼吸运动和膈神经放电曲线的变化。

(4) 由兔耳缘静脉注射 50 g/L 尼可刹米 1 mL 后,观察呼吸运动和膈神经放电曲线的变化。

(5) 在一次呼吸的吸气末,由注射器通过气管插管把 20 mL 空气迅速注入肺内,使肺维持扩张,观察呼吸运动和膈神经放电的变化;一次呼吸的呼气末,用注射器抽取肺内气体约 20 mL,使肺维持在萎缩状态,观察呼吸运动和膈神经放电的变化。由此观察肺扩张反射对膈神经放电和呼吸运动的影响。

(6) 观察呼吸气体二氧化碳浓度改变对膈神经放电和呼吸运动的影响　将二氧化碳气囊的出气孔对准气管插管的一侧管,打开二氧化碳气囊上的皮管夹,缓慢释放二氧化碳,观察膈神经放电和呼吸运动的变化。

(7) 切断迷走神经前后的膈神经放电的变化　先切断一侧迷走神经,观察呼吸运动和膈神经放电的变化;再切断另一侧迷走神经,观察呼吸运动和膈神经放电的变化。然后用中等强度电流刺激一侧迷走神经中枢端,再观察呼吸运动和膈神经放电的变化。在切断两侧迷走神经后,重复上述肺内注气和从肺内抽气的实验,观察呼吸运动及膈神经放电的改变。

(8) 比较膈神经放电和降压神经(即主动脉神经)放电的不同。

【参考结果】

参考结果见图 5-3-2 至图 5-3-4。

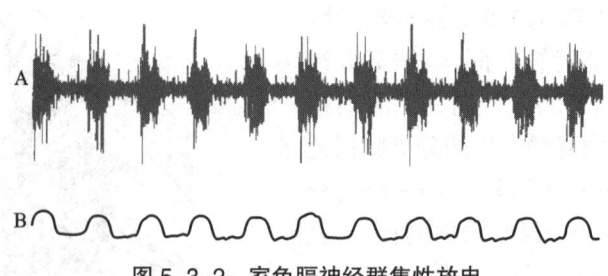

图 5-3-2　家兔膈神经群集性放电

A 为原始图；B 为 A 的积分图

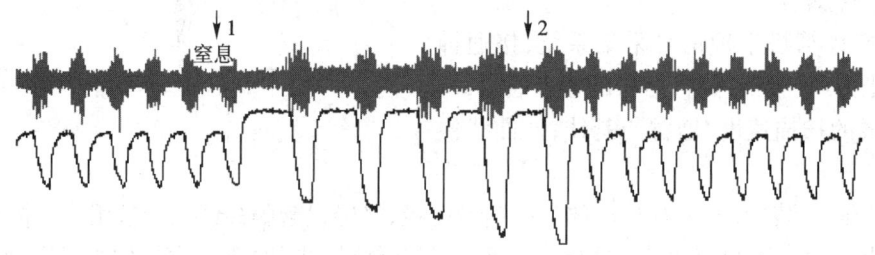

图 5-3-3　窒息对家兔膈神经放电(上)的影响及与呼吸运动(下)的关系

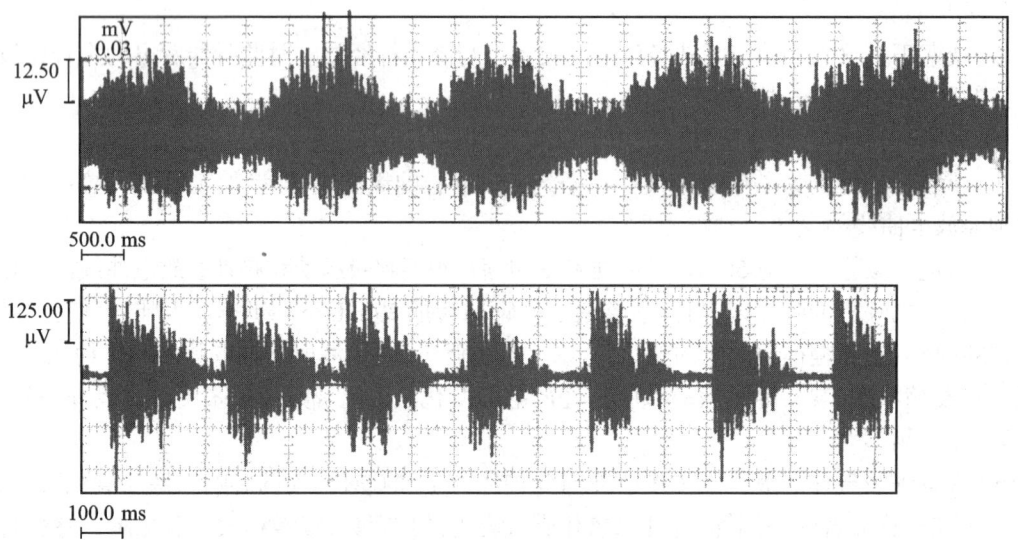

图 5-3-4　膈神经放电(上)与降压神经放电(下)比较

【注意事项】

1. 分离膈神经动作要轻柔，分离要干净，不要让凝血块或组织块黏着在神经上。
2. 如气温适宜，可不做皮兜，改用温热液体石蜡条覆盖在神经上。
3. 引导电极尽量放在膈神经远程，以便神经损伤时可将电极移向近端。注意动物和仪器的接地良好，以避免电磁干扰对实验结果的影响。

4. 每项实验做完,待膈神经放电和呼吸运动恢复后,方可继续下一项实验,以便前后对照。自肺内抽气时,切勿抽气过多或抽气时间过长,以免引起家兔死亡。

【思考题】

1. 增加无效腔、注射尼可刹米、切断迷走神经对呼吸运动的频率、深度和膈神经放电频率、振幅各有何影响?为什么?
2. 本实验结果能否说明膈神经放电与呼吸运动的关系?为什么?
3. 膈神经与迷走神经在肺牵张反射中各起什么作用?为什么?
4. 比较膈神经放电与降压神经放电的图形与机制。

【创新与探索】

1. 设计实验,观察一些因素对膈神经放电与心电图的影响。
2. 设计实验,了解膈神经是传入神经还是传出神经。

(刘燕强)

实验 5-4 小鼠耗氧量的测定

【实验背景与相关原理】

将小动物放在一个密闭的广口瓶中,瓶中装有钠石灰,用以吸收动物呼出的二氧化碳和水汽。注射器和氧气袋通过一个三通管与广口瓶相连通,用与瓶相通的水检压计测量瓶内的压力变化。用注射器抽取氧气后,定量地注入瓶中,水检压计的水柱发生位移。当动物消耗完所注入的氧气时,水检压计的水柱回复到原来的位置。记录从注入氧气到消耗完的时间间隔,即可计算出该动物在单位时间内的耗氧量(oxygen consumption)。如小鼠食混合性食物,呼吸商(单位时间内物质氧化过程中生成二氧化碳量与消耗氧气量的比值,respiratory quotient)为 0.82,每消耗 1 L 氧气产生 4.825 kcal(1 kcal = 4.186 kJ)的热量。则可用所测得的耗氧量,根据动物的体表面积计算其能量代谢率(energy metabolic rate)。

【目的要求】

学习测定小鼠耗氧量的一种简易方法,计算其能量代谢率。

【实验器材】

小鼠、1 L 广口瓶、10 mL 注射器、水检压计、直径为 6 mm 的玻璃管及乳胶管若干、胶塞、U 型水检压计、量程为 50℃的小型温度计、铁丝网、小氧气袋、钠石灰、石蜡油和甲基蓝溶液。

【方法与步骤】

1. 在洁净的 1 L 广口瓶内装入约 100 g 钠石灰,上铺铁丝网,将小鼠称重后放入瓶中。
2. 按图 5-4-1 所示,组装好注射器、氧气袋、温度计、U 型水检压计和瓶塞。U 型水检压计内注入掺有甲基蓝的水,并将其垂直放置,让两侧管水面处于同一平面。在注射器内涂上少许石蜡油,反复抽送几次,让其在注射器内形成均匀的液膜,防止漏气。

3. 旋转三通开关,让氧气袋与注射器相通。抽取 10 mL 氧气后,将氧气袋关闭,使注射器与瓶相通。将注射器筒芯向前推进 2~3 mL,缓缓地把氧气注入瓶中。观察水检压计水面的变化,并记录时间。

4. 当水检压计两侧管的水面回复到原来状态时,表明注入瓶中的氧气已被消耗,此时再将注射器筒芯向前推进 2~3 mL。如此反复,直至将 10 mL 氧气完全注入瓶中。从第一次注入氧气开始到最后一次 U 型管两侧水面下降到同一平面时的时间,即为小鼠消耗 10 mL 氧气所需要的时间。

5. 根据瓶中的温度,可将耗氧量校正为标准状态下的气体容量,进而计算小鼠的能量代谢率。

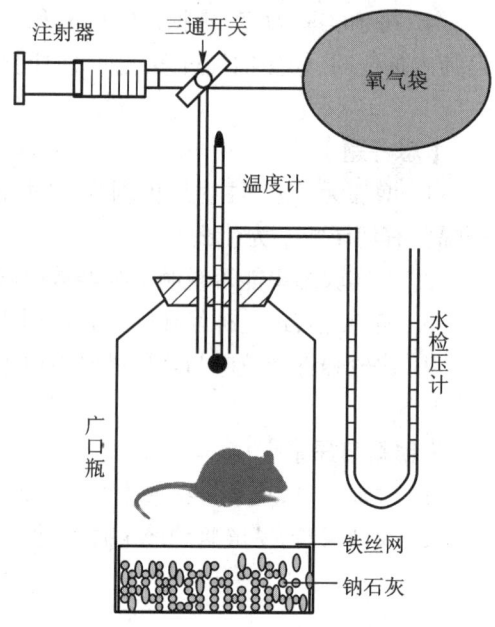

图 5-4-1 小鼠耗氧量的测定装置

6. 小鼠的体表面积计算方法为:小鼠的体表面积 $(m^2) = 0.0913 \times [体重(kg)]^{2/3}$。

【注意事项】

1. 在将注射器、三通管、氧气袋、水检压计与插入到瓶中的玻璃管连接时,尽量用较硬的乳胶管,长度宜短不宜长。

2. 放入小鼠之前,一定要检查整个装置漏气与否。如果注入气体于瓶中,水检压计的液面未有变化,则表明漏气。

3. 室温应在 20~25℃,且尽量减少声、光对动物的刺激,使其保持安静。

4. 实验所用钠石灰要新鲜干燥。

【思考题】

1. 能量代谢测定的原理和方法是什么?
2. 怎样利用耗氧量计算能量代谢率?
3. 测量能量代谢率所要求的条件是什么?
4. 影响能量代谢的主要因素有哪些?

【创新与探索】

1. 用上述实验方法分别测定小鼠和雏鸡的耗氧量,并对结果进行分析。
2. 根据本实验原理,如果给你一袋氧气,试设计一个计算自己耗氧量的实验。
3. 连续 3 天只给小鼠喂食葡萄糖,不给其他食物,请用本装置测定小鼠的能量代谢率。
4. 根据你对本实验原理的理解,试改良本实验装置,并说明理由。

(管振龙 王艳芹 项辉)

第六章 消 化

实验 6-1 神经系统对消化管运动的调节

【实验背景与相关原理】

消化管(又称消化道)受自主神经支配,其副交感神经主要来自迷走神经和内脏大神经,而交感神经节前纤维来自第 5 胸段至第 2 腰段脊髓。另外,消化管还受内在神经系统的调控。通过这些神经及体液调节,胃肠道平滑肌(smooth muscle)经常维持着一定的紧张性收缩(contraction)。副交感神经大部分节后纤维释放乙酰胆碱,通过作用于 M 受体,促进消化管的运动和消化腺的分泌。而交感神经节后纤维释放去甲肾上腺素,可抑制胃肠运动和分泌。

新斯的明(neostigmine)能可逆性地与胆碱酯酶结合,使内源性或外源性乙酰胆碱在体外堆积,表现出乙酰胆碱的全部作用,能够增加胃肠道的蠕动和紧张程度。阿托品(atropine)是从植物颠茄、洋金花或茛菪等提取出的生物碱,也可人工合成,为阻断 M 受体的抗胆碱药,能解除平滑肌的痉挛(包括解除血管痉挛、改善微血管循环),抑制腺体分泌。

【目的要求】

观察动物在体胃肠运动及调节。

【实验器材】

家兔(实验前需喂食)、常用手术器械、保护电极、刺激器、注射器、手术台、200 g/L 氨基甲酸乙酯溶液、生理盐水、0.5 g/L 阿托品溶液及 1 g/L 新斯的明溶液。

【方法与步骤】

1. 用 200 g/L 氨基甲酸乙酯溶液(剂量为 5 mL/kg 体重)麻醉家兔,将其背位固定于手术台上。剪去颈部的毛,沿颈部中线切开皮肤,分离肌肉,找出一侧迷走神经,穿两根线备用。分离咽喉下面一段长约 3 cm 的气管,并切除,以便观察食管的蠕动。在气管的断端插入气管插管。

2. 观察下列实验项目

(1) 观察正常情况下食管有无蠕动。

(2) 用中等强度的连续脉冲直接刺激食管,观察有何反应。

(3) 刺激迷走神经,观察有无吞咽活动及食管蠕动波发生。

(4) 将一侧迷走神经剪断,分别刺激其中枢端和外周端,观察食管的反应有何不同。

3. 将腹部的被毛剪去,自剑突沿腹中线切口,剖开腹腔,露出胃和肠。在膈下食管的末端找出迷走神经前支,套上保护电极。在左侧腹后壁肾上腺的上方找出左侧内脏大神经,套上保护电极。观察下列实验项目:

(1) 观察正常情况下胃和小肠的运动,注意其紧张度(可用手指触胃以测其紧张度)。
(2) 用连续脉冲刺激膈下迷走神经,观察胃肠运动的变化。
(3) 用连续脉冲刺激左侧内脏大神经,观察胃肠运动的变化。
(4) 由耳缘静脉注射新斯的明溶液 0.2~0.3 mg,观察胃肠运动的变化。
(5) 在新斯的明作用的基础上,由耳缘静脉注射阿托品 0.5 mg,再观察胃肠运动的变化。

【注意事项】

为避免腹腔内温度下降及消化管表面干燥影响胃肠运动,应经常用温热的生理盐水湿润腹腔。进行步骤 3 实验时,神经分离要准确。

【思考题】

1. 正常情况下胃肠运动有哪些形式?
2. 迷走神经和内脏大神经对胃肠运动有何作用?

【创新与探索】

1. 设计实验,探讨迷走神经和内脏大神经分别释放什么神经递质来影响胃肠的运动。
2. 设计实验,记录在体动物的胃肠运动,了解并分析胃肠运动形式。

(项　辉)

实验 6-2　离体肠段平滑肌的自动节律性活动和影响因素

【实验背景与相关原理】

哺乳动物消化管平滑肌与肌肉组织具有共性,如兴奋性、传导性和收缩性等。但消化管平滑肌又有其特点,即兴奋性较低、收缩缓慢、富有伸展性、具有紧张性,且对化学、温度和机械牵张等刺激较敏感。这些特性可维持消化管内一定压力,保持胃肠等一定的形态和位置,适合于消化管内容物的理化变化,在体内受中枢神经系统和体液因素的调节。

另外,消化管平滑肌能保持一种节律性的自主收缩活动,这种活动是由慢波电位引起的。自主收缩的调节对于维持正常的消化活动非常重要。现有的研究表明,这种慢波电位由存在于纵行肌和环行肌之间的卡哈尔间质细胞(interstitial cell of Cajal)产生,然后通过缝隙连接(gap junction)传播到平滑肌细胞,引起细胞膜去极化,当去极化达到阈值时便爆发动作电位,激活膜上 L 型的电压依赖性钙通道,使钙离子从胞外向内流,引起平滑肌收缩。

本实验将离体组织器官置于模拟体内环境的溶液中,可以在一定时间内保持其功能。以台氏液作灌流液,在体外观察及记录家兔离体肠段的一般生理特性。

【目的要求】

1. 学习离体肠段平滑肌的实验方法。
2. 了解肠段平滑肌的生理特性。

【实验器材】

家兔、恒温平滑肌槽、支架、烧杯、20 mL 注射器、张力传感器、生物机能实验系统、温度计、台氏液、1∶10 000 肾上腺素溶液、1∶10 000 乙酰胆碱溶液、阿托品针剂(1 支)。

【方法与步骤】（▶ 操作示范 6-1）

1. 装好实验装置(图 6-2-1)，将恒温平滑肌槽调至 37℃ ±0.5℃。
2. 制备离体兔肠段

用耳静脉注射空气，致动物昏迷后立即剖开腹腔，找到胃幽门与十二指肠交界处。在十二指肠起始端扎一线，取出十二指肠、空肠放入冷台氏液内。先用 20 mL 注射器冲洗内容物，冲洗干净后剪成若干约 1.5 cm 长的小肠段(每一实验小组一段)在其两端结扎，一端做一短线环固定在通气的浴皿内，另一端扎线与张力传感器相连。将肠段完全浸浴在调好温度的平滑肌槽中，并调整好台氏液充气量(可见小气泡接连不断)。

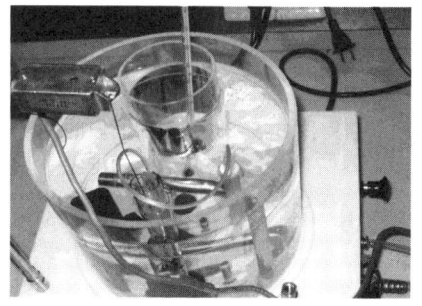

图 6-2-1 离体肠段平滑肌实验装置

3. 开启生物机能实验系统，接通与张力传感器相连的通道。固定并调节扎线与张力传感器，使肠段运动自如又能牵动传感器(注意：扎线不可贴壁或过紧过松)。调节增益与扫描速度，使肠段的运动曲线清晰地显示在显示器上并记录肠段活动曲线。

4. 实验观察

(1) 记录对照肠段运动曲线后，停止供气 1 min 并记录曲线变化，同时观察肠段紧张度变化。当出现明显变化后，立即恢复供气，用新鲜 37℃ 台氏液冲洗，待恢复正常(注意做好标记)。

(2) 记录对照肠段运动曲线后，加入 25℃ 台氏液，并记录曲线变化，同时观察肠段紧张度变化。同法，当出现明显变化后，立即用 37℃ 台氏液冲洗，待恢复正常。

(3) 同法加入 45℃ 台氏液并记录曲线变化，同时观察肠段紧张度变化。当出现明显变化后，立即用新鲜 37℃ 台氏液冲洗并待恢复。

由于以上流出液中未加入药物，可以回收使用。以下加入药物的流出液不可再用。

(4) 同法加入 5 滴肾上腺素溶液，观察并记录运动曲线变化。

(5) 同法加入 1~2 滴乙酰胆碱溶液，观察并记录运动曲线变化。

(6) 加入 3 滴阿托品溶液后立即加入与步骤(5)同样剂量的乙酰胆碱溶液，记录并观察运动曲线变化，与步骤(5)比较曲线有何不同。

【参考结果】

参考结果见图 6-2-2 至图 6-2-6。

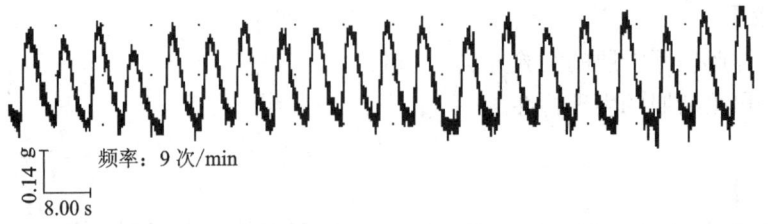

图 6-2-2 肠段稳定后记录的收缩曲线

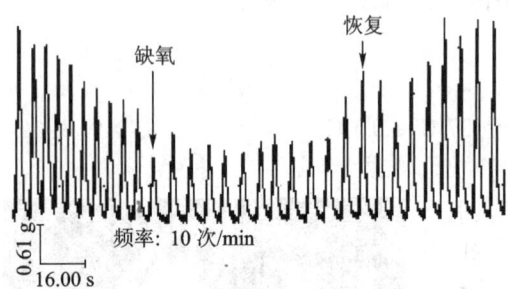

图 6-2-3 缺氧后肠段的反应及恢复后的收缩反应

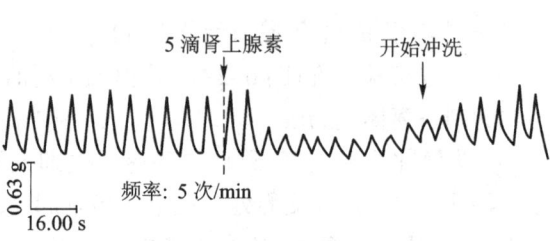

图 6-2-4 加入肾上腺素后肠段的收缩反应

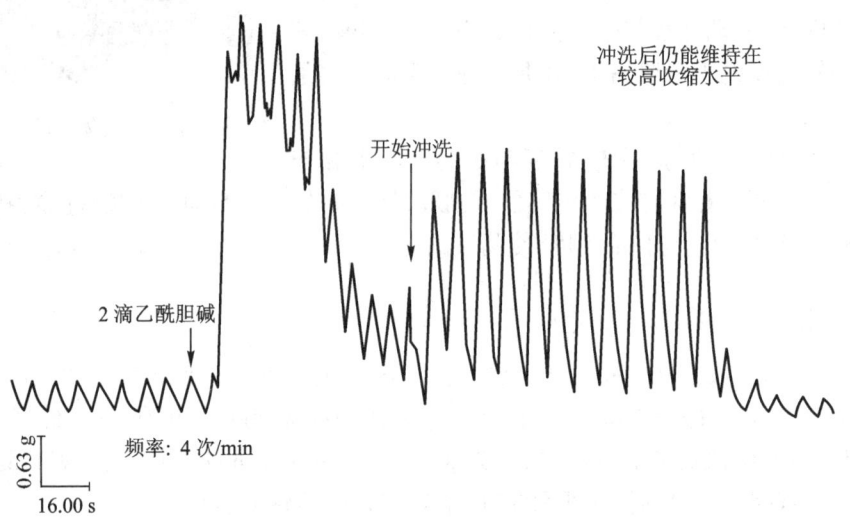

图 6-2-5 加入乙酰胆碱后肠段的收缩反应

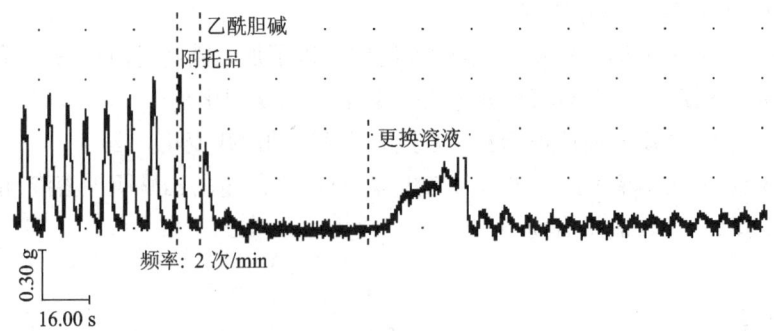

图 6-2-6 在加入阿托品后再加入乙酰胆碱,肠段的收缩反应

【注意事项】

1. 加药前必须准备好更换用的37℃台氏液。上述药物剂量只作为参考,效果不明显可补加,每次加药出现效果后,必须立即更换浴槽内的台氏液并冲洗3次,待肠肌恢复正常后再进行下一实验项目。浴槽内的台氏液要保持一定温度。

2. 游离及取出肠段时,动作要快,取兔肠及兔肠穿线时尽可能不用金属及手指触及。为保持离体肠段的活性,可先预冷充氧的营养液,游离肠段及穿线在预冷的营养液中进行。实验中始终通气。

【思考题】

1. 本实验是否可用麻醉动物的肠段?为什么?
2. 进行哺乳动物离体组织器官实验时,需控制哪些条件?
3. 为什么加入各种药物会引起离体肠段活动的变化?其机制是什么?
4. 加入阿托品后再加入乙酰胆碱,肠段活动受到抑制,为什么?
5. 根据实验结果(图 6-2-2 至图 6-2-6),说明平滑肌的生理特性。

【创新与探索】

1. 设计实验,观察腹泻或止泻药物对离体肠段平滑肌的影响。
2. 设计实验,分析哪些体液因素会对肠平滑肌产生影响。

(项辉 刘燕强)

实验 6-3　家兔在体小肠平滑肌电活动的描记

【实验背景与相关原理】

胃肠平滑肌细胞在静息电位的基础上,可自发地产生周期性的轻度去极化和复极化的电位波动,由于这种波的发生和传导均较缓慢,故称慢波(slow wave)。因这种慢波对胃肠平滑肌的收缩节律起决定性作用,故又称之为基本电节律(basic electrical rhythm)。

利用在小肠浆膜上安放吸附电极的方法,可以引导出小肠平滑肌的慢波电活动。家兔小肠慢波的宽度从数秒到十几秒不等,幅度 0.5 ~ 3.0 mV,频率在 8 ~ 15 次 /min,波的形态类似离体小肠段的机械收缩波形。在时间常数为 5 s、高频滤波为 30 Hz 的参数下,动作电位的幅度很小,不甚明显。在体情况下,胃肠道的电活动受神经和体液因素的调节。

 拓展阅读 6-1　小肠平滑肌电活动的描记原理

【目的要求】

1. 学习在体小肠平滑肌电活动的记录方法。
2. 观察神经体液因素对家兔在体小肠运动的影响。

【实验器材】

家兔、常用手术器械、家兔保温手术台、自制吸附电极、生物机能实验系统、注射器、200 g/L 氨基甲酸乙酯溶液、生理盐水、纱布、1∶10 000 乙酰胆碱溶液、0.5 g/L 阿托品溶液(将市场购买的针剂 5 g/L 硫酸阿托品原液稀释 10 倍)及新斯的明溶液(将市场购买的针剂 0.5 g/L 原液稀释 10 倍)。

【方法与步骤】

1. 吸附电极的制作

截取一段医用输液管,一端连 2 mL 或 5 mL 注射器,中间加上控速夹,另一端的开口处要平整,在离开口 1~2 cm 处由管壁外插进一根直径约 120 μm、长约 5 cm 的漆包线(两端用细砂纸将绝缘漆打磨掉),其尖端要伸入离开口约 1 mm 处;将插入的漆包线近尖端部位做成弹簧状,使其尖端碰到肠壁时有一定弹性,这样可以使电极尖端只接触浆膜,不易刺入肠壁内;电极安放好后用 502 胶将插孔封闭,确定不漏气。制作两个同样的吸附电极。使用时,将两个注射器固定在铁支架上,将电极端接触浆膜,用注射器抽吸,使管内呈负压,电极便吸附在肠壁上,用控速夹夹紧输液管,维持管内的负压,电极可长时间吸附在肠壁上。

2. 手术

(1) 将实验动物用 200 g/L 氨基甲酸乙酯溶液(剂量为 5 mL/kg 体重)耳缘静脉注射麻醉后,仰卧位固定在手术台上,将腹部的毛剪去,自剑突下沿腹部正中线用手术刀切开皮肤,切口长 6~8 cm,用手术剪沿腹白线(此处无血管)剪开腹壁,打开腹腔,暴露胃和小肠,切口两侧敷以温热生理盐水湿润的纱布或脱脂棉垫。

(2) 选择运动较明显的肠段,将其移至腹腔外纱布垫上,将电极对准吸附部位(沿小肠的纵轴方向)并吸附其上,两电极相距 1~2 cm。注意:吸附部位须选择肠系膜对侧血管较少的肠段,并可用玻璃分针适当拨动肠管,或插入一弯曲玻棒于肠管间固定一段小肠,以利于安放电极或观察肠管运动。

3. 若用 BL-420E⁺ 生物机能实验系统,可选择"实验项目"模块中的"消化实验"→"消化道平滑肌电活动"栏目,调整相关参数,使记录曲线的幅度、扫描速度适中(参考参数为:放大倍数 200,时间常数 5 s,高频滤波 3 Hz 或 30 Hz,扫描速度 3.2 s/div 或 6.4 s/div)。记录到的慢波电位如图 6-3-1 所示。

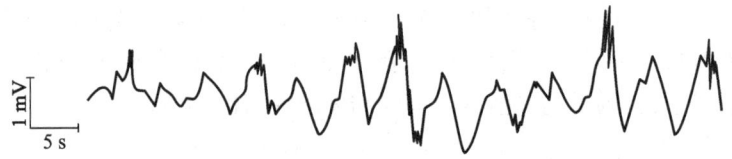

图 6-3-1　吸附电极记录的家兔在体小肠慢波电位

4. 观察项目

(1) 先观察胃和小肠的运动情况,注意胃的蠕动和紧张度,以及小肠的蠕动和分节运动。

(2) 观察小肠的慢波与锋电位,并注意小肠的运动强度与节律。

(3) 于肠段表面滴加 1~2 滴乙酰胆碱溶液(1∶10 000),观察小肠运动和电活动的变化。出现效应后,立即用38℃生理盐水冲洗,待肠活动基本回复正常后,再进行后续项目的观察。

(4) 于肠段表面滴加新斯的明溶液(0.05 g/L)1～2滴,观察小肠运动和电活动的变化。

(5) 在新斯的明作用的基础上,于肠段表面滴加阿托品溶液1～2滴,再观察小肠运动和电活动的变化。

【注意事项】

1. 为避免小肠暴露时间过长、温度下降、表面干燥,应随时用温热生理盐水湿润小肠。
2. 吸附电极长时间接触肠壁后,电位幅度会下降,应根据情况更换吸附位置。

【思考题】

1. 根据观察与记录,分析平滑肌电活动与相应肠段运动的关系。
2. 给肠段滴加新斯的明溶液后,小肠的电活动、机械运动有何变化?其原理是什么?
3. 在新斯的明作用的基础上,再滴加阿托品溶液,小肠的电活动和机械运动有何变化?其原理是什么?

【创新与探索】

1. 设计实验,同时记录肠段电活动与相应的机械运动,比较记录的波形。
2. 设计实验,探讨一种生物活性物质对小肠平滑肌电活动和机械运动的影响。

(艾洪滨　项辉)

实验6-4　家兔不同小肠段平滑肌电活动的比较

【实验背景与相关原理】

利用在体小肠浆膜上安放吸附电极的方法,可以引导出小肠平滑肌的电活动,包括平滑肌本身所具有的自发的周期性基本电节律(慢波)和其上的锋电位(快波)。慢波出现时,并不一定引起肌肉收缩。当慢波超过临界水平,加上其他的影响因素,可以触发一个或多个动作电位,从而引起平滑肌的收缩。

随着动物的种类、肠段的部位及安放电极的不同,所引导出的电活动波形、频率也有所差异。通常靠近口端的部位,其自发节律较快。在体情况下,胃肠道的运动受神经和体液因素的调节。

【目的要求】

1. 比较在体的不同小肠段平滑肌电活动的波形。
2. 观察家兔在麻醉状态下,在体小肠段电活动与在体小肠段机械活动之间的关系。

【实验器材】

家兔、常用手术器械、手术台、生物机能实验系统、张力换能器、自制吸附电极、缝针、缝线、

200 g/L 氨基甲酸乙酯溶液、温热生理盐水、纱布、1∶10 000 乙酰胆碱溶液、阿托品针剂及 0.5 g/L 新斯的明溶液。

【方法与步骤】

1. 吸附电极的制作

取软塑料吸管,由顶部插进一根细银丝(尖端圆钝),直插至离细口端 1 mm 处。用塑胶或 502 胶将插孔封闭。使用时,用手夹捏吸管头,细口端接触小肠浆膜,手放松后,细口端便吸附在肠壁上。注意:要保证管壁不能漏气,否则难以吸附。

2. 手术

(1) 用常规 200 g/L 氨基甲酸乙酯溶液(剂量为 5 mL/kg 体重)麻醉动物后,将其背位固定于手术台上。腹部剪毛,沿腹正中线切开皮肤,并沿腹白线剪开肌肉。将切口的腹壁四角用皮钳夹住并挂起呈袋状。

(2) 在胸部正中近剑突软骨处缝一皮肤连线,接张力换能器,描记呼吸运动。

3. 连接仪器

将生物机能实验系统的两输入端口连在两吸附电极的银丝上,设置合适的增益、时间常数和滤波,并用 50 Hz 抑制。

4. 固定吸附电极

选择运动较明显的肠段,将电极对准吸附部位(沿小肠的纵轴方向)并吸附其上,两电极相距 1~2 cm(图 6-4-1)。注意:吸附部位须选择肠系膜对侧血管较少的肠段,并可用玻璃分针适当拨动肠管,或插入一弯玻棒于肠管间固定一段小肠,以利于安放电极或观察肠管运动。

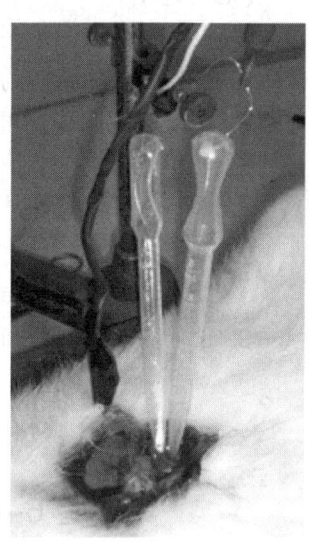

图 6-4-1 吸附电极的安装

5. 实验观察

(1) 分别观察十二指肠、空肠与回肠的慢波与锋电位,并观察相应肠段的运动强度与节律。

(2) 分别于不同小肠段表面加 1 滴乙酰胆碱溶液,观察电活动的频率、幅度与小肠运动的变化。

(3) 分别于不同小肠段表面加 38℃生理盐水,观察不同小肠段的慢波与锋电位,以及运动强度与节律的变化。

(4) 由耳缘静脉注射 0.5 g/L 新斯的明溶液 0.4~1.0 mL,观察不同小肠段的慢波与锋电位,以及运动强度与节律的变化。

(5) 在新斯的明作用的基础上,由耳缘静脉注射 5 g/L 阿托品溶液 0.1 mL,再观察不同小肠段慢波与锋电位以及运动强度与节律的变化。

【参考结果】

参考结果见图 6-4-2。

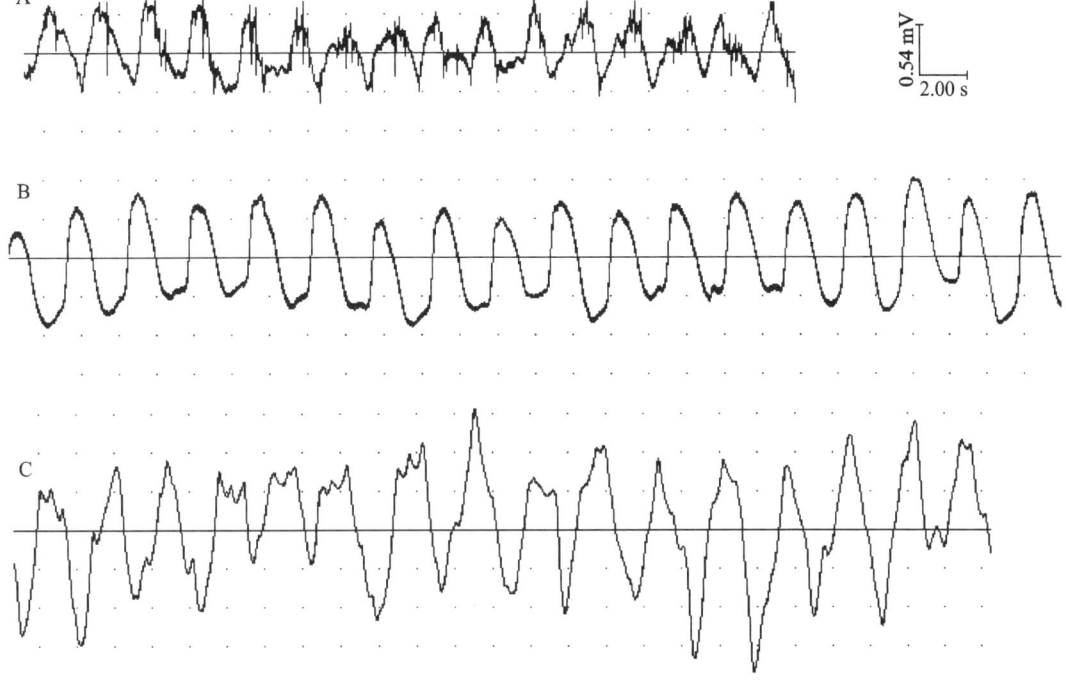

图 6-4-2　家兔不同小肠段在体平滑肌的慢波与锋电位
A. 十二指肠；B. 空肠；C. 回肠

【注意事项】

1. 家兔小肠壁较薄,被吸附电极长时间吸附后,电位逐渐降低。实验中应适当更换吸附部位。
2. 平滑肌对温度极为敏感,整个实验过程应注意保温。

【思考题】

1. 根据观察与记录,试分析不同小肠段平滑肌电活动差别的原因。
2. 耳缘静脉注射新斯的明溶液后,不同小肠段平滑肌电活动的频率、幅度与运动的变化是否有差别?
3. 在新斯的明作用的基础上,耳缘静脉注射阿托品溶液后,不同小肠段平滑肌电活动的频率、幅度与运动的变化是否有差别?
4. 乙酰胆碱和阿托品对不同小肠段平滑肌电活动有何影响?

【创新与探索】

设计实验,探讨交感神经和副交感神经对不同小肠段平滑肌电活动的影响及与其机械活动的关系。

(项辉　刘燕强)

实验 6-5　大鼠胃酸分泌的调节

【实验背景与相关原理】

胃黏膜中分泌胃酸(gastric acid)的细胞是壁细胞(parietal cell),几乎分布于胃底的大部和胃体的全部。空腹状态,在无任何食物刺激的情况下,仍有少量胃酸分泌,称为基础胃酸分泌。进食、迷走神经兴奋、胃泌素(gastrin,又称促胃液素)、组胺(histamine)等因素都会使胃酸分泌量增多;阿托品(胆碱能 M 受体阻断剂)、西咪替丁(组胺 H_2 受体阻断剂)、奥美拉唑(H^+ 泵抑制剂)、交感神经兴奋等因素都会使胃酸分泌量减少。如果胃酸分泌过多,会损伤胃和十二指肠黏膜,诱发或加重胃溃疡。但胃酸分泌过少,又会引起腹胀、腹泻等消化不良症状。

> 拓展阅读 6-2　大鼠胃酸分泌的调节机制

【目的要求】

1. 学习测定大鼠胃酸分泌的两种方法。
2. 观察胃的泌酸机能,以及迷走神经和组胺(或胃泌素)对胃酸分泌的调节作用。

【实验器材】

大鼠(最好是雄性 Wistar 大鼠、体重 150~200 g)、哺乳动物常用手术器械、手术台、BL-420E$^+$ 生物机能实验系统(或其他类型的电子刺激器)、精密分析电子天平、精密 pH 仪、恒温水浴箱、细塑料管(用于食管插管,内径 1.0~2.0 mm,长约 20 cm)、粗塑料管(用于幽门插管,大鼠虽已饥饿 24 h,但胃内往往仍存有食物残渣,为防止堵塞插管,可选内径 3.0~4.0 mm 的插管)、纱布、医用胶布、注射器(1 mL、5 mL)、40 g/L 水合氯醛或 30 g/L 戊巴比妥钠、生理盐水、缝合针、细棉线、碱式滴定管、支架、100 mL 锥形瓶、10 mL 量筒、0.01 mol/L NaOH、10 g/L 酚酞、硫酸阿托品(5 g/L)、0.1 g/L 磷酸组胺。

【方法与步骤】

1. 麻醉动物

预先将大鼠禁食 24 h,任其自由饮水。实验时,如果用 40 g/L 水合氯醛麻醉,按 400 mg/kg 体重的剂量腹腔注射;如果用 30 g/L 戊巴比妥钠麻醉,按 30 mg/kg 体重的剂量腹腔注射。动物麻醉后,用医用胶布缚其四肢,背位固定于手术板上。

2. 气管插管

大鼠麻醉后气管易分泌黏液,为防止气管堵塞,可进行气管插管。方法如下:将动物颈部被毛剪去,做长约 1.5 cm 的皮肤切口,分离肌肉,找出气管并将气管与食管用玻璃分针分离开,在气管下方穿线打一活结,用组织剪在气管上沿软骨环做一切口,插入气管插管,并结扎于气管插管上。大鼠的气管较细,可用细硬塑料管自己制作插管。

3. 胃迷走神经的分离

大鼠颈部做完气管插管后,将上腹部被毛剪去,在胸骨剑突下腹部正中剪一长约 2 cm 的切口,沿腹白线剖开腹腔,暴露胃。将胃移至腹腔外蘸有温热生理盐水的纱布垫上,于贲门处仔细分离出食管腹侧面的迷走神经,并穿线备用。

4. 胃液样品的收集与胃酸的测定方法

(1) 灌流法 大鼠麻醉后,除颈部做气管插管外,还需做食管插管,可在颈部食管做一小切口,将细塑料管插入至胃贲门部(注意:塑料管的开口要打磨光滑,以免损伤食管黏膜),并用棉线在切口下方结扎食管(注意:勿将神经、血管结扎),防止灌流液由食管倒流。经食管插管恒流(2.0 mL/min,可调节灌流瓶的高度,或用恒流泵,灌流速度约为 0.8 mL/min)输入 37 ℃的生理盐水,由幽门插管连续收集流出的灌洗液。

幽门插管方法如下:在胃和十二指肠交界处穿两根线,两线相距约 1 cm。先把十二指肠远端的线结扎,然后在十二指肠近幽门端的肠壁上剪一小孔,将粗塑料管向幽门方向插入胃内幽门部,不可过深,将事先准备好的线结扎,以固定此塑料管。

先冲洗胃,待流出的灌流液澄清时即表示胃被洗净。稳定 20~30 min 后,每 15 min 收集 1 次胃液(灌流液)作为 1 个胃液样品,连续收集 3 次。如果用滴定法,以酚酞作指示剂,用 0.01 mol/L NaOH 滴定每次所收集的胃液样品,将中和胃酸所用去的 NaOH 量(L)与 NaOH 溶液的浓度(mol/L)相乘,所得的 NaOH 摩尔数即为每份胃液(灌流液)样品的胃酸分泌量,然后换算成 $\mu mol/(L \cdot 15\ min)$ 来表示,取 3 次样品的平均值作为对照。

样品中的胃酸分泌量也可用精密 pH 计测定。

注意:为避免动物体温下降,可用 25 W 或 40 W 灯泡照射,但要注意不可过热。为防止胃表面干燥,可用蘸有温热生理盐水的纱布垫覆盖胃,并间隔性地向纱布垫上滴加温热的生理盐水,最好自己设计恒流装置,使 37 ℃的温热生理盐水缓慢地、恒速地涂布于胃表面。

(2) 幽门结扎法 分离出迷走神经后,将幽门与十二指肠连接处结扎。2 h 后将贲门与食管连接处结扎,取出胃,并沿胃大弯处剪开,倒出胃液,用 5 mL 生理盐水冲洗胃腔,将收集的胃液离心(3 000 r/min)后,上清液倒入 10 mL 量筒内量其体积。如用滴定法,以酚酞作指示剂,用 0.01 mol/L NaOH 滴定胃液中的 H^+ 含量。亦可用精密 pH 计测其 pH,然后换算成 H^+ 分泌量。

5. 观察迷走神经对胃酸分泌的调节作用

使用生物机能实验系统(或其他电子刺激器)输出刺激,将分离出的胃迷走神经搭在保护电极上。刺激参数为:单相方波脉冲,强度 0.1 mA,频率 40 Hz,波宽 0.3 ms。如果用灌流法,因每 15 min 收集 1 个样品,可每 5 min 给予 1 次刺激,每次刺激持续 5 s。如果用幽门结扎法,因收集胃液的时间为 2 h,可每 10 min 给予 1 次刺激,每次刺激持续 5 s。

6. 观察阿托品对胃酸分泌的作用

用上述的灌流法,刺激迷走神经,收集两次胃液样品,测定其胃酸分泌量。然后腹腔注射阿托品(剂量为 0.5 mg/kg 体重);10 min 后再重复刺激迷走神经,并收集两次胃液样品,测其胃酸分泌量。比较结果有何不同?

7. 观察组胺对胃酸分泌的作用

取另一只大鼠,找出近贲门部食管腹侧和背侧的迷走神经,用眼科剪将其剪断,稳定 20 min 后收集一次样品(15 min)作为对照,立即腹腔注射磷酸组胺(剂量为 1 mg/kg 体重),再连续收集两个样品,分别测定胃酸分泌量。

【参考结果】

实验结果记录表见表 6-5-1。

表 6-5-1 不同刺激对大鼠胃酸的分泌量的影响

动物编号及性别	大鼠体重	正常情况下的 H^+ 分泌量	刺激迷走神经后的 H^+ 分泌量	注射阿托品后刺激迷走神经的 H^+ 分泌量

【注意事项】

1. 为保证胃液的分泌,大鼠不宜麻醉太深。
2. 大鼠食管两侧的迷走神经很细,容易拉断,分离时要非常细心。
3. 采用灌流法时,胃的位置改变会影响灌流液的收集量,为避免灌流液"走捷径"(即经流入管进胃后直线流入流出管,这样胃腺分泌的 H^+ 有一部分未被冲出),要注意调整胃的位置。
4. 注意实验过程中给动物保温。

【思考题】

1. 根据实验结果讨论迷走神经、阿托品、组胺对胃酸分泌的作用机制。
2. 本实验设计中刺激迷走神经、切断迷走神经都在膈肌下,为什么不在颈部刺激或切断迷走神经呢?二者有何区别?
3. 观察组胺对胃酸分泌的作用,为什么要切断迷走神经后再腹腔注射组胺?不切断迷走神经直接注射组胺可否?为什么?

【创新与探索】

1. 设计实验研究脑供血不足是否影响胃酸的分泌。
2. 中医认为针灸足三里穴可调节胃的机能,但具体对胃酸分泌是增多还是减少?试根据本实验的方法、原理,设计实验对该问题进行探讨。

(艾洪滨 项辉)

实验 6-6 家禽消化管慢性实验手术及假饲实验

【实验背景与相关原理】

消化管慢性实验手术的创始人是俄国生理学家巴甫洛夫(I. P. Pavlov)。他采用在犬身上人工制备食管瘘和胃瘘等方法,实现了假饲(sham feeding)实验。在假饲期间,从胃瘘内可以流出大量的纯净胃液。利用这一方法,人们可以研究有关进食动作对胃腺分泌的影响、分析分泌过程的开始和发展,以及迷走神经对胃分泌的作用等。动物在消化时胃液分泌的调节可分为3个相期:头期、胃期和肠期。在具有腺胃瘘的家禽颈部做食管切断术以后,再进行假饲实验,也可以收集大量纯净的胃液。假饲实验是19世纪最有贡献的生理学实验,充分证明了头期的胃液分泌(gastric juice secretion),即当食物还没有进入胃的时候,胃就具有分泌胃液的机能。假饲时,虽然动物吞下的食物由食管切开处漏出,并未进入胃内,经一定时间后仍能引起胃液的分泌,此为非条件分泌(unconditioned secretion)。另外,如果只让动物观看食物,不让其进食,也能引起胃液分泌,此为条件分泌(conditioned secretion)或心理性分泌。这两种胃液分泌的刺激均来自头部,故称为头期(cephalic phase)。

【目的要求】

1. 掌握消化管慢性实验手术和假饲实验方法。
2. 观察头期对胃液分泌的调节作用。
3. 观察迷走神经参与胃液分泌头期的调节。

【实验器材】

鸭或鹅等家禽、常用手术器械、小胃钳、止血钳、布巾钳、消毒手术巾、鸟体固定台、鸟头固定夹、腺胃瘘套管(可自制)、假饲实验架、假饲固定衣、消毒纱布、药棉、缝针、缝线、食盘、铜片、远心分离管、200 g/L氨基甲酸乙酯溶液、碘酒及75%酒精、葡萄糖溶液。

【方法与步骤】

1. 手术准备

(1) 手术器械、手术巾、敷料、注射器等均按手术室常规要求进行灭菌。

(2) 选取健康的鸭或鹅,称重,氨基甲酸乙酯溶液按1 g/kg体重剂量静脉注射麻醉。注射部位可选翼下肱静脉或蹼间静脉(图6-6-1)。

(3) 麻醉后,将动物背位固定在鸟体固定台上。用剪刀分别将腺胃瘘手术和食管手术部位的羽毛剪净。先用脱脂棉蘸温肥皂水擦洗,再按常规方法用碘酒和75%酒精消毒皮肤。将消毒后的手术巾覆盖在手术野周围,用布巾钳将手术巾固定在皮肤上。

2. 手术过程

(1) 腺胃瘘手术

① 切开腹壁 先从胸骨后突下缘开始向后方沿腹正中线切开皮肤,分离皮下脂肪层,然后沿腹白纹切开腹肌腱膜。切口长度视动物体型大小而异,一般以3～5 cm为宜。

② 暴露腺胃 切开腹壁后,可以看到肌胃和肝。腺胃在肌胃前方,被肝左叶覆盖,不能直接看到。轻轻掀起肝左叶,用食管钩沿肌胃贲门端小心伸向背方,钩

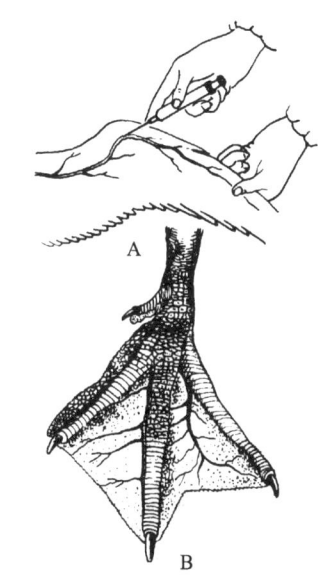

图6-6-1 鸟翼下肱静脉(A)和蹼间静脉(B)

住肌胃与腺胃交界部,再轻柔地将胃牵拉到腹腔外。用小胃钳夹住腺胃与食管交界部,使之固定,不致缩回腹腔。

③ 安装瘘管 套管的安装位置以腺胃后部腹面左侧为宜,在此处两条较大血管之间做一椭圆形荷包口缝线,其长径与血管方向平行,长径长度与套管底盘直径相等(图6-6-2),缝线只穿入肌层。用手指托住腺胃,用眼科手术刀在荷包口缝线圈内做切口(切口方向与荷包口缝线长径平行,切口两端距缝线各1~1.5 mm),切透肌层和黏膜下层。用镊子夹起黏膜,用眼科剪剪掉相当于肌层切口长度的一小块黏膜。用消毒棉球或纱布拭净切口处的胃液后,将胃瘘管的内套管底盘轻柔地插入切口内。套管插入后,将荷包口缝线缚紧,注意勿使黏膜外翻到缚线外面。然后,在缚紧的荷包口缝线外围做第二道荷包口缝线,与第一道缝线相距2~3 mm,结扎端应位于第一道缝线结扎端的相对方向。缚紧第二道缝线时,即可将第一道缝线完全掩没

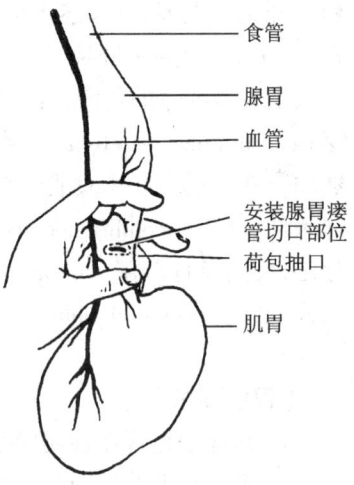

图6-6-2 安装套管的部位

(图6-6-3)。内套管安置后,可将周围的结缔组织套在套管基部,然后将胃送回腹腔内复位。在腹壁中线切口前部的左侧,用眼科手术刀由腹腔内面向外做一穿透切口。切口长度以略大于套管直径为宜。将内套管由切口穿出到腹壁外(图6-6-4)。再将外套管套上,使外套管底盘紧压在皮肤上。然后将内、外套管剪齐,用烧热的铜片在剪齐部加温,使内外管融合。

④ 按外科常规方法逐层缝合腹壁,备用。

(2)颈部手术

① 分离气管 沿颈中线将已消毒的皮肤切开长3.5~4 cm的切口(不同鸟类切口长度不一,鸭3.5~4 cm、鹅4~4.5 cm、鸡3~3.5 cm)(图6-6-5),用蚊式止血钳分离皮下结缔组织和纵走的

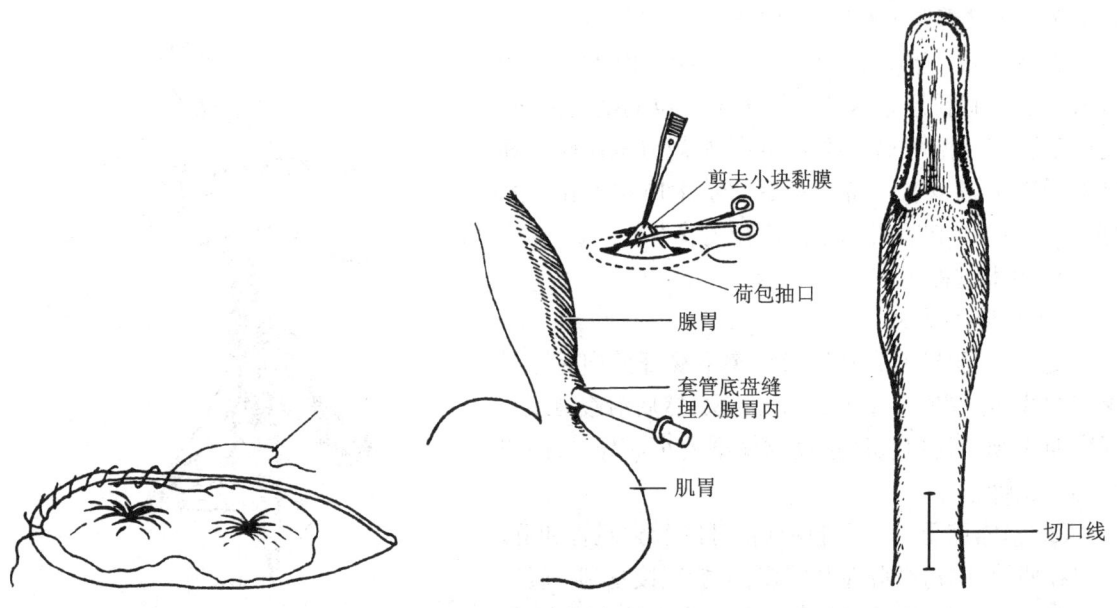

图6-6-3 缝合　　图6-6-4 套管底盘缝合固定示意图　　图6-6-5 鸭食管瘘部位

胸骨舌骨肌，即可看到气管。

② 切开食管　在气管右侧下部找出食管，并用止血钳分离周围的结缔组织，然后用左手示指钩住食管，将其提到胸骨舌骨肌的外面，随后将食管下部的两条胸骨舌骨肌并在一起用间断缝合法缝合。缝合时，先缝合食管下部两端，并将食管后壁连同胸骨舌骨肌缝在一起（缝合线只能穿过肌层不能穿透食管黏膜层）。这样便可以将已提出来的一段食管固定在胸骨舌骨肌层上（图 6-6-6）。在外露的食管腹面正中线切开 2/3 周的切口，将食管内壁的黏膜外翻，然后将切口的边缘部肌层与皮肤切口对齐，进行连续缝合。缝合后用消毒棉球擦拭以防感染。

3. 假饲实验

（1）给动物穿上假饲固定衣，并缚于假饲固定架。

（2）从固定衣上的瘘管引出孔处将胃瘘管引出，用远心分离管或玻璃试管套入其上，以便收集胃液（图 6-6-7）。

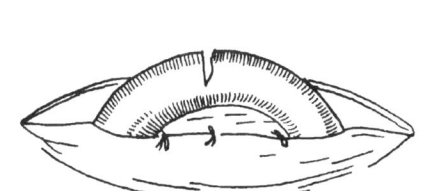
图 6-6-6　间断缝合胸骨舌骨肌

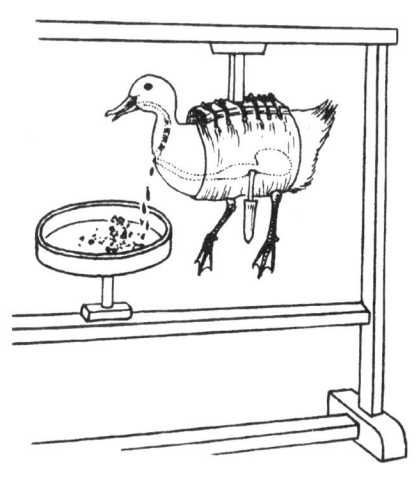
图 6-6-7　假饲与胃液分泌

（3）先在食盘上放置青菜与饲料，打开胃瘘管。只让动物看到饲料，但不让其进食，观察有无胃液分泌。记录胃液分泌的时间、每分钟的分泌量，并测定胃液的 pH。

（4）休息 30 min 后，开始假饲实验。让动物吃食，食物由食管切开处漏出，观察此时胃液的分泌。记录分泌的时间、每分钟的分泌量及胃液的 pH。

（5）切断迷走神经观察胃液分泌变化。用乙醚麻醉实验动物后，将其固定于鸟类固定台上，然后切开颈部皮肤，分离皮下组织及肌肉，再沿颈长肌分离出迷走神经。

【注意事项】

1. 静脉注射麻醉从远心端向近心端方向，注意血管壁很薄，不要将针插入血管和结缔组织之间。

2. 术后护理创口要包扎保护，防止感染。术后会从食管瘘口流失一定量黏液，为防止机体丧失水分，可在手术当日向血液内注入 40 mL 葡萄糖溶液（50 g/L）。术后第二天开始，每天要从食管瘘口向食管下压送粥状或稍干的食物两次，并将动物放在笼内由专人管理。

3. 动物术后第 1 天禁食,第 2 天起可给流食,一周后可正常喂饲。
4. 实验前一天动物禁食。

【思考题】
1. 动物只看到食物并未进食,为什么能引起胃液分泌? 试讨论其生理机制。
2. 假饲为什么能引起胃液分泌? 通过哪些途径? 你能否进一步设计 1~2 个实验加以证实?

【创新与探索】
1. 设计实验,观察不同性质(淀粉类、脂肪类、蛋白质类)的食物对家禽胃液分泌的影响,探讨饲料成分对家禽生长发育的影响。
2. 设计实验,观察不同环境、不同形状或颜色的食物对家禽胃液分泌的影响,探讨促进家禽生长的环境因素。

【附】瘘管的制作方法
自制腺胃瘘套管:胃瘘管可用内径 3~5 mm 的塑料管制作。先截取长约 5 cm 的塑料管,然后用酒精灯将载玻片或铜片加热后,将塑料管垂直立于其上轻压之,塑料管底部因受热而向周围扩展成圆形底盘,冷却后取下即可使用(图 6-6-8)。

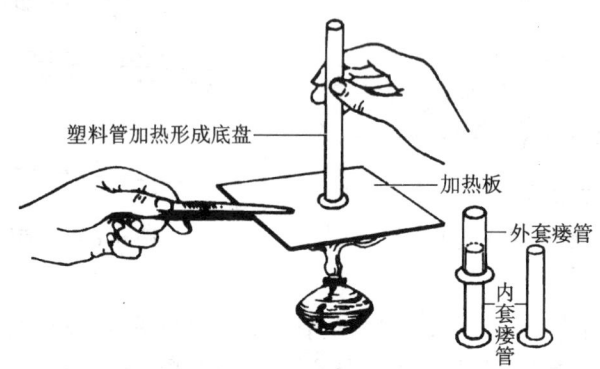

图 6-6-8　瘘管制作方法

(邹伟　屈超)

第七章 渗透平衡与泌尿

实验 7-1　家兔尿生成的影响因素及与血压的关系

【实验背景与相关原理】

排尿是动物机体清除代谢终产物、维持内环境平衡的有效和重要途径,而尿生成(urine formation)则是肾的主要功能。尿生成的过程包括：肾小球(glomerulus)的滤过、肾小管(renal tubule)与集合管(collecting duct)的重吸收(reabsorption),以及肾小管与集合管的分泌 3 个过程。神经和体液因素都会因影响尿的生成而引起尿量(urine volume)变化,体液因素中诸如血液的溶质浓度、渗透压、循环血量、血压和激素水平等均可通过不同的机制调节尿液的生成,如溶质浓度或渗透压变化即可能经过下丘脑视上核渗透压感受器使血管升压素变化而调节尿液生成,肾交感神经则可通过更多的环节影响尿生成。其中,肾小球滤过作用与肾小球毛细血管血压乃至机体血压关系密切,因此影响血压的一些因素对尿生成有直接或间接的影响。医学临床上也可以通过观测尿量了解患者肾功能及血压状况。本实验将观测神经和一些体液因素对尿量生成的影响,以及这些因素同时对动脉血压的影响。

【目的要求】
1. 学习用输尿管插管记录尿量的方法。
2. 观察几种因素对尿生成的影响及与血压的关系。

【实验器材】

家兔、兔手术台、常用手术器械、生理信号采集系统、压力传感器、保护电极、受滴器、动脉插管、保护电极、输尿管插管、10 mL 量筒、接尿器皿、注射器(2 mL、20 mL)、200 g/L(或 250 g/L)氨基甲酸乙酯溶液、200 g/L 甘露醇溶液、200 g/L 葡萄糖溶液、200 U/mL 肝素溶液、呋塞米(速尿)、温热生理盐水(38℃)、1∶10 000 肾上腺素溶液和 5 U/mL 垂体后叶素溶液。

【方法与步骤】(▶ 操作示范 7-1)

1. 取一只家兔,按实验 4-8 的方法将动物麻醉、固定,并进行颈部手术、颈总动脉插管术,接通计算机压力传感器通道可记录血压。
2. 在动物下腹部耻骨联合前方剪开皮肤,沿腹白线剪开腹壁(注意切勿伤及其下方的膀胱),剪口以能将膀胱拉出体外为度,勿因剪口过大暴露其他器官组织。膀胱的正常位置是输尿管腹面,当轻轻拉出并反转膀胱时,输尿管位于膀胱的前方。仔细辨认并分离一侧输尿管,进行输尿管插管手术引流尿液。

3. 安装好受滴装置,接通计算机输入通道并记录正常尿滴(滴/min)。
4. 调节血压通道与记录尿滴通道的扫描速度一致,同时记录正常血压与尿量。
5. 实验观察

(1) 记录较稳定的血压与尿量后,由兔耳缘静脉注射温热生理盐水 30 mL(速度稍快些),观察并记录各指标变化。

(2) 待血压、尿量平稳后,同上法注射配制的肾上腺素溶液 0.2~0.5 mL,记录各指标变化。

(3) 待血压、尿量平稳后,同法注射 15 mL 葡萄糖溶液,记录各指标变化。

(4) 待血压、尿量平稳后,同法注射垂体后叶素 2 单位,记录各指标变化。

(5) 待血压、尿量平稳后,注射呋塞米(剂量为 20 mg/kg 体重),记录各指标变化。

(6) 待血压、尿量平稳后,注射甘露醇溶液(剂量为 3 mL/kg 体重),记录各指标变化。

(7) 待血压、尿量平稳后,用中等强度的电流连续刺激右侧迷走神经 5~10 s,记录各指标变化。

(8) 从颈总动脉处分段放血,观察各指标变化。

【参考结果】

将结果记录在表 7-1-1,部分参考结果见图 7-1-1。

表 7-1-1 不同因素对家兔尿量和动脉血压的影响

影响因素	尿量/(滴·min^{-1})		变化率/%	血压/mmHg		变化率/%
	实验	对照		实验	对照	
生理盐水						
肾上腺素						
葡萄糖						
垂体后叶素						
呋塞米						
甘露醇						
刺激迷走神经						
放血 10 mL						
放血 20 mL						
放血 30 mL						

【注意事项】

1. 实验前多给家兔喂食青菜或让其饮水。
2. 手术切口不宜过大,避免损伤性闭尿。剪开动物腹膜时,注意勿伤及内脏。
3. 输尿管插管时,应仔细辨认输尿管,要插入输尿管腔内,勿插入管壁与周围结缔组织间,

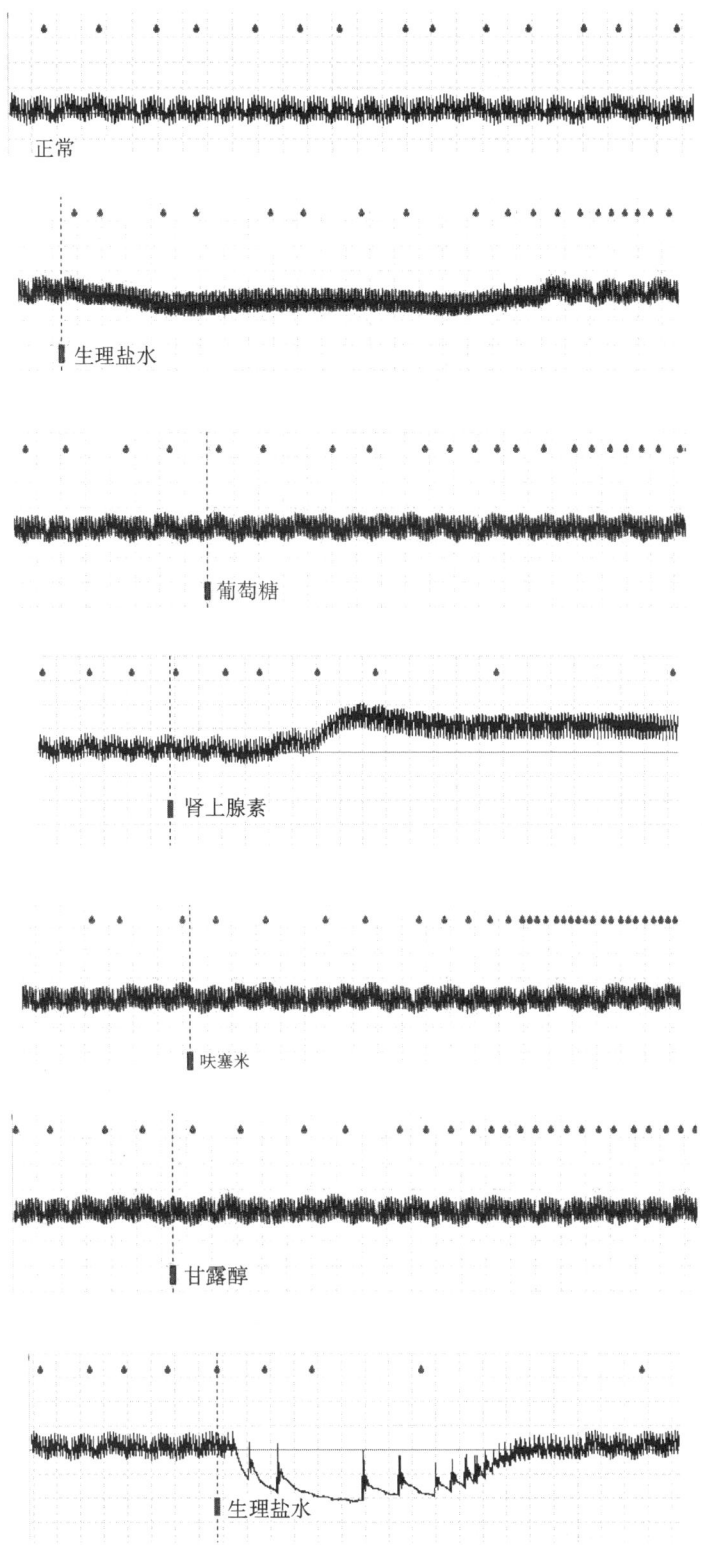

图 7-1-1 尿生成的影响因素及与血压的关系
图中上方点为尿滴,下方曲线为血压波动

插管应妥善固定,防止滑脱。

4. 刺激迷走神经时,注意刺激强度不要过强,时间应短,避免血压急剧下降,使动物心脏停搏。

5. 分析结果时要注意血压和尿量之间的关系(同步)。

【思考题】

1. 本实验所记录的各项指标中,尿量和血压有什么变化?试分析出现这些变化产生的机制。
2. 为什么注射垂体后叶素后,观察反应的时间应长些?试从观察结果分析其抗利尿作用和缩血管作用。
3. 血压的高低与尿量之间有什么关系?
4. 尿的生成受哪些因素的影响或调节?其机制是什么?

【创新与探索】

设计新实验方法,探究影响人体尿量的因素。

(刘燕强)

实验 7-2　跨上皮离子主动转运电流的测量

【实验背景与相关原理】

在肾小管、胃肠道、膀胱、腺体等处的上皮组织都存在跨上皮主动转运(transepithelial active transport)过程。例如,肾小管对 Na^+ 的转运就与其对 Na^+、葡萄糖和氨基酸的重吸收密切关联(图 7-2-1A)。这种转运中,由于 Na^+ 从细胞膜一侧进入细胞,又被钠钾泵从另一侧泵出细胞,因而存在穿越上皮的电流,并在上皮两侧建立起一定的电位差。其建立电位差的简化等效电路如图 7-2-1B 所示。

两栖动物的皮肤也具有排泄和调节渗透平衡的功能。一百多年前,du Bois-Reymond 发现蛙的皮肤两侧存在电位差。后来蛙皮作为跨上皮主动转运的实验模型进行了不少研究。H. H. Ussing 与 K. Zerahn(1951)提出了一个简单而精确的方法测定蛙皮对 Na^+ 的主动转运,其基本设计思想是:①以相同成分任氏液浸浴蛙皮两侧,从而消除了皮肤两侧的离子梯度;②使蛙皮两侧电位降至零,从而消除了皮肤两侧的电位梯度。这样测到的跨皮肤的电流称为短路电流,其电流密度反映了转运能力。

V. Koefoed-Johnson 与 Ussing(1958)

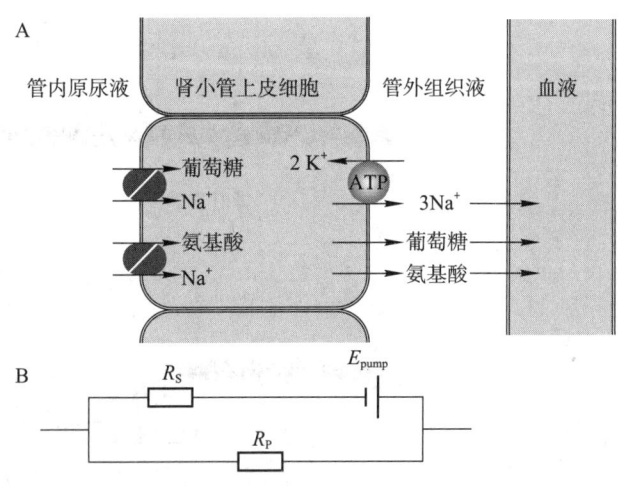

图 7-2-1　肾小管上皮细胞重吸收 Na^+、葡萄糖、氨基酸的示意图(A)和跨上皮主动转运的电学模型(B)

对跨上皮主动转运做出了解释：上皮细胞的顶膜对 Na^+ 通透性高而对 K^+ 通透性低，底膜与此相反。由于跨细胞膜浓度梯度的存在，Na^+ 自顶膜流入细胞，又由底膜的钠钾泵泵出，实现 Na^+ 的跨上皮主动转运。由于跨上皮主动转运的能量来源是钠钾泵消耗的 ATP，因而许多影响钠钾泵（例如其阻断剂哇巴因）或细胞能量供应的因素都会影响跨上皮主动转运。

【目的要求】

1. 以蛙皮肤为例，学习跨上皮电位、短路电流的测量原理。
2. 加深了解上皮组织调节电解质平衡的生理学原理。

【实验器材】

1. 实验材料

牛蛙、常用手术器械、正常任氏液、无钾任氏液、200 g/L 葡萄糖溶液、哇巴因溶液（10 μmol/L 母液，加入溶液后参考终浓度为 100 nmol/L）。

2. 实验装置

实验装置由烧杯（100 mL）、浴槽（透明圆筒，用于固定蛙皮，并加入蛙皮内侧溶液）、橡皮塞及盖板、甘汞电极、银电极构成（图 7-2-2A）。甘汞电极是乏极化电极。当浴槽溶液与烧杯溶液之间绷有蛙皮肤时，将烧杯和浴槽的甘汞电极连到任何电信号采集系统，可以记录到蛙皮肤两侧的电位。用可调电流源通过银电极将蛙皮肤两侧的电位调为 0，就可以从电流源读出短路电流，即跨上皮主动转运电流。

本实验对皮肤两侧的电位控制采用了电压钳的原理，自制了简单的上皮电位钳制仪（图 7-2-2B）。在该装置中，皮肤两侧溶液的电位差由内电压电极和外电压电极引导，经输入放大器 U 的转换进行皮肤两侧电位测量，同时与指令电压比较，比较的结果由控制放大器 I 产生负反馈控制电流，经内电流电极注回皮肤两侧，使电位差迅速逼近指令电位。

【方法与步骤】

1. 在 100 mL 烧杯中放入约 80 mL 任氏液，加入约 0.5 mL 200 g/L 葡萄糖溶液摇匀。用细管向溶液中吹以 95% O_2 + 5% CO_2 为蛙皮供氧。
2. 准备好手术器械，取蛙一只，毁脑和脊髓，自腹部剪下直径约 3 cm 的一片皮肤。
3. 依图 7-2-2A 连接好实验装置（先不放蛙皮），将甘汞电极的电位差基线调到零位。灵敏度上线设置为 20 mV/cm，下线设置为 0.5 V/cm。
4. 将蛙皮外面朝外扎在浴槽的塑料管处，浸入烧杯，向管内加入任氏液，使内侧液面稍低，离管口 1.5 cm 左右。
5. 通过甘汞电极测量并记录蛙皮两侧的自发电位差。
6. 旋转上皮电位钳制仪（或可调恒流源）旋钮，通过银电极给蛙皮以钳制电流，使电位降为零，记录通过蛙皮的电流（或者可调恒流源的输出电流）。
7. 在浴槽中滴入几滴哇巴因溶液，小心混匀，观察哇巴因在皮肤外侧面的作用（观察其他物质的作用，方法相同）。
8. 用无钾任氏液重复上述实验。

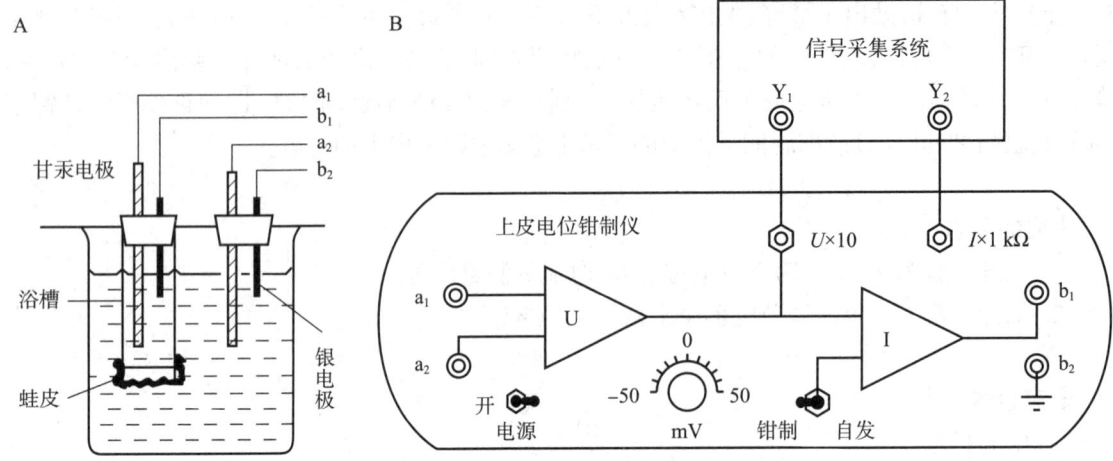

图 7-2-2 蛙皮主动转运电流的测量

A. 实验装置;B. 上皮电位钳制仪示意图。其中,a_1、a_2 分别引导蛙皮内侧和外侧的电位,并连接到上皮电位钳制仪的输入端;b_1、b_2 为干预电流的输出(以 b_2 为地),分别连接到蛙皮内侧和外侧的银丝

9. 小心拆除装置,用清水冲洗干净,依原样放好。

【参考结果】

由于蛙皮的转运活性随季节、温度、制备过程有很大变化,测得蛙皮两侧电位一般在 0~30 mV,相应的短路电流在 0~200 mA/cm^2。一般蛙皮两侧电位 5 mV 左右或以上就算活性较好,可以进一步进行不同因素对跨上皮主动转运影响的实验。

【注意事项】

1. 甘汞电极易碎,请注意保护。
2. 每次都要待数值稳定后再测量。

【思考题】

1. 请根据结果计算蛙皮转运 Na$^+$ 的电流密度和转运能力(mol·s^{-1}·cm^{-2})。
2. 怎样估算蛙皮电阻?
3. 正常任氏液和无钾任氏液中的实验结果有何不同?为什么?

【创新与探索】

用同样的方法,研究兔小肠或膀胱的跨上皮转运。

(王世强)

第八章 中枢神经

实验 8-1　反射时、反射弧和脊髓反射抑制的测试

【实验背景与相关原理】

反射是在中枢神经系统的参与下,机体对内、外环境变化所做出的规律性应答。反射分为条件反射和非条件反射。反射活动的结构基础称为反射弧(reflex arc),包括感受器(receptor)、传出神经(efferent nerve)、神经中枢(nerve center)、传入神经(afferent nerve)和效应器(effector)。从接受刺激至机体出现反应的时间为反射时(reflex time)。反射时是反射通过反射弧所用的时间。反射的过程包括:感受器感受外界刺激并把刺激编码为可传递的动作电位,产生兴奋;经过传入神经传入中枢;中枢加以分析和整合;由传出神经把中枢整合的信息传递到效应器;由效应器做出反应。反射弧的任何一部分缺损,原有的反射不再出现。较复杂的反射需要较高级的中枢参与整合,而简单的反射只需要低级中枢整合就可完成。一般可以采用损毁脑而保留脊髓的动物进行反射弧等实验,以利于观察和分析,我们一般把毁脑而未毁脊髓的动物叫"脊动物",如脊蛙、脊猫。

中枢的兴奋和抑制同时存在又相互影响。在脊髓反射的中枢之间或高位脑和脊髓对低位脊髓反射中枢均存在抑制作用。这些抑制作用保证了机体活动的协调性。

【目的要求】

1. 学习测定反射时的方法,了解反射弧的组成。
2. 观察中枢抑制(central inhibition)与交互抑制(reciprocal inhibition)现象。
3. 了解脊髓反射的功能特性。

【实验器材】

牛蛙、常用手术器械、生理信号采集系统、张力传感器(2个)、支架、蛙嘴夹、蛙板、蛙腿夹、小烧杯、小玻璃皿(2个)、滴管、小滤纸片、棉花、秒表、纱布、0.5%及1%硫酸溶液、烘干的浸盐滤纸片、任氏液和20 g/L普鲁卡因溶液等。

【方法与步骤】

1. 反射时和反射弧的测定

(1) 取一只牛蛙,毁脑髓为脊蛙,腹位固定于蛙板上。剪开右侧股部皮肤,分离出坐骨神经穿

线备用。

(2) 取下蛙腿夹,用蛙嘴夹夹住脊蛙下颌,悬挂于支架上。将其右后肢的最长趾浸入 0.5% 硫酸溶液中 2~3 mm (浸入时间最长不超过 10 s),立即记下时间(以秒计算)。当出现屈反射,则停止计时,此时间即为屈反射时。立即用清水冲洗受刺激的皮肤并用纱布擦干。重复测定屈反射时 3 次,求出均值作为右后肢最长趾的反射时。用同样方法测定左后肢最长趾的反射时。

(3) 用手术剪自右后肢最长趾基部环切皮肤,然后再用手术镊剥净长趾上的皮肤。用硫酸刺激去皮的长趾,记录结果。

(4) 改换右后肢有皮肤的趾,将其浸入硫酸溶液中,测定反射时,记录结果。

(5) 取一浸有 1% 硫酸溶液的滤纸片,贴于动物右侧背部或腹部,记录擦或抓反射的反射时。

(6) 用一细棉条包住分离出的坐骨神经,在细棉条上滴几滴 20 g/L 普鲁卡因溶液后,每隔 2 min 重复步骤(4)(记录加药时间)。

(7) 当屈反射刚刚不能出现时(记录时间),立即重复步骤(5)。每隔 2 min 重复一次步骤(5),直到擦或抓反射不再出现为止(记录时间)。记录加药至屈反射消失的时间及加药至擦或抓反射消失的时间,并记录反射时的变化。

(8) 将左侧后肢最长趾再次浸入 0.5% 硫酸溶液中(条件不变),记录反射时有无变化。毁坏脊髓后再重复实验,记录结果。

2. 脊髓反射抑制

(1) 中枢抑制(谢切诺夫抑制)

① 另取一只牛蛙,沿头部中线纵向切开并剪去颅顶皮肤,用剪刀自鼻孔向后小心打开颅骨,去掉脑膜,暴露脑组织。仔细观察脑各部位(图 8-1-1)。

② 用手术刀在间脑处做一横切,然后将动物挂在支架上。用干净滤纸片吸干脑断面上的液体。

③ 待动物安定后,用硫酸刺激一侧后肢,测定 3 次屈反射时。

④ 取一片烘干的浸盐滤纸片放在视叶断面上,立即按步骤③测定屈反射时,观察并记录反射时的变化。待反射时明显延长后,移去浸盐滤纸片,用任氏液冲洗断面,再测定反射时,观察抑制是否解除。

(2) 交互抑制

① 将动物放下,在一侧后肢膝关节处做环切,剥去小腿皮肤。

② 分别结扎并剪断胫前肌在足背上两附着点的肌腱,提起肌腱将胫前肌游离。

③ 结扎并剪断小腿后部的腓肠肌肌腱,游离腓肠肌。

④ 固定动物的膝关节和髋关节,将胫前肌和腓肠肌肌腱结扎线分别连接在两个张力传感器上(注意调整松紧度)。

⑤ 用较强的连续脉冲刺激同侧背部皮肤,记录肌肉收缩曲线,可见腓肠肌收缩、胫前肌舒张。

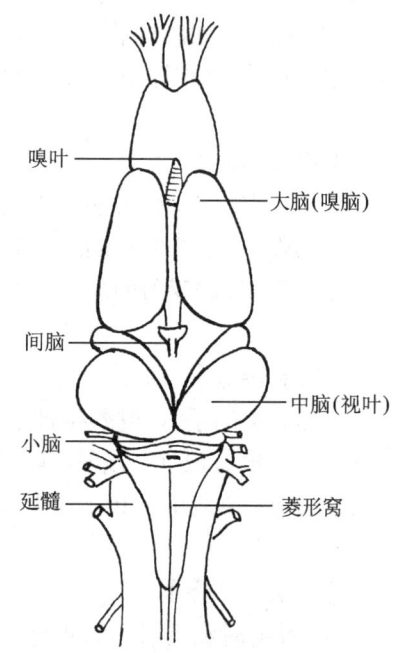

图 8-1-1 蛙类脑背面观

【注意事项】
1. 每次实验时,要使皮肤接触硫酸的面积不变,以保持相同的刺激强度。
2. 刺激后要立即洗去硫酸,以免损伤皮肤。

【思考题】
1. 以实验结果为根据,用严密的逻辑推理方式说明反射弧的几个组成部分。
2. 在中枢抑制实验中,反射时为何延长?试分析其原因。
3. 分析颌颏肌交互抑制的原因及其意义。
4. 交互抑制实验中,为何收缩曲线幅度大于舒张曲线幅度?
5. 在测定反射时,怎样测定才能更加准确?

【创新与探索】
1. 试自行设计另外一个实验,证明反射弧有 5 个组成部分。
2. 将脊动物的另一侧后肢夹住,可见原有的屈反射被抑制,为什么?与中枢抑制实验结果有何区别?
3. 另选一组对抗肌进行实验,找出产生交互抑制的条件。

(刘燕强　李东风)

实验 8-2　脊神经背根与腹根的机能

【实验背景与相关原理】
脊神经的背根(dorsal root)由脊髓(spinal cord)的背角发出,主要由传入神经纤维组成,具有传入机能;腹根(ventral root)由脊髓的腹角发出,主要由传出神经纤维组成,具有传出机能。若切断背根,则相应部位的刺激不能传入中枢;若切断腹根,不能传出冲动,则其所支配的效应器也不再发生反应。关于脊髓背、腹根功能早在 1882 年就被一些科学家认识,因此观测脊髓背、腹根功能是一项很经典的实验。

【目的要求】
1. 学习暴露脊髓和分离脊神经背根和腹根的方法。
2. 了解背根和腹根的不同机能。

【实验器材】
牛蛙、常用手术器械、刺激器或多用仪、小型弯头露丝电极、蛙板、蛙腿夹、滴管、棉花、红色和白色细丝线及任氏液。

【方法与步骤】
1. 将牛蛙毁脑后腹位固定于蛙板上,沿背部中线剪开皮肤,向前开口至耳后腺水平,向后开口至尾杆骨中段。用剪刀小心剪去脊椎两侧的纵行肌肉及椎间肌肉,暴露椎骨。

2. 用金冠剪横向剪断环椎,然后将弯头金冠剪小心伸入椎管,自前至后逐节剪断两侧椎弓(图8-2-1),移去骨片,暴露全部脊髓(勿损伤脊髓)。

3. 用眼科镊轻轻挑开脊髓表面的银灰色或黑色脊膜,再用任氏液冲洗马尾部,小心识别第 7~10 对脊神经的背根和腹根(图8-2-2)。用玻璃分针分离一侧第 9 对脊神经的背、腹根(背根近椎间孔处有淡黄色、半个小米粒大小的脊神经节),将背根穿两条白色丝线,腹根穿两条红色丝线备用。放松两后肢即可进行实验观察。

(1) 提起白丝线,轻轻用刺激电极钩起背根,打开刺激器,用较弱的单脉冲刺激背根(只引起同侧后肢抖动),记录结果。

(2) 用同样方法刺激腹根,记录结果。

(3) 将两条白色丝线双结扎背根后从中间剪断神经,分别刺激其中枢端和外周端(刺激强度不变),记录结果。

(4) 用同样方法结扎并剪断腹根,重复刺激背根中枢端,记录结果。

(5) 分别刺激腹根中枢端和外周端,记录结果。

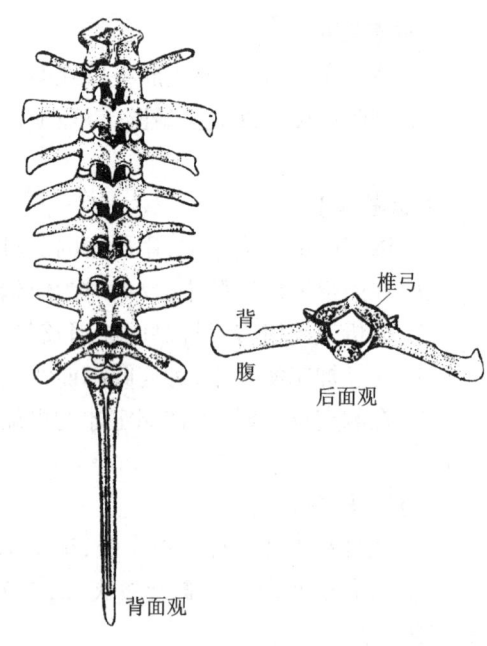

图 8-2-1　椎骨模式图

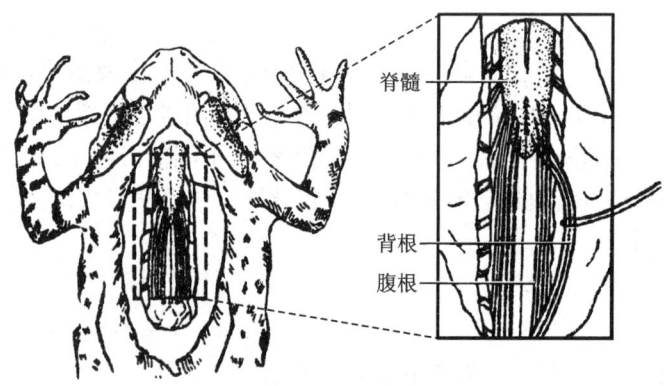

图 8-2-2　暴露的脊髓背、腹根

【思考题】
根据实验结果,说明背根和腹根的机能。

【创新与探索】
试用麻醉的方法验证脊髓背、腹根的功能。

(刘燕强)

实验 8-3　小鼠自发活动和探索行为的观测

【实验背景与相关原理】

旷场试验(open field test, OFT)又称敞箱实验,是一种常用的小鼠行为学测试,可以检测小鼠在开阔环境中的自发活动(spontaneous activity)和探索行为(exploratory behavior)。该方法是1934 年由 C. S. Hall 等研究者发明,历史悠久,最初应用在大鼠中,后推广到小鼠及其他动物,原理基于动物有畏惧空旷场地的天性,其活动具有趋触性(thigmotaxis),而另一方面对新事物又会产生好奇心去探究新场所。例如,由于动物对新开阔环境的恐惧而主要在周边区域活动,在中央区域活动较少,但动物的探究特性又促使其产生在中央区域活动的动机,OFT 视频分析系统也可观察由此而产生的焦虑心理。目前,常用的 OFT 系统是一个方形的箱子(也有实验者设计为圆形"斗兽场"样),小鼠在旷场内可以自由活动,箱子顶部置摄像机记录小鼠活动。OFT 是用于评价动物自发活动及焦虑状态的经典行为学实验。目前 OFT 的应用非常广泛,贯穿于小鼠行为学研究中,并已推广到神经学与精神药理学研究中。以抗精神病药物为例,OFT 一般用来检测药物的副作用(如对行动、睡眠的影响等)。在行为学研究中,OFT 可反映实验动物的自发活动。因其实验操作简单,所得数据量丰富,一次实验就可以对动物的自发活动、探索行为及焦虑、抑郁状态进行定量评价,OFT 在药物的研究与开发中得到广泛应用。一般中枢兴奋药物可以明显增加动物的自发活动而减少探究行为,一定剂量的抗精神病药物可以减少探究行为而不影响自发活动。

【目的要求】

观察实验动物在新异环境中的自发活动、探究行为与紧张度。

【实验器材】

小鼠实验装置。该实验装置由旷场反应箱与数据自动采集和处理系统两部分组成(图 8-3-1)。旷场反应箱高 30~40 cm,底边长 100 cm,内壁涂黑,底面平均分为 25 个 4 cm×4 cm 小方格,正上方约 2 m 处架一数码摄像头,其视野可覆盖整个旷场内部(图 8-3-2)。旷场光照为全人工照明,可人为设定"白天"和"黑夜",白天由两侧墙壁的 4 只节能灯发出约 200 lux 照度来模拟,夜晚由一侧墙壁的红外光源提供照明。

【方法与步骤】

首先设置好数据自动采集和处理系统的各项参数,然后将动物放入箱内底面中心,同时进行摄像和计时。观察一定时间后停止摄像,观察时间可根据实验需求拟定,一般为 3~5 min。清洗方箱内壁及底面,以免上次动物余留的信息(如动物的大、小便及气味)影响下次测试结果。更换动物,继续实验。根据计算机软件设计不同,可观察的参数不同,如单位时间内动物在中央格的停留时间、水平得分(某一肢体越过的格子数)、垂直得分(后肢站立次数)、修饰次数、尿便次数、运动速度、运动距离、休息时间、沿边运动距离和中央运动距离等。

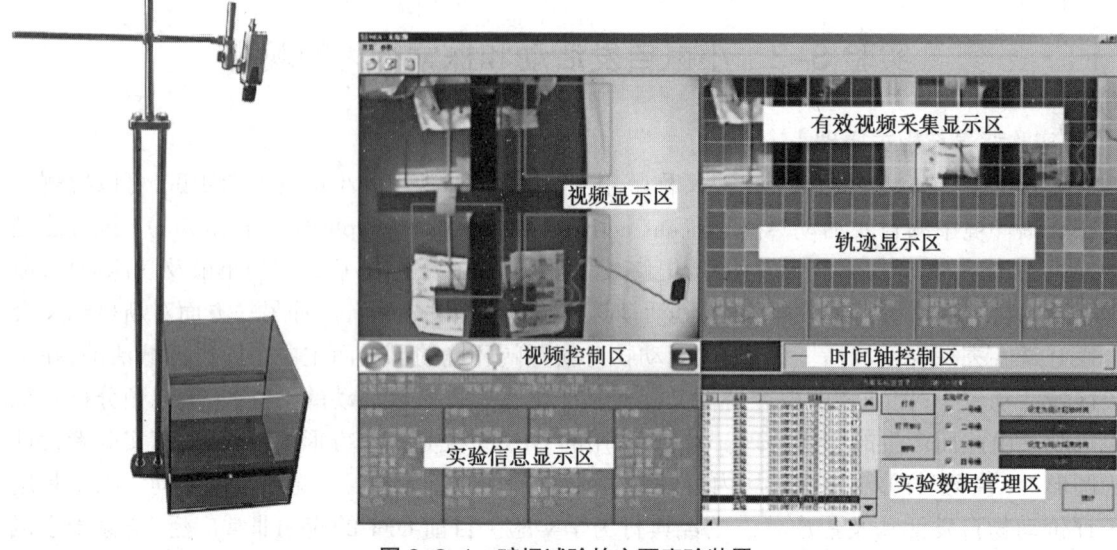

图 8-3-1 旷场试验的主要实验装置
左为带摄像头的旷场反应箱,右为数据自动采集和处理系统的操作界面示意图

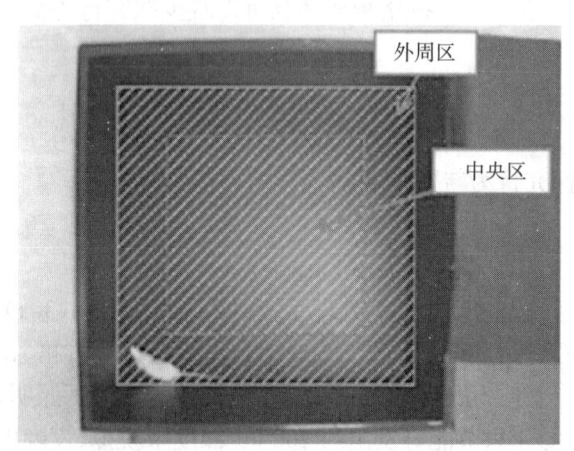
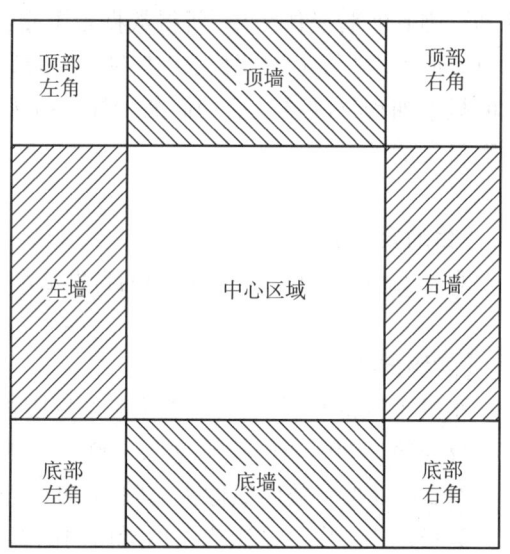

图 8-3-2 旷场反应箱底部示意图
左为实录区域,右为分区示意图

【参考结果】

参考结果见表 8-3-1 至表 8-3-4。

【注意事项】

1. 动物在 24 h 内有其活动周期,故每次实验应选择在同一时间段内完成。
2. 实验应在隔音且光强度和温湿度适宜的行为实验室内进行。
3. 两次实验之间须清洗实验设备,以免上次动物的遗留信息影响下次实验结果。

表 8-3-1　旷场试验测定指标的平均值($\bar{x} \pm SD$)

批数	数量/只	每批次平均个体质量/g	总运动距离/cm	总穿格数/个	中央区域运动距离/cm	中央区域停留时间/s
1						
2						
3						
合计						

表 8-3-2　各组小鼠穿越格子次数比较数据示意(次, $\bar{x} \pm SD$)

组别	n	中央格	外周格	总格
处理 1	9	$26.56 \pm 9.15^{b,c}$	$80.22 \pm 19.30^{b,c}$	$106.78 \pm 28.41^{b,c}$
处理 2	8	16.63 ± 1.72	60.38 ± 3.47^{b}	77.00 ± 4.69^{a}
处理 3	9	10.11 ± 2.55	39.89 ± 7.88	50.00 ± 10.37
对照	8	4.15 ± 0.99	16.88 ± 4.77	21.00 ± 5.72

与对照组比：a. $P<0.05$, b. $P<0.01$；与处理 3 组比：c. $P<0.05$。

表 8-3-3　各组小鼠跨越不同区域的路程比较数据示意(m, $\bar{x} \pm SD$)

组别	n	中央	外周	总路程
处理 1	9	$1.45 \pm 0.52^{b,c}$	$7.06 \pm 1.65^{b,c}$	$8.51 \pm 2.16^{b,c}$
处理 2	8	0.96 ± 0.16	5.14 ± 0.24^{a}	6.37 ± 0.28^{a}
处理 3	9	0.51 ± 0.17	3.66 ± 0.63	4.17 ± 0.78
对照	8	0.14 ± 0.08	1.60 ± 0.41	1.75 ± 0.47

与对照组比：a. $P<0.05$, b. $P<0.01$；与处理 3 组比：c. $P<0.05$。

表 8-3-4　各组小鼠旷场试验中各区域停留时间比较数据示意(min, $\bar{x} \pm SD$)

组别	n	中央	外周
处理 1	9	$18\,229.78 \pm 3\,490.45$	$274\,555.22 \pm 3\,526.31$
处理 2	8	$27\,027.63 \pm 9\,332.59$	$267\,327.75 \pm 9\,300.20$
处理 3	9	$13\,885.00 \pm 5\,688.21$	$280\,274.78 \pm 5\,567.06$
对照	8	$6\,015.88 \pm 2\,999.26$	$289\,886.75 \pm 2\,977.39$

【思考题】
1. 实验动物在中央区和外周区活动各代表动物什么样的生理学或心理学特征？
2. 哪些因素有可能影响旷场试验结果的真实性？

【创新与探索】
设计一实验，观测不同的应激因素对动物自发活动和探索行为的影响。

(刘燕强)

实验 8-4 家鸽去大脑和小脑的后果观察

【实验背景与相关原理】

鸟类大脑皮层(cerebral cortex)是形成条件反射不可缺少的部位。切除鸽的大脑皮层后,原有的条件反射将不复存在,协调肢体运动的机能也会丧失。切除小脑(cerebellum)的鸽,随被切除面积的大小不同会有不同的反应。损伤小脑会影响鸽的平衡功能、协调运动与定向运动功能及调节肌紧张功能等。

【目的要求】

1. 学习用切除法研究脑功能的方法。
2. 通过观察去大脑或小脑后家鸽行为、体态的改变,用反证法证明该去除部分脑组织的正常机能。

【实验器材】

家鸽(3只)、常用手术器械、小玻皿、纱布、过饱和三氯化铁棉球、碘酒棉球、75%酒精棉球、75%酒精(用于消毒手术器械)、缝针、缝合线、消毒药膏、高粱米及长线(拴鸽用)。

【方法与步骤】

1. 仔细观察家鸽正常状态下的啄食、饮水、行走等行为和眼、羽毛的形态及对痛觉和惊吓的反应,观察其站立与飞翔姿势、肌紧张状态、平衡和定向运动的能力,并一一记录下来。

2. 切除家鸽大脑的后果观察

(1) 手术准备 将所用手术器械浸泡在75%酒精中消毒。取一只家鸽,用纱布包紧鸽的翅膀,露出头部,并用剪毛剪剪去头顶部位的羽毛。先用碘酒棉球消毒暴露出的头顶部皮肤(自内向外层层扩展消毒面积,切忌反复涂抹),然后同法用酒精棉球脱碘。

(2) 手术方法 用手术刀沿头顶中线切开皮肤,暴露顶骨。用尖头镊子在一侧顶骨上打孔开颅,并暴露该侧大脑半球。用柳叶刀沿水平方向小心切除大脑皮层2~3 mm,同法切除另一侧大脑皮层(如有出血,则迅速用过饱和三氯化铁棉球止血)。手术后缝合皮肤并进行消毒,手术部位皮肤涂上消毒药膏。

(3) 实验观察 手术后几小时,观察去大脑鸽的形态、行为,与正常鸽进行比较,仔细记录变化。

3. 切除家鸽小脑的后果观察

(1) 手术准备方法同上。

(2) 手术 用手术刀沿中线自前向后切开家鸽头顶稍后的枕部皮肤,暴露顶骨后面的枕骨。在两侧枕骨开颅(方法同大脑开颅,切忌伤及矢状窦、顶枕窦),切除小脑。同法彻底止血后再缝合皮肤。

(3) 实验观察 手术后几小时再观察去小脑鸽的形态、行为,与正常鸽进行比较,仔细记录变化。

【参考结果】
1. 去大脑的鸽丧失各种条件反射,主动运动的能力严重受损,但保持一定的低级反射。例如,其虽不主动啄食,但食物放入口中可吞咽。
2. 去小脑的鸽有主动运动的能力,但根据小脑切除面积不同,体态的平衡维持和运动的协调能力丧失程度不同。

具体表现在哪些细节? 希望读者自行总结。

【注意事项】
1. 去大脑皮层手术要注意深度,过深将引起动物死亡。
2. 开颅骨尤其是去小脑手术,要防止碰破血窦造成大出血。

【思考题】
根据实验结果,说明鸽大脑和小脑的正常运动功能。

【创新与探索】
仿照以上实验方法设计实验,了解其他实验动物大脑和小脑的正常功能。

(刘 巍)

实验8-5 家兔大脑皮层运动区的刺激效应及去大脑僵直的观察

【实验背景与相关原理】
大脑皮层运动区(cortical motor area)是躯体运动机能的高级中枢,电刺激该区的不同部位,可以引起躯体不同部位的肌肉运动。

从中脑四叠体(quadrigeminal body)的前、后丘之间切断脑干的动物,称为去大脑动物。由于神经系统内,中脑以上水平的高级中枢对肌紧张的抑制作用被阻断,而中脑以下各级中枢对肌紧张的易化作用相对加强,因此出现了伸肌紧张亢进的现象。动物表现为四肢僵直、头向后仰、尾向上翘的角弓反张状态,称为去大脑僵直(decerebrate rigidity)。

【目的要求】
1. 学习哺乳动物的开颅方法。
2. 观察大脑皮层运动区的刺激效应。
3. 观察去大脑僵直现象,了解中枢对肌紧张的调节作用。

【实验器材】
家兔、常用手术器械、咬骨钳、竹片刀、骨钻、计算机生理信号采集系统、银丝电极(双电极)、兔手术台、石蜡油、200 g/L 氨基甲酸乙酯溶液、棉球、棉线、棉片及生理盐水。

【方法与步骤】

1. 大脑皮层运动区的刺激效应

(1) 取一只家兔,耳缘静脉注射氨基甲酸乙酯溶液(剂量为 1 g/kg 体重),将其麻醉后腹位固定于手术台上。用剪毛剪将头顶部被毛剪去,再用手术刀由眉间至枕骨部纵向切开皮肤,沿中线切开骨膜。用手术刀柄自切口处向两侧剖开骨膜,暴露额骨及顶骨(图 8-5-1)。用骨钻在一侧的顶骨上开孔(勿伤及脑组织)后,将咬骨钳小心伸入孔内,自孔处向四周咬骨以扩展创口。向前开颅至额骨前部,向后开至顶骨后部及人字缝之前(切勿掀动人字缝前的顶骨,以免出血不止)。按图 8-5-1 的开颅区域,暴露双侧大脑半球。

(2) 用眼科剪小心剪开脑膜,暴露脑组织。将温热生理盐水浸湿的薄棉片盖在裸露的大脑皮层上(或滴几滴石蜡油)防止干燥。

(3) 放松动物四肢,用棉球吸干脑表面的液体。将无关电极固定在头部切开的皮肤上,先用刺激电极接触皮下肌肉,调节刺激强度。以引起肌肉收缩的最小刺激强度及 25～30 Hz 的频率刺激大脑皮层的不同区域,观察躯体肌肉活动的反应。绘出大脑半球背面观的轮廓图,标出躯体肌肉运动的代表区域。

2. 去大脑僵直的观察

(1) 用氨基甲酸乙酯将动物麻醉,固定后分离双侧颈总动脉并结扎。

(2) 将动物改为腹位固定,开颅方法同上,暴露大脑半球后缘(图 8-5-2)。

(3) 松开动物四肢,左手托起动物下颌,右手用竹片刀轻轻拨起大脑半球后缘,看清四叠体的部位,于上、下丘之间垂直插入竹片刀,切断神经联系(如果部位正确,动物突然挣扎,此时切勿松手,应继续使竹片刀切至颅底)。

(4) 将动物侧位置于手术台上,数分钟后出现去大脑僵直现象。

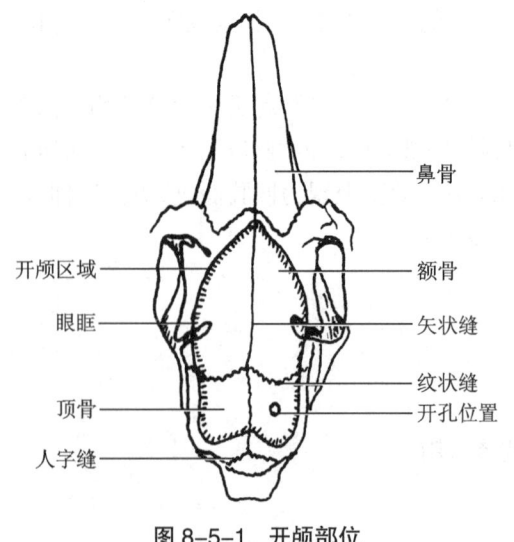

图 8-5-1 开颅部位

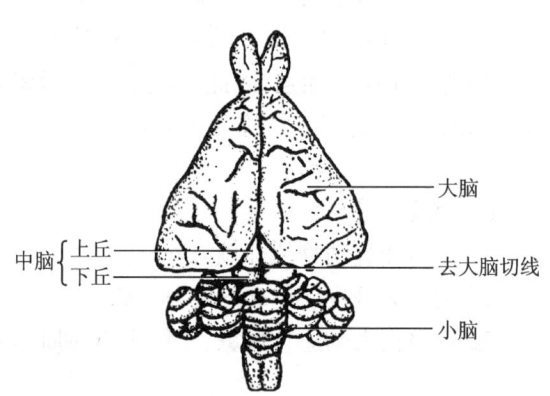

图 8-5-2 去大脑部位

【参考结果】
家兔大脑皮层运动区域分布参考图 8-5-3。

【注意事项】
竹片刀刺入脑干时,勿使其向后损伤延髓。

【思考题】
1. 根据实验结果,说明大脑皮层运动区的机能特征。
2. 根据图 8-5-4 说明去大脑僵直的发生机制。

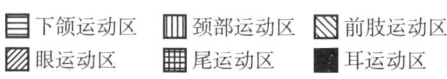

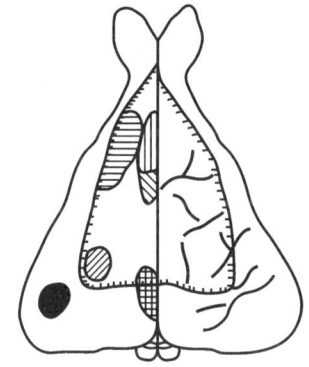

图 8-5-3 家兔大脑皮层运动区的刺激效应

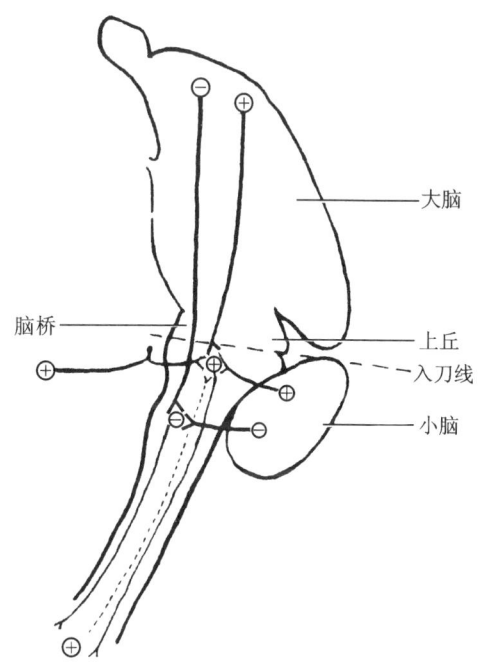

图 8-5-4 去大脑僵直发生机制示意图
⊕为易化系统;⊖为抑制系统

(刘 巍)

实验 8-6 避暗法测定小鼠短时记忆能力及其影响因素

【实验背景与相关原理】
学习(learning)和记忆(memory)是脑的高级活动之一。学习是指通过中枢神经系统的活动获得新行为(经验)的过程。通过学习获得的经验的保持和再现,就是记忆。记忆产生的过程可能与脑的电活动及脑的神经细胞的突触效能或脑的化学变化如神经递质的变化有关。对脑内记忆过程的研究只能从人类或其他动物学习或执行某项任务后间隔一定时间,测量他们的操作成绩或反应时间来衡量这些过程的编码形式、储存量、保持时间和它们所依赖的条件等。学习和记忆实验方法的基础是条件反射,各种各样的方法均由此衍化而来。常用的动物学习和记忆实验方法包括跳台法、避暗法、穿梭法、爬杆法、迷宫法等。本实验以避暗法测定,是利用鼠类嗜暗的习性(鼠类喜欢在暗处活动)而设计的。

【目的要求】

1. 学习用避暗箱来测定小鼠学习和记忆功能的方法。
2. 了解一些影响记忆功能的理化因素。

【实验器材】

小鼠、20% 乙醇溶液、亚硝酸钠、输出电极、变压器、避暗箱(实验装置分明、暗两室。明室上方有灯,暗室较大。两室之间有直径约 3 cm 的圆洞。两室底部均镀有铜栅,可以通电,电压大小可通过变压器调节,一般采用 40~50 V 电压。暗室与一计时器相连,计时器可自动记录潜伏期的时间,见图 8-6-1)。

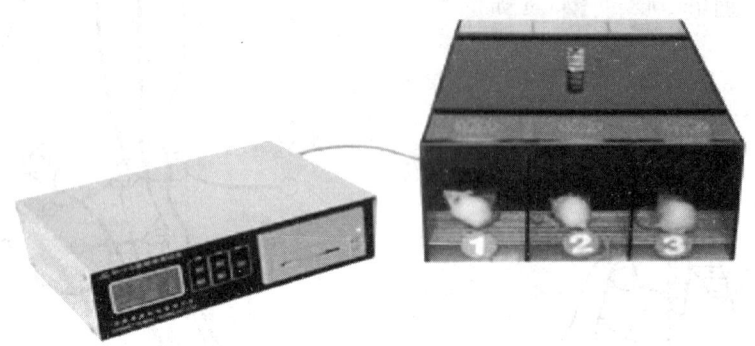

图 8-6-1 避暗箱装置

【方法与步骤】

1. 取 4 只小鼠,依次将小鼠面部背向洞口放入明室,同时启动计时器。动物穿过洞口进入暗室受到电击,计时自动停止。取出小鼠,记录每只小鼠从放入明室至进入暗室遇到电击所需要的时间,此即潜伏期。

2. 给第 1 只小鼠通过电极(接于头部和鼻部)通以强度为 7 mA 的电流,持续 1 s;给第 2 只小鼠皮下注射亚硝酸钠溶液(剂量为 120 mg/kg 体重)造成脑部缺氧;第 3 只小鼠灌服 20% 乙醇 0.1 mL/10 g 体重;第 4 只不做任何处理,作为对照。

3. 上述处理完成后,即进行记忆的测试。同样,依次将小鼠背向洞口放入明室,同时启动计时器。每只观察 10 min,观察小鼠是否进入暗室,若进入,记录进入暗室的潜伏期。判断各组小鼠记忆能力的差别。

4. 可收集各实验组的资料进行统计,将结果填入表 8-6-1,比较各种处理对记忆的影响。

表 8-6-1　各处理组小鼠记忆的差别($\bar{x} \pm SD$)

组别	训练潜伏期 /s	测试潜伏期 /s
电击		
亚硝酸钠		
乙醇		
对照		

【注意事项】
1. 在整个实验过程中务必保持环境的安静。
2. 用电时应注意安全操作,捉拿动物时,应事先关闭电源,防止触电事故。

【思考题】
避暗法测试记忆的原理是什么?

【创新与探索】
基于避暗法设计实验,观察体液因素或疲劳对学习、记忆的影响。

(刘燕强)

实验 8-7　莫里斯水迷宫测试大鼠或小鼠记忆能力

【实验背景与相关原理】

莫里斯水迷宫(Morris water maze)方法是 1981 年由英国神经科学家 R. G. Morris 建立的,主要用于测试动物(大鼠或小鼠)对空间位置觉和方位觉的学习记忆能力。由于该装置可以消除已试的实验动物所留下的气味和分泌物的影响,因此是迄今相对来说比较客观的测定学习和记忆的方法,也是广泛用于测试实验动物空间记忆(即陈述性记忆)的重要实验方法,在老年痴呆研究中的应用非常普遍。该方法是利用强迫动物游泳,在水中设置平台、盲端及出口,强迫动物寻找平台或出口的方法来实现的。圆形迷宫在水中放置平台,方形测试动物用标准泳道,采用视频图像处理方式测试动物行为,并实时监视动物活动的行为表现。经典的莫里斯水迷宫测试程序主要包括定位航行试验和空间探索试验两部分。其中,定位航行试验历时数天,需每天将大鼠或小鼠面向池壁分别从 4 个入水点放入水中若干次,记录其寻找到隐藏在水面下平台的时间,此即逃避潜伏期(escape latency)。空间探索试验是在定位航行试验后去除平台,然后任选一个入水点将大鼠或小鼠放入水池中,记录其在一定时间内的游泳轨迹,考察大鼠或小鼠对原平台的记忆。莫里斯水迷宫被发明以来,很多学者都采用此方法研究动物的空间学习记忆能力,并在经典的水迷宫基础上进行了很多改进。这种方法已广泛用于啮齿动物视觉相关的空间记忆和工作记忆的测量中,但是否适用于测量动物的长时记忆还存在争议。

虽然大鼠或小鼠是天生的游泳健将,但是它们却厌恶处于水中的状态,同时游泳对于鼠类来说是十分消耗体力的活动,因此它们会本能地寻找水中的休息场所。寻找休息场所的行为涉及一个复杂的记忆过程,包括收集与空间定位有关的视觉信息,再对这些信息进行处理、整理、记忆、加固,然后再取出,目的是能成功地航行并且找到隐藏在水中的平台,最终从水中逃脱。

【目的要求】

掌握利用莫里斯水迷宫测定学习记忆功能的方法。

【实验器材】

奶粉(或钛白粉)、大鼠或小鼠、莫里斯水迷宫装置(由泳池、平台、摄像机、计算机和图像采集分析软件构成,见图8-7-1)。摄像头安装在动物活动区域的上方,区域是实验人员设定的圆形、长方形等各种形状,摄取的动物活动图像传入分析计算机,计算机以30次/s的速度将影像信号数字化,记录一个或几个动物在一个或多个区域内不同时间的位置、速度、停留时间、运动轨迹、运动距离等研究参数。软件根据研究人员的设计可自动将这些参数分类,统计得到动物活动情况报告。

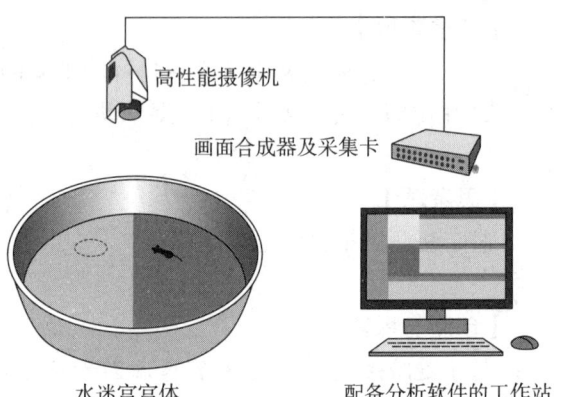

图 8-7-1 莫里斯水迷宫装置示意图

【方法与步骤】

1. 先在泳池内加入适当深度的水(以能没过平台为宜),加入适量奶粉或钛白粉,使泳池内的水形成不透明的乳浊液,并把平台放置在泳池的某一个象限。

2. 在正式实验之前,进行适应性训练,每只大鼠或小鼠在同一入水点连续放置两次,记录动物找到平台的逃避的潜伏期、游泳轨迹、游泳总路程及平均游泳速度。允许其在120 s内找到平台,找到后在平台上保持20 s。若在120 s内找不到平台,则将大鼠引导到平台上并保持20 s。

3. 定位航行试验

实验历时6天,每天分上、下午两个系列,每个系列包括4次。操作者在第一个象限将大鼠面向池壁入水,大鼠或小鼠发现并爬上平台后,让其在平台上站立20 s,然后将大鼠或小鼠从平台上拿下来休息60 s,再随机由下一象限入水进行实验,如果120 s内找不到平台,则由操作者帮助其上平台,逃避潜伏期记为最高分120 s,一直完成4个象限的实验,记录每次实验大鼠或小鼠找到平台的逃避潜伏期和运动轨迹。

4. 空间探索试验

第7天,撤去平台,取随机一点投大鼠或小鼠入水池中,记录2 min内大鼠或小鼠穿过平台所在象限的时间和穿越的次数。

【参考结果】

参考结果见图8-7-2,填写表8-7-1。

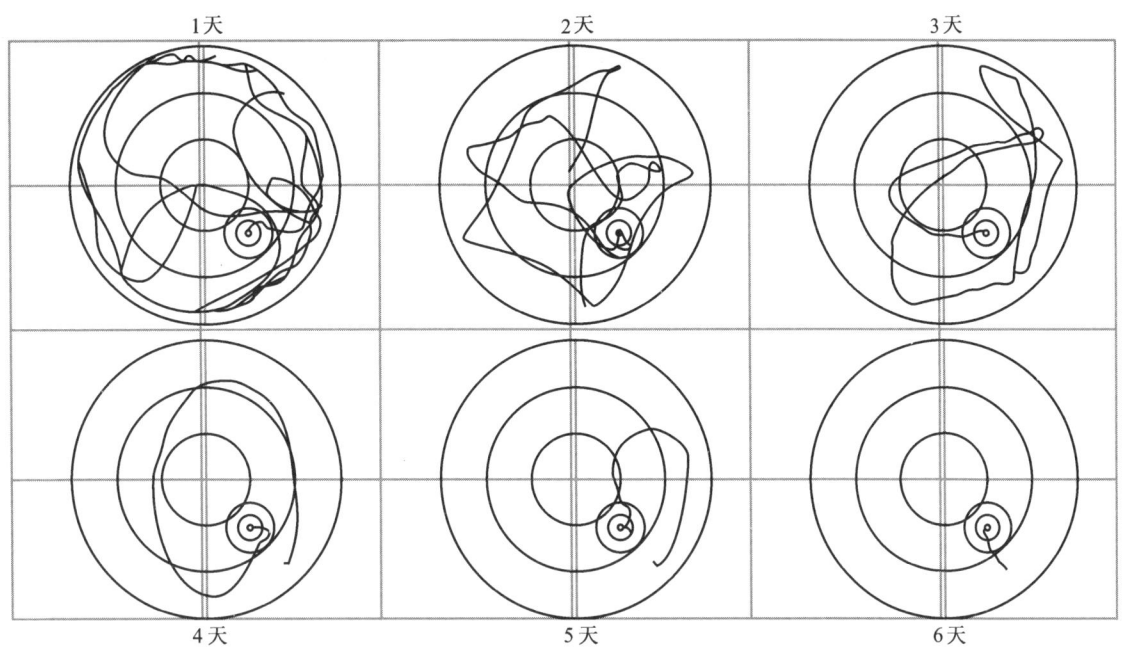

图 8-7-2　大鼠或小鼠在定位航行试验中运动轨迹和逃避潜伏期的变化

表 8-7-1　大鼠或小鼠水迷宫的行为表现

大鼠或小鼠号码	定位航行的逃避潜伏期 /s（最后一次）	空间探索试验	
		在平台象限的时间 /s	穿越平台的次数 / 次

【注意事项】

在整个实验过程中务必保持环境的安静。

【思考题】

莫里斯水迷宫测试记忆的原理是什么？

【创新与探索】

基于莫里斯水迷宫法设计实验,观察体液因素或疲劳对学习、记忆的影响。

(刘燕强)

实验 8-8　小鼠电防御条件反射的建立、分化与消退

【实验背景与相关原理】

建立动物条件反射(conditioned reflex)必须掌握强化的训练方法。强化是指条件刺激(conditioned stimulus)与非条件刺激(unconditioned stimulus)的结合过程。例如,灯光原本与动物的逃避反应并无关系,通常是不会引起小鼠逃避活动的非条件反射活动,是无关刺激。然而,经过重复若干次与损伤刺激(如电刺激)相结合以后(此即强化),一有灯光,动物就会出现逃避反应,这就形成了条件反射。灯光从无关刺激变成引起逃避的信号,即条件刺激。

按照巴甫洛夫高级神经活动学说,各种无关刺激(如声音或光等)与非条件刺激(如电流、食物等)先后作用于动物,并重复一定次数后,大脑皮层上相应的两个兴奋灶之间,由于兴奋的扩散,在功能上逐步形成了暂时性接通。此时,无关刺激就成为具有信号意义的条件刺激,能代替非条件刺激引起机体相应的反射活动,此即条件反射的建立。条件反射的巩固需要非条件刺激的不断强化,否则条件刺激的信号作用就逐渐消失,即为条件反射的消退。消退是大脑皮层上的兴奋过程转化为抑制过程的结果,称为消退抑制。条件反射的分化也是抑制过程的发展。由于大脑皮层对刺激具有高度的分辨能力,阳性刺激在皮层产生兴奋过程,而相近似的阴性刺激则产生抑制过程,这种抑制被称为条件反射的分化抑制。分化抑制对大脑皮层的分析机能具有重要的作用和意义。

【目的要求】

1. 学习用动物建立条件反射的基本技术方法。
2. 通过小鼠条件反射的建立、分化与消退,了解条件反射活动的基本规律与生物学意义。

【实验器材】

小鼠、小动物条件反射箱、节拍器(或电铃、电灯)、调压变压器、秒表及换向电钥。

【方法与步骤】

1. 小动物条件反射箱的结构

小鼠条件反射箱为一长 46 cm、宽 16 cm、高 23 cm 的木制箱子,箱盖可为一活动的玻璃盖,也可为两层,下层为玻璃盖,上层是镜框,内嵌镜子。将镜框打开一定角度,可通过镜子的反射观察动物在箱内的活动情况(图 8-8-1)。箱中间装有隔板,把反射箱分为左、右两个小室。隔板中央下方有小门,动物可通过小门来往于左、右两室。箱底装有平行排列的金属片,单数金属片与电源的一极相接,双数金属片与电源的另一极相连。电源需经调压变压器与金属片连接。如条件反射箱无刺激开关,变压器与金属片之间应串联一个换向电钥(图 8-8-2)。通电时,当小鼠踏在两条相邻的金属片上,动物的身体把相邻的两条金属片接通,电流就会通过身体而发挥刺激作用,引起动物防御性运动反射。在箱的左、右两壁,各装有两个开关,上面为灯光开关,下面为电刺激开关。有些条件反射箱的左、右两壁下方中央各开一个小门,通过小门可将动物放进或取出。

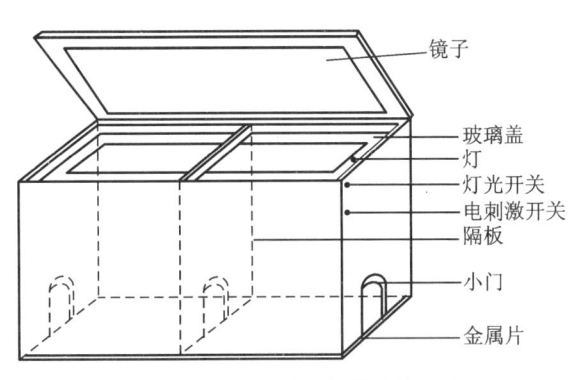

图 8-8-1 小动物条件反射箱结构示意图

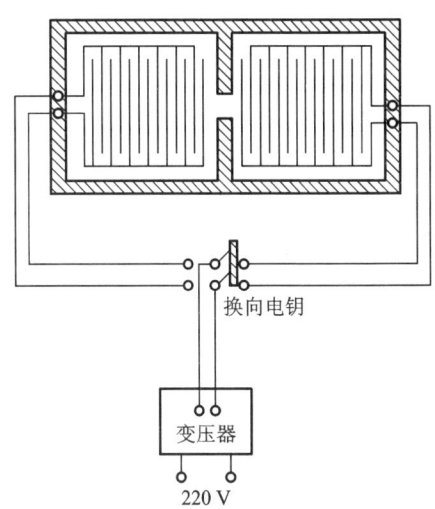

图 8-8-2 小动物条件反射箱底部平面图

2. 动物的训练

先将小鼠放入箱内,使其适应环境。调节调压变压器(10~40 V),逐渐加强电刺激,使动物产生防御性运动反射,从一室逃到另一室。每隔 1~2 min 重复一次,直至小鼠受到刺激时能顺利地逃入另一室为止。注意:刺激强度应适中,过弱不能引起动物的反应,过强也会引起不良反应。调节变压器时,应以能引起小鼠运动反射的最小刺激强度为佳。

3. 条件反射的建立

先给予 180 次/min 节拍器刺激,或按下动物所在一室的灯光开关(用灯光刺激时,室内光线不宜过强),检查能否引起动物的反应。如不能引起运动反射,说明这种刺激为无关刺激。然后开动节拍器 5 s,或给予灯光 2~3 s,再按下电刺激开关,给予非条件刺激强化,并使两者重合 5~10 s,直至动物逃入另一室时,两种刺激同时停止。这样,每隔 1~2 min 重复进行一次。经 20~30 次结合之后,休息 5 min,重复上述步骤,直至单独给予节拍器或灯光刺激,动物就逃入另一室为止,说明条件反射已经形成。再重复上述步骤以巩固新形成的条件反射。实验过程中,随时将实验结果填入表 8-8-1 中。

表 8-8-1 小鼠条件反射的形成、分化与消退实验记录表

实验时间	条件刺激物	分化刺激物	强化情况		潜伏期/s	条件反射建立情况
			强化	不强化		

4. 条件反射的分化

在条件反射形成以后,给予 180 次/min 节拍器的条件刺激,并伴有强化。而用 40 次/min 的节拍器作为分化刺激,单独作用 15 s,不予强化。这样,两种不同性质的刺激交替使用。最初,由于条件反射的泛化,小鼠对分化刺激也出现运动反应。随着对比实验次数的增加,动物只对条件刺激发生反应,而对分化刺激则无反应,此时条件反射的分化已经形成。

5. 条件反射的消退

继续用 180 次/min 的节拍器作为刺激,但不再给予强化。最初,小鼠还会出现条件反射,重复几次后,潜伏期逐渐延长,最后反射消失,此时条件反射已经消退。

【注意事项】

1. 用节拍器作为条件刺激时,实验室内需保持安静,否则条件反射形成困难。如有条件,最好分室进行实验,以排除额外刺激。
2. 实验过程中,应防止触电事故。捉拿动物时,应事先关闭电源。

【思考题】

1. 根据实验结果总结条件反射的形成、分化和消退的条件,并分析其生物学意义。
2. 在条件反射建立的情况下,试设计一个外抑制实验。探究外抑制后条件反射是否还存在。

【创新与探索】

根据条件反射的基本原理,试提出 1~2 个建立人体防御性条件反射的实验设计方案。

(解景田)

实验 8-9 家兔脑立体定位及下丘脑乳头体对心电和血压的影响

【实验背景与相关原理】

由于脑的形状是一个立体结构,为了给脑的某一具体结构定位,常需要引进 3 个平面,即矢状切面、额状切面(冠状切面)和水平切面(横切面)。其中矢状切面能把脑分为左、右两部分,而能把脑均分为左、右两半的切面叫正中矢状切面;额状切面则可以把脑分为前、后两部分;水平切面则可以把脑分为上、下两部分。出于实验研究和临床的目的,有时需要把刺激电极、记录电极、注射导管、灌流导管等器械安置在脑的某一个具体部位,这种定向安置技术称为立体定位技术(stereotaxic technique)。其基本依据是某些颅外标志(如外耳道、眼眶等)与颅内结构具有相对固定的位置关系。在确定了颅外标志之后,就可按立体定位图谱所提供的数据进行定位操作。而脑的不同部位往往代表不同生理功能的调节中枢,因此刺激不同部位可引起不同的生理反应。下丘脑(hypothalamus)即存在着调节心血管活动的自主神经中枢,同时下丘脑也可引起躯体肌肉、呼吸和其他内脏活动的复杂变化,最终使心率加快、心搏加强、心输出量增大、皮肤和血管收缩及血压升高。图 8-9-1 为下丘脑乳头体与其他脑结构的相对位置图。

实验 8-9 家兔脑立体定位及下丘脑乳头体对心电和血压的影响

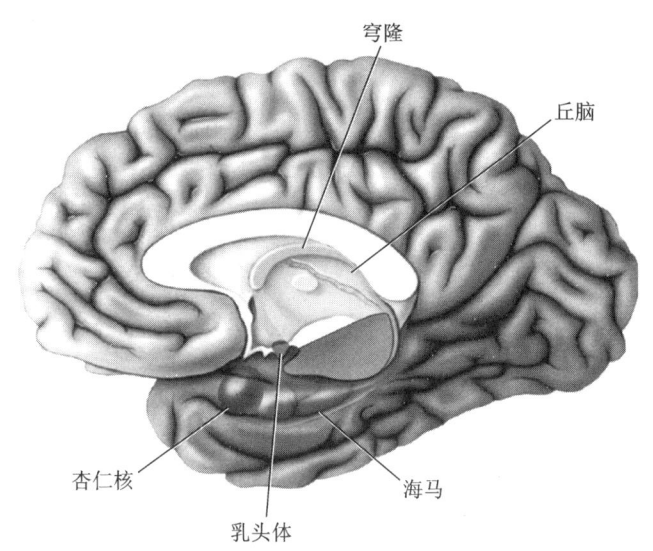

图 8-9-1 下丘脑乳头体与其他脑结构的相对位置图（引自 Bear,1996）

【目的要求】
1. 学习脑立体定位的方法。
2. 观察刺激下丘脑乳头体附近的不同区域所引起的心电和血压变化。

【实验器材】
家兔、立体定位仪、哺乳动物手术器械、骨钻（或牙钻）、咬骨钳、深部刺激单电极、动脉血压传感器、计算机生理信号采集系统、人工呼吸机、骨蜡、200 g/L 氨基甲酸乙酯溶液、三碘季铵酚、生理盐水、肝素、10% 甲醛溶液和亚铁氰化钾。

【方法与步骤】
1. 实验准备

(1) 调试定向仪　实验时，需要对定位仪调试，用三角板检验电极移动架各滑尺是否互相垂直。上下移动滑尺，观察是否与电极移动架支柱平行，再观察头部固定器的小框是否与主柱平行。

(2) 脑定位图谱的认定　多采用 Sawyer 图谱的规定（图 8-9-2），使前囟（冠状缝和矢状缝的交点）比人字缝尖高 1.5 mm。在这种状态下，以含有前囟的水平面作为基准平面，而以在基准平面下方与其距离 12 mm 的水平面，作为水平零平面（H0），在此面之上的为 H+，之下的为 H-。含有前囟并与矢状缝垂直、又与基准平面垂直的平面，作为冠状零平面（AP0），在此面之前或后的冠状平面分别为 A 和 P。含有矢状缝并与基准平面垂直的平面作为矢状零平面，其左为 L，右为 R。例如 A2、R2 和 H2 所指示的位置在冠状零平面前 2 mm、矢状零平面右侧 2 mm 和水平零平面下 2 mm（图 8-9-3）。

2. 手术

(1) 耳缘静脉注射 200 g/L 氨基甲酸乙酯溶液（剂量为 1 g/kg 体重）麻醉动物。

(2) 颈部做气管插管，备供人工呼吸机。

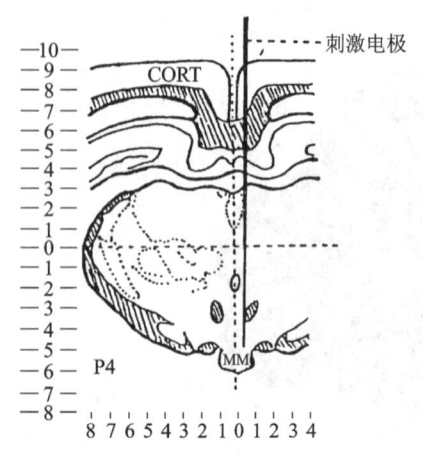
图 8-9-2　兔脑图谱（引自张祝山）

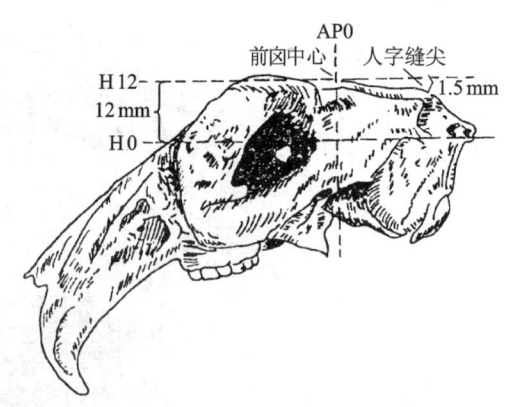
图 8-9-3　兔头的各标准平面（引自张祝山）

（3）在腹股沟部，分离出一侧股动脉，以备做动脉插管，记录动脉血压。

（4）接好人工呼吸机，调节好气量和呼吸频率，然后从耳缘静脉注射三碘季铵酚溶液（剂量为 3～5 mg/kg 体重），检查动物肌张力是否下降，呼吸是否与呼吸机的动作同步。

（5）将耳杆插入受试动物的外耳道，并将动物门齿套入固定器的门齿槽内。同时把眼眶固定杆的尖端钩住眼眶下缘，拧紧各部位螺帽，使动物的头部对称地固定在定位仪上。

（6）将刺激电极接到 10 V 直流稳压电源的负极上，用一银丝与电源的正极连接。将电极与银丝浸没于盛有生理盐水的平皿内。电路接通时只在电极尖端有细小成串的气泡出现，表示绝缘性能良好。如发现针尖端以外的区域有气泡出现表示有漏电，应调换电极并重新检查。

剪去动物头部的毛，沿正中线切开头皮约 5 cm，将骨膜从切口向两侧推开，暴露前囟中心、人字缝尖和矢状缝。用骨钻在颅骨上开一矢状直径约 2 cm、冠状直径约 1.5 cm 的骨窗，骨窗前缘在前囟后方 1～2 mm。注意：勿损伤硬脑膜及脑组织。用小镊子轻轻提起并剪开硬脑膜，暴露脑表面，剪开硬脑膜时注意勿伤及正中线处的血管。用骨蜡止血，颅窗用浸有石蜡油的棉球覆盖。

（7）打开计算机生理信号采集系统，第 1 通道接心电信号连线，采集动物心电信号，第 2 通道接压力传感器，并插股动脉导管，以记录血压。

（8）将刺激电极固定在电极夹上，注意电极应在各方向上保持垂直。实验采取单电极刺激方法，无关电极置于头部切口处，将另一电极串联在刺激电路中。调节电极移动架，使刺激电极尖端轻轻接触前囟中心，记录其三维坐标值。按照 Sawyer 图谱所标明的下丘脑乳头体的位置，即 P = 4（前囟后 4 mm）、L 或 R = 1 mm（正中线左侧或右侧 1 mm）和 H = −5（基准零平面以下 5 mm，即前囟下 17 mm），将电极插入脑内预定位置，然后再描记心电图和血压曲线一次。

（9）以从大到小的电流强度分别刺激下丘脑乳头体核区域 10～30 s，观测不同的强度刺激对心电图和血压曲线的影响。

（10）组织学鉴定定位刺激部位

① 保持动物头部在定位仪上的位置不变。将电极引线与直流稳压电源的正极连接，负极接头皮创口，通 10～20 μA 的电流 15 min，然后取出电极。将动物下半部置于大搪瓷盘中，剪开股静脉，同时利用股动脉插管用 100 mL 注射器快速灌注生理盐水 1 000 mL，直到由股静脉流出的液体呈现淡粉色为止，再用 500 mL 含有 10 g/L 亚铁氰化钾的 10% 甲醛溶液快速灌注。此时可

见到动物下肢抽动,表示固定液灌注良好。

② 用骨钳剥出整个脑标本,系上标签,注明动物编号及实验日期,投入到10%甲醛溶液中,24 h后即可进行组织学检查。在电极尖端部位可见到小的蓝点。

此方法的原理是:当通直流电时,若不锈钢针接电源正极,这时不锈钢中的Fe^{3+}脱离电极尖沉积在组织中,与组织液内的Cl^-结合而形成氯化高铁($FeCl_3$)。当它遇到亚铁氰化钾时,将产生普鲁士蓝。其化学反应的过程如下式:

$$4FeCl_3 + 3K_4[Fe(CN)_6] \rightarrow Fe_4[Fe(CN)_6]_3 + 12KCl$$

【参考结果】

参考结果见图8-9-4。

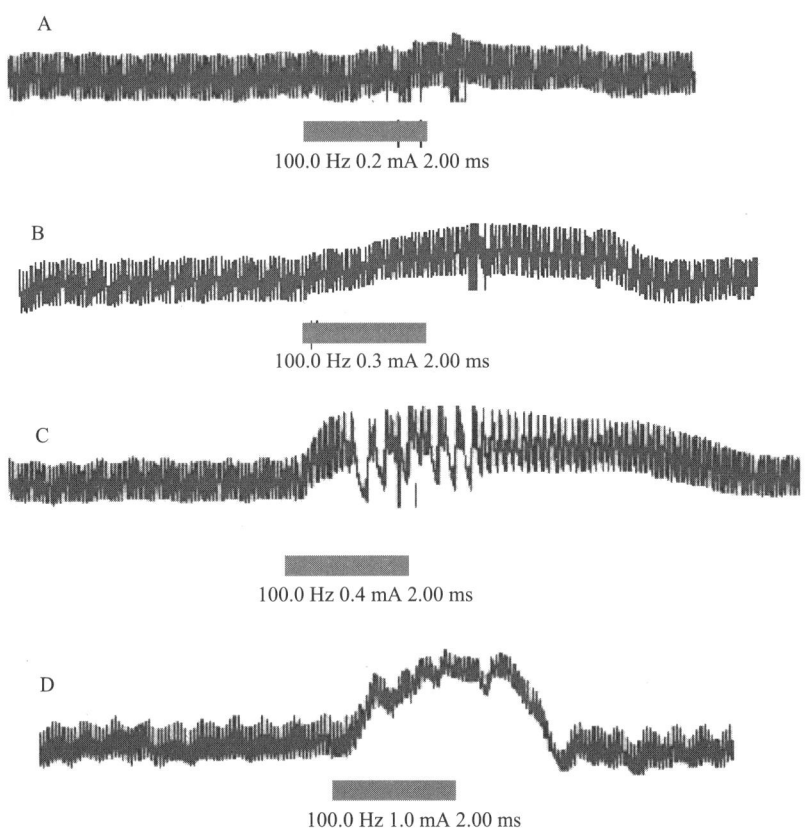

图8-9-4 不同的电流强度刺激乳头体引起家兔动脉血压的变化趋势
A. 电流强度0.2 mA;B. 电流强度0.3 mA;C. 电流强度0.4 mA;D. 电流强度1.0 mA

【注意事项】

1. 兔头固定时,两侧耳杆应插到适当位置。固定后的兔要保持平正(不向左右倾斜)。
2. 定位仪的结构非常精细,使用时动作应尽量轻巧。用后仔细擦去血污,然后用油纱布擦拭。

【思考题】
1. 脑立体定位术的工作原理和立体定位依据是什么?
2. 刺激兔下丘脑乳头体区域对动物心电和血压影响的观察结果说明了什么问题?

【创新与探索】
设计刺激下丘脑不同核团对血压、呼吸和泌尿等生理功能的影响。

(刘燕强)

实验 8-10 大鼠脑电图和皮层诱发电位的引导

【实验背景与相关原理】

大脑皮层(cerebral cortex)存在着持续不断的电活动。这些电活动表现为不同频率、幅值和波形的电位变化。借助于两个置于头皮上的引导电极,经过几级放大,通过显示器,便可描记大鼠大脑皮层的自发电活动。观察或记录到的脑电活动波形,称为脑电图(electroencephalogram, EEG)。目前认为,脑电活动是大脑皮层神经元兴奋性和抑制性突触后电位的综合电位变化。

凡感觉器官、感觉神经或感觉传导途径上任何一点受刺激,而在中枢神经系统引出的电位变化,称为诱发电位(evoked potential, EP)。在大脑皮层的某一局限区域引出的电位变化,称为皮层诱发电位。鉴于诱发电位常出现在自发脑电波的背景上,自发脑电越小,则诱发电位越清楚,因而常使用深度麻醉方法来压低自发脑电和突出诱发电位。在相应皮层感觉投射区表面引出的皮层诱发电位可分为两部分:主反应和后发放。前者主要通过特异性投射系统投射到相应的皮层部位而诱发产生的电位变化;后者主要是非特异性投射系统所引起的电位变化。主反应的潜伏期一般为 5~12 ms,是一种先正后负的电位变化,正相波比较恒定。在主反应之后,常有一系列正相的周期性电位变化,称为后发放,其周期节律一般为 8~12 ms。后发放是否出现及其持续时间的长短,取决于刺激强度与麻醉状态。一般而言,对感觉传入系统的刺激强度大、麻醉浅时,后发放易于出现,且持续时间较长。

大脑皮层诱发电位引导是确定各种感觉与皮层相互关系的有效手段,事实上研究行为等高级功能的神经结构基础也可以基于相同原理记录不同脑结构的神经元放电情况得到启示,2014年获诺贝尔生理学或医学奖的成果——确定位置细胞(脑内的导航仪)即采用类似的原理获得。

【目的要求】
1. 学习大鼠脑电图的记录方法,并初步分析脑电图的波形。
2. 学习大鼠大脑皮层诱发电位的记录方法和基本波形的分析。

【实验器材】

大鼠、常用解剖器械、生理信号采集系统、计算机、引导电极、皮层电位引导电极、刺激电极、颅骨剪、开颅钻(可用牙科钻代替)、大鼠固定板、止血海绵、缝合针、手术线、纱布、25 g/L 戊巴比妥钠溶液(或 200 g/L 氨基甲酸乙酯溶液)、注射器(1 mL、5 mL)和石蜡油。

【方法与步骤】

1. 自大鼠尾静脉注射 25 g/L 戊巴比妥钠溶液（剂量为 25 mg/kg 体重）（或可采用腹腔麻醉），动物麻醉后，俯卧位固定在大鼠板上。

2. 安放引导电极，连接生理信号采集系统，记录脑电图。

3. 于大鼠的腿背侧中部纵行切开皮肤，用止血钳钝性分离股二头肌与半膜肌，在深部找到粗大、白色的坐骨神经，并固定保护电极于神经上，覆盖 37 ℃的石蜡油，用止血钳夹闭切开的皮肤。

4. 在大鼠头顶部沿中线切开皮肤，用刀柄钝性分离骨膜，暴露颅骨的骨线。在接受刺激的肢体对侧用骨钻和骨钳打开颅骨，止血海绵止血，剪开脑膜，滴一滴石蜡油保护皮层。

5. 将引导电极置于暴露的皮层上，电极尾端连接信号处理系统的输入端，参考电极夹在切开的头皮边缘上。

6. 以单脉冲电刺激坐骨神经触发诱发电位，逐渐增加刺激强度，观察是否获得诱发电位，并寻找能引导最大幅度诱发电位的中心点。

7. 施以不同频率的连续刺激，观测诱发电位大小和波形的变化。

【参考结果】

参考结果见图 8-10-1、图 8-10-2。

【注意事项】

1. 在暴露大脑皮层时注意止血，切忌出血过多。
2. 仪器和动物要接地良好，尽量去除干扰信号。

【思考题】

1. 根据大脑皮层的功能图，判定在哪些部位能获得刺激坐骨神经的最大诱发电位？
2. 诱发电位的特征及产生机制是什么？

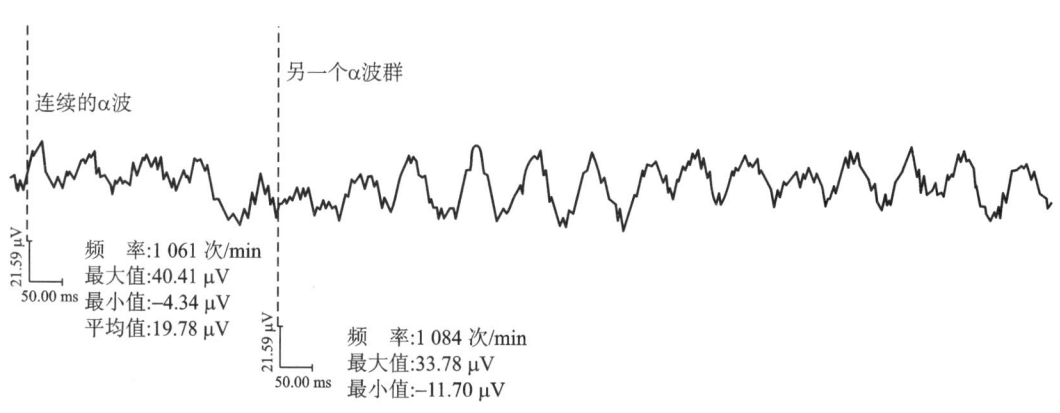

图 8-10-1　大鼠的脑电图曲线

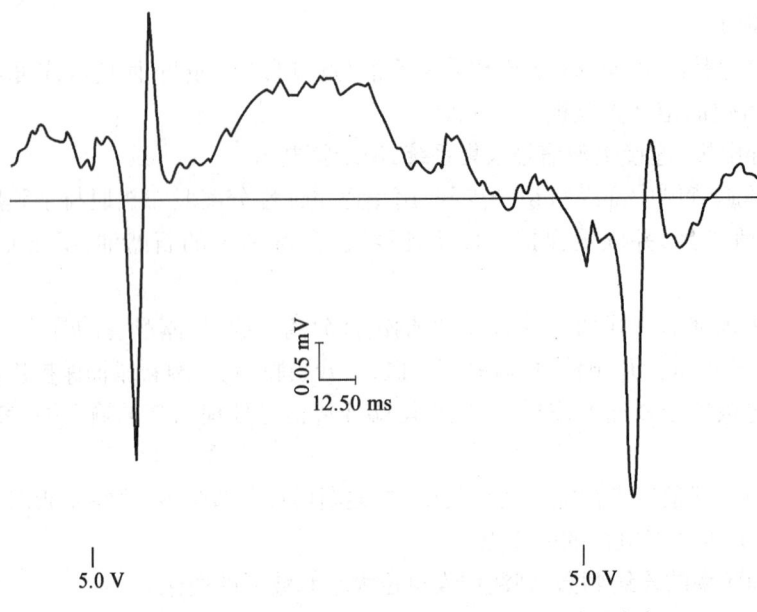

图 8-10-2 刺激坐骨神经在大鼠大脑皮层产生的诱发电位

【创新与探索】

试设计引导大鼠视觉和听觉刺激的大脑皮层诱发电位的实验。

(刘燕强)

实验 8-11 家兔大脑皮层诱发电位的引导

【实验背景与相关原理】

大脑皮层诱发电位为感觉传入系统受到刺激时,在大脑皮层上某一局部区域所引导的电位变化。本实验是以适当的电刺激作用于家兔左前肢的浅桡神经,在右侧大脑皮层的感觉区引导家兔的诱发电位。这种方法可以确定动物的皮层感觉区,在研究皮层机能定位上起着重要作用。由于大脑皮层随时都存在自发电活动,诱发电位经常出现在自发电活动的背景上。为了降低自发电活动,使诱发电位清晰地引导出来,实验时常将动物深度麻醉。

【目的要求】

1. 学习记录家兔大脑皮层诱发电位的技术方法。
2. 观察家兔大脑皮层诱发电位的波形。

【实验器材】

家兔、常用手术器械、骨钻、骨钳、手术台、马蹄形头固定器、示波器、前置放大器、刺激器、屏蔽箱、皮层电位引导电极(直径 1 mm 银丝,顶端呈球形)、保护电极、10 g/L 氯醛糖与 100 g/L 氨基甲酸乙酯等量混合麻醉剂、骨蜡、石蜡油及生理盐水。

【方法与步骤】

1. 麻醉

取家兔一只,以 10 g/L 氯醛糖与 100 g/L 氨基甲酸乙酯混合麻醉剂(剂量为 5 mL/kg 体重)耳缘静脉注射。在实验过程中,以每小时 0.5 mL/kg 体重的剂量维持量皮下注射补充麻醉,维持一定深度的麻醉水平。麻醉深度一般以呼吸频率 20 次/min 为宜。此时皮层自发性电活动较小。

2. 动物的固定

在家兔左、右颧骨突处剪毛后做一小切口,分离骨膜,用骨钻在颧骨突上钻一小孔。将家兔俯卧位,用马蹄形头固定器两侧的尖头金属棒分别嵌入左、右两侧的小孔内。将固定器前方的金属棒尖端插在两上门齿的齿缝之间。三点固定稳妥后,旋紧螺丝。此时家兔头部处于水平位置并略高于躯干部(见图 1-2-16)。

3. 浅桡神经的分离

在家兔左前肢肘部桡侧剪毛,切开皮肤,寻找分离浅桡神经约 3 cm,用蘸有温热石蜡油(38℃)的药棉包裹保护之,并将皮肤切口关闭备用。

4. 暴露大脑皮层

将实验家兔转为腹位固定,用剪毛剪将头顶部被毛剪去,再用手术刀由眉间至枕骨部纵向切开皮肤,沿中线切开骨膜。用手术刀柄自切口处向两侧刮开骨膜,暴露额骨及顶骨(见图 8-5-1)。用骨钻在一侧的顶骨上开孔(勿伤及脑组织)后,将咬骨钳尖端小心伸入孔内,自开孔处向四周咬骨以扩展创口。向前开颅至额骨前部,向后开至顶骨后部及人字缝之前,暴露双侧大脑半球。用眼科剪小心剪开脑膜,暴露脑组织。将温热生理盐水浸湿的薄棉片盖在裸露的大脑皮层上(或滴几滴石蜡油)防止干燥。

5. 仪器的连接与参数的调整

将皮层电位引导电极与前置放大器输入端连接,输出端连接示波器上线。刺激电极连接刺激器输出端。设置前置放大器增益为 100、高频滤波为 100 Hz、时间常数为 1 s、示波器灵敏度为 50~100 mV/cm、扫描与刺激器同步外触发、扫描速度为 20~100 ms/cm、刺激频率为 1 Hz、波宽为 0.2 ms。

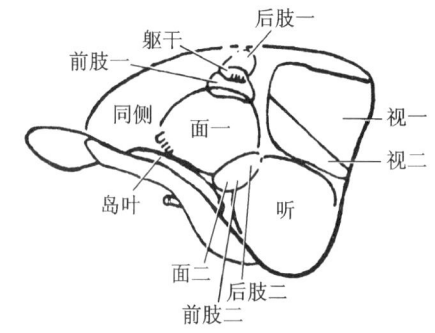

图 8-11-1 家兔大脑皮层感觉区

6. 参照图 8-11-1 将引导电极置于大脑皮层右侧的前肢一感觉区。无关电极夹于头皮切口边缘,动物需另外接地。

7. 调节示波器呈连续扫描状态,观察大脑皮层的自发电活动。

8. 调节示波器的扫描方式为与刺激器同步触发扫描。以单个脉冲刺激浅桡神经,可见同侧肢体轻微抖动,并在荧光屏上出现刺激伪迹。逐渐增加刺激强度,可在伪迹后观察到诱发电位。仔细调整引导电极在皮层表面的位置,逐点探测,引导出振幅较大的诱发电位(图 8-11-2)。注意观察诱发电位的潜伏期、主反应与后发放的时程,以

图 8-11-2 家兔大脑皮层诱发电位

及主反应的相位与振幅。

【注意事项】
1. 实验须在屏蔽箱或屏蔽室内进行，以防干扰。
2. 皮层诱发电位对温度十分敏感，在剪开脑膜后，要经常更换温热石蜡油。
3. 皮层电位引导电极以轻触皮层为佳，不可过分压迫皮层，以免影响引导和观察诱发电位。

【思考题】
1. 什么是大脑皮层诱发电位？
2. 皮层诱发电位包括哪些波形成分？
3. 皮层诱发电位是怎样产生的？躯体感觉系统的传入通道为何？

【创新与探索】
试从反射途径出发，设计 1~2 个终止皮层诱发电位引导的实验。

（解景田）

实验 8-12 人体脑电图描记

【实验背景与相关原理】

大脑皮层神经元在未受到明显刺激的状态下，存在着持续不断的电活动，这些电活动表现为不同频率、幅值和波形的电位变化，称为自发性脑电波。借助于放在头皮上的引导电极，经过放大后，脑电图仪将这种自发性脑电波记录下来，所描记的图形即为脑电图（electroencephalogram，EEG）。

经过众多研究证实，脑电图为一些有规律的波形，根据其频率和幅度的不同可分为α波、β波、θ波和δ波（图 8-12-1）。

(1) α波 频率为 8~13 Hz，波幅为 10~100 μV，是成年人在安静闭目状态下的正常波形。α波的重复出现称为α节律，并具有时大时小的波幅变化，形成所谓α波"梭形"。每一梭形持续 1~2 s。在顶、枕区，α波活动最为明显，数量最多，而且波幅也最高。

(2) β波 频率为 14~30 Hz，波幅为 5~25 μV，在额、颞、中央区活动最为明显，在安静状态，其指数约为 25%。

(3) θ波 频率为 4~7 Hz，波幅为 20~100 μV，表示处于思考或灵感思维状态，是学龄前儿童的基本波形，成年人在瞌睡状态、浅睡期和在脑血管动脉硬化及供血不足时会出现。

(4) δ波 频率为 0.5~3 Hz，波幅为 20~200 μV，表示处于无梦深睡状态，是婴儿的基本波形，在生理性深睡期、慢波睡眠状态常见，病理性昏迷状态也会见到。

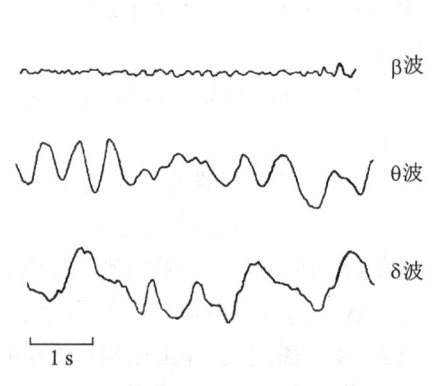

图 8-12-1 脑电图波形

影响脑电波的因素很多。正常的脑电波与个体年龄、智力、思维、情绪等都有密切关系：年龄越小，快波越少，而慢波越多，且伴有基线不稳；年龄越大，则快波越多，而慢波越少。但是，在50岁以后，慢波又继续回升，且伴有不同程度的频率慢波化。脑电波受到意识活动、情绪表现及思维能力等精神因素的影响时，会出现明显的波形改变。

脑电图的描记是研究睡眠等神经生理活动和诊断神经精神性疾病的有效手段，因此有广泛的用途。

拓展阅读 8-1 *脑电图研究简史*

为了进一步研究脑电信号的生理、病理与心理学意义，一些学者发明了脑波处理技术，其技术核心是将不同的脑波信号——频率或波幅的数值变化转变为图像显示，可以比较直观地显现大脑的功能状态。

（1）脑电地形图技术　以测定各脑区、各频段功率谱值（μV^2）的方式来测定脑波分布的强度及其对称性。

（2）脑涨落图　由梅磊建立，是利用脑电地形图原理与神经递质分布相结合的方法来研究大脑功能的一种新技术。

（3）脑像图　利用混沌动力学原理及脑波编码分析与数字转换技术将脑电图转换而成的图像被称为脑像图，由王德堃建立。

【目的要求】

1. 学习人体脑电图的记录方法。
2. 了解和辨认正常脑电图波形和脑电图的处理方式。
3. 观察不同刺激因素对脑电图的影响。

【实验器材】

成年志愿者（同组学生可做自愿受试者）、脑电图机或能用于人体实验的生理信号采集系统、计算机、电极固定帽、电极盘（或杯）、电极糊（或生理盐水）、医用75%酒精、棉球和浓盐水（浸泡电极用）。

【方法与步骤】

1. 连接脑电图机。受试者静坐于舒适的靠背椅上，保持清醒状态和放松姿势。用75%酒精棉球擦拭耳垂、额和头顶皮肤，并涂以电极糊，把引导电极放置在左额部、左顶部、右额部和右顶部的固定部位，用电极固定帽加以固定，地线轻轻夹在耳垂上。每个电极分别和脑电图机的盘状表面面板上的每个电极输入口相连接，或与生理信号采集系统输入接口相连接，电极的安置个数依据脑电图机的盘状表面面板上每个电极输入口或生理信号采集系统输入接口的输入端个数而定。脑电图的导联方法分单极、双极或多极。图8-12-2是一种多级导联的参考安置方法（21个电极）。

2. 打开脑电图机或生理信号采集系统，点击菜单"实验项目"，按计算机提示进入脑电图的实验。

3. 令受试者安静闭目,头靠于椅背上,精神、肌肉放松,记录并观察脑电波波形,此时应出现α波及α节律。

4. 令受试者睁眼,记录并观察脑电波波形,此时应出现α波抑制现象,当重复闭目时α波马上出现,此为睁闭眼试验。

5. 令受试者安静闭目,不思考问题,记录并观察一段脑电波。出现α波时,再令受试者睁眼5秒,重复观察α波是否消失。

6. 令受试者在安静闭目情况下接受声音刺激,观察α波是否减弱或消失。

7. 令受试者在安静闭目情况下心算数学题,观察脑电波变化。

8. 令受试者安静闭目,对着受试者打手电筒,或者用光电刺激器闪光刺激受试者,观察脑电图波形改变。

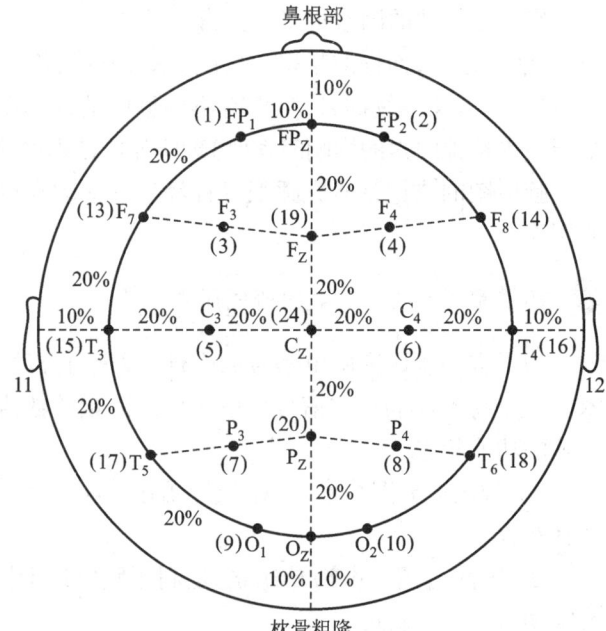

图 8-12-2 脑电图电极安放位置

9. 处理脑电图波形结果,转变为脑像图等图像进行显示与分析。

【参考结果】

参考结果见图 8-12-3 和图 8-12-4。

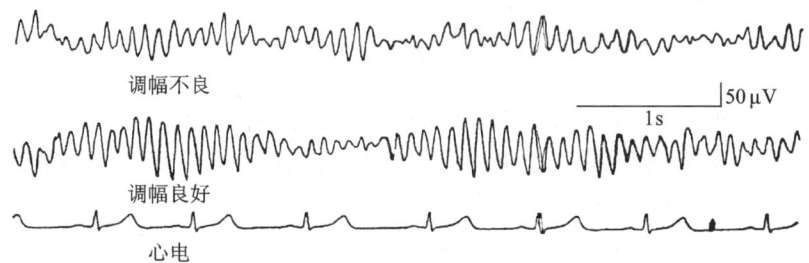

图 8-12-3 调幅良好与调幅不良的脑电图

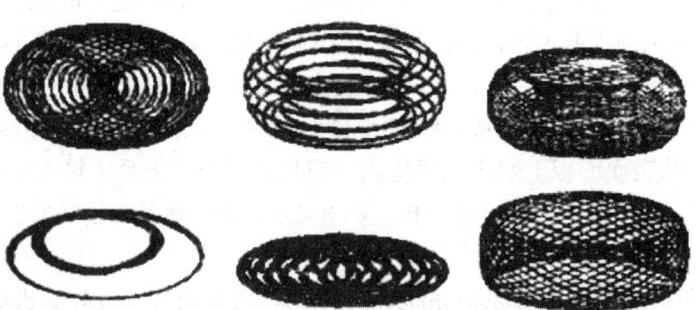

图 8-12-4 不同类型的脑像图

【注意事项】
1. 实验室内应保持安静,光线稍暗,室温在20℃左右。
2. 如脑电图中α波不明显,可将引导电极移到受试者枕部。
3. 受试者应尽量放松精神、肌肉,以去除肌电干扰。
4. 电极与头皮接触应良好,保持电极间的阻抗在允许范围之内,否则会出现干扰。

【思考题】
1. 正常脑电图的波形有哪些?各有何特点?
2. 何为α波的阻断现象?这一现象说明了什么问题?
3. 脑电图的描记有何临床实用价值?
4. 试分析不同刺激对脑电图影响的机制。

【创新与探索】
1. 设计实验,观察不同人的脑电图特征。
2. 试设计技术与方法,将脑电图的数字(频率或波幅)变化转变为图像显示。

(刘燕强)

实验 8-13 膜片钳技术的细胞封接及神经细胞膜电流信号采集

【实验背景与相关原理】

使用尖端经加热抛光的玻璃微电极与细胞膜紧密接触,可形成电阻值达 10~100 GΩ 的高阻抗封接,即"giga-seal"。利用这种近似电绝缘的电压钳制,可观测膜片或细胞上的离子通道电流(channel current),这种技术叫膜片钳技术(patch clamp technique)。该技术是由德国科学家 E. Neher 和 B. Sakmann 在 20 世纪 70 年代发明的,给电生理学和细胞生理学的发展乃至整个生物学研究带来了一场深刻的革命,使对离子通道本质的研究有了一个质的飞跃。由于该实验技术的突出影响,该成果于 1991 年获得诺贝尔奖。

膜片钳技术可以进行 4 种形式的离子通道电流记录,即细胞贴附式记录(cell-attached recording)、外面向外式记录(outside-out recording)、内面向外式记录(inside-out recording)和全细胞式记录(whole-cell recording)。记录方式如图 8-13-1 所示。

微电极与细胞简单接触,造成低电阻密封,封接电阻仅约 50 MΩ。当吸管内进行负压吸引时,吸管与细胞膜的封接电阻将提高几个数量级,形成 giga-seal,即形成了细胞贴附式。这时在与整个细胞连接的情况下记录流过吸管内膜片的离子电流。其他 3

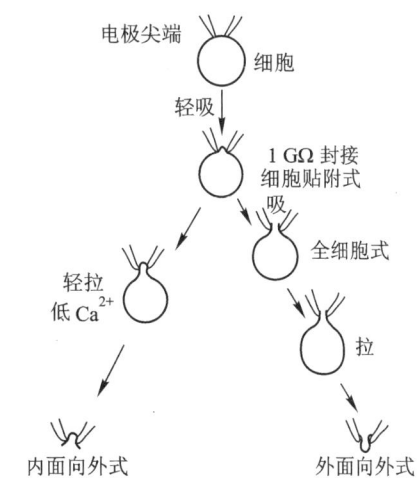

图 8-13-1 膜片钳记录模式示意图(引自王绍)

种操作均是在细胞贴附式基础上进行的。在形成 giga-seal 后,如进一步在吸管内施加脉冲式的负压或加一定的电脉冲,使吸管中的膜片破裂,吸管内的溶液与细胞内液导通,这时就可进行全细胞电压钳制实验。在全细胞钳制基础上,如提起电极,使与电极相连的膜片与整个细胞相分离,则可得到"外面向外"的细胞游离式膜片单通道记录。而在形成 giga-seal 后,如提起微电极,在微电极尖端可形成一封闭的囊泡,并与细胞脱离,将其短时间地暴露于空气,可使囊泡的外面破裂,导致一种"内面向外"的形式。

在一定条件下,跨越细胞膜(或膜片)的离子流动所产生的电流,称跨膜电流(transmembrane current),又称膜电流。在全细胞式记录时,跨膜电流即为全细胞电流(whole-cell current)。在全细胞钳制模式下,通过微电极尖端给予细胞去极化刺激(即给细胞正离子电流),就可诱发电压依赖性的内向钠电流和外向钾电流。而用钠通道阻断剂或钾通道阻断剂对细胞处理后,再给予相同的刺激,则内向电流或外向电流分配被抑制。

【目的要求】
1. 学习神经细胞的急性分离方法。
2. 了解微电极与细胞封接的过程。
3. 观察神经细胞通道电流的获得过程。

【实验器材】
1. 实验主要用品

已急性分离好的成年大鼠神经元或培养好的幼鼠神经细胞(具体过程见后)、膜片钳放大器、刺激器、倒置显微镜、微操纵器、微电极拉制仪及其抛光仪、电信号处理软件、计算机及其接口、Hank's 平衡盐溶液(简称 HBSS 液,1 L 溶液中含 KCl 0.4 g、KH_2PO_4 0.06 g、NaCl 8.0 g、Na_2HPO_4 0.04788 g、HEPES 2.6 g、$MgCl_2$ 0.38 g、酚红 0.011 g,用 NaOH 调 pH 至 7.2~7.4)、羟乙基磺酸钠、水合氯醛、乙醚、细胞培养基、河豚毒素、四乙胺。

2. 神经细胞的培养

以海马神经细胞的培养为例。用出生 1 天的 SD(Sprague-Dawley)大鼠,雌雄不限。在无菌条件下,用乙醚麻醉大鼠,切开头皮,暴露颅骨,断头取脑,将全脑放入盛有少量 DMEM 细胞培养基的培养皿中,温度为 4℃。降温后,将脑置于有 DMEM 预先湿润的滤纸上,沿中线一分为二,由脑腹内侧插入一塑料片,仔细剥离出海马。镜下分离出 CA1 区并将其切成约 0.5 mm^3 的组织块。然后将组织块移到盛有约 5 mL DMEM 的 10 mL 离心管中,用巴氏吸管吹打,使脑组织分散、细胞游离。等充分分散后,将离心管竖直静置约 3 min,让未散的大块组织下沉。用吸管取上部细胞悬液(约 1.5 mL),移入另一个事先放有 5 mL DMEM 的 10 mL 离心管中,1 000 r/min 离心 3~5 min,使细胞沉到离心管底。去除上清液,加入约 2 mL 细胞培养液。细胞培养液的成分是:40% DMEM/F12 培养基、20% 胎牛血清、葡萄糖 6 g/L、青霉素 50 U/mL、KCl 25 mmol/L。用吸管将细胞分散,使之成为细胞悬液。吸取 3~5 滴此细胞悬液,加到放在培养皿内的 18 mm×18 mm 盖玻片上。此盖玻片事先涂有多聚赖氨酸以利于细胞贴壁生长。将培养皿放入培养箱内,其中 CO_2 5%、空气 95%、饱和湿度、温度为 37℃,5 h 后,待细胞贴壁,加入约 1 mL 培养液。培养 24 h 后,加入阿糖胞苷(cytosine arabinoside,Ara-C),使培养液中 Ara-C 浓度为 10 μmol/L 以抑制非神经元细胞增殖。此后每 3 天更新一次新鲜培养液(均含有 Ara-C),培养的神经细胞可维持生存 4 周,一般在培养 24 h 后,细胞即有突起生长,出现可以辨认的形态变化。可按实验要求取不同培养时期神经元进行记录和观察。

3. 神经细胞急性分离

取成年大鼠(体重 200~250 g),以水合氯醛麻醉(腹腔注射剂量为 40 mg/100 g 体重),迅速断头取脑。将脑置于冰冷的高蔗糖液中冷冻 2 min 左右,然后以振动切片机切成 400 μm 厚的脑薄片。然后将切好的脑片置于通以 95%O_2 + 5%CO_2 混合气的 $NaHCO_3$ 缓冲的 Earle 平衡盐溶液(简称 EBSS 液)中孵育 1~6 h(室温),然后将脑片移入羟乙基磺酸钠缓冲液中清洗 3 次,并在解剖显微镜下分离出海马 CA1,放入 33 ℃、用 100% O_2 饱和的 HBSS 液中,用 1.1~1.4 g/L 细菌蛋白酶 XIV 消化 30~45 min。之后将组织块在羟乙基磺酸钠缓冲液中清洗 3 次,后用尖端经火抛光处理的口径为 500 μm、300 μm 和 100 μm 的吸管进行吹打。细胞悬液移入 35 mm 培养皿,待细胞贴壁后,即可以进行有关细胞记录的实验。

【方法与步骤】

1. 膜片钳实验仪器的连接

将放大器探头、数模转换器、微电极操纵器分别与计算机和放大器连接。

2. 拉制和抛光玻璃电极,并充灌电极液。

3. 实验细胞的准备

见"实验器材"中神经细胞的培养或急性分离。

4. 高阻抗封接

将充灌好的电极装入电极头,在电极入浴槽液之前给电极尾端通过注射器施加一正压。在倒置显微镜(400×)监视下,由微电极操纵器控制微电极入浴槽液。电极入浴槽液时,可见一指示电流方波。当微电极尖端刚刚接触到细胞膜时,去除微电极内的正压并稍加负压,微电极尖端与细胞膜之间的高阻密封在瞬间形成,此时指示电流方波消失,电流噪声大大减小,即形成细胞贴附式封接。

5. 全细胞式记录、内面向外式和外面向外式的封接

在细胞贴附式封接的基础上,通过微操纵器使电极快速后退一定距离,此时常在电极尖端形成一个小囊泡,将电极尖端在空气中短暂暴露使囊泡破裂,即形成细胞内面向外式封接模式;同样在细胞贴附式封接的基础上,直接向电极内作短暂的脉动抽吸,或给予脉冲电压(200 mV),均可使电极内细胞的细胞膜破裂,即形成全细胞式记录;在全细胞式记录形成后,用微操纵器将微电极提起,则形成外面向外式封接模式。

6. 神经细胞膜电流的记录

在全细胞式电压钳下,将膜电位钳制在 −70 mV,给予时程 60 ms,脉冲阶跃步长为 10 mV,从 −60 mV 到 +50 mV 的去极化刺激,可引出神经细胞膜电流。分别以钠通道阻断剂河豚毒素(TXX)和钾通道阻断剂四乙胺(TEA)处理,观察膜电流的变化。

【参考结果】

参考结果见图 8-13-2 至图 8-13-4。

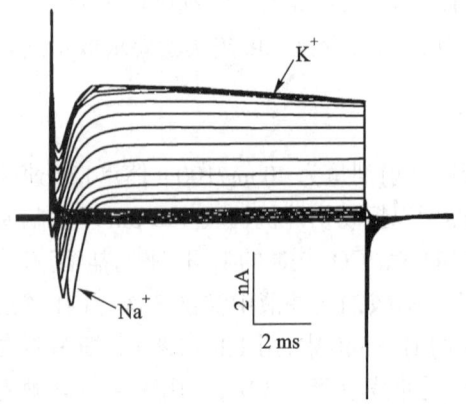

图 8-13-2 全细胞钳制状态下电压依
赖性的膜电流

向下为内向钠电流,向上为外向钾电流

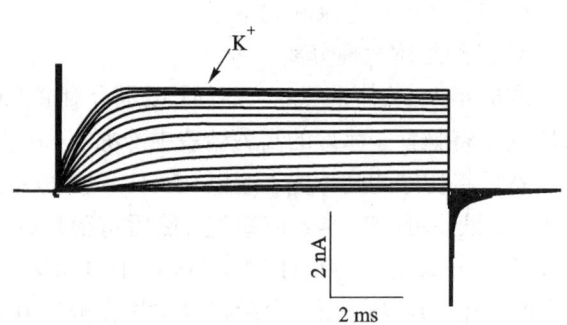

图 8-13-3 TXX 处理后的膜电流

向下的内向钠电流被抑制

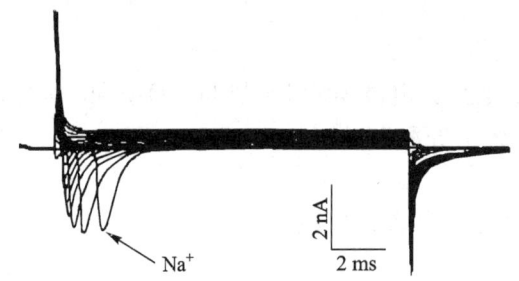

图 8-13-4 TEA 处理后的膜电流

向上的外向钾电流被抑制

【注意事项】

1. 为避免电极尖端污染,电极经气-水界面时要保持电极内有一正压。
2. 浴槽液面应保持干净。
3. 电极液应与细胞内液一致。

【思考题】

1. 何谓离子通道?
2. 细胞膜离子通道电流是如何形成和记录的?
3. 膜片钳技术有何重要意义?

【创新与探索】

1. 试设计测定膜钠通道电流及影响因素的实验。
2. 设计第二信使影响不同离子通道电流的实验。

(刘燕强)

实验 8-14　膜片钳技术记录海马脑片神经细胞通道电流

【实验背景与相关原理】

1. 电压钳技术

20 世纪 50 年代，K. S. Cole 和 G. Marmont 发明了电压钳（voltage clamp）技术，后经 A. L. Hodgkin 和 A. F. Huxley 改进并成功地应用于神经纤维动作电位的研究。电压钳技术的基本原理是：当膜电位被钳制固定不变时，膜电容为零，此时膜总电流就等于跨膜离子电流（图 8-14-1）。因此，测出跨膜电流（I）的变化，按照欧姆定律 $V = IR$，就可知道膜电导的改变，即膜通透性改变情况。

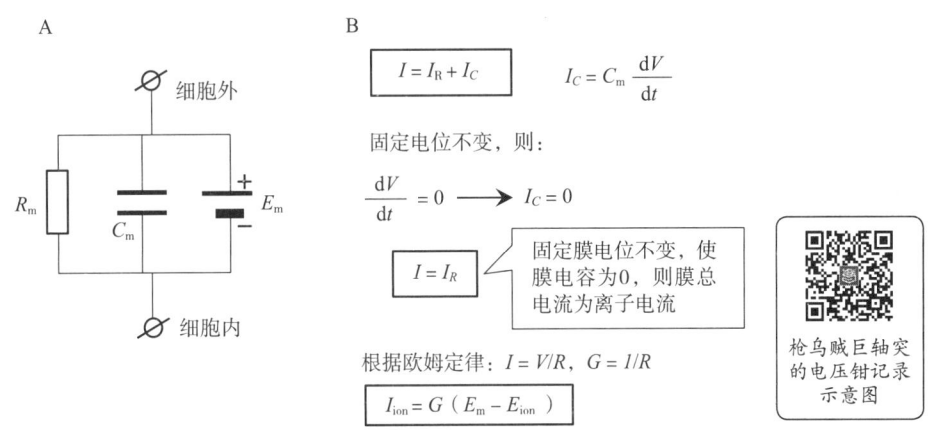

图 8-14-1　细胞膜等效电路图（A）及电压钳技术原理（B）

上述公式中，I 为膜电流，C 为膜电容，R 为膜电阻，V 为电压，G 为膜电导，E_m 为膜电位，E_{ion} 为相关离子的平衡电位，扫描二维码见彩图

电压钳技术记录枪乌贼巨轴突时有两个微电极，一个微电极用于检测膜电位（E_m）改变，该电极通过高阻抗前级放大器后再将信号输入反馈放大器（FBA）；另一个微电极 I′ 与 FBA 输出端相连，用于向细胞内注入电流。FBA 接受膜的输入电压和指令电压并可对两者进行比较。当两者电位相等时输出电流为零，当两者出现差异时，差值经放大后进入快速电压 – 电流转换器并使电压差值转换为电流。该反馈电流经电极 I′ 打入轴突内，使膜电位值向指令电位值变化，如此构成一个使膜电位始终等于指令电位的反馈电路，此时记录的 I_m 就可反映膜电导 G 的变化。I_m 就是经电极 I′ 注入的电流，后者在电压钳制期间精确地对抗通道电流而使膜电流保持恒定。

2. 膜片钳技术

1976 年，E. Neher 和 B. Sakmann 在电压钳技术的基础上发明了膜片钳技术（patch clamp technique），并应用该技术首次在蛙肌细胞上记录到 pA 级（10^{-12}A）的乙酰胆碱激动的单通道电流，证实了细胞膜上存在离子通道。该技术利用电压钳制的基本原理，通过向玻璃微电极内施加 5～50 cmH$_2$O 的负压吸引，使玻璃微电极与所记录细胞表面紧密接触，形成 10～100 GΩ 的高阻抗封接（giga-seal），导致记录电极尖端下的小块膜片与膜的其他部分在电学上完全隔离。在噪声极大降低的情况下，玻璃微电极记录到的一小片膜上流经一个或几个离子通道的微弱电流，即离子通道电流。这一技术方法实现了单根电极既钳制膜片电位又记录单通道电流的突破。这项工作为研究细胞的功能活动及神经、肌肉、心血管等系统疾病产生的离子机制提供了新的方法和途径,也因此获得1991年诺贝尔生理学或医学奖。

膜片钳的记录模式可分为细胞贴附式、内面向外式、外面向外式和全细胞式。全细胞式记录是目前较常采用的记录模式,是在细胞与微电极形成高阻抗封接后,通过负压吸引或施以电脉冲,使电极尖端下的小块膜片破裂,使电极内液与细胞内液相通,从而记录整个细胞膜上离子通道活动的记录方式。

> **拓展阅读 8-2** 膜片钳实验系统、记录步骤与记录模式

脑片是用相应的脑组织或神经核团在特制的切片机上切制而成的组织标本(图8-14-2A)。切制好的脑片放在通有95% O_2 和5% CO_2 混合气体的人工脑脊液中孵育。脑片通常在制备后24 h内使用。脊髓、延髓、杏仁核、小脑、视皮层等均可根据研究需要制成离体的脑片,其中海马脑片的应用最为普遍。海马位于侧脑室后部,解剖结构边界清楚。海马组织为层状结构,其主要细胞和传入、传出纤维排列密集、规整,来自海马CA3区锥体细胞的传入纤维谢弗(Schaffer)侧支与海马脑片CA1区锥体细胞的树突形成突触联系,而CA1区锥体细胞自身的轴突则形成传出纤维沿海马槽向海马以外的脑区投射(图8-14-2B)。海马脑片的上述特点使它成为研究神经元之间突触联系及神经元电流的常用标本。目前,脑片技术已广泛地应用到神经科学研究的诸多领域。

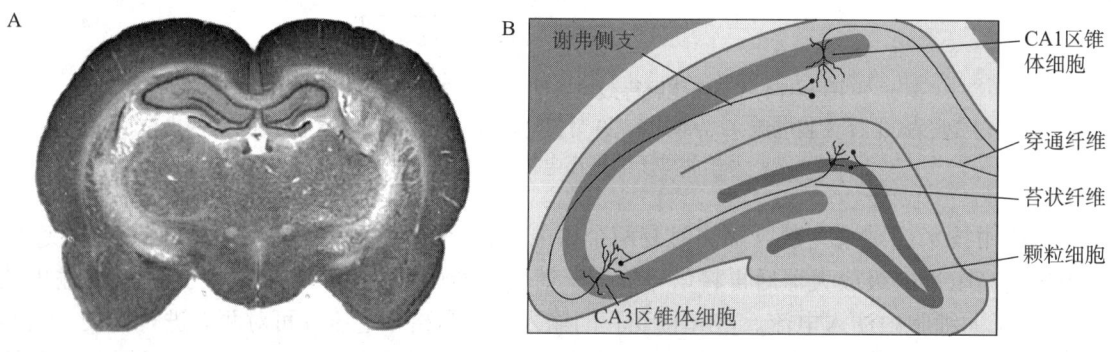

图 8-14-2 脑片与海马结构
A. 脑片 HE 染色示海马;B. 海马结构示意图

【目的要求】

采用膜片钳技术直接观察和记录海马脑片神经元全细胞离子电流的形成过程,了解海马脑片的制备过程与膜片钳技术的原理和基本操作方法。

【实验器材】

5~14天新生大鼠(雌雄不限)、膜片钳实验系统(膜片钳放大器、计算机、微电极操纵器、红外微分干涉相差显微镜、防震台)、振荡切片机、多步水平微电极拉制仪、玻璃微电极、恒温水浴箱、电子天平、pH仪、哺乳动物手术器械、细软毛笔、吸管、烧杯、95%O_2和5%CO_2混合气、异氟烷、

人工脑脊液（成分为：NaCl 124 mmol/L、KCl 5 mmol/L、NaH_2PO_4 1.25 mmol/L、$MgSO_4$ 2 mmol/L、$CaCl_2$ 2 mmol/L、$NaHCO_3$ 24 mmol/L、葡萄糖 10 mmol/L、pH 7.35~7.40）。

【方法与步骤】

1. 乳海马脑片的制备

将新生大鼠用异氟烷吸入麻醉，断头、开颅，取出全脑，立即放入冰的氧合人工脑脊液中30 s，取出后去掉靠头端的部分前脑和靠尾端的脑干和小脑，将含有海马的脑块用黏接剂固定于切片机的底座上，放入含有 0~4℃人工脑脊液的切片机浴槽内。用振荡切片机将海马切成 200 μm 的脑薄片（4~5片），用宽口吸管将脑片移入烧杯内，放置在烧杯内的尼龙网面上孵育。烧杯置于恒温浴槽内，恒温浴槽的温度维持在 36℃±0.5℃。烧杯内人工脑脊液连续充灌 95% O_2 和 5% CO_2 的混合气体，pH 7.35~7.40。脑片孵育 1 h 左右便可用于实验观察。

> 拓展阅读 8-3 海马脑片制备流程

2. 膜片钳记录电极准备

用于膜片钳记录的玻璃微电极主要使用硅酸盐玻璃毛细管，经多步水平拉制仪拉制，制成尖端直径 1 μm 左右、阻抗 2~5 MΩ 的玻璃微电极。玻璃微电极充灌细胞内液后，就可用于膜片钳实验记录。

3. 仪器连接与记录

膜片钳放大器主要是由反馈放大器（FBA）和反馈电阻组成的高度敏感的电流-电压转换器。玻璃微电极夹持于膜片钳放大器的探头上（该探头由微电极操纵器控制），玻璃微电极内的银丝与膜片钳放大器相连。细胞膜电位可通过计算机内的膜片钳实验程序被设定在相应的保持电位上，并给予电极指令电压引起细胞膜电位改变，该电位变化经膜片钳放大器输入计算机，由计算机采集、记录、分析。与此同时，FBA 对所监测的细胞膜电位值与所设定的指令电压进行比较后，经反馈电阻向电极内注入电流，以维持膜电位不变，从而实现对膜片的电压钳制。

4. 高阻抗封接及全细胞记录

将脑片置于浴槽中并用人工脑脊液连续灌流（流速为 1~2 mL/min，内充 95% O_2 和 5% CO_2）。新拉制的玻璃微电极充灌好电极内液后，置于膜片钳放大器探头上，由微电极操纵器控制探头在前后、左右及上下不同方向推进。计算机内的膜片钳实验程序可通过微电极发放一方波脉冲信号，用于检查电极尖端阻抗及观察封接的形成过程。电极在进入液面之前，先给予微弱的正压以避免尖端污染、保持电极通畅。此时电脑记录界面显示电流为零（图 8-14-3A）。电极进入液面后，电流呈一矩形反应（图 8-14-3B）。通过计算机程序对电极调零，之后借助显微镜和视屏监视器的观察，选定所要记录的脑片神经元，利用微电极操纵器推进微电极尖端靠近并接触细胞。当电极接触细胞表面后，应答电流减小（图 8-14-3C）。放掉电极内的正压，轻轻一吸，给予电极一个负压，应答电流较快地减小直到为零，膜阻抗上升到吉欧姆水平，电极和膜片之间形成紧密封接，此为细胞贴附式记录。再给予电极一个快速的负压吸引或电脉冲刺激，可使电极下的膜片破裂，电极内液和细胞内液相同，形成全细胞式记录（图 8-14-3D）。调节快电容补偿，抵消电容电流的影响；调节慢电容补偿和串联电阻补偿，抵消瞬态电流的影响。

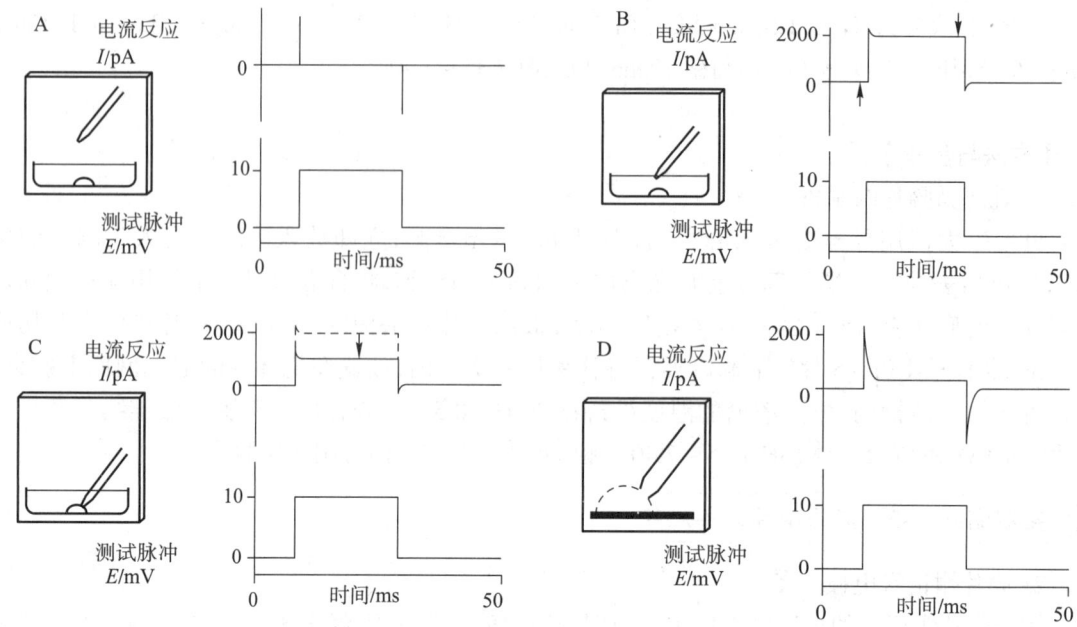

图 8-14-3　高阻抗封接及全细胞记录示意图

A. 电极在进入液面之前,电流为零;B. 电极进入液面后,电流呈一矩形反应;C. 电极靠近细胞膜,电流幅度减小,电阻增大;D. 高阻抗封接形成后,再给予负压吸引或电脉冲刺激,形成全细胞式记录

5. 海马脑片 CA1 区锥体神经元钾通道和钠通道电流记录

直接用阶跃去极化电压使海马脑片 CA1 区锥体神经元(图 8-14-4)产生电压依赖性外向钾离子电流及内向钠离子电流(图 8-14-5)。激活电流的电压刺激程序为:钳制电位 $-100\ mV$,去极化电位水平 $-100 \sim +90\ mV$,阶跃 $10\ mV$,持续时间 $100\ ms$。

6. 海马脑片 CA1 区锥体神经元钠通道电流记录

为了去除全细胞式记录时海马锥体神经元的钾离子电流和钙离子电流,采用氟化铯电极内液,同时在细胞外液中加入氯化四乙胺、4- 氨基吡啶和 $CdCl_2$。神经元全细胞模式形成后,将计算机膜片钳

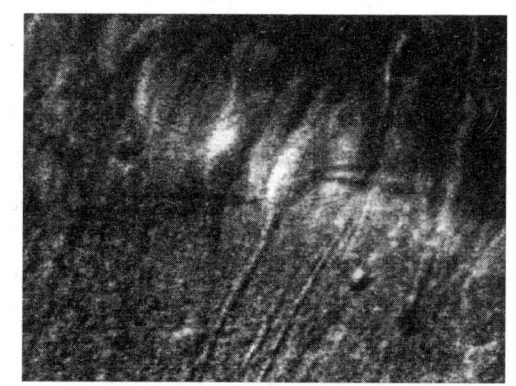

图 8-14-4　显微镜下的海马脑片 CA1 区锥体神经元

实验程序控制调节为电压钳制模式,置保持电位于 $-70\ mV$,给予 $-70 \sim +10\ mV$ 的阶跃去极化脉冲刺激,阶跃 $10\ mV$,刺激波宽 $25\ ms$,即可在海马神经元诱导出全细胞钠通道电流(图 8-14-6)。

【注意事项】

1. 脑片制备的操作要求迅速、轻柔,$3 \sim 5\ min$ 内要完成断头、取脑、制成切片的全部过程,以减少脑组织的损伤及缺氧。

2. 一般孵育 1 h 左右开始实验,过早记录可能会因组织的功能状态尚未恢复而观察不到所

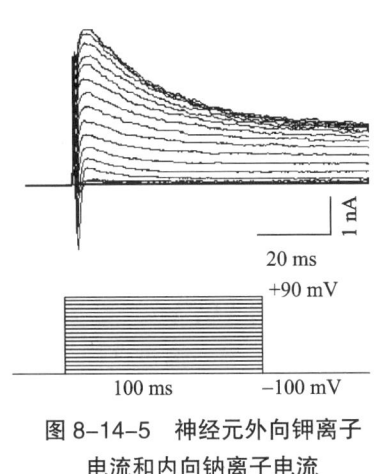

图 8-14-5 神经元外向钾离子电流和内向钠离子电流

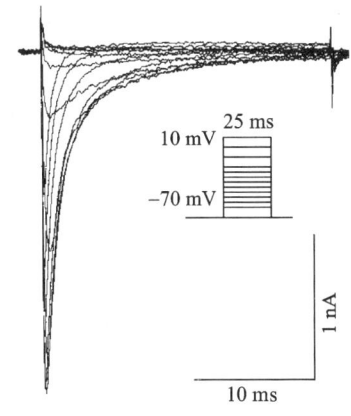

图 8-14-6 神经元钠通道电流

需要的指标。

3. 电极要现用现拉制，细胞内液可冻存，用前解冻。

【思考题】

如何在膜片钳全细胞式记录时，只观察记录到与动作电位发生相关的海马 CA1 区锥体神经元的钾通道电流？

【创新与探索】

融合膜片钳技术与单细胞聚合酶链反应（PCR）技术，设计实验了解细胞的电生理学特性及离子通道的表达。

（周　华）

实验 8-15　小鼠海马长时程增强现象的测定

【实验背景与相关原理】

海马是空间学习记忆的重要脑区。海马中的神经元通过突触相互联系。突触前神经元释放神经递质到突触后神经元，完成神经元间的信息交流。突触可塑性指神经元间突触连接强度的可变化性。1973 年，T. Bliss 等在哺乳动物海马部位发现短暂高频刺激后，神经元兴奋性突触后电位可增大并持续几小时甚至几周，这一现象被称为长时程增强（long-term potentiation，LTP），即同步刺激两个神经元时发生在两个神经元信号传输中的一种持久的增强现象，其与动物信息储存的突触传递效能的可塑性改变有关。增强的突触效能持续表达，离体条件下可以持续 1 h，在体条件下可以持续数天。LTP 的形成是一个非常复杂的过程，在不同的实验条件下可以有不同的表现形式，因所在部位与接受刺激的不同而不同。比如可以是场电位、群体兴奋性突触后电位、群体锋电位、兴奋性突触后电位（EPSP）或兴奋性突触后电流（EPSC）等。LTP 被认为是学习记忆的分子基础，也是研究学习记忆的重要电生理指标。

> **拓展阅读 8-4　海马脑区长时程增强现象**

在动物模型中，高频刺激（high frequency stimulation，HFS）或 θ 簇刺激（theta burst stimulation，TBS）可以诱导 LTP。其简单原理是电刺激诱导突触后神经元兴奋。这一过程反过来激活了在大部分情况下处于不活动状态的谷氨酸受体的亚型 NMDA（N- 甲基 -D- 天冬氨酸）受体及电压依赖性钙离子通道。快速升高的突触后胞内钙离子含量通过激活一个分子信号级联放大（molecular signaling cascade），导致谷氨酸受体增多，比如一直处于活动状态的 AMPA（α- 氨基 -3- 羟基 -5- 甲基 -4- 异恶唑丙酸）受体，并增加了已存在 AMPA 受体的离子电导。通过这样的反应，可诱导更强的突触后膜的兴奋性。LTP 的全过程包括诱导和维持两个阶段，一般称其为诱导期和维持期（或表达期）。诱导期指强直刺激后诱发反应逐渐增大至最大值的过程，而维持期是指诱发反应达最大值之后的持续过程。诱导期和维持期的形成机制不同。

海马和海马回路是与学习记忆有关的重要结构，来自内嗅皮层的穿通纤维（PP）进入海马，在海马内形成多个单突触联系：穿通纤维 – 齿状回（DG）、苔状纤维 –CA3、谢弗侧支 –CA1、穿通纤维 –CA3 等。刺激 PP 侧支可在 DG 记录其电活动。

小鼠海马脑片指小鼠的海马脑区经振动切片制成的组织切片（厚度 300～500 μm），使用适当方法制备的小鼠海马脑片可以很好地保留海马中的突触连接结构，能够在体外存活较长时间并保持很好的活性状态。在海马脑片上，研究者根据不同的实验目的，可以直接准确地通过控制灌流液的成分改变神经细胞所处的环境。此外，在显微镜和微电极操纵器的帮助下，实验人员可以简单而准确地将刺激电极与记录电极放在海马脑片的特定位置。在电生理学实验结束后，活性较好的脑片还可用于生物化学或解剖学的分析。因此，与在体 LTP 实验相比，海马脑片具有更好的灵活性，是进行 LTP 研究的一种重要离体模型。

【目的要求】

1. 掌握高频刺激海马 LTP 的诱导方法。了解两种刺激方式（高频刺激和 θ 簇刺激），记录双电极绑定条件下诱导的小鼠在体海马 CA1 区 LTP 现象。

2. 学习小鼠海马脑片的制备方法，了解海马脑片上 CA3–CA1 通路兴奋性突触后电位（EPSP）的记录及 LTP 的诱导方法。

【实验器材】

成年 C57BL/6 小鼠、常用手术器械、立体定位仪、牙科钻、外科手术显微镜、电生理记录仪（生物电采集系统）、双导生物电放大器 / 刺激器、刺激器、银电极及同轴双芯电极、振动切片机、脑片孵育槽、膜片钳系统、一次性注射器、100 g/L 水合氯醛溶液、300 g/L 氨基甲酸乙酯溶液。

切片缓冲液配方：蔗糖 220 mmol/L，KCl 2.5 mmol/L，$MgCl_2$ 6 mmol/L，$CaCl_2$ 1 mmol/L，NaH_2PO_4 1.23 mmol/L，$NaHCO_3$ 26 mmol/L，葡萄糖 10 mmol/L，pH 7.4。

人工脑脊液配方参考实验 8-14。

【方法与步骤】

1. 在体实验（▶ 操作示范 8-1）

（1）小鼠腹腔注射 300 g/L 氨基甲酸乙酯溶液（剂量为 4 mL/kg 体重）麻醉。将小鼠头部固定于立体定位仪。

（2）沿颅顶部正中切开头皮，剥开骨膜，完全暴露颅骨。

（3）参照小鼠脑立体定位图谱（Paxinos & Frankin，2001），在颅骨 CA1 及谢弗侧支的相应位置（以前囟为原点，前囟后 3.8 mm、旁开 3.0 mm 及前囟后 2.0 mm、旁开 1.4 mm）在手术显微镜下用牙科钻小心打磨颅骨表面，开窗，准备分别放置记录电极和刺激电极用（图 8-15-1）。

（4）用单电脉冲刺激进行手动微调，记录电极和刺激电极的深度，在刺激电流为 0.1～1.0 mA 范围内，观察不同强度刺激下的兴奋性突触后电位（excitatory postsynaptic potential，EPSP）曲线斜率的变化（即 I/O 曲线斜率的变化），以 EPSP 的斜率为最大斜率 70% 时的刺激强度作为实验的刺激强度。

（5）用单个电脉冲（测试刺激，0.033 Hz）刺激 PP 侧支，在海马 DG 区记录诱发的 fEPSP，记录 15～20 min 作为基线（图 8-15-2）。

（6）给予高频刺激（10 组频率为 100 Hz 的单刺激，主周期为 2 s，重复 10 次），诱导出 LTP，记录 60 min，每分钟记录 1 次。

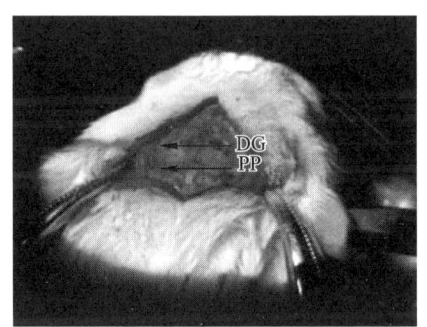

图 8-15-1 颅骨钻孔部位图示

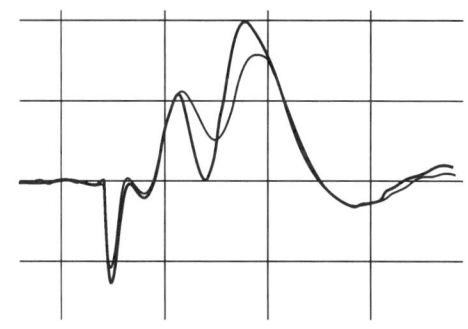

图 8-15-2 诱导 LTP 的基值（细线）及 LTP（粗线）

2. 脑片实验

（1）小鼠海马脑片的制备

① 小鼠称重后，腹腔注射 100 g/L 水合氯醛溶液（剂量为 4 mL/kg 体重）麻醉，断头取脑。

② 骨钳剥离取出鼠脑，放入半冰冻并通以 95%O_2 + 5%CO_2 混合气体的切片缓冲液中冷却 1 min。

③ 用手术刀切掉小脑及前部约 1/4 的前额叶部分，沿中线切开左右半球，使用海马分离工具剥离中脑/脑干部分，暴露皮层下的海马，接着小心将海马剥离、取出。

④ 振动切片机设定切片厚度为 450 μm，切片。将切好的脑片吸出，转移到装有人工脑脊液的孵育槽中，孵育至少 1 h，孵育温度维持在 37℃，孵育期间向孵育槽中持续通入 95% O_2 + 5% CO_2 混合气体。

(2) 电生理记录

① 打开刺激器、膜片钳放大器、计算机和 Patchmaster 采样软件,将接地电极放置在记录浴槽中。记录浴槽用通 95% O_2 + 5% CO_2 混合气体的人工脑脊液以 1 mL/min 持续灌流。玻璃微电极中充灌人工脑脊液并连接到膜片钳放大器的探头上,确保电极电阻在 3 ~ 10 MΩ 范围。

② 将孵育好的脑片转移到记录浴槽中,使用显微镜配合微电极操纵器放置刺激电极与记录电极,刺激电极放于谢弗侧支,接触脑片表面;记录电极放置于 CA1 辐射层,电极插入脑片深度为 60 ~ 100 μm(图 8-15-3)。

③ 将膜片钳放大器设定为电流钳模式,采样频率为 20 kHz。调整刺激强度,范围为 0.1 ~ 1.0 mA。设定可诱发 EPSP 斜率为最大斜率 40% 时的刺激强度为实验刺激强度。

④ 记录 20 min EPSP 作为基线,刺激频率为 0.033 Hz,每 30 s 一次。

⑤ 给予高频刺激诱导 LTP,参数为 100 Hz、1 s。

⑥ 记录 60 min EPSP,刺激频率为 0.017 Hz,每 60 s 一次。

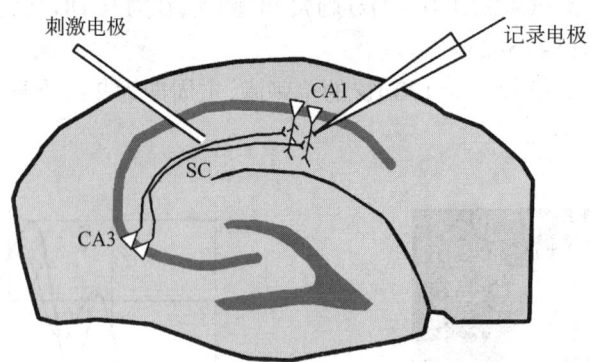

图 8-15-3 电极放置位置示意图

【参考结果】

1. 在体实验结果

参考结果见图 8-15-4 和图 8-15-5。

2. 脑片实验结果

参考结果见图 8-15-6。

【注意事项】

1. 为保证小鼠体温恒定,可在小鼠身下铺放电热毯,使其体温维持在 37℃ 左右。
2. 实验过程中保持小鼠呼吸道通畅,随时吸去气道内的分泌物。
3. 在颅骨开窗时,要彻底剥净筋膜及骨膜,磨开颅骨需轻柔细致,不要误伤脑组织,并尽量避免出血。牙科钻打磨颅骨时避免持续打磨,以免局部过热伤及脑组织。先磨周边再磨中间,避免骨窗呈锥子形,不易插入电极。
4. 电极进入脑组织须缓慢,边插入电极边探测 LTP 波形。
5. 探索适宜刺激强度的过程中,勿频繁给予单电脉冲刺激。
6. 制备脑片时,在不损伤脑组织的前提下取脑的速度越快越好,取脑速度快慢直接关系到

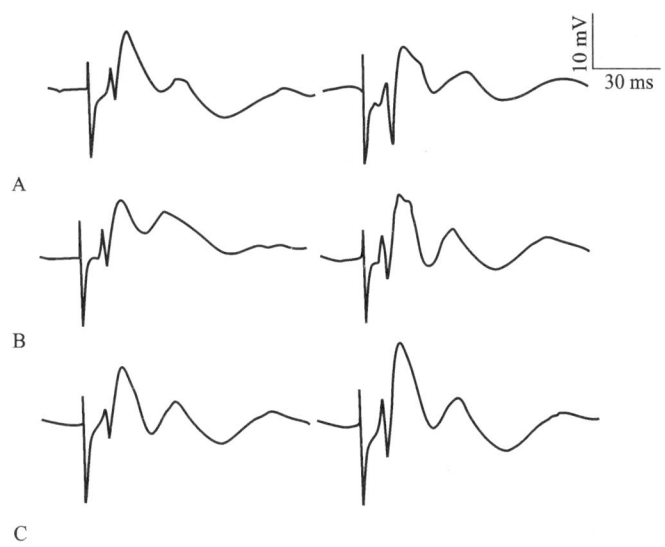

图 8-15-4　不同状态下小鼠海马齿状回区获得的 LTP

A. 正常状态小鼠；B. 脑缺血模型小鼠；C. 给予保护药物的脑缺血模型小鼠

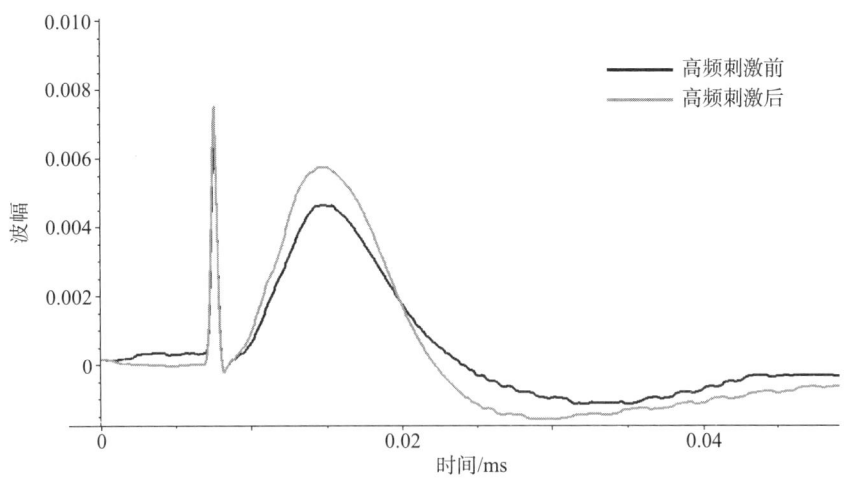

图 8-15-5　海马 CA1 区记录的 EPSP

脑片的活性。

7. 记录脑片时，玻璃微电极尖端很细，易损坏，操作时应避免尖端碰到其他物体。

8. 记录过程中，注意检查灌流系统是否渗漏，以防液体流出损坏仪器。

【思考题】

1. 实验过程中，为什么要先记录一段时间的基线？

2. 本实验的关键步骤是什么？

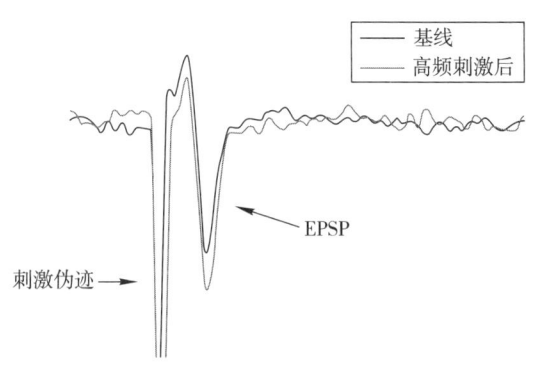

图 8-15-6　高频刺激前后 EPSP 波形示意图

3. LTP 形成的机制是什么？

4. 做脑片实验时，在实验过程中需要向人工脑脊液中持续通入 95% O_2 + 5% CO_2 混合气体，请问其中 5% CO_2 的作用是什么？

5. 简述在海马脑片上进行的 LTP 实验与在体 LTP 实验相比有哪些优势与不足。

6. LTP 的诱导过程中，刺激强度为何要选择使得 fEPSP 斜率到达最大斜率 70% 的刺激强度？

【创新与探索】

1. 查阅文献，了解海马脑片长时程增强现象的测定。
2. 除了本实验中的高频刺激，还有哪些方法可诱导出 LTP？
3. 尝试采用低频刺激的方式，诱导海马区域的长时程抑制现象。
4. 尝试采用双脉冲刺激，诱导海马脑区的双脉冲易化现象。

（杨　卓）

第九章 感觉器官

实验 9-1　人体反应时的测定

【实验背景与相关原理】

反应时（reaction time）指刺激作用于机体后到机体有明显反应开始时所需要的时间。人体反应时的测定，是通过对反应时间的测量来推测不能直接观察的心理、生理活动的组织结构与神经机能状态。反应时的检测经常被用于心理学、生理学、医学及其相关学科，是相关研究中最重要的反应变量之一。

人体反应时检测方法有多种。1868 年，荷兰生理学家 F. C. Donders 将反应时分为 3 种：一般称为 Donders A、B 和 C 反应时。A 反应时又称简单反应时，B 反应时又称选择反应时，C 反应时又称辨别反应时。本实验主要学习简单反应时和选择反应时的测量。

简单反应时是自施加一个单一简单刺激（如光、声音）起与受试者做出单一简单反应（按下电键或放开电键）之间的最小延迟时间。简单反应时是复杂反应时的基础，同时也是复杂反应时的组成之一。

不同感官的反应时不同，说明反应时的长短与刺激激活哪种感觉通道有关。视觉通道对光刺激的反应时较长是由于光线虽然可以直接射到视网膜上，但视网膜上的感光细胞却不能直接由光刺激引起兴奋，而是要经过一段较长时间的光化学中介过程，再经过 4 次神经元换元的视觉传导，因此视觉的光反应时要长于听觉对声音的反应时。电生理学的实验方法也支持这一结论。

选择反应时涉及两个（或多于两个）刺激和两个（或多于两个）反应，每个刺激都有自己独特的反应。人体可以从多个可能出现的刺激中辨别出某一特定刺激，从某一特定刺激的出现到做出正确反应的时间就是选择反应时。

一般应重复测量反应时并求其均值，均值为反应时的测定结果。

【目的要求】

1. 学习视觉与听觉这两种简单反应时的测定方法。
2. 比较两种简单反应时的差别。
3. 学习测定视觉选择反应时的方法。
4. 了解选择反应时不同于简单反应时的特点。

【实验器材】

EP202 简单反应时测定装置和 EP203 选择反应时测定装置或 EP204 声光反应时测定仪。

【方法与步骤】

1. 简单反应时的测定

(1) 接通仪器电源,研究者拨动信号发生开关,在光和声刺激呈现的同时,计时器应立即开始计时。

(2) 练习操作　刺激呈现器放在受试者 1 m 处,受试者以右手示指轻触电键。研究者在发出"预备"口令后约 2 s 施加刺激。受试者在感觉到刺激出现时立即按压电键,随后计时器停止计时,研究者记下成绩。练习实验可重复 2~3 次。

为防止无关刺激的干扰,研究者与受试者可分隔在两个操作室中进行实验。

(3) 实验观察　①刺激呈现按"视—听—听—视"方式安排,每单元各做 20 次,总次数为 80 次。②为了检验受试者有无超前反应,在每单元的 20 次实验中插入 1 次"检查实验"。若受试者对"空白刺激"做出反应,研究者应根据反馈信号灯提供的信息宣布该单元实验结果无效,重做这一单元的 20 次实验。③做完 20 次后,休息 1 min。一位受试者测完 80 次后,换另一位受试者进行实验。

2. 选择反应时的测定

(1) 完成实验前准备工作(连接仪器、接通电源、功能设置和选择测试次数)。主机的操作信号将随机呈现出"红""黄""绿"和"白"4 种不同颜色的光刺激。

(2) 研究者的实验指导语是:"这是一个测量反应速度的实验"。主机刺激屏有红、绿、黄、蓝 4 个灯,当你看到红灯亮就尽快按红键、绿灯亮按绿键并以此类推。4 种光刺激随机呈现,呈现次数为 20 次(设置的测试次数)。要求你反应得越快越好。

(3) 研究者通过计时器记下时间,练习实验可重复 4~5 次。

(4) 实验观察　①4 种色光刺激各随机呈现 20 次。②研究者施加刺激与受试者反应的方式同预备实验。如果受试者的反应错了,则计时器所计时间无效,研究者应根据反馈信号灯所提供的信息,安排受试者重做一次。

受试者每做完 20 次实验休息 1 min。一位受试者测完 80 次后,换另一位受试者进行实验。

> 拓展阅读 9-1　基于 Stroop 效应测定影响人体反应时的相关因素

【参考结果】

1. 计算受试者对不同色光的选择反应时的平均数和标准差。
2. 比较全体受试者对白光的简单反应时与选择反应时的均数差异。
3. 计算受试者视觉与听觉反应时的平均值与标准差。
4. 检验全体受试者两种反应时是否有显著性差异。

【注意事项】

1. 实验结果与受试者的实验环境和适应能力有关。在实验过程中,一定要处于一个安静的环境进行实验,那样受试者才会集中注意力;还有就是受试者的适应能力,一般来讲,上次实验的出错会影响受试者对下一次实验的判断,这种情况下就要看受试者的适应能力,看他能否及时调整心态,静下心来面对下次的判断。

2. 研究者也是实验是否客观与真实的一个重要环节。研究者的言行会影响被测试人的心态。如果受试者出错了,研究者在一旁做出负面反应的话,那么受试者就会受到影响,从而对色光的判断就会放慢甚至会再次出错。因此研究者一定要客观公正。

【思考题】
1. 根据实验结果说明视觉与听觉简单反应时的差别及其可能原因。
2. 根据实验结果说明简单反应时是否受练习的影响。
3. 本实验结果是否与前人实验数据一致?原因何在?
4. 举例说明反应时实验在实际生活中应用意义。为什么要用红灯作为停车的信号灯?

(赵　强)

实验 9-2　视觉调节反射与瞳孔对光反射

【实验背景与相关原理】

人眼由远视近或由近视远时会发生调节反射(accommodation reflex)。当由远视近时,引起晶状体凸度增加,同时发生缩瞳和两眼辐辏;由近视远时则会发生相反的变化。人眼在感受光刺激时,瞳孔缩小,此为瞳孔对光反射(pupillary light reflex)。本实验应用球面镜成像规律,证明在视近物时眼折光系统的调节主要是晶状体前表面凸度的增加,以及观察视近物时和光刺激时瞳孔缩小的现象。

【目的要求】

通过观察了解视觉调节反射与瞳孔对光反射。

【实验器材】

蜡烛、火柴及手电筒。

【方法与步骤】

1. 在暗室内进行实验。将点燃的蜡烛放于受试者眼的前外方,让受试者注视数米外的某一目标。研究者可以观察到蜡烛在受试者眼内的 3 个烛像。其中最亮的中等大小的正像由角膜前表面反射而成;通过瞳孔可见到一个较暗而大的正立像,系由晶状体前表面反射而成;另一个较亮而最小的倒立像,则由晶状体后表面反射而成。由于角膜和晶状体前表面均为向前的凸面,故形成正立像。晶状体前表面曲率小于角膜前表面曲率,故其像较大且暗。晶状体后表面为凹面向前,故其像为倒立,且小而亮。

2. 让受试者转而注视 15 cm 处的近物(也可由研究者竖一手指作目标),此时可见最大的正立像向最亮的正立像靠近且变小。这说明视近物时晶状体前表面凸度增加且靠近角膜,曲率变大,而角膜前表面和晶状体后表面的曲率位置均未明显改变。这就是眼的调节反射(图9-2-1)。

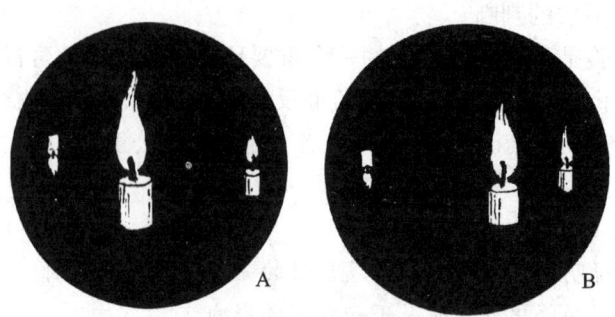

图 9-2-1　视觉调节反射进行时,眼球各反光面映像的变化
A. 安静时;B. 调节时

3. 在受试者注视近物时,还可以见到瞳孔缩小、双眼向鼻侧会聚,前者称缩瞳反射(miotic reflex),后者称辐辏反射(convergence reflex)。

4. 让受试者注视远方,观察其瞳孔大小。再用手电筒照射受试者一眼,可见受照射眼的瞳孔立刻缩小;如用手在鼻侧挡住光线以防止光线照射另一只眼,重复上述实验,可见双眼瞳孔同时缩小,这称互感性对光反射(consensual light reflex)。

【思考题】

1. 由光亮处进入暗环境时瞳孔有何变化?反射途径如何?
2. 用手电筒照射受试者的一眼,观察到另一眼存在互感性对光反射,而被光照眼无瞳孔对光反射。试分析病变存在部位。

(刘巍　赵强)

实验 9-3　视觉相关物理参数的测定

【实验背景与相关原理】

视力、视野和盲点等是与视觉相关的物理参数。

1. 视力与正常视力

视力又称视敏度(visual acuity),是指眼分辨物体细微结构的能力,目前多以在一定距离能分辨空间两点的最小距离为衡量标准。视力即检测视网膜中央凹(黄斑区)精细视觉的分辨能力。医学临床规定,当能分辨两点间的最小视角(指这两点与相距 5 m 远的眼所形成的视角)为一分度时,视力为 1.0,此时这两点间的距离约为 1.5 mm,相当于视力表第 10 行字(从上向下数)的每笔画所间隔的距离。因此,在视力表 5 m 处能分辨第 10 行者为正常视力。实际上,正常人眼在光照很好的情况下,如果视网膜上的像小于 5 μm,一般不能产生清晰的视觉。

2. 国际标准视力表

这是以前国内外常用的视力表。检查视力时,通常是令受试者辨认视力表上"E"字的开口

方向,并按下列公式计算:

$$受试者视力 = \frac{受试者辨认某字的最远距离}{正常视力辨认该字的最远距离}$$

若某人须在 2.5 m 处始能辨认第 10 行字,则其视力为 2.5/5 = 0.5。但这种视力表不能正确地比较或统计视力的增减程度。因为视力表首行 0.1 视标比次行 0.2 视标大 1 倍,而 0.9 视标比 1.0 视标仅大 1/9。因此,视力由 0.1 提高到 0.2 时视角减少的程度比视力由 0.9 提高到 1.0 时视角减少的程度更为明显,即视角的改变与视力变化程度不成正比。

3. 对数视力表

对数视力表(缪天荣,1966)把在 5 m 距离能看清国际视力表上 1.0 的正常视力(视角为 1 分度)记为 5.0,而将视角为 10 分度的记为 4.0,据 $1 \times X^{10} = 10$ (X 为下一排视标比上一排视标增加的视角分度数),$X = 10^{1/10}$,其间相当于 4.1、4.2 直至 4.9 的图形各比上一排形成的视角小 $10^{1/10}$,即 1.259 倍,视角每减少 1.259 倍,视力增加 0.1,视角减少 1.259^2 倍,则视力增加 0.2。这样,不论视力表上原视力为何值,视力改变情况均可较科学地反映出来。

4. 视野

视野(visual field)是单眼固定注视正前方时所能看到的空间范围,此范围又称为周边视力,也就是黄斑中央凹以外的视力。借助此种视力检查可以了解整个视网膜的感光功能,并有助于判断视力传导通路及视觉中枢的机能。正常人的视力范围在鼻侧和额侧的较窄,在颞侧和下侧的较宽。在相同的亮度下,白光的视野最大,红光次之,绿光最小。不同颜色视野的大小,不仅与面部结构有关,更主要的是取决于不同感光细胞在视网膜上的分布情况。

5. 盲点

视网膜在视神经离开视网膜的部位,即视神经乳头(optic papilla)所在的部位,没有视觉感受细胞,外来光线成像于此不能引起视觉,故称该部位为生理性盲点。由于生理性盲点的存在,视野中也存在生理性盲点的投射区。此区为虚性绝对性暗点,在客观检查时是完全看不到视标的部位。根据物体成像规律,通过测定生理性盲点投射区域的位置和范围,可以依据相似三角形各对应边成正比的定理,计算出生理性盲点所在的位置和范围。

【目的要求】

1. 掌握视力(视敏度)和视野的概念,及其测量的原理方法。
2. 证明盲点的存在,并计算盲点所在的位置和范围。

【实验器材】

视力表(5 m 远用)、指示棍、遮眼板、米尺、视野计、(白色、黑色、红色和绿色)视标、视野图纸、白纸及铅笔。

【方法与步骤】

1. 视敏度测定

(1) 将视力表挂在光线充足而均匀的地方,让受试者在距离 5 m 远处测试。视力表第 10 行字应与受试者的眼同高。

(2) 受试者用遮眼板遮住一眼,另一眼看视力表,按实验者的指点从上而下进行识别,直到能辨认最小的字行为止,以确定该眼视力。用同法确定另一眼视力。

(3) 若受试者对最上一行字也不能辨认,则须受试者向前移动,直至能辨认最上一行字为止,并按上述公式推算视力。

2. 视野测定

(1) 观察视野计的结构和熟悉使用方法　视野计的样式颇多,最常用的是弧形视野计(图9-3-1)。它是一个安在支架上的半圆弧形金属板,可围绕水平轴旋转360°。该圆弧上有刻度,表示由点射向视网膜周边的光线与视轴之间的夹角。视野界限即以此角度表示。在圆弧内面中央装一个固定的小圆镜,其对面的支架上附有可上下移动的托颌架。测定时,

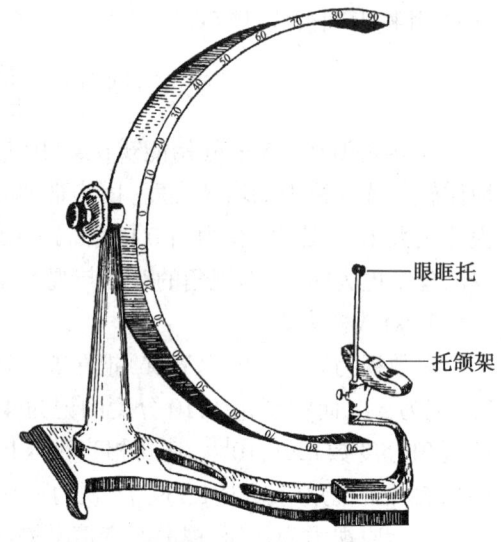

图 9-3-1　弧形视野计

受试者的下颌置于托颌架上。托颌架上方附有眼眶托,测定时附着在受试者眼窝下方。此外,视野计附有各色视标,可在测定各种颜色的视野时使用。

(2) 在明亮的光线下,受试者下颌放在托架上,眼眶下缘靠在眼眶托上,调整托架高度,使眼与弧架的中心点在同一条水平线上。遮住一眼,另一眼凝视弧架中心点,接受测试。

(3) 实验者从周边向中央缓慢移动紧贴弧架的白色视标,直至受试者能看到为止。记下此时视标所在部位的弧架上所标之刻度。退回视标,重复测试一次,待得出一致的结果以后,将结果标在视野图的相应经纬度上(图9-3-2)。同法测出对侧相应的度数。

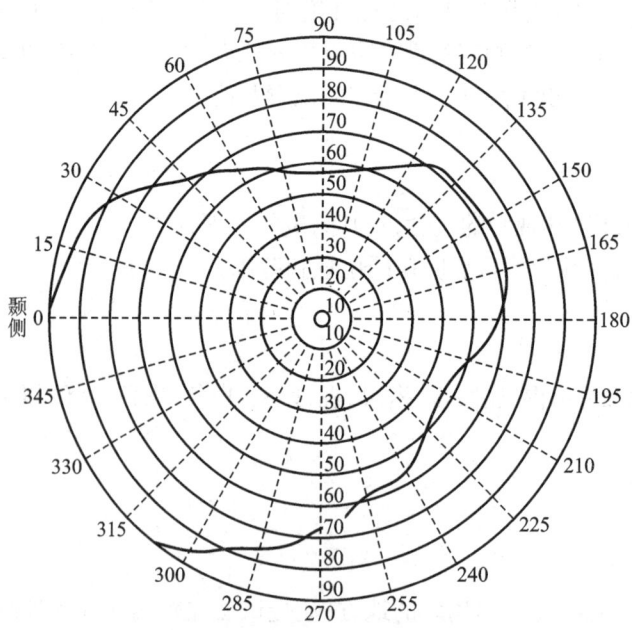

图 9-3-2　左眼视野图

(4) 将弧架转动 45°角,重复上述测定,共操作 4 次得到 8 个度数,将视野图上 8 个点依次相连,便得出白色视野的范围。

(5) 按上述方法分别测出该侧的红色、绿色视野。

(6) 用同法测出另一眼的白色、红色、绿色视野。

3. 盲点测定

(1) 将白纸贴在墙上,受试者立于纸前 50 cm 处,用遮眼板遮住一眼,在白纸上与另一眼相平的地方用铅笔做一"十"字记号。令受试者注视"十"字。实验者将视标由"十"字中心向被测眼颞侧缓缓移动。此时,受试者被测眼直视前方,不能随视标的移动而移动。当受试者恰好看不见视标时,在白纸上标记视标位置。然后将视标继续向颞侧缓缓移动,直至又看见视标时记下其位置。由所记两点连线中心点起,沿着各个方向向外移动视标,找出并记录各方向视标刚能被看见的各点,将其依次相连,即得一个椭圆形的盲点投射区。

(2) 根据相似三角形各对应边成正比定理,可计算出盲点与中央凹的距离及盲点直径(图 9-3-3)。

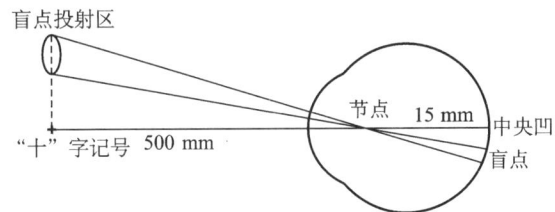

图 9-3-3　计算盲点与中央凹的距离和盲点直径示意图

【参考结果】

1. 视野参考图 9-3-2。

2. 生理性盲点呈椭圆形,垂直径 7.5 cm ± 2 cm,横径 5.5 cm ± 2 cm,位置在注视中心外侧 15.5 cm,在水平线下 1.5 cm。

【注意事项】

测试视野时,要求被测眼一直注视圆弧形金属架中心固定的小圆镜。测试以受试者确实看到视标为准,即测试结果必须客观。

【思考题】

1. 分辨物体的精细结构时,为什么眼必须注视正前方某点而不能斜视?请从视网膜的组织结构特点加以说明。

2. 请分析视力、视角、视标大小和受试者与视标间距是什么关系?

3. 某受试者在 1.5 m 远的地方能看清视力表上的第 1 行(由上向下数),他的视力是多少?

4. 一患者左眼颞侧视野、右眼鼻侧视野发生缺损,请判断其病变的可能部位。

5. 夜盲症患者的视野将会发生什么变化?为什么?

6. 视交叉病变时,患者视野将出现何种改变?为什么?

7. 试述测定盲点与中央凹的距离和盲点直径的原理。
8. 在我们日常注视物体时,为什么没有感到生理性盲点的存在?
9. 当盲点范围发生变化时,我们应注意什么问题?

(刘巍　赵强)

实验 9-4　声波传入内耳的途径

【实验背景与相关原理】

空气传导(简称气导,air conduction)是正常人耳接受声波的主要传播途径,由此途径传导的声波刺激经外耳、鼓膜和听小骨传入内耳。骨传导(简称骨导,bone conduction)的功效远低于气导,由此途径传导的声波刺激经颅骨、耳蜗骨壁传入内耳。

本实验通过敲响音叉并先后将音叉置于颅骨和外耳道口处,证明和比较上述两条传播途径的存在。这些实验以 19 世纪德国耳科学家任内(H. A. Rinne)、魏伯(E. H. Weber)等命名。在听力正常的情况下,气导应强于骨导,从实验反映为维持时间更长,这被称为任内实验阳性;如果存在外耳及中耳病变造成的传导性耳聋,那么则会出现气导弱于骨导的情况,即任内实验阴性。而在耳蜗和神经病变造成的感音性耳聋的情况下,则气导和骨导的效果都会减弱,残留的听力一般多呈任内实验阳性。

【目的要求】

掌握气导和骨导的检测方法,并比较两种途径的特征。

【实验器材】

音叉(频率为 C_1 256 Hz 或 C_2 512 Hz)、棉花及胶管。

【方法与步骤】

1. 比较同侧耳的气导和骨导(任内实验和宾实验)

(1) 保持室内肃静,受试者取坐姿。检查者敲响音叉后,立即置音叉柄于受试者被检测的颞骨乳突部(图 9-4-1A)。此时,受试者可听到音叉振动的嗡嗡声。随时间的延续,声音渐弱,乃至消失。

(2) 当受试者刚刚听不到声音后,立即将音叉移到外耳道口(图 9-4-1B),则听力正常的受试者又可听到声音。反之,先置音叉于外耳道口,当刚刚听不到声音后立即将音叉放置在颞骨乳突部,受试者仍不能听到声音。

上述实验证明了听力正常者的气导时间比骨导时间长,即任内实验阳性。

(3) 用棉球塞住受试者外耳道(相当于气导途径障碍),重复上述实验,该实验即宾(Bing)实验,听力正常者的气导时间缩短,等于或小于骨导时间,即任内实验阴性。

2. 比较两耳骨传导(魏伯实验)

(1) 将敲响的音叉柄置于受试者前额正中发际处,令其比较两耳感受到的声音响应。正常

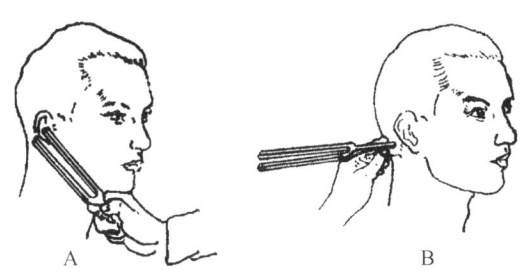

图 9-4-1　任内实验(仿刘润名,1989)

人两耳感受机能近同,且测试音波向两耳传达的距离相同,途径近似,因此两耳所感受到的声波响度基本相同或声音在颅中线;如某侧音响强度增加,则该侧骨导增强,此即魏伯(Weber)实验。

(2) 用棉球塞住受试者一侧外耳道,重复上述操作,询问受试者两耳感受到的声音变化或感到声音偏向哪一侧。

(3) 取出棉球,将胶管一端塞入受试者被检测耳孔,管的另一端塞入另一人某侧耳孔。然后检查者将发音的音叉柄置于受试者的同侧(插胶管侧)乳突上,另一人则可通过胶管听到声音。

【注意事项】
1. 敲响音叉用力不可过猛,切忌在坚硬物品上敲击以防损害音叉,可在手或大腿上敲击。
2. 音叉放在外耳道时,应使振动的方向正对外耳道,防止音叉支触及耳郭、皮肤或毛发。
3. 音叉口于外耳道时,二者相距 1~2 cm,并且音叉叉支的振动方向应对准外耳道。

【思考题】
1. 为何气导功效大于骨导?
2. 如何用任内实验和魏伯实验鉴别传导性耳聋和神经性耳聋?

(刘巍　赵强)

实验 9-5　人体眼球震颤的观察

【实验背景与相关原理】

内耳的前庭器(vestibular organ)——椭圆囊(utricle)、球囊(saccule)和半规管(semicircular canal)是调节姿势反射的感受器之一,它们可以感受头部和身体的位置及运动情况。通过前庭迷路反射,反射性调节机体各部肌肉的肌紧张,从而使机体保持姿势平衡。一旦迷路机能消失就可使肌紧张协调发生障碍,失去在静止和运动时的正常姿势,引起眼外肌肌紧张障碍,即出现病理性眼震颤(简称眼震,nystagmus)。

生理性(前庭性)眼震是在正常人躯体或头部进行旋转运动时表现的眼球的特殊运动。其主要由 3 个半规管发出的神经冲动引起。眼震方向与哪个方向的半规管受刺激有关。如水平半规管受到刺激,则表现出水平方向的眼震,其有慢动相和快动相之别。慢动相是两侧眼球缓慢向某侧移动的过程,而快动相则是当两侧眼球移动到两眼裂某侧端而不能再移动时,又突然返回到眼裂正中的过程(图9-5-1)。

病理性眼震可由多种原因引起,如前庭系统功能障碍、小脑和脑干病变等。

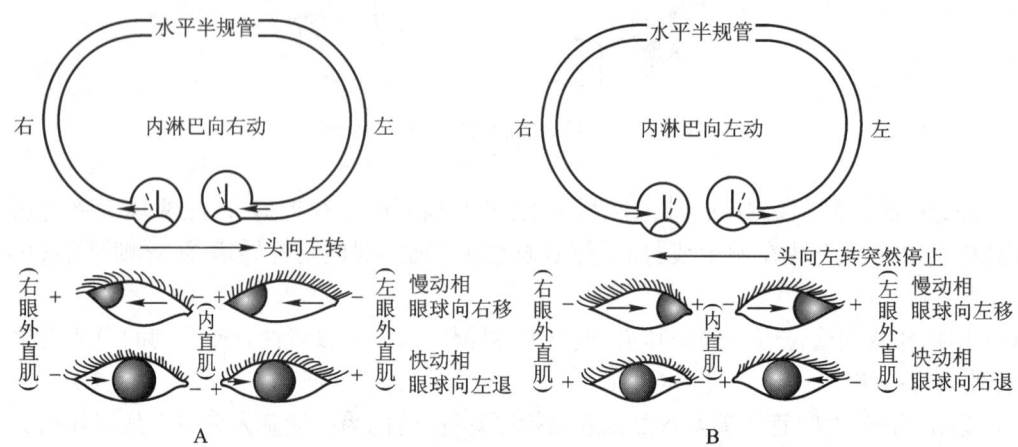

图9-5-1 旋转变速运动时两侧水平半规管壶腹嵴毛细胞受刺激情况和眼震方向示意图
A. 头前倾30°,旋转开始时的眼震方向;B. 旋转突然停止后的眼震方向

【目的要求】
1. 学会观察人体旋转后眼震颤的方法。
2. 进一步掌握半规管的功能。

【方法与步骤】
1. 受试者坐在旋转椅上,闭目,头前倾30°(此种头位可使水平半规管与旋转轴垂直,水平半规管内淋巴液因旋转而流动可对壶腹嵴的毛细胞形成刺激)。受试者也可取立位,但头部仍需前倾30°。
2. 实验者以每2 s一周的速度逆时针均匀地旋转座椅10周,而后突然停止旋转。也可令受试者以同样速度原地自转,转数周后立即停止转动。
3. 受试者立即睁开双眼注视远处物体,但仍保持头部位置不变。主试者观察眼震方向和持续时间,注意眼震的快动相与慢动相。
4. 询问受试者的主观感觉。
5. 休息10 min后顺时针方向同法旋转和观察眼震。

【参考结果】
1. 正常眼震平均时间是30 s。
2. 前庭迷路功能正常者,顺时针和逆时针旋转所引起的反应时间相差多在5 s以内。

【注意事项】
1. 有晕车、晕船病史者不宜做此项实验。

2. 旋转停止后，如受试者有向一侧跌倒的倾向，应注意保护。

【思考题】

1. 人体旋转后出现的眼震机制与半规管的适宜刺激是什么？
2. 当沿一个方向水平旋转时，旋转开始后与旋转结束后的眼震方向是否相同？为什么？
3. 旋转终止后身体有向哪个方向倾倒的趋势？为什么？

【创新与探索】

设计简易的实验方法，通过观察眼震进一步了解其他前庭器的功能是否正常。

（刘巍　赵强）

第十章 内分泌与生殖

实验 10-1　犬甲状旁腺摘除的机能反应观测

【实验背景与相关原理】

甲状旁腺（parathyroid gland）分泌甲状旁腺素，作用于骨细胞和破骨细胞，从骨动员钙，使骨盐溶解，使血液中钙离子浓度增高，同时还作用于肠及肾小管，使钙的吸收增加，从而使血钙升高。机体通过甲状旁腺激素和降钙素的共同调节，使血液中的钙、磷离子维持在正常水平。动物的甲状旁腺功能低下或甲状旁腺被彻底摘除后，会导致甲状旁腺素分泌不足，可引起血钙下降，使神经和肌肉的兴奋性升高，导致低血钙性抽搐，甚至死亡，补给甲状旁腺素和钙盐可使症状暂时缓解。但如果甲状旁腺功能亢进，也会引起骨质过度吸收，容易发生骨折。

犬的甲状旁腺一般有 4 个，也可以多至 5 个。甲状旁腺为椭圆形或圆形小体，长 2～3 mm，位于甲状腺的表面或埋藏在甲状腺组织中。一般上一对甲状旁腺常在甲状腺背面上部的外表面，容易看见；下一对甲状旁腺较小，通常埋藏在甲状腺下部的组织深处，极不易用肉眼看见。由于甲状腺切除的效应出现较慢，而甲状旁腺被切除后，在 2～3 天内动物便出现抽搐症状。所以在动物身上观察切除甲状旁腺的作用时，常将二者一并摘除。

【目的要求】

1. 学习摘除器官的慢性实验方法。
2. 观察甲状旁腺对机体的作用。

【实验器材】

犬、常用手术器械、止血钳、手术台、高压消毒器、持针钳、缝针、丝线、布巾钳、手术巾、手术衣帽、纱布垫、口罩、医用手套、注射器、75% 酒精、碘酒、30 g/L 戊巴比妥钠溶液、100 g/L 氯化钙溶液及生理盐水。

【方法与步骤】

1. 灭菌的方法

对动物施行外科手术要注意严格灭菌才能取得良好的实验效果。参加手术人员要按规定方法戴无菌帽和口罩、消毒手和前臂、穿无菌手术衣。

（1）手术前　手和前臂的消毒主要包括修剪指甲、用肥皂刷洗手和前臂数次，共 6～7 min，而后用无菌纱布擦干,再在 75% 酒精中泡手约 2 min,用酒精纱布擦前臂和手,然后穿无菌手术衣。

(2) 器械和用品的灭菌　通常用化学药品、煮沸和高压蒸气等方法灭菌。锋利的器械,如手术刀、剪刀和缝针,浸泡在 75% 酒精中 30 min 即可灭菌。盛放酒精的器皿和其他外科器械,可以煮沸 5 min 灭菌。布类用品,如手术衣帽、手术巾、口罩、布单、纱布、棉线和丝线等,通常高压蒸气灭菌 30 min。

2. 手术

(1) 选重 4~5 kg 犬一只,以戊巴比妥钠(剂量为 30~50 mg/kg 体重)静脉注射麻醉,背位固定于手术台上。剃去颈部被毛,用纱布沾肥皂液擦洗两次,以去油垢,然后用纱布沾 75% 酒精擦净,再涂抹 3.5% 碘酒两次。等碘酒干后,再用 75% 酒精擦去碘质。皮肤消毒完毕后,便可用无菌敷布遮盖手术区的周围。用布巾钳把手术巾固定在皮肤上。

(2) 施行手术时,在颈部中线由甲状软骨起向下切开皮肤 4~6 cm,用止血钳分离皮下结缔组织,可见沿气管左右各一块胸舌骨肌和斜向走的胸头肌(图 10-1-1)。分离一侧的胸舌骨肌和胸头肌,并在靠近咽喉部将胸头肌向内翻,可见一橄榄形腺体,即甲状腺。用止血钳在甲状腺的侧面边缘夹住并提起,分离周围的结缔组织,可见两条血管进入甲状腺(图 10-1-2)。用线把血管结扎并剪断,便可将一侧甲状腺全部切除。用同样的方法把另一侧甲状腺摘除。

(3) 除去手术巾,用连续缝合术把颈前肌肉缝合,再用间断缝合术把颈部皮肤切口缝合(图 10-1-3)。用绷带包扎伤口,手术后须小心护理。为防止感染,可在手术后给犬腹腔注射青霉

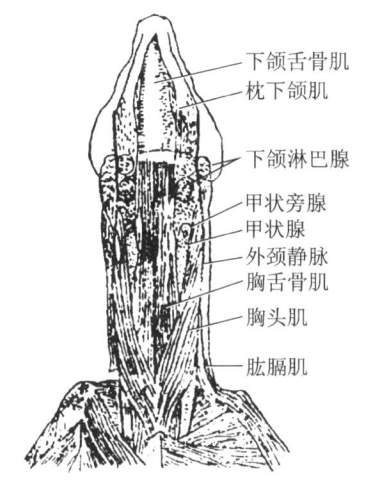

图 10-1-1　犬头颈的胸面上层肌肉

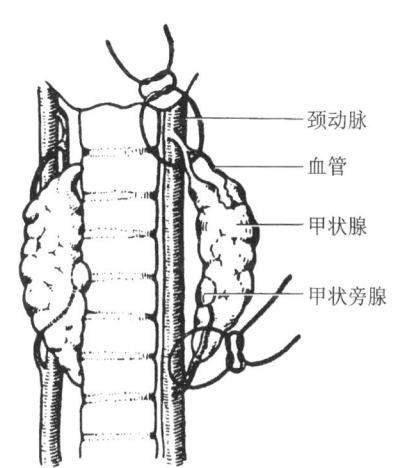

图 10-1-2　犬甲状腺和甲状旁腺切除术

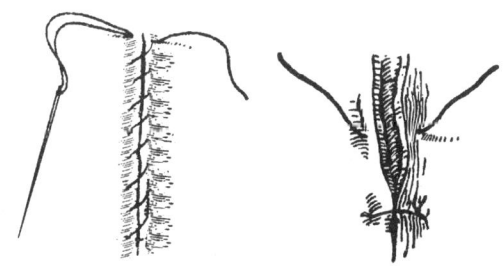

图 10-1-3　连续缝合术与间断缝合术

素(20万单位/只)。然后将犬放到铁笼里,观察是否出现痉挛。切除甲状旁腺后,抽搐症状出现的时间和程度,常随动物的年龄、生理情况和种类而有不同。一般年轻、怀胎和授乳的动物较易发生抽搐。

(4) 当犬出现抽搐时,立即腹腔注射 100 g/L 氯化钙溶液 2~3 mL,再观察症状的变化。

【注意事项】

1. 做手术切口时,注意解剖结构,少切断神经和血管,以免使组织萎缩和血液循环不良。对组织的处理应手法轻柔,避免猛力牵拉。缝线不宜太紧。

2. 做皮肤切口时,要避免把皮肤和下层筋膜剥离,也不要把浅筋膜和更下层的肌肉剥离,以避免增加"死腔"。

3. 手术过程中,尽可能注意止血。对出血点的处理须视破裂血管的大小而定。纱布只用于吸血,不可在组织上用力揩擦。微血管出血可用湿热的纱布垫按压止血;较大的血管出血须用止血钳夹住,并用线结扎。

【思考题】

1. 什么是慢性实验?它和急性实验的主要区别是什么?
2. 甲状旁腺素的主要生理作用是什么?它是怎样调节生理活动的?
3. 注射氯化钙后,犬肌肉痉挛的症状会发生什么变化?为什么?

【创新与探索】

1. 设计实验,观察哪些因素参与血钙平衡的调节。
2. 设计实验,证明甲状旁腺素通过什么途径调节血液中的钙离子浓度。

(项 辉)

实验 10-2 切除卵巢及注射雌激素对大鼠动情周期的影响

【实验背景与相关原理】

根据动物的性欲表现及生殖器官的变化,性周期可分为动情前期、动情期、动情后期和动情间期(非发情期)。伴随着性周期时间的推移,周期性排卵动物表现出生殖器官和附属生殖器官的形态学和功能学变化。大鼠是常用的医学实验动物,阴道(vagina)涂片法可以较准确地区分大鼠性周期的每个阶段。通常通过大鼠的阴道涂片来观察性周期中阴道上皮细胞(epithelial cell)的变化,进而了解在性周期(sexual cycle)各个时期中卵巢的活动与性激素的变动。

动情周期中阴道脱落细胞形态结构的变化主要受性周期中雌激素变化的影响。阴道黏膜上皮为复层扁平上皮。在动情前期,雌激素分泌开始升高,但是血液中雌激素含量还较低,对阴道上皮的刺激也少,所以阴道上皮细胞的增殖速度缓慢,脱落到阴道腔中的细胞较小,常呈椭圆形或近圆形。在动情期,血液中的雌激素含量达到高峰,雌激素可刺激阴道上皮增厚,上皮细胞迅速发育,体积变得大而扁平,常呈大方块、多边形,有钝角,细胞彼此连接较疏松,易于脱落。在雌激素的作用下,上皮细胞中出现许多糖原。细胞脱落后,糖原被阴道内的乳酸杆菌分解为乳酸,使阴道液呈酸性而抑制微生物生长。在动情间期,雌激素含量很低,孕酮含量较高,角质化上皮细胞很少,上皮变薄,白细胞浸润,可防止由于糖原减少而引起的微生物繁殖感染。这时阴道组织涂片就以白细胞为主了。动情后期仅是动情期向静止期的过渡,所以3种细胞均可见。大鼠性周期的4个阶段是一个连续的、逐渐变化的周期性过程,阴道脱落的细胞也是逐渐转变的。

在大鼠的性周期中,各个时期阴道分泌物涂片的镜像如图10-2-1所示。

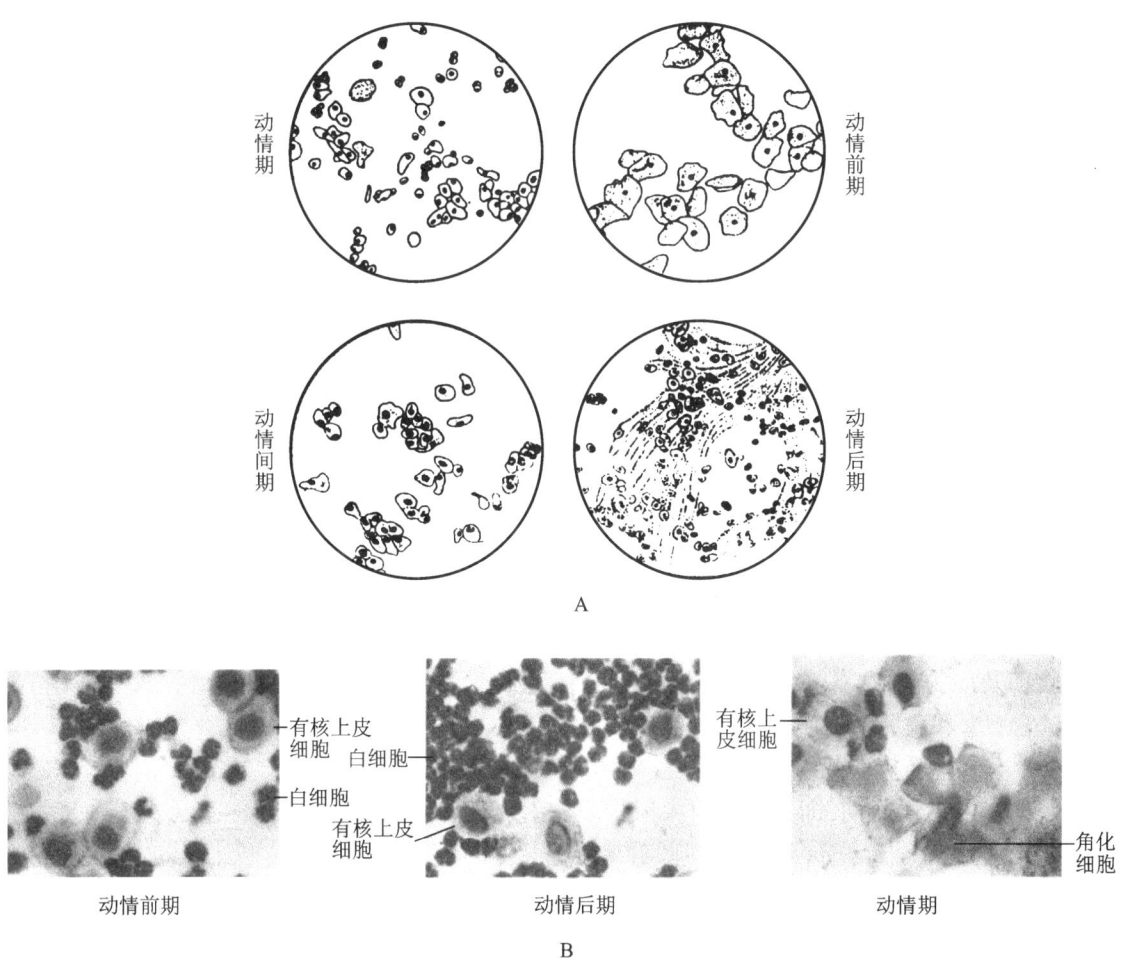

图10-2-1 大鼠阴道涂片显微镜观察
A和B为不同来源的阴道涂片

各个时期阴道分泌物涂片的主要特征为:①动情前期,阴道分泌物中,大部分是膨大而略呈圆形的有核上皮细胞,有少量角化细胞,不含白细胞;②动情期,角化细胞很多,集合成块;③动情后期,有大量白细胞及少量角化细胞;④动情间期(非发情期),可见少量上皮细胞。

根据阴道涂片观察结果,对照上述特征,即可判断大鼠处于性周期的哪一阶段。

【目的要求】

通过对大鼠阴道涂片的观察,了解性周期中阴道上皮细胞的变化。

【实验器材】

雌性成熟大鼠(或小鼠)6只、玻片、常用手术器械、显微镜、吸管、盖玻片、生理盐水、乙醚、己烯雌酚及瑞特氏染料。

【方法与步骤】

1. 取雌性成年未孕大鼠6只,分成3组:第1组为对照组;第2组为去卵巢组;第3组为去卵巢注射己烯雌酚组。

2. 取清洁玻片3块,按上述分组做好标记,然后各滴入1滴生理盐水。

3. 用吸有生理盐水的吸管吸取大鼠阴道分泌物,然后涂到玻片上,盖上盖玻片,不染色即可进行观察。待涂片干后,用瑞特氏染料染色3~5 min,则细胞核被染色,细胞的形态更易辨认。

4. 用显微镜检查涂片,并判定属于动情期(estrus)中的哪一期。

5. 卵巢摘除法

用乙醚将第2、3组大鼠麻醉,腹位固定在手术台上,剪去腰部的被毛,用酒精消毒皮肤及手术器械。由距最后一根肋骨1 cm的尾侧开始,在背部正中切开皮肤约1 cm,从切口处向左、右分离皮肤。在脊柱两侧腹壁剪开一切口,肌肉的下面就是被脂肪组织包裹的卵巢,用镊子把大鼠的卵巢连脂肪组织一起轻轻移至腹腔外,用线将卵巢与输卵管连接处结扎,然后摘除卵巢(图10-2-2)。缝合腹壁及皮肤切口。第1组大鼠不摘除卵巢,只行切开与缝合腹壁和皮肤手术。

6. 7~10天后检查各组大鼠的阴道涂片。如去卵巢后大鼠已进入动情间期,即给第3组大鼠皮下注射己烯雌酚25 μg。

7. 3天后再涂片检查各组大鼠阴道分泌物,观察它们进入动情期中的哪一期。

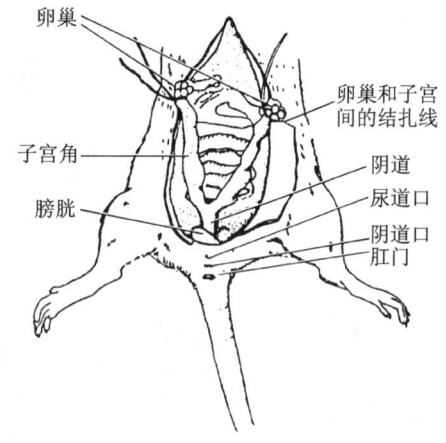

图10-2-2 大鼠生殖器官位置

【注意事项】

1. 去卵巢10天左右,大鼠阴道涂片应停留于动情间期(非动情期)。如仍在其他时期,则应饲养数天后再观察,亦应考虑卵巢是否已成功切除。

2. 手术后的大鼠,最好分笼单独饲养。

【思考题】

1. 大鼠摘除卵巢后,性周期产生了怎样的变化?
2. 给第3组大鼠注射己烯雌酚后,其性周期出现了什么变化?为什么?

【创新与探索】
1. 设计实验,人工诱导大鼠(或小鼠)的动情期。
2. 除阴道涂片外,还可以用什么指标来判断动物的动情期?试以实验证明。

(项　辉)

实验 10-3　离体子宫灌流

【实验背景与相关原理】

离体实验具有因素单一、条件易控制的优点,常用于功能活动的研究,特别适用于药物作用的机制研究,被广泛应用于科学研究中。

动物离体子宫(isolated uterus)置于合适的人工环境中浸浴,可以长时间存活并保持相对正常的功能状态。由于离体子宫所处的条件便于控制,可以根据需要改变温度和营养液成分,功能活动比在体子宫便于记录,所以常用于药物对子宫作用的研究。子宫的活动和对药物的效应还受子宫的内分泌状态及解剖部位影响。

本实验通过张力换能器连接 BL-420E$^+$ 生物机能实验系统记录子宫的收缩活动,比传统实验的记录装置更为先进,实验结果可自动存储,可随时调取,较为客观精确。也可尝试在自己实验室的微机系统下完成本实验。

拓展阅读 10-1　离体子宫灌流实验技术要点及其应用

【目的要求】

学习离体子宫灌流的实验方法。观察离体子宫平滑肌的活动及药物对其的作用。

【实验器材】

大鼠、平滑肌恒温离体灌流装置、哺乳动物常用手术器械、自动控温仪、BL-420E$^+$ 生物机能实验系统或其他记录仪、张力换能器或通用杠杆、温度计、显微镜、支架、载玻片、盖玻片、O_2、棉线、缝针、培养皿、肾上腺素溶液(1∶10 000)、催产素溶液(0.1 U/mL)、洛氏液(NaCl 9.0 g/L,KCl 0.42 g/L,CaCl$_2$ 0.24 g/L,NaHCO$_3$ 0.2 g/L,葡萄糖 1.0 g/L)、低 Ca^{2+} 洛氏液(将 CaCl$_2$ 减至原剂量的 1/4,即 0.06 g/L)及己烯雌酚。

【方法与步骤】

1. 手术操作

(1) 动物动情期的确定或人工造成动情期　动情期动物的子宫对药物的作用比较敏感,故选用动情期大鼠,可根据阴道细胞学检查确定动情期。在显微镜下此期上皮细胞体积大而扁平,常呈大方块、多边形,有钝角,细胞彼此连接较疏松,易于脱落。此外,也可以在实验前 1～2 天,每天给动物皮下注射己烯雌酚(剂量为 0.1 mg/kg 体重),人工造成动情期,以提高子宫的敏感性。

(2) 离体子宫标本制备　取体重 250～350 g、成年动情期未孕雌性大鼠,用颈椎脱臼法处死,背位固定于蜡盘上,剖开腹腔,用镊子轻轻拨开附在肠系膜上的脂肪,可见与阴道相连的子宫角和一对粉红色的卵巢。上端在卵巢与子宫角间剪断,下端在阴道处剪断,取出子宫并立即放入盛有低 Ca^{2+} 洛氏液的培养皿中,并持续通 O_2。

(3) 营养液　一般选用洛氏液,也可以根据需要选用低 Ca^{2+} 洛氏液或其他营养液。

2. 仪器设置

(1) 实验装置　轻轻剥离子宫壁上的结缔组织和脂肪组织,将子宫二角相连处剪开,取一角,剪取 2 cm,一端用标本钩钩住固定在浴槽底部,另一端用线结扎与张力换能器相连(注意:不可将子宫腔结扎封闭,那样将会使药物不容易发挥作用)。营养液选用洛氏液,浴槽的营养液一般为 20 mL,以能浸没子宫为宜;水浴温度为 37℃ ± 0.5℃,静置 20 min,待子宫收缩活动稳定后开始实验。离体子宫平滑肌灌流实验与离体小肠生理特性实验的实验装置完全相同。

(2) 张力换能器　将张力换能器与离体子宫标本连接,接入 1 通道。

(3) 微机　打开 BL-420E$^+$ 生物机能实验系统,在第 1 通道中选择张力信号,记录子宫收缩活动。子宫平滑肌收缩频率较低,应该选择较慢的扫描速度。也可以使用其他记录装置进行记录。

(4) 增加前负荷　为保证子宫比较稳定的活动,必须对子宫加一定负荷,一般以 1 g 为宜。可先在张力换能器上加一个 1 g 的砝码,同时记录使记录仪基线移动的距离,再将离体子宫固定于张力换能器上,调节紧张度,使记录仪上基线移动的距离与加 1 g 的砝码时一致即可。

(5) 保存实验结果　停止实验,给文件命名后可保存在电脑硬盘或其他媒体。点击图形剪辑图标,选取所需图形对实验结果进行编辑,而后自动粘贴在新的文件中。实验结果较多时可以重复选取和粘贴。最后打印实验结果。

3. 观察项目

(1) 观察子宫平滑肌的正常活动曲线　固定标本以后,在营养液中稳定 20 min 后进行实验。调节增益和扫描速度等参数,使图形便于观察。

(2) 观察催产素对离体子宫平滑肌活动的影响　向营养液中加入 0.1 U/mL 催产素溶液 1 滴,约 50 μL,观察和描记子宫平滑肌收缩活动的变化。

(3) 观察肾上腺素对离体子宫平滑肌活动的影响　向营养液中加入 1∶10 000 肾上腺素溶液 1 滴,约 50 μL,观察和描记子宫平滑肌收缩活动的变化。

子宫平滑肌收缩活动发生明显变化后,描记 2~5 min,然后用新鲜营养液冲洗 2~3 次。等标本恢复活动后,间隔 20 min 再进行下一项实验。

(4) 子宫平滑肌正常活动和加入各种药物后,观察如下指标:

① 收缩强度(幅度)　以每次收缩所达到的最高点表示。

② 收缩频率　因为子宫平滑肌收缩的频率较低,常以每 10 min 收缩的次数表示。

③ 子宫活动力　以强度和频率的乘积表示。

④ 根据需要还可以观察:反应率,即给药标本的总数中有反应及无反应所占的百分比;运动形式的变化,即给药后运动形式有无改变,如张力变化等。

本实验要求学生观察的指标是:强度、频率和子宫活动力。

【参考结果】

催产素使子宫平滑肌收缩活动加强,肾上腺素使子宫平滑肌收缩活动减弱(图 10-3-1)。

【注意事项】

1. 操作应尽量迅速而轻柔,避免过度牵拉子宫组织。
2. 除了营养液的选择外,气体也是影响离体实验成败的关键因素。最好通入95% O_2 和5% CO_2 的混合气体,以保持营养液中 O_2 和pH相对稳定。通气量为每秒 1～2 个小气泡。通气过少不能满足代谢需要,气泡过多或过大直接冲击离体子宫使记录曲线不稳定,影响结果观察。
3. 如果需要消除或减少子宫平滑肌的自发运动,可选用低 Ca^{2+} 洛氏液。
4. 给子宫加一定前负荷,使其接近最适初长度,提高收缩性能,也使子宫平滑肌有一个持续微弱的刺激保证其稳定的功能活动状态。

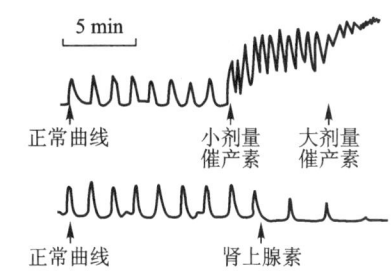

图 10-3-1 催产素和肾上腺素对大鼠子宫平滑肌收缩活动的影响

小剂量催产素参考终浓度为 0.2 U/L,大剂量催产素参考终浓度为 2 U/L;肾上腺素参考终浓度为 52.5 μmol/L(5 μg/L)

5. 每次加入药物后的观察时间、更换新鲜营养液的次数等应尽可能保持一致。
6. 由于子宫平滑肌的活动十分缓慢,应该使用较慢的扫描速度,使描记的曲线便于观察。

【思考题】

1. 怎样使子宫平滑肌保持正常功能活动状态?
2. 为什么有时须将子宫平滑肌置于低 Ca^{2+} 洛氏液中?
3. 为什么选用处于动情期的大鼠?
4. 供给 O_2 时应该注意哪些问题?
5. 肾上腺素对子宫平滑肌的作用是什么?为什么?
6. 催产素对子宫平滑肌的作用是什么?为什么?

【创新与探索】

设计实验,观察另外一些因素对子宫平滑肌活动的影响并记录下来。

(宋士军 项辉)

实验 10-4 妊娠检验

方法一 免疫检测法

【实验背景与相关原理】

在妊娠(pregnancy)早期,胎盘所分泌的人绒毛膜促性腺激素(human chorionic gonadotropin, HCG)就会出现在妊娠者的尿液中。通过用抗 HCG 的血清对尿液进行免疫检测(immunological detection)可判断妊娠与否。检测用的试剂为抗 HCG 的血清和吸附有 HCG 的乳胶颗粒悬液。两种试剂直接混合,会发生抗原-抗体的凝集反应,结果出现明显的凝集乳胶颗粒。若先将含有

HCG 的尿液与抗血清充分混合，一定时间后再加入吸附有 HCG 的乳胶颗粒悬液，由于抗血清中的抗体完全被尿液中的 HCG 结合了，就不能与吸附有 HCG 的乳胶悬液发生凝集反应，结果乳胶仍为乳液状。若尿中没有 HCG，则会有明显的乳胶凝集颗粒出现。

【目的要求】
掌握妊娠检验原理，学习早期妊娠检测的免疫检测方法。

【实验器材】
抗 HCG 血清（简称抗血清）、吸附有 HCG 的乳胶颗粒悬液（简称乳胶）、显微镜、载玻片、玻璃蜡笔、牙签、吸管、孕妇尿液和非孕妇尿液。

【方法与步骤】
1. 用玻璃蜡笔在载玻片上端左右角上分别标注 A 和 B，然后将载玻片置于黑色背景下。用干净的吸管在靠近 A 和 B 的位置分别滴加孕妇尿液和非孕妇尿液，再各加抗 HCG 血清 1 滴，用牙签充分混合，并使液面直径达 2.5 cm 大小。前后左右缓慢连续摇动载玻片 30~60 s。
2. 再各滴加吸附有 HCG 的乳胶颗粒悬液 1 滴，用牙签搅匀，连续摇动 2 min 后观察结果。在 2 min 之内有明显均匀凝集颗粒者，为阴性；在 5 min 后仍无凝集颗粒者，为阳性。

【注意事项】
1. 孕妇尿液以晨尿为好。如尿液浑浊或呈絮状，应离心后取上清液。
2. 抗血清和乳胶放在 4℃ 冰箱内保存，使用前从冰箱内拿出，使其温度接近室温，并摇匀。
3. 室温以 20℃ 为宜，过低（如低于 15℃）则反应缓慢，应延长观察时间至 4~6 min。提高温度能加速反应，但不要超过 37℃。
4. 滴加在载玻片上的各种液体的液滴大小应均匀一致。

【思考题】
1. 本实验所用的乳胶颗粒有何作用？
2. 在整个妊娠阶段都能检测到尿中的 HCG 吗？
3. 除了正常孕妇尿液中有 HCG，还有哪些情况在尿液中也会出现 HCG？

【创新与探索】
1. 现有一名孕龄期妇女的血液样本，请设计妊娠检测的步骤。
2. 如果教师准备了荧光标记的 HCG 抗血清和荧光显微镜，试写出检测方法和步骤。
3. 除了血清和尿液可以用来妊娠检测，还有何其他体液或分泌液可用本方法检测？试写出相应的实验步骤。
4. 根据孕妇内分泌活动的特点，试分析还可以检测什么激素？试写出实验方法和步骤。

方法二　生物检测法

【实验背景与相关原理】

绒毛膜促性腺激素是胎盘最早分泌的激素,与垂体促性腺激素的作用相似,能促进睾酮的分泌和刺激精子(spermatozoon)从睾丸排出。将含有HCG的尿液注射于雄蛙的背部淋巴囊,就能促使其将精子排入泄殖腔。在显微镜下检查从泄殖腔中所取液体,如发现有活动的精子,即为妊娠试验阳性。此方法灵敏度较低,误差大。

【目的要求】

掌握妊娠检验原理,学习早期妊娠检测的生物检测法。

【实验器材】

雄性牛蛙、显微镜、载玻片、盖玻片、10 mL注射器、小吸管、小铁丝笼、孕妇尿液、非孕妇尿液、任氏液。

【方法与步骤】

1. 初检

选2只体重100 g以上活泼、健壮的雄性牛蛙,用细滴管从其泄殖腔内吸取少量液体滴在载玻片上,在显微镜下检查有无精子。没有精子者可用于实验,若有则另选。

2. 用洁净的注射器吸取孕妇尿液5 mL,注入其中一只的背部淋巴囊,作为实验动物;另一只则注射同等量的非孕妇尿液,作为对照组。

3. 将动物分别装在2个小铁笼内,放在温暖潮湿的地方。1 h后分别从泄殖腔内取液体,滴在载玻片上在显微镜下进行复检。若实验组动物有精子,则为阳性反应,表明已经妊娠;若无精子,则为阴性反应,表明没有妊娠。

4. 发现精子后,可加上盖玻片,在高倍镜下观察。蛙精子的头部呈镰刀形或长锥体形,尾细长呈鞭毛状(图10-4-1)。

【注意事项】

1. 如果泄殖腔中液体很少难以取出,可用滴灌先注射少量的任氏液,然后再取出。

2. 为了防止注射至背部淋巴囊的尿液流出,可将针头从后肢刺入。注射后用手轻按针眼,阻止尿液流出。

3. 可以多给几只实验动物同时注射孕妇尿液,这样可以提高本实验的准确性。

4. 动物泄殖腔内常有原生动物,观察时应注意与精子的区别。

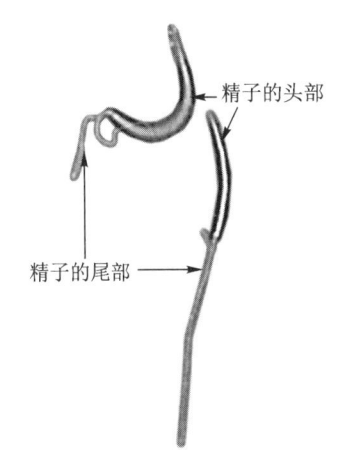

图10-4-1　蛙精子(400×)

【思考题】

1. 如何判断蛙类的雌雄？
2. 为什么要将尿液注射到淋巴囊中？注射到皮下是否可以？
3. 可否将精子先用福尔马林杀死固定后，再进行观察？
4. 为什么在实验前首先要对实验动物进行初检？

【创新与探索】

收集怀孕60~80天孕妇的唾液和尿液，用本方法检测，比较两种液体的检测效果，并分析其原因。

（管振龙　王艳芹　项辉）

附　录

附录1　生理信号采集系统有关参数的含义

波间隔：是指双刺激或串刺激中两个脉冲波之间的时间间隔。
波宽：是指刺激脉冲的宽度。
刺激频率：是刺激方波的重复频率，一般少于1 000次/s。
刺激强度：是指方波幅度，可用电流强度或电压表示，电流强度一般从几微安至几十毫安，电压可在200 V以内。
刺激时间：是指方波的持续时间，又称波宽。一般刺激器的持续时间从几十毫秒至数秒。
串长：表示以重复频率不断输出刺激方波可持续的时间，即一连产生数个方波的时间。
定标：是指引入传感器的生物非电信号和该信号通过传感器后转换得到的电压信号之间的比值，通过该比值就可以计算传感器引入的非电信号的真实大小。
反演：是指打开一个记录过的数据文件。
基线：是信号参考零点。
滤波：生理信号采集系统的滤波一般是指高频滤波，即衰减生物信号中带入的高频噪声，而让低频信号通过。
时间常数：生理信号采集系统的时间常数一般是指低频滤波（高通滤波），即衰减生物信号中所带入的低频噪声，而让高频信号通过，可使信号线不再上下漂移。每一个时间常数值对应于一个频率值，频率 = $1/(2\pi \times$ 时间常数$)$。
数据测量：是指直接在实验的原始数据基础上计算一些值。
数据处理：是指对原始的实验数据进行变换，如对原始波形进行微分、积分等处理。
数据导出：是指将选择的一段反演实验波形的原始采样数据以文本形式提取出来，并存到相应的文本文件中。
数据剪辑：是指从原始数据文件中选择有用的数据段，并拼接为一个新的数据文件。
数据提取：是指从记录的原始实验数据中以某种形式（如图形、格式数据、通用文本格式数据等）提取出有用的某一段或多段数据，并将其存储为其他格式文件或插入到其他应用程序，如Word或Excel中。
扫描速度：是指单位时间内信号覆盖的距离，常以"小格/s"或"s/小格"表示。
调零：是指消除生物信号放大器正常范围内的直流零点偏移。
图形剪辑：是指将区域选择的图形块复制到其他文档（如Windows文档）中。

50 Hz 滤波:是指消除 50 Hz 交流电干扰。
延时:是指刺激命令发出至刺激方波出现的这段时间。
增益:是指硬件放大倍数。

> 视频讲解　生理信号采集系统有关参数的含义

(刘燕强)

附录2　常用生理溶液的配制

自1886年任氏液问世以后,许多生理学者以此为基础,进行研究、调整和改良,制备出多种动物的多种组织器官的生理溶液。为了较长时间地维持离体组织器官的正常生命活动,作为代替体液的生理溶液,必须具备4个条件:①应含有该组织器官维持正常机能所需的各类盐离子,并具有适当的比例;②渗透压应与该动物组织液相等;③酸碱度应与该动物的血浆相同,并具有充分的缓冲能力;④应含有足够的 O_2 与营养物质。

在生理学实验中,常用的生理溶液有生理盐水、任氏液、洛氏液及台氏液,其成分如附表2-1。

附表2-1　常用生理溶液成分表*

成分	任氏液两栖类用	洛氏液哺乳类用	台氏液哺乳类用	生理盐水	
				两栖类	哺乳类
NaCl	6.50	9.00	8.00	6.5~7.0	9.0
KCl	0.14	0.42	0.20	—	—
$CaCl_2$	0.12	0.24	0.20	—	—
$NaHCO_3$	0.20	0.10~0.30	1.00	—	—
NaH_2PO_4	0.01	—	0.05	—	—
$MgCl_2$	—	—	0.10	—	—
葡萄糖	2.00	1.00~2.50	1.00	—	—
蒸馏水	均加至1 000 mL				

* 表内各药物均以 g 为单位。

生理溶液的配制方法为:一般先将各成分分别配制成一定浓度的母液(附表2-2),而后依表中所示容量混合。需要注意的是,$CaCl_2$ 应在其他母液混合并加入蒸馏水后,再边搅拌边逐滴加入,以防钙盐沉淀生成。另外,葡萄糖应在临用前加入,否则加入后不宜久置。

对于低等动物,包括海水与淡水无脊椎动物等,由于其生活环境不同,所需生理溶液的成分与比例也有差别。附表2-3列出低等动物生理溶液成分。

附表 2-2　配制生理溶液所需的母液及其容量

成　分	母液浓度 /g·L^{-1}	任氏液	洛氏液	台氏液
NaCl	200	32.5 mL	45.0 mL	40.0 mL
KCl	100	1.4 mL	4.2 mL	2.0 mL
CaCl$_2$	100	1.2 mL	2.4 mL	2.0 mL
NaH$_2$PO$_4$	10	1.0 mL	—	5.0 mL
MgCl$_2$	50	—	—	2.0 mL
NaHCO$_3$	50	4.0 mL	2.0 mL	20.0 mL
葡萄糖		2.0 g	1.0 ~ 2.5 g	1.0 g
蒸馏水	—	均加至 1 000 mL		

附表 2-3　低等动物生理溶液成分表　　　　　　　　　　　　　单位：g/L

成分	人工海水	人工海水 Van't Hoff	海水无脊椎动物(海水蟹)	淡水无脊椎动物(淡水蟹)	淡水无脊椎动物(淡水贝类)	淡水脊椎动物(淡水鱼)
NaCl	23.50	27.00	26.00	12.00	1.20	2.20
KCl	0.75	—	0.85	0.40	0.15	0.03
CaCl$_2$	1.17	1.00	1.50	1.63	0.125	0.016
MgCl$_2$	5.00	3.40	2.33	0.25	—	—
MgSO$_4$	—	12.10	—	—	—	—
H$_3$BO$_3$	—	—	0.55	—	—	—
NaOH	—	—	0.02	—	—	—
NaHCO$_3$	—	5.00	—	0.20	—	0.03
Na$_2$SO$_4$	4.00	—	3.00	—	—	—

（解景田）

附录 3　实验动物及其主要生理学数据

　　动物是生理学实验的重要组成部分。生理学工作者应对常用实验动物的生物学特征、主要用途及主要生理学数据有基本的了解,才能正确地选择与使用动物,获得可靠的实验结果。

　　本附录展示了几种实验动物较为常用的生理学数据。这些数据是由不同作者在不同实验条件下得到的,把它们视为恒定不变的生理常数或正常值是欠妥当的。由于受到动物种类、品系、性别、年龄、数量、饲养条件、健康状况、实验条件及测定方法等多种因素的影响,因此只能作参考。

1. 家兔

(1) 生物学特征

家兔属于哺乳纲、兔形目、兔科,是穴兔的变种,品种甚多,最常见的品种有中国本兔(耳短而厚、嘴较尖、白毛、红眼)、青紫蓝兔和大耳白兔(日本大耳兔)。

家兔的寿命为 4~9 年,性成熟期为 5~8 月龄,第一次配种期为 7~9 月龄,交配期 1~5 天,孕期 30 天。一年内产仔 3~5 胎,每胎产仔 1~5 只,哺乳期 30~50 天。雌性生育期 4~5 年,雄性生育期 2~3 年。

家兔年龄的大致鉴别主要依据趾爪和门齿。白色家兔幼年趾爪呈白色,爪根部呈粉红色,隐于脚部被毛之中,随着年龄的增长而露出毛外。一年生家兔趾爪的白色与红色部分长度相等;一年以下,红色长于白色;一年以上,白色长于红色;老年趾爪长而弯曲,色黄。深色兔的爪呈褐黑色。家兔的门齿随年龄而增长。幼兔门齿洁白而短小、排列整齐;老年家兔的门齿呈暗黄色、厚而长、排列不整齐,且时有破损。

家兔性别的鉴定主要依据外生殖器,方法是将家兔头部轻轻夹于左腋下,左手按住动物腰背部,右手拉开尾巴,并用中指和环指夹住,然后用拇指与示指扒开生殖器附近的皮毛。此时,在雄兔即可见到在圆孔中露出圆锥形稍向下弯曲的阴茎(注意:在幼兔看不到明显的阴茎,只能看到圆孔中有一凸起物);在雌兔,此处则为一条朝向尾部的椭圆形间隙,间隙越向下越窄,此即阴道开口处。天热时,睾丸可离开腹腔进入耻骨联合两旁的阴囊内。

(2) 主要用途

家兔易于繁殖与饲养,在生理学实验中被广泛应用,如常用家兔进行血压、呼吸、泌尿等急性实验,以及卵巢、胰岛等内分泌实验。离体兔耳和离体兔心常被选用作为灌流实验的标本,进行心血管方面的分析性研究。家兔颈部降压神经与迷走神经分离、自成一束,便于观察降压神经的作用,是研究压力感受器反射的首选动物。在心肌细胞电生理学的研究中,兔心的窦房结常用来进行心脏起步电位的研究。需要注意的是,家兔心血管系统较为脆弱,有时会出现反射性衰竭。由于家兔是草食动物,胃的排空时间较长,另外,家兔缺乏呕吐反射与咳嗽反射,故研究此类问题时,不宜选用。

(3) 主要生理学数据

以下所列数据均为平均值,括号内为数值变化范围。

血容量:占体重的 8.7%(7~10)

心率:205 次/min(123~304)

心输出量:2.8 L/min 或 0.11 L/(kg 体重·min)

血压:收缩压 110 mmHg(95~130);舒张压 80 mmHg(60~90)

循环时间:右耳→左耳 4.8 s(3.4~7.2);整体循环平均 10.5 s

红细胞:570 万个/mm^3(450 万~700 万)

血红蛋白:11.9 g/100 mL 血液(8~15)

红细胞比容:41.5 mL/100 mL 血液(33~50)

平均单个红细胞体积:61 μm^3(60~68)

平均单个红细胞大小:7.5 μm(6.5~7.5)

红细胞脆性:最大抵抗 3.2~3.4 g/L NaCl;最小抵抗 4.2~4.6 g/L NaCl

红细胞沉降速度：1 h 1~3 mm；2 h 2.5~4 mm；24 h 25~50 mm

红细胞相对密度：1.090

血小板：28万/mm^3（26万~30万）

凝血时间：7.5~10.2 s

白细胞：9×10^3/mm^3（6×10^3~1.3×10^4）

白细胞分类：中性粒细胞数量 4.1×10^3/mm^3（2.5×10^3~6.0×10^3），占46%（35~52）；

嗜酸性粒细胞数量 0.18×10^3/mm^3（0~0.4×10^3），占2%（0.5~3.5）；

嗜碱性粒细胞数量 0.45×10^3/mm^3（0.15×10^3~0.75×10^3），占5%（2~7）；

淋巴细胞数量 3.5×10^3/mm^3（2.0×10^3~5.6×10^3），占39%（30~52）；

单核细胞数量 0.725×10^3/mm^3（0.3×10^3~1.3×10^3），占8%（4~12）

血液pH：7.35（7.21~7.57）

血液黏稠度：4.0（3.5~4.5）

全血相对密度：1.050

呼吸频率：51次/min（38~60）

潮气量：21.0 mL（19.3~24.6）

每分通气量：1.07 L/min（0.80~1.41）

排尿量：40~100 mL/d

尿液pH：8.0

尿液相对密度：1.010~1.015

排便量：14.2~56.7 g/d

体温（直肠）：39.0℃（38.5~39.7）

2. 犬

（1）生物学特征

犬属于哺乳纲、食肉目、犬科，是已被驯化的家养动物。

犬的寿命一般为10~20年，性成熟期为8~10月龄。第一次配种期在出生1年以后。一年内发情两次，多在春秋两季，每次发情时间持续14~21天。孕期为58~63天，哺乳期为60天。每胎产仔2~8只。

犬的年龄鉴定主要依据牙齿的生长情况、磨损程度、外形、颜色等来综合鉴定。一般仔犬在出生后第20~30天开始长牙，第10个月牙齿已全部长出，随着年龄的增长，乳齿脱落而长出恒齿。门齿首先更换，到5~6个月时才开始更换犬齿。成年犬一般有42枚牙齿：上颌20枚（门齿6枚，犬齿2枚，假臼齿8枚，臼齿4枚），下颌22枚（门齿6枚，犬齿2枚，假臼齿8枚，臼齿6枚）。幼年犬的牙齿洁白而无磨损，1~2岁时，下颌的前门齿逐渐被磨损，2~3岁时，前门齿的尖锐端被磨损而消失，而上颌前门齿在2~3岁时才开始磨损。在4~5岁时，其尖锐端也被磨损消失，且牙齿发黄。到10~12岁时，牙根全部磨损。

犬的性别鉴定依据暴露于体表的生殖器官，如雄犬的睾丸与阴茎、雌犬的乳头及阴道。

（2）主要用途

犬在生理学研究中被广泛应用，是研究各系统生理学的主要动物，在生理学实验中占有重要的地位。犬具有发达的循环系统、神经系统及基本上与人相似的消化系统，因此在循环生理、消化生理和神经系统生理学的研究中较为常用。犬喜近人,易于驯养,经过训练后能较好地配合实验,很适于慢性实验,如条件反射、脑部安装电极、施行胃瘘、肠瘘、输尿管瘘术等。犬的耐受力较强,也适于各系统急性实验时应用。犬心脏内浦肯野纤维粗大易得,是研究心肌电生理的重要标本。

(3) 主要生理学数据

血容量:占体重的 5.6% ~ 8.3%

心率:120 次 /min(100 ~ 130)

心输出量:2.3 L/min 或 0.12 L/(kg 体重·min)

血压:不麻醉时收缩压 112 mmHg(95 ~ 136);舒张压 56 mmHg(43 ~ 66)
　　　戊巴比妥钠麻醉时收缩压 149 mmHg(108 ~ 189);舒张压 100 mmHg(75 ~ 122)

循环时间:股静脉→颈动脉 7.0 s(6.0 ~ 8.0);整体循环 10.8 s(8.9 ~ 12.8)

红细胞:630 万个 /mm^3(450 万 ~ 800 万)

血红蛋白:14.8 g/100 mL 血液(11 ~ 18)

红细胞比容:45.5 mL/100 mL 血液(38 ~ 53)

平均单个红细胞体积:66 μm^3(59 ~ 68)

平均单个红细胞大小:7.0 μm(6.2 ~ 8.0)

红细胞脆性:最大抵抗 3.5 ~ 3.6 g/L NaCl;最小抵抗 4.3 ~ 4.6 g/L NaCl

红细胞沉降速度:1 h 2.0 mm;2 h 4.0 mm;10 h 10 mm

红细胞相对密度:1.090

血小板:$(21.86 ± 3.48) × 10^4$/mm^3

凝血时间:6.5 ~ 9.0 s

白细胞:$(14.79 ± 3.48) × 10^3$/mm^3

白细胞分类:中性粒细胞数量 $8.2 × 10^3$/mm^3($6.0 × 10^3$ ~ $12.5 × 10^3$),占 68%(62 ~ 80);
　　　　　　嗜酸性粒细胞数量 $0.6 × 10^3$/mm^3($0.2 × 10^3$ ~ $2.0 × 10^3$),占 5.1%(2 ~ 14);
　　　　　　嗜碱性粒细胞数量 $0.085 × 10^3$/mm^3(0 ~ $0.3 × 10^3$),占 0.7%;
　　　　　　淋巴细胞数量 $2.5 × 10^3$/mm^3($0.9 × 10^3$ ~ $4.5 × 10^3$),占 21%(10 ~ 28);
　　　　　　单核细胞数量 $0.65 × 10^3$/mm^3($0.3 × 10^3$ ~ $1.5 × 10^3$),占比 5.2%(3 ~ 9)

血液 pH:7.36(7.31 ~ 7.42)

血液黏稠度:4.6(3.8 ~ 5.5)

全血相对密度:1.059

呼吸频率:18 次 /min(11 ~ 37)

潮气量:320 mL(251 ~ 432)

每分通气量:5.21 L/min(3.3 ~ 7.4)

尿液 pH:6.1

尿液相对密度:1.020 ~ 1.050

排尿量:65 ~ 400 mL/d

体温:38.5℃ (37.5 ~ 39.7)

3. 猫

(1) 生物学特征

猫属于哺乳纲、食肉目、猫科。

猫的寿命为 8~10 年,性成熟期为 10~12 个月。每年有春、秋季两次交配期。孕期 63 天(60~68 天),哺乳期 60 天。通常每胎可产仔 3~6 只,新生仔猫不睁眼,到第 9 天,猫眼才开始产生视力。

(2) 主要用途

在生理学实验中,猫与犬、兔一样,是常用的实验动物。猫具有较为发达的神经系统,其循环系统也相当发达,且与人类的很相似。所以,在进行这些系统的生理实验时,猫常被选用作为实验动物,如去大脑僵直与姿势反射实验、刺激颈交感神经所引起的瞬膜和虹膜反应实验、血压的影响因素实验及冠状窦血流量的测定实验等。此外,我国用猫进行针麻原理的研究,效果也较理想。

(3) 主要生理学数据

血容量:占体重的 6.2%

心率:116 次/min(110~140)

心输出量:0.33 L/min 或 0.11 L/(kg 体重·min)

血压:收缩压(不麻醉)118 mmHg(88~142);舒张压(不麻醉)70 mmHg(56~85)

循环时间:股静脉→颈动脉 6.0 s(3.0~9.5)

红细胞:800 万个/mm^3(650 万~950 万)

血红蛋白:11.2 g/100 mL 血液(7.0~15.5)

红细胞比容:40 mL/100 mL 血液(28~52)

平均单个红细胞体积:57 μm^3(51~63)

平均单个红细胞大小:6.0 μm(5.0~7.0)

红细胞脆性:最大抵抗 5 g/L NaCl;最小抵抗 5.2 g/L NaCl

红细胞沉降速度:1 h 4 mm;2 h 10 mm

血小板:250×10^3/mm^3(100×10^3~500×10^3)

凝血时间:7~20 s

白细胞:16×10^3/mm^3(9×10^3~24×10^3)

白细胞分类:中性粒细胞数量 9.5×10^3/mm^3(5.5×10^3~16.5×10^3),占 59.5%(44~82);

嗜酸性粒细胞数量 0.85×10^3/mm^3(0.2×10^3~2.5×10^3),占 5.4%(2~11);

嗜碱性粒细胞数量 0.02×10^3/mm^3(0~0.1×10^3),占 0.1%(0~0.5);

淋巴细胞数量 5.0×10^3/mm^3(2×10^3~9×10^3),占 31%(15~44);

大单核细胞数量 0.65×10^3/mm^3(0.05×10^3~1.4×10^3),占 4%(0.5~7.0)

血液 pH:7.35(7.24~7.40)

血液黏稠度:4.5(4.0~5.0)

全血相对密度:1.054

呼吸频率:26 次/min(20~30)

潮气量:12.4 mL

每分通气量:0.322 L/min
尿液 pH:7.5
尿液相对密度:1.020~1.040
排尿量:20~30 mL/(d·kg 体重)
体温(直肠):38.7℃(38.0~39.5)

4. 大鼠

(1) 生物学特征

大鼠属于哺乳纲、啮齿目、鼠科。我国实验用大鼠系野生褐鼠的饲养变种。

大鼠的寿命一般为 2~3 年。性成熟期为 2~3 月龄,第一次配种期为 3.5~4 月龄,交配期为 4~5 天,孕期为 30 天。一年内产仔 4~7 胎,每胎产仔数 5~9 只,哺乳期 30 天。雌性大鼠生育期为 1.5~2 年,雄性为 1~1.5 年。仔鼠初产时无毛,不睁眼,28~35 天后即可断奶。

可用以下两种方法判断年龄。

① 根据生理特征鉴定年龄 耳朵张开:2.5~3.5 d;睁眼:14~17 d;门齿长出:8~12 d;第一对臼齿长出:19 d;第二对臼齿长出:21 d;第三对臼齿长出:35 d;睾丸下降:40 d;阴道张开:72 d。

② 根据体重鉴别大致年龄 18 g:20 d;40 g:40 d;80 g:60 d;130 g:80 d;165 g:100 d;196 g:120 d;216 g:140 d;228 g:160 d;240 g:180 d;250 g:200 d;290 g:320 d。

对大鼠性别的鉴定主要方法是观察肛门与生殖器之间的距离。雄性大鼠的距离较大,雌性的距离较小。此外,天热时,雄鼠的睾丸常从腹腔降到阴囊内。在雌鼠阴部可见肛门、尿道口与阴道口 3 个明显的腔道孔,腹部有 12 对明显的乳头。

(2) 主要用途

大鼠为生理学实验的常用动物,广泛应用于内分泌与高级神经活动研究。大鼠有功能完善的垂体-肾上腺系统,常用作应激反应及肾上腺、垂体、卵巢等内分泌实验。大鼠的循环系统反应良好,常用于记录动脉血压、肢体血管灌流或离体心脏灌流。在解剖上缺少胆囊,可作胆管插管收集胆汁,进行消化生理的研究。此外,在医学上,大鼠是营养学、肿瘤、细菌学及关节炎等研究的常用实验动物。

(3) 主要生理学数据

血容量:占体重的 7.4%

心率:328 次/min(216~600)

心输出量:0.047 L/min

血压:收缩压 129 mmHg(88~184);舒张压 91 mmHg(58~145)

红细胞:890 万个/mm^3(720 万~960 万)

血红蛋白:14.8 g/100 mL 血液(12.0~17.5)

红细胞比容:46 mL/100 mL 血液(39~53)

平均单个红细胞体积:55 μm^3(52~58)

平均单个红细胞大小:7.0 μm(6.0~7.5)

红细胞沉降速度:1 h 3 mm;2 h 4~5 mm;24 h 10 mm

红细胞相对密度:1.090

血小板:100×10^3~300×10^3/mm^3

白细胞：$14 \times 10^3/mm^3(5 \sim 25)$

白细胞分类：中性粒细胞数量 $3.1 \times 10^3/mm^3(1.1 \times 10^3 \sim 6.0 \times 10^3)$，占 $22\%(9 \sim 34)$；

嗜酸性粒细胞数量 $0.3 \times 10^3/mm^3(0 \sim 0.7 \times 10^3)$，占 $2.2\%(0 \sim 6)$；

嗜碱性粒细胞数量 $0.1 \times 10^3/mm^3(0 \sim 0.2 \times 10^3)$，占 $0.5\%(0 \sim 1.5)$；

淋巴细胞数量 $10.2 \times 10^3/mm^3(7.0 \times 10^3 \sim 16 \times 10^3)$，占 $73\%(65 \sim 84)$；

大单核细胞数量 $0.3 \times 10^3/mm^3(0 \sim 0.65 \times 10^3)$，占 $2.3\%(0 \sim 5)$

血液 pH：$7.35(7.26 \sim 7.44)$

血浆相对密度：$1.029 \sim 1.034$

呼吸频率：85.5 次/min（66～114）

潮气量：0.86 mL（0.60～1.25）

每分通气量：0.073 L/min（0.05～0.101）

排尿量：10～15 mL/（d·50 g 大鼠）

体温（直肠）：39℃（38.5～39.5）

5. 小鼠

（1）生物学特征

小鼠属于哺乳纲、啮齿目、鼠科。我国实验用小鼠系野生鼷鼠的变种。

小鼠的寿命一般为 2 年左右。性成熟期雌性为 35～55 天，雄性为 45～60 天。第一次配种期在出生后 2～2.5 月龄，交配期 4～5 天，孕期 20～25 天。小鼠一年产仔 4～9 胎，每胎 2～12 只不等。哺乳期 25～30 天。繁殖适龄期为 60～90 天，生育期约为 1 年。

可用以下两种方法判断年龄。

① 根据生理特征鉴定年龄　耳壳脱出表皮：3 d；脐带脱落：4 d；能翻身：5 d；能爬出窝外游走：8 d；听觉发育，能听到声音：10 d；全身被上白毛，门齿长出齿肉：9～11 d；睁眼，能跑跳、抓东西：13～15 d；能自行采食：20 d；雄性睾丸下降：21 d；雌性阴道张开：35 d。

上述一般发育程序是固定的，但时间长短视动物营养及健康状况而异。

② 根据体重鉴定年龄　4 g：10 d；8 g：20 d；14 g：30 d；18 g：40 d；22 g：50 d；24 g：60 d；25 g：70 d；27 g：80 d；28 g：90 d；30 g：100～120 d。

小鼠性别鉴定方法与大鼠鉴定方法相同。

（2）主要用途

小鼠繁殖力强，繁殖周期短，产仔多，便于人工饲养，在医学实验，特别是在大样本的实验中应用最为广泛，如药物筛选、半数致死量的测定、药物的效价比较等。在生理学实验中，小鼠也是常用实验动物，常用于神经系统高级功能的研究及内分泌和生殖生理实验中。

（3）主要生理学数据

血容量：占体重的 8.3%

心率：600 次/min（328～780）

血压：收缩压 113 mmHg（95～125）；舒张压 81 mmHg（67～90）

红细胞：930 万个/mm³（770 万～1250 万）

血红蛋白：14.8 g/100 mL 血液（10～19）

红细胞比容：41.5 mL/100 mL 血液

平均单个红细胞体积：49 μm³(48～51)

平均单个红细胞大小：6.0 μm

红细胞相对密度：1.090

血小板：$157 \times 10^3 \sim 260 \times 10^3/mm^3$

凝血时间：24～40 s

白细胞：$8.0 \times 10^3/mm^3 (4.0 \sim 12.0)$

白细胞分类：中性粒细胞数量 $2.0 \times 10^3/mm^3 (0.7 \times 10^3 \sim 4.0 \times 10^3)$，占 25.5%(12～44)；

嗜酸性粒细胞数量 $0.15 \times 10^3/mm^3 (0 \sim 0.5 \times 10^3)$，占 2%(0～5)；

嗜碱性粒细胞数量 $0.05 \times 10^3/mm^3 (0 \sim 0.1 \times 10^3)$，占 0.5%(0～1)；

淋巴细胞数量 $5.5 \times 10^3/mm^3 (3 \times 10^3 \sim 8.5 \times 10^3)$，占 68%(54～85)；

大单核细胞数量 $0.3 \times 10^3/mm^3 (0 \sim 1.3 \times 10^3)$，占 4%(0～15)

呼吸频率：163 次/min(84～230)

潮气量：0.15 mL(0.09～0.23)

每分通气量：0.024 L/min(0.011～0.036)

排尿量：1～3 mL/d

体温(直肠)：38℃ (37～39)

6. 豚鼠

(1) 生物学特征

豚鼠属于哺乳纲、啮齿目、豚鼠科，又称天竺鼠、荷兰猪，原产于欧洲中部。

豚鼠的寿命一般为 6～8 年。性成熟期雌性为 4～5 月龄，雄性为 5～6 月龄。第一次配种期 6 月龄，交配期 4～5 天，孕期 60～68 天。一年内产仔 3～5 胎，每胎产仔数约 1～6 只。哺乳期 30 天。生育期雄性为 2.5～3 年，雌性为 3～4 年。

一般年幼豚鼠牙齿短而白，爪软而短，眼圆亮，行动活泼。而老年豚鼠则相反，牙齿和爪均较长，眼蒙眬，行动迟缓。此外，尚可根据体重粗略地判断年龄(附表 3-1)。

附表 3-1　豚鼠体重与年龄的关系

年龄	体重/g	
	雄性	雌性
初生	55	80
1 周	100	120
1 月	150	200
2 月	200	280
3 月	300	350
4 月	350	400
6 月	450	500
1 年	750	800

豚鼠的性别鉴定依据与家兔相近。方法是用一手抓住动物颈部，另一手扒开靠近生殖孔的

皮毛，雄性豚鼠在圆孔中露出生殖器的突起，雌性动物则显示三角形间隙。另外，成年雌性豚鼠有2个乳头。

(2) 主要用途

豚鼠性情温顺、繁殖力强、饲养管理要求低，故为生理学、微生物学、病理学、药理学及生物化学实验的常用动物，如肾上腺机能的研究、出血性实验、血管通透性实验等。

(3) 主要生理学数据

血容量：占体重的6.4%

心率：280次/min (260~400)

血压：收缩压77 mmHg (28~140)；舒张压47 mmHg (16~90)

红细胞：560万个/mm^3 (450万~700万)

血红蛋白：14.4 g/100 mL 血液 (11.0~16.5)

红细胞比容：42 mL/100 mL 血液 (37~47)

平均单个红细胞体积：77 μm^3 (71~83)

平均单个红细胞大小：7.4 μm (7.0~7.5)

红细胞脆性：最大抵抗3.1 g/L NaCl；最小抵抗4.2 g/L NaCl

红细胞沉降速度：1 h 1.5 mm；2 h 3.0 mm；24 h 20 mm

红细胞相对密度：1.090

血小板：116×10^3/mm^3

白细胞：10.0×10^3/mm^3

白细胞分类：中性粒细胞数量 4.2×10^3/mm^3 (2.0×10^3~7.0×10^3)，占42% (22~50)；

嗜酸性粒细胞数量 0.4×10^3/mm^3 (0.2×10^3~1.3×10^3)，占4% (2~12)；

嗜碱性粒细胞数量 0.07×10^3/mm^3 (0~0.3×10^3)，占0.7% (0~2)；

淋巴细胞数量 4.9×10^3/mm^3 (3.0×10^3~9.0×10^3)，占49% (37~64)；

大单核细胞数量 0.43×10^3/mm^3 (0.25×10^3~2.0×10^3)，占4.3% (3~13)

血液pH：7.35 (7.17~7.55)

全血相对密度：1.060

呼吸频率：90次/min (69~104)

潮气量：1.8 mL (1.0~3.9)

每分通气量：0.16 L/min (0.10~0.38)

排尿量：15~75 mL/d

体温（直肠）：38.6℃ (37.8~39.5)

7. 家鸽

(1) 生物学特征

家鸽属于鸟纲、鸽形目、鸠鸽科，是由野鸽（岩鸽）驯化而成的变种。

家鸽的寿命一般为10年左右，性成熟期约为2年。雌鸽每年产卵4~5次，每次约2枚。卵由卵巢排出后，经泄殖孔排出。产卵后雌雄交替抱孵。在38~40℃的温度下，经14天卵即孵化，此时雏鸽破壳而出。雏鸽靠亲鸽嗉囊分泌的"鸽乳"哺育，约经60天即可自行啄食。

乳鸽眼圈色白，飞翔能力不强，大都有小黄羽，羽毛尚未长齐；中年鸽眼圈色黄，羽毛齐全；老年鸽眼圈色红。

家鸽的性别可从外形加以判定：①雄鸽身体较粗大，颈部短而粗，蜡膜较大。雌鸽则相反。②雄鸽两耻骨间的距离一般为一指宽，而雌鸽一般为二指宽。③用手轻握鸽颈部观察，雄鸽的眼睛多凝视，有精神，瞬膜及眼睑开闭快速。而雌鸽眼睛无神，瞬膜及眼睑开闭缓慢。

(2) 主要用途

家鸽也属较为常用的实验动物。在生理学实验中，由于鸽的听觉和视觉非常发达，常用来观察迷路与姿势反射的关系。当破坏一侧半规管后，其肌紧张的协调发生障碍，在静止和运动时，姿势失去平衡。另外，家鸽大脑皮层并不发达，纹状体是中枢神经系统的高级部位，生理学实验中常用切除大脑皮层的鸽来观察大脑的基本机能。

(3) 主要生理学数据

血容量：占体重的 10%

心率：170 次/min（141~244）

血压：105~145 mmHg

红细胞：320 万个/mm^3

血红蛋白：12.8 g/100 mL 血液

红细胞比容：42.3 mL/100 mL 血液

平均单个红细胞体积：131.0 μm^3

平均单个红细胞大小：6.9~13.2 μm

血小板：$5 \times 10^3 \sim 6.4 \times 10^3$/mm^3

凝血时间：23~34 s

白细胞：$1.4 \times 10^3 \sim 3.4 \times 10^3$/mm^3

白细胞分类：中性粒细胞数量占 26%~41%；

　　　　　　嗜酸性粒细胞数量占 1.5%~6.8%；

　　　　　　嗜碱性粒细胞数量占 2%~10.5%；

　　　　　　大淋巴细胞数量占 0~32.1%；

　　　　　　小淋巴细胞数量占 27%~58%；

　　　　　　大单核细胞数量占 3.0%

呼吸频率：25~30 次/min

潮气量：4.5~5.2 mL

排便量：170 g/d（含尿）

飞行速度：顺风 120 km/d；逆风 36~20 km/d；无风 60~70 km/d

8. 蛙类

(1) 生物学特征

蛙类属于两栖纲、无尾目，品种甚多，是脊椎动物由水生向陆生过渡的中间类型。

(2) 主要用途

蛙类虽然较为低等，但在生理学实验中应用非常广泛。其循环系统、神经系统及肌肉均为生理学常用的实验材料。诸如离体心脏灌流、下肢血管灌流、微循环的观察、心电图；脊髓休克、脊髓反射、谢切诺夫抑制、反射弧的分析实验，以及坐骨神经－腓肠肌、坐骨神经－缝匠肌、腹直肌等均为生理学的重要实验用标本。

(3) 主要生理学数据

蛙类虽为常用实验动物,但生理学数据并不完善,以下数据仅供参考。

血容量:占体重的5%

心率:36～70次/min

血压:30～60 mmHg(颈动脉弓)

红细胞:487万个/mm³(400万～600万)

血红蛋白:8 g/100 mL 血液

红细胞脆性:1.3 g/L NaCl

红细胞相对密度:1.090

血小板:$3 \times 10^3 \sim 5 \times 10^3$/mm³

凝血时间:5 min

白细胞:2.4×10^3/mm³

血液相对密度:1.040

血浆相对密度:1.029～1.034

(解景田)

附录4 实验数据的处理及统计

生理学实验所取得的数据应进行统计学处理,以找出规律。这里仅就处理生理学实验结果的需要,对实验结果的均数、标准差、标准误、变异系数及几种常用计量资料的统计学方法作一简要介绍,以供学生对实验结果作出正确的判断。

1. 均数(x,样本平均数)

均数就是算术平均值(arithmetic mean),适用于正态分布资料。均数是表示一组数据的平均水平或集中趋势的指标。均数的计算公式为:

$$\bar{x} = \frac{\sum x}{n} = \frac{x_1 + x_2 + x_3 + \cdots + x_n}{n} \tag{1}$$

式中,$\sum$ 为总和(读作 sigma),x_1、x_2、$x_3 \cdots x_n$ 为各次的测定值(变量),n 为变量的个数,即样本含量,$\sum x$ 为各变量的总和。

2. 标准差(SD,样本标准差)

标准差(standard deviation)是描述一组数据与均数的离散性。它反映各变量离开均数的分布情况。在均数与单位相同的情况下,SD 越大,则表示各变量离开均数越远,诸变量离散程度越高;反之,SD 越小,则表示离均数越近,离散程度越低,精密度越高。SD 的计算公式为:

$$SD = \sqrt{\frac{\sum(x-\bar{x})^2}{n-1}} = \sqrt{\frac{\sum x^2 - \frac{(\sum x)^2}{n}}{n-1}} \tag{2}$$

式中,x 为每一变量值,$\bar{x}$ 为均数,$\sum(x-\bar{x})^2$ 为每一变量与均数之差的平方和,n 为变量的个数,$\sum x^2$ 为每一变量值的平方和,$(\sum x)^2$ 为每一变量值之和的平方。

【例1】根据某年级 12 名女学生收缩压的数据(附表 4-1),求其均数和标准差。

将有关数据代入公式(1)求出均数:

$$\bar{x} = \frac{\sum x}{n} = \frac{1\,362}{12} = 113.5$$

附表 4-1　12 名女学生收缩压数据

学生编号	x/mmHg	x^2
1	118	13 924
2	112	12 544
3	98	9 604
4	104	10 816
5	122	14 884
6	122	14 884
7	118	13 924
8	140	19 600
9	90	8 100
10	104	10 816
11	122	14 884
12	112	12 544
12(n)	1 362($\sum x$)	156 524($\sum x^2$)

代入公式(2)求出标准差

$$SD = \sqrt{\frac{\sum x^2 - \frac{(\sum x)^2}{n}}{n-1}} = \sqrt{\frac{156\,524 - \frac{1\,362^2}{12}}{12-1}}$$

$$= \sqrt{\frac{156\,524 - 154\,587}{11}} = \sqrt{176} = 13.27$$

$$\therefore \bar{x} \pm SD = 113.5 \pm 13.27\,(\text{mmHg})$$

3. 标准误($S_{\bar{x}}$ 或 SE,均数的标准误)

标准误(standard error)与标准差不同,它表示多次测定的均数与总体均数的离散程度,也就是总体中各样本均数的标准差。标准误反映各标本均数,说明总体均数时的可靠程度。一般用 $S_{\bar{x}}$ 与 SE 表示标准误。求标准误的公式为:

$$\delta_{\bar{x}} = \frac{\delta}{\sqrt{n}} \tag{3}$$

式中，$\delta_{\bar{x}}$ 为均数标准误，δ 为总体标准差，n 为样本数目。

可见，有了总体标准差与标本数目，就可以从理论上求得均数的标准误。但在实际工作中，往往并不知道总体标准差，而只知道样本的标准差（SD），这时我们只能用样本标准差来代替总体标准差，求得标准误的估计值。这样可把公式（3）写为：

$$S_{\bar{x}} = \frac{SD}{\sqrt{n}} \tag{4}$$

【例 2】已知 12 名女学生收缩压数据的标准差（SD）为 13.27，求标准误。

$$S_{\bar{x}} = \frac{SD}{\sqrt{n}} = \frac{13.27}{\sqrt{12}} = 3.83$$

$$\therefore \bar{x} \pm S_{\bar{x}} = 113.5 \pm 3.83 \text{（mmHg）}$$

4. 变异系数（coefficient of variability，CV）

当两组数据单位不同或两组均数相差较大时，不能直接用标准差比较其变异程度的大小，这时可用 CV 进行比较。CV 可用小数或百分数表示。CV 越小，表示数据的离散性越小，均数代表集中趋势的正确性越好。变异系数的公式为：

$$CV = \frac{SD}{\bar{x}}$$

5. t 检验（t-test）

在抽样研究中，经常遇到样本均数与总体均数，或两组样本均数之间有所差别（即抽样误差，主要是由于个体差异造成的）。对于两个均数的差别，不能仅看表面数值的不同而匆忙推论其本质的差异，必须考虑到引起这种差别有两种可能性：①差别仅由抽样误差所引起，它们之间没有本质的差异；②差别已超出了抽样误差所引起的范围，它们之间有本质的差异。

假设第一种可能性是成立的，即两个均数的差别仅仅是由抽样误差所致，这种假设称为"无效假设"。如果"无效假设"成立，那么两个均数的差别就不会很大，出现差别不大的可能性就大。这种差别统计学上称为"差别无显著意义"。

如果第一种可能性很小，也就是说，两个均数的差别很大。在"无效假设"的情况下，出现这样小的差别的可能不大。按照逻辑推理，就得拒绝"无效假设"而接受第二种可能性。这样的差别，在统计学上称为"差别有显著意义"或"差别有非常显著意义"。

究竟用什么来衡量两个均数差别的大小？如此大小的差别，在"无效假设"的情况下，出现的可能性小到多少才能拒绝"无效假设"？这就需要根据 t 分布规律，选用统计量 t 来检验两个均数差别的大小，以 t 值所对应的概率（P），即如此大小的差别在"无效假设"情况下所出现的可能性大小来决定接受还是拒绝"无效假设"。t 值的判断标准如附表 4-2 所示。

附表 4-2 t 值的判断标准

t 值	P 值	差别的意义
$< t_{0.05}$	> 0.05	无显著意义（接受"无效假设"）
$\geq t_{0.05}$	≤ 0.05	有显著意义 ⎫ （拒绝"无效假设"）
$\geq t_{0.01}$	≤ 0.01	有非常显著意义 ⎭

由于研究目的与资料来源不同,如有的设对照组进行比较,有的是处理前后比较,有的是两个样本均数的比较,显著性检验的方法也有不同。因此,必须根据实验的具体情况,选择恰当的公式进行 t 检验。常用的有以下 3 类。

(1) 样本均数与总体均数差别的显著性检验

这种 t 检验适用于正常生理常数的调查结果与公认的生理常数之间差别的比较,如动脉血压、呼吸频率等。这种 t 检验用下列公式计算:

$$t = \frac{|\bar{x} - \mu|}{S_{\bar{x}}} \tag{5}$$

式中,$\bar{x}$ 为样本均数,μ 为总体均数,$S_{\bar{x}}$ 为标准误。

【例 3】根据大量调查结果,已知在平原地区某年龄组正常人收缩压平均为 114 mmHg,今测量支援高原地区同年龄工作者 12 人的收缩压为 108 ± 12 mmHg($\bar{x} \pm SD$),问两者差异有无显著意义?

t 检验步骤

① 假设。支援高原地区工作者与平原地区同年龄正常人平均收缩压并无差别。

② 计算 t 值。

已知 $\bar{x} = 108$ mmHg;$\mu = 114$ mmHg;$n = 12$;$SD = 12$ mmHg。

代入公式(4)求 $S_{\bar{x}}$:

$$S_{\bar{x}} = \frac{SD}{\sqrt{n}} = \frac{12}{\sqrt{12}} = 3.46 \text{ mmHg}$$

按公式(5)求出 t 值:

$$t = \frac{|\bar{x} - \mu|}{S_{\bar{x}}} = \frac{|108 - 114|}{3.46} = \frac{6}{3.46} = 1.73$$

③ 确定 P 值。

当样本数为 n 时,自由度 $n' = n-1 = 12-1 = 11$

查 t 值表 $t_{0.05(11)} = 2.201$

现 $t = 1.73 < t_{0.05}$,故 $P > 0.05$

④ 判断结果。样本(即支援高原地区 12 名工作人员)与总体(同年龄平原地区正常人)之平均收缩压的差别并无显著意义,应接受原来的假设,即此差别可能是由于抽样误差所引起的。

(2) 同一批观察对象处理前、后的显著性检验

在医学研究中,往往对同一批实验对象处理前、后进行某些客观指标的观察,以进行比较,此为"自身对比"。另外,还有配对对比,即将实验对象配成对子,观察某些客观指标,进行比较。这些实验资料的显著性检验适用以下公式:

$$t = \frac{|\bar{x} - 0|}{S_{\bar{x}}} \tag{6}$$

式中,$\bar{x}$ 为样本均数,0 为总体均数,即假设处理前后并无变化,$S_{\bar{x}}$ 为样本均数的标准误。

【例 4】有 9 名服用某种药物的受试者,服药前、后的舒张压如附表 4-3,问药物对受试者的舒张压有无影响。

代入公式(1)求服药前、后相差的均数：

$$\bar{x} = \frac{\sum x}{n} = \frac{-36}{9} = -4 \text{ mmHg}$$

附表 4-3　9 名受试者服药前、后舒张压的变化　　　　　单位：mmHg

编号	服药前	服药后	差数(x)	x^2
1	96	88	-8	64
2	98	98	0	0
3	112	108	-4	16
4	108	102	-6	36
5	102	98	-4	16
6	98	100	2	4
7	100	96	-4	16
8	106	102	-4	16
9	80	72	-8	64
合计	—	—	-36	232

代入公式(2)求各差数均数的标准差：

$$SD = \sqrt{\frac{\sum x^2 - \frac{(\sum x)^2}{n}}{n-1}} = \sqrt{\frac{232 - \frac{(-36)^2}{9}}{9-1}} = 3.317 \text{ mmHg}$$

代入公式(4)求其标准误

$$S_{\bar{x}} = \frac{SD}{\sqrt{n}} = \frac{3.317}{\sqrt{9}} = 1.11 \text{ mmHg}$$

代入公式(6)求 t 值

$$t = \frac{|\bar{x} - 0|}{S_{\bar{x}}} = \frac{|-4|}{1.11} = 3.618$$

自由度 $n' = n-1 = 8$

查 t 值表 $t_{0.05(8)} = 2.306$，$t_{0.01(8)} = 3.355$

现 $t = 3.618 > t_{0.01}$，故 $P < 0.01$

说明服用某药物后，受试者舒张压的降低有显著意义。

(3) 两个样本均数的显著性检验

在生理学研究中，经常遇到两个样本均数有差别，要判断它是否有显著性。这两个样本具有不同的个体，数目也不一定相同。对于这种类型资料的显著性检验，同样要先假设两组样本随机来自相等均数和相等标准差的同一总体，并用以下公式求 t 值。

$$t = \frac{|\bar{x}_1 - \bar{x}_2|}{S_{\bar{x}_1 - \bar{x}_2}} \tag{7}$$

式中，$\bar{x}_1$ 与 $\bar{x}_2$ 分别为两个样本的均数；$S_{\bar{x}_1-\bar{x}_2}$ 为两均数相差的标准误，用以说明 $\bar{x}_1-\bar{x}_2$ 的抽样误差，其计算公式如下：

$$S_{\bar{x}_1-\bar{x}_2} = \sqrt{S_c^2 \frac{n_1+n_2}{n_1 \cdot n_2}} \tag{8}$$

式中，n_1 与 n_2 分别为两样本所含变量值的个数；S_c^2 为合并标准差的平方，用下列公式求得：

$$S_c^2 = \frac{\left[\sum x_1^2 - \frac{(\sum x_1)^2}{n_1}\right] + \left[\sum x_2^2 - \frac{(\sum x_2)^2}{n_2}\right]}{n_1+n_2-2} \tag{9}$$

【例5】 为了研究老年慢性支气管炎患者24 h尿中17-酮类固醇的排出量与正常人有无差别，分别调查了60~69岁患者14人与健康者11人，测得结果如附表4-4，问患者尿中17-酮类固醇排出量与正常人有无不同？

附表4-4　健康人与老年慢性支气管炎患者尿中17-酮类固醇含量

健康人			患者		
编号	x_1	x_1^2	编号	x_2	x_2^2
1	5.15	26.83	1	2.90	8.41
2	8.79	77.26	2	5.41	29.27
3	3.14	9.86	3	5.48	30.03
4	6.64	41.73	4	4.60	21.16
5	3.72	13.84	5	4.03	16.24
6	6.64	44.09	6	5.10	26.01
7	4.01	16.08	7	5.92	35.05
8	5.60	31.36	8	4.97	24.70
9	4.57	20.88	9	4.24	17.98
10	7.71	59.44	10	4.36	19.01
11	4.99	24.90	11	2.72	7.40
			12	2.37	5.62
			13	2.09	4.37
			14	7.10	50.41
合计	$\sum x_1 = 60.99$	$\sum x_1^2 = 366.27$	合计	$\sum x_2 = 61.29$	$\sum x_2^2 = 295.66$

将表内有关数据代入公式(9)：

$$S_c^2 = \frac{\left[366.27 - \frac{(60.99)^2}{11}\right] + \left[295.66 - \frac{(61.29)^2}{14}\right]}{11+14-2} = 2.41$$

将 S_c^2 代入公式(8)：

$$S_{\bar{x}_1-\bar{x}_2} = \sqrt{2.41 \times \left(\frac{11+14}{11 \times 14}\right)} = 0.63$$

代入公式(7):

$$t = \frac{\left|\frac{60.99}{11} - \frac{61.29}{14}\right|}{0.63} = 1.85$$

本例自由度 $n' = 11 + 14 - 2 = 23$

查 t 值表(附表4-5), $t_{0.05(23)} = 2.069$

附表4-5 t 值表

n'	$t_{0.05}$	$t_{0.01}$	n'	$t_{0.05}$	$t_{0.01}$	n'	$t_{0.05}$	$t_{0.01}$
1	12.706	63.657	17	2.110	2.898	45	2.014	2.690
2	4.303	9.925	18	2.101	2.878	50	2.008	2.678
3	3.182	5.841	19	2.093	2.861	60	2.000	2.660
4	2.776	4.604	20	2.086	2.845	70	1.994	2.648
5	2.571	4.032	21	2.080	2.831	80	1.990	2.638
6	2.447	3.707	22	2.074	2.819	90	1.987	2.632
7	2.365	3.499	23	2.069	2.807	100	1.984	2.626
8	2.306	3.355	24	2.064	2.797	125	1.979	2.616
9	2.262	3.250	25	2.060	2.787	150	1.976	2.609
10	2.228	3.169	26	2.056	2.779	200	1.972	2.601
11	2.201	3.106	27	2.052	2.771	300	1.968	2.592
12	2.179	3.055	28	2.048	2.763	400	1.966	2.588
13	2.160	3.012	29	2.045	2.756	500	1.965	2.586
14	2.145	2.977	30	2.042	2.750	1 000	1.962	2.581
15	2.131	2.947	35	2.030	2.724	∞	1.960	2.576
16	2.120	2.921	40	2.021	2.704			

现 $t < t_{0.05}$,故 $P > 0.05$。

说明本例两样本均数的差别无显著意义,即两组尿中17-酮类固醇的排出量相差无显著性。

6. 方差分析(analysis of variance)

t 检验可以判断两组数据平均数差异的显著性,而方差分析则可以判断多组数据平均数之间差异的显著性。

7. 回归与相关(regression and correlation)

如果两个变量间存在密切的数量关系,则这两个变量有相关关系(简称相关)。如果两个变量中，X 为自变量，Y 为因变量，则可以根据实验数据计算出从自变量 X 的值推算的 Y 估计值的函数关系，找出经验公式，此为回归分析。

(1) 相关系数 (r) 及其显著性检验

两个变量分不清何为自变量、何为因变量时，通常计算相关系数测定其显著性以了解其相关的密切程度。

直线回归资料的两变量应是密切相关的。查相关系数表以判断其显著性。

$$r = \frac{\sum xy - \sum x \cdot \sum y / n}{\sqrt{\left[\sum x^2 - \frac{(\sum x)^2}{n}\right]\left[\sum y^2 - \frac{(\sum y)^2}{n}\right]}}$$

(2) 直线回归

直线回归分析是估计回归直线两个参数：直线斜率 b（回归系数）和截距 a（纵截距）。

$$a = \bar{y} - bx \qquad b = \frac{\sum xy - \sum x \sum y / n}{\sum x^2 - (\sum x)^2 / n}$$

用于统计分析的软件有许多种，如 Excel、SPSS、SAS、Matlab、Sigamaplot 等软件及自编软件均可进行统计学处理及分析作图。请参照有关计算机图书，在此不再赘述。

（李东风　解景田）

附录5　生理学图表的绘制

生理实验结束后，除对所获数据进行必要的统计学处理之外，有时还需要设计和绘制图表，清晰、明确地表达实验结果。好的图表不仅可以准确表示实验中某变量的增减及诸变量之间的相互关系，而且可以节约文字、一目了然，有助于理解和记忆。在生理学实验报告中使用计算机程序设计绘制图表，将为学生未来撰写毕业论文打下良好的基础。这里仅介绍使用 PC 机 "Word" 中的 "Table" 或 "Excel" 程序进行图表的制作和设计。不同国家、不同型号、不同年代的计算机在制作图表的过程中会有些差别，但基本程序大同小异。

1. 表格的制作和使用

目前，表格的设计一般采用"三线式"，即"顶线""栏目线"和"底线"。这3条线构成表的基本框架，也组成了一个表格。附表 5-1 是用 "Word" 中的 "Table" 程序设计制作的，具有典型的表格设计和布局，代表了一般表格所涵盖的内容。一般而言，表格包含4部分，即表题、表头（位于顶线和栏目线之间）、表体（位于栏目线和底线之间）和表注。表头和表体之间必须用横线隔开，表体内各项可设、也可不设横线。以下分别介绍表格的4部分。

(1) 表题

表题可视为一幅表格的标题，通常放置于表格正上方的中间位置。表题字数不宜过多，一般以能表达该表含义的最少字数为限，让读者一看即了解它的意义和内容。

(2) 表头

表头是表格内的小标题，也可视为某一栏的总题目。表头是根据实验结果的需要自行设计的,要求最少的字数或使用首字母缩写式。附表 5-1 中的组别、饥饿血糖,乃至 "N" "Day 0" 及 "Day 12" 均可视为大小不同的表头。

(3) 表体

表体是一个表格的主体,所要在表内展示的数据都根据大小栏头,分门别类地排列在表体里。对表体中的数据,有两点需要说明:①表中常用的数据表示法有两种,即平均值 ± 标准差或平均值 ± 标准误(附表 5-1),可选择其中一种也只能选择一种。应该明确的是,只用平均值,而不显示标准差或标准误,是绝不可取的,也是 SCI(科学引文索引)所不能接受的。因为平均值无法表明数据的分布状况,就难以说明实质性的问题。②在比较数据时,都要求说明 P 值。这就是为什么在附表 5-1 中有星号(*)出现。只说明处理前、后某指标的数值明显增加或降低,而不标明 P 值,就无法说明两者比较的统计学意义。

(4) 表注

表注只可在表格中使用,而不可用于插图中。而且在表格中,表注也并不是绝对必需的。需要时则加上,不需要则略去。表格中之所以可加表注是因为表格内的空间有限,不可能把所有信息都放在表格之中,因此有些难以置入表内的、但又必不可少的信息只能在表注中出现。如附表 5-1 中所加的表注有:P 值及缩写字注释。因为表格的空间有限,多数作者在表中常使用首字母缩写字,因此有必要在表注中加以说明。这两方面的信息都是必需的、不可缺少的。另外,请注意附表 5-1 中所示的表注的符号,因为不是一个表注,而是两个表注,作者把应该注释的部位用不同的符号标出(如 "*" "**" 等),这些符号相对应地在表注中出现,并用精练而明确的文字说明其意义。最后要注意的一点是,表注应放置在表格的下方。

附表 5-1 AGBE、CGBE、AGLE(150 mg/kg)及 CGTG(300 mg/kg)对 ob/ob 小鼠饥饿血糖的影响

组别	饥饿血糖 /(mg·dL^{-1})		
	N	Day 0	Day 12
AGBE	6	183 ± 8.6	147 ± 5.8*
对照	6	212 ± 14.9	212 ± 20.8
CGBE	6	236 ± 5.8	137 ± 6.7**
对照	4	222 ± 16.2	211 ± 19.6
AGLE	5	245 ± 5.5	180 ± 10.0**
对照	6	260 ± 16.0	268 ± 10.0
CGTG	5	210 ± 16.7	153 ± 16.0*
对照	5	210 ± 14.6	211 ± 13.8
PS	5	236 ± 18.1	149 ± 17.6*
对照	5	231 ± 13.5	240 ± 12.3

* $P < 0.05$ 与对照组比较,** $P < 0.01$ 与对照组比较。
AGBE:美国人参果提取物;CGBE:中国人参果提取物;AGLE:美国人参叶提取物;CGTG:中国人参总皂苷;PS:人参多糖提取物。

2. 插图的绘制和使用

广义地说,图解(illustration)不限于插图(figure),还应包括曲线图(graph)、示意图(diagram)、手绘图(drawing)、原理图(schematic)、照片(photograph)及地图等。插图是科技论文中常用的图解形式,如棒状图(bar graph)、XY-曲线图(XY-curve graph)、直方图(frequency histogram)和散点图(scatter diagram)等。这里,主要介绍的是生理实验中最常用的棒状图和 XY-曲线图。

(1) 棒状图

棒状图又称直方图。目前,国际上广泛用于实验报告和论文制图的程序是"Excel",附图 5-1 即是用这个程序制作的。简言之,在设计棒状图时,首先要选定横坐标和纵坐标,以及明确它们所代表的意义,而后才能输入数据,制成多个代表不同意义的棒及其上的标准误或标准差。以下介绍棒状图的各部分。如附图 5-1 所示,一幅标准的棒状图应该包括以下 7 个部分:①横坐标和纵坐标:这是棒状图的基本骨架,重要组成部分。②主要刻度:一般而言,横坐标上的主要刻度多是非数字化的,即代表某种含义,如实验的处理方法等,无法用数字进行表达。但也有不少横坐标是用数字表达的,如植物茎长与 pH 的关系、人群身高的正常分布,以及和时间的关系等都可以用数字表达。而纵坐标则不同,其主要刻度一般是数字化的,如各种测量指标的数据等均可用数字表达在纵坐标上。由于纵坐标的数字化,在纵坐标上都要给出单位。③起始点:横坐标和纵坐标的交叉点即为起始点。起始点一般设为零点,但也可以根据需要设正数或负数。④横坐标和纵坐标标题:横坐标和纵坐标各代表什么意义必须交代清楚。由于图的空间有限,只能用最简单的文字清楚地表达它们的含义。⑤棒:这是棒状图最重要的组成部分。

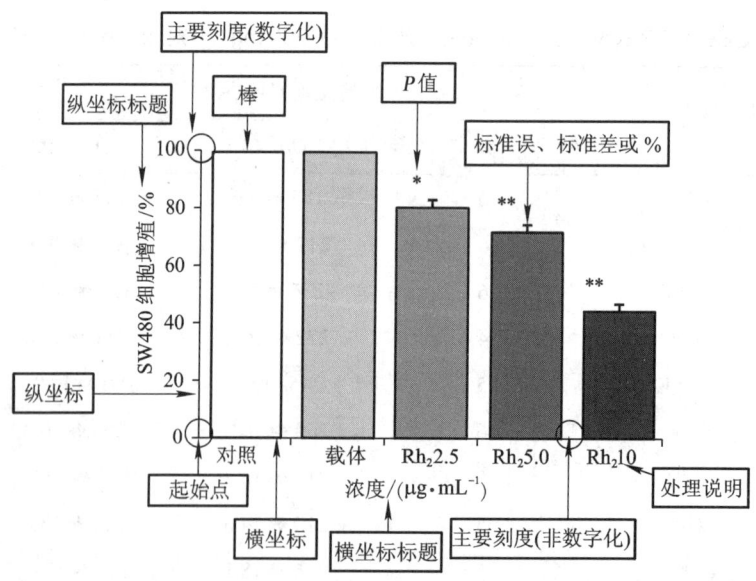

附图 5-1　人参皂苷 Rh_2(2.5、5.0、及 10 μg/mL)对培养 72 h 的人类 SW480 结肠癌细胞增殖(%)的影响

资料来源 *Tang Center for Herbal Medicine Research*, The University of Chicago

* $P < 0.05$；** $P < 0.001$

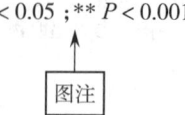

读者可以从棒的高、低来观察所得到的实验结果。为了便于观察,常常用不同的黑白图案或花样加以区分。"Excel"程序中的"Pattern(样式)"为你提供了各种各样的选择。当然,"Excel"程序也具备各种彩色图样的设计,可视情况使用。⑥标准误或标准差:棒上的"⊤"即是标准误,有时也可以用标准差表示。标准误或标准差是在实验组和对照组的相互比较中出现的,因此,对照组的棒上就不会出现。⑦ P 值: P 值是与标准误或标准差相应出现的。它表示两个棒之间的统计学意义,能让读者一目了然。 P 值一般用星号(*)表示,星号置于标准误或标准差的上方。不同的 P 值用星号的数目或其他符号来表达。需要注意的是在书写" P "时,既要大写又要斜体。

(2) XY- 曲线图

同棒状图一样,XY- 曲线图也是实验报告和论文中最为常用的一种图示。如附图 5-2 所示,曲线图也由 7 部分组成,即横坐标、纵坐标、主要刻度、起始点、横坐标标题、纵坐标标题、曲线、标准误及 P 值。此外,它还具有附图 5-2 中所特有的"符号释义",能够表现出实验研究中诸多因素之间的相互关系。曲线图与棒状图在表现形式上虽然差别很大,但在内容上却大同小异。

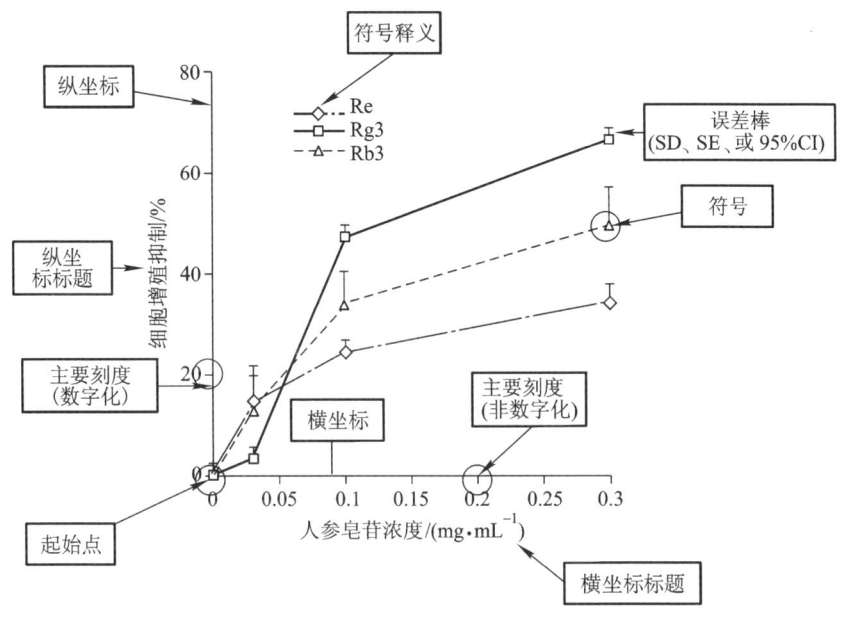

附图 5-2　Effects of Re,Rb3 and Rg3(0.03,0.1,0.3 mg/kg) on inhibition of SW480 cancer cell proliferations with concentration dependence

对于 XY- 曲线图,以下 4 点需提醒读者注意:①从形式上看,曲线图是用曲线代替了棒状图中的棒。② XY- 曲线图也完全可以用"Excel"程序制作,所不同的是,曲线图要选择"Chart Wizard"中的"Line",而不是"Column"或"Bar"。③ XY- 曲线图能更好地表现研究因素的动态变化。附图 5-2 示 3 种人参皂苷 Re、Rb3 和 Rg3 在不同浓度时对 SW480 癌细胞增殖的抑制作用的连续变化、动态改变。同时,3 种人参皂苷在不同浓度时的抑制作用差别也表现得一目了然。④同棒状图一样,通常曲线图的横坐标也是非数字化的。但附图 5-2 是表明 3 种人参皂苷的不同浓度对 SW480 癌细胞增殖的抑制作用,浓度是可以用数字表达的,因此附图 5-2 的横坐标也是数字化的。除此之外,生理学实验报告和论文中较为常用的数字化的横坐标为时间,即毫秒(ms)、秒(s)、分钟(min)、小时(h)及天数(d)等。

(解景田)

附录6　常用计量单位

根据《中华人民共和国法定计量单位》的规定,本书采用法定计量单位计量。但在生理学实验中,仍有个别非法定计量单位被沿用,对这些习用单位,我们将加以说明。附表6-1是本书常用的计量单位及其代表符号。

附表6-1　常用计量单位表

量的名称	单位名称	单位符号	备注
长度	米;厘米; 毫米;微米	m;cm; mm;μm	
质量	千克;克;毫克	kg;g;mg	千克即公斤
时间	天(日);时;分; 秒;毫秒;微秒	d;h;min; s;ms;μs	
速度	米/秒;厘米/秒;毫米/秒	m/s;cm/s;mm/s	
体积	升;毫升	L;mL(mL)	$1\ mL = 1\ cm^3 = 1\ 000\ mm^3$
电阻	兆欧;千欧;欧[姆]	$M\Omega;k\Omega;\Omega$	
电压;电位	伏[特];毫伏;微伏	V;mV;μV	
频率	千赫;赫[兹]	kHz;Hz	
物质的量	摩[尔]	mol	
压力	毫米汞柱	mmHg	$1\ mmHg = 133.322\ Pa$
	毫米水柱	mmH_2O	$1\ mmH_2O = 9.806\ Pa$

(解景田)

附录7　神经系统结构及相关功能概观

神经系统主要分为中枢神经系统和周围神经系统两大部分。中枢神经系统包括脑和脊髓,分别位于颅腔和脊椎管内。周围神经系统包括脊神经、脑神经和神经节。神经系统由神经组织组成,神经组织主要有神经元和神经胶质细胞。神经元包括胞体和突起两部分,由于胞体和突起的组成、染色的深浅,以及它们所在的位置不一样就形成了一些特殊神经结构。附图7-1为神经系统的大体组成和相互关系。神经系统可直接或间接地调节机体内各个功能系统(如呼吸、心血管、泌尿、生殖)的机能,以适应机体内外环境的变化,维持正常生命活动,并可以形成感知觉。同时,对人类等高等动物来说,神经系统(尤其是大脑)参与情绪、运动、睡眠、学习记忆、思维、语言等高级功能的形成。

扫码见
附录7彩图

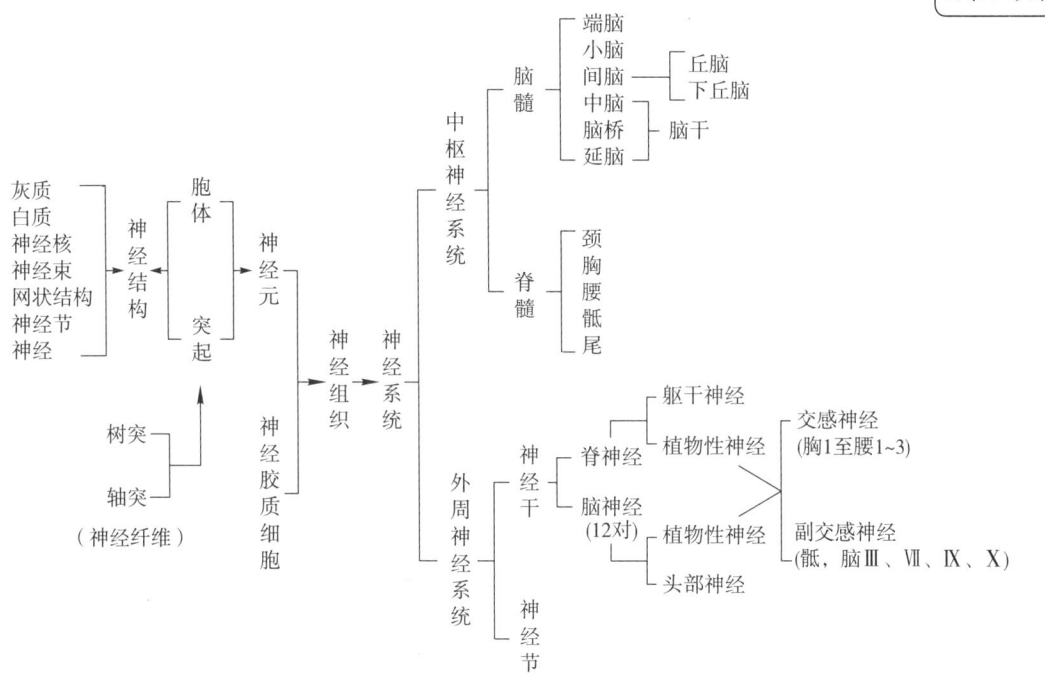

附图 7-1　神经系统的大体组成及相互关系

1. 神经组织的细胞组成

神经组织主要由神经元和神经胶质细胞组成。神经元由两部分组成,即细胞体和突起,其中突起又包括轴突和树突,轴突可传出信息,树突则主要可接受信息。神经细胞信息传递主要依赖突触 – 神经元功能连接点。

由于所执行的功能不同,神经元形态也不一样(附图 7-2)。同样,神经胶质细胞也因分布位置及功能不一样,而有不同的种类。中枢主要有星形胶质细胞、少突胶质细胞、小胶质细胞和室管膜细胞,周围有分布于神经纤维周围的施旺细胞和在神经节周围的卫星细胞。

2. 一些神经结构的含义

在神经系统内,由于神经元的胞体和神经纤维分量及所在的位置不同,就构成了不同的特殊结构:灰质、白质、神经核、神经束、网状结构、神经节和神经。其中,灰质、白质、神经核、神经束和网状结构主要存在中枢神经系统中,而神经节和神经主要位于外周神经系统中。具体来说,灰质是在中枢神经系统内,由神经元胞体聚集所组成的,一般染色较深,脑髓的灰质一般在外表部,而脊髓的灰质在髓质部;白质则是在中枢神经系统内,由神经元突起聚集而成,一般染色较浅,脑髓的白质多在髓质部,脊髓的白质在外表部;神经核是在中枢神经系统内由功能相同或相似的神经元胞体聚合在一起的结构,染色较深,可集中分布于灰质内,也可以散在脑髓质部;神经束则指在中枢神经系统内由功能相同或相似的突起聚集在一起的结构;网状结构是指在中枢神经系统内

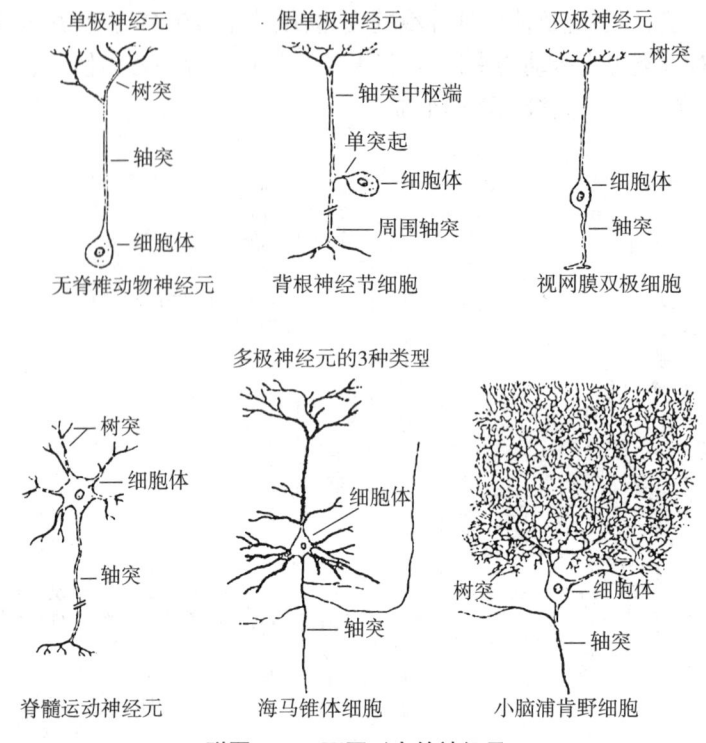

附图 7-2　不同形态的神经元

由突起结成网,胞体则为网的节点这样一个神经结构,最典型的如脑干网状结构;神经节则是周围神经系统中由功能相同或相似的神经元胞体所聚集的神经结构,如背根神经节等;神经则由周围神经系统中功能相同或相似的神经纤维(突起)聚集所成。

3. 中枢神经系统的结构

(1) 脊髓的结构　脊髓上端起自枕骨大孔,下端缩成脊髓圆锥、终丝,为接受上下肢的感觉信息及下达运动指令,在颈部和腰部形成两个膨大,分别叫颈膨大和腰膨大。脊髓内部有蝴蝶样的灰质,灰质根据所在的位置,分别称为前角(腹角)、后角(背角)和侧角。前角主要有传出运动指令的作用,后角则分别有接受和整合感觉信息并将感觉信息上传,侧角则为植物性神经的中枢,调节内脏活动。灰质的外围则是由神经纤维组成的白质,根据位置,分别称为前索(腹索)、后索(背索)和侧索,主要负责信息的上传和下达。从脊髓的背角、前角和侧角均可发出神经纤维,分别称为背根、前根和侧根,背根、前根和侧根在椎间孔穿出合成脊神经。脊髓的中央有一个与上面的脑室相通的管道,称脊髓中央管,内有少量的脑脊液。**彩图1**和**彩图2**示脊髓与其他神经结构的位置关系和内部结构。**彩图3**则显示脊椎管与脊髓的相对位置关系,以及马尾和终丝的结构,可以看出,脊椎管与脊髓并不等长,腰椎之后脊椎管没有脊髓,但脊神经与椎间孔是一一对应的,这使得后部的神经根在脊椎管内延伸,越到尾部延伸越长,这样就形成一个"马尾"样结构。

(2) 脑髓的结构　脑髓包括延脑、脑桥、中脑、间脑、小脑和端脑。其中,延脑、脑桥和中脑合成脑干,脑干是人类及其他较高等动物的生命中枢,心血管、呼吸功能的神经调节中枢均在其中。间脑则包括丘脑和丘脑下部(下丘脑)两部分。因为脑形状是立体的,如果要对脑内部进行定位的话,往往需要借助3个切面,即把脑劈成左右两半的矢状面、把脑劈成上下两半的横断面(或称水平切面)及把脑劈成前后两半的额状切面(或称冠状切面)来界定。**彩图4**为整个脑髓的示意图。小脑根据其发育的前后顺序可分为绒球结叶(古小脑)、小脑蚓部(旧小脑)和小脑半球(新小脑)。一般来说,端脑上有许多沟(凹陷)和回(凸起),由3条明显的沟把端脑分为6个叶:额叶、顶叶、颞叶、枕叶、脑岛和边缘叶。**彩图5**示端脑的分叶,边缘叶在端脑的表面看不见,必须把两个半球正中切开才能看见。边缘叶含有一些重要的皮质,如海马回、海马等。脑岛则是陷在外侧裂里面的皮质。胼胝体和间脑周围的皮质均为边缘叶。**彩图6**显示的是海马的形状和位置。不同的动物端脑的形状和结构有差异,越是高等的动物其端脑的沟回越多。**彩图7**显示的是不同动物脑的形状和相对大小。脑的白质位于脑的髓质部,端脑的髓质部有胼胝体、穹隆、透明膈和内囊等白质结构(**彩图8**),另外髓质部还包埋有一些神经核如尾状核、豆状核和杏仁核(**彩图9**)。

  脑干上有许多反射中枢,其中延脑上有心血管系统和呼吸系统等维持基本生命活动的调节中枢,因此脑干也常称为生命中枢,脑桥存在角膜反射中枢,中脑则有视觉和听觉反射中枢。从脑干的背侧面和腹侧面(**彩图10**)可以见到棒状体、橄榄体、锥体交叉、锥体、基底部、四叠体、脑神经核等神经结构或核团。丘脑是感觉传入(除嗅觉外)冲动传向大脑皮层的中继站,具有初步的感觉分析功能;下丘脑主要调节内脏活动,其中有体温、摄食、饮水等调节中枢,还与垂体有联系,能调节内分泌功能。大脑皮层是神经系统的最高级中枢,其不同部位具有不同的机能:中央前回为运动管理区,中央后回为躯体感觉管理区,颞叶有听觉区,枕叶有视觉区,边缘叶有调节内脏活动的功能。在高等动物,条件反射是大脑皮层的主要机能。另外,大脑皮层有体感区,身体表面代表区的大小是按皮肤对躯体感觉的敏感程度强弱分配的,如脸部和手部,特别是嘴唇和手指占有很大的比例。**彩图11**为人类初级体感皮层的体表投射示意图(拓扑关系图)和卡通图。

  (3) 脑室的结构和功能 脑内部的腔隙称为脑室。在大脑两个半球内有侧脑室;间脑内有第3脑室;小脑和脑干之间有第4脑室,各脑室之间有小孔和管道相通,其中把第3脑室和第4脑室联系起来的管道称中脑导水管,**彩图12**示脑室的投影图。脑室中的脉络丛产生脑脊液。脑脊液在各脑室与蛛网膜下腔之间循环,如脑室的通道发生阻塞,则脑室中的脑脊液会越来越多,并扩大形成脑积水。脑脊液对脑有保护作用,能带走对脑有害的代谢产物等。脑脊液总体积为125~150 mL。某些脑部疾病,常常需要做脑室造影检查,以助诊断。

  4. 外周神经的结构

  外周神经系统主要由脊神经和脑神经及其神经节组成,**彩图13**示躯干脊神经和脑神经的组成和发出位置。脊神经是由脊髓背角发出的背根和腹角发出的腹根在椎间孔合并而成。人共有31对脊神经,其中颈8、胸12、腰5、骶5、尾1。脊神经的作用是接受躯体感觉传入冲动,同时支配肌肉运动。脑神经由各个脑区发出,共12对,其中嗅球1对、间脑1对、中脑2对、脑桥4对、延髓4对。除了由延脑发出的第10对(迷走神经)支配全身内脏活动外,其余11对脑神经主要调节头面部的活动,包括感觉、运动及腺体分泌。按支配的部位及作用方式不同,外周神经系统又含有躯干(包括头面部)神经和植物性神经。

  植物性神经包括交感神经和副交感神经,交感神经主要由脊髓胸1至腰1~3节段侧角发出,而副交感神经主要由脑干的4对神经核(动眼神经核、面神经核、迷走神经核和舌咽神经核)和脊髓骶部组成。**彩图14**示脊髓发出的植物性神经分布情况,2~4节段灰质相当于侧角部位的中间外侧核发出。植物性神经主要支配内脏、血管和腺体活动。与支配运动的躯体神经比较,植物性神经从中枢到效应器要在外周神经节交换一次神经元,而支配运动的躯体神经则不用交换神经元,这是支配运动的躯体神经和支配内脏、血管和腺体活动的植物性神经结构上的主要差别。而交感神经与副交感神经结构上的差别主要在神经节的位置不同,一般来说交感神经节离效应器远、离中枢较近,而副交感神经节则离效应器近、离中枢远。大部分的交感神经节在脊髓两侧的交感神经干上,个别在交感神经干之外;而大部分副交感神经节在效应器上或效应器附近。如果以神经节为参照的话,我们把中枢到神经节之间的神经纤维称为节前纤维,而神经节到效应器的神经纤维为节后纤维。那么,交感神经与副交感神经结构上的差别也可以这样表述:交感神经节前纤维短,节后纤维长;而副交感神经节前纤维长,节后纤维短。节前纤维和节后纤维的组成是有差别的,一般节前纤维有髓鞘,节后纤维无髓鞘。由于这些差别,使得从中枢发出指令到效应器产生效应的时间和速度,在交感神经和副交感神经之间有差别,一般是副交感神经比较快,仅百分之几秒或千分之几秒,而交感神经则比较慢,需要数秒或一分钟。

5. 神经信号传导路径

大脑接受外界的信息,然后产生感觉,同时大脑也要发出指令调节机体的运动。那么外界的信号需要经过神经系统的哪些结构才能到达大脑,大脑发出的指令又需要经过哪些神经结构最后调节肌肉的运动,这就涉及所谓神经信号传导通路的问题。我们一般把信息从外界进入大脑的路径称上行传导通路,而大脑发出的指令到达肌肉的路径称下行传导通路。这里仅介绍几种典型的传导路径。

(1) 视觉传导路径 光刺激→视网膜双极和神经细胞经视神经(部分视交叉,部分不交叉 – 颞侧视网膜)→丘脑外膝体→枕叶视觉区(彩图 15)。

(2) 浅部感觉传导路径 皮肤触、痛和温觉。皮肤→脊神经节→脊髓后角经白质前连合→对侧侧索经延髓→丘脑→中央后回(彩图 16)。

(3) 深部感觉传导路径 肌肉或关节→脊神经节经后索→延髓薄束核和楔束核交叉→丘脑经内囊枕部→中央后回(彩图 17)。

(4) 运动传导通路

① 皮层脊髓束 由皮层内囊→脑干 80% 交叉脊髓外侧索下行至侧束,20% 不交叉同侧前索下行→脊髓前角运动神经元(彩图 18)。

② 皮层脑干束 皮层经内囊到脑神经运动神经元(彩图 19)。

(刘燕强)

名词索引

AMPA ⋯⋯⋯⋯⋯⋯⋯⋯⋯⋯⋯⋯⋯ 218
L 型钙通道 ⋯⋯⋯⋯⋯⋯⋯⋯⋯⋯ 69
Y 形迷宫 ⋯⋯⋯⋯⋯⋯⋯⋯⋯⋯⋯ 25
θ 簇刺激 ⋯⋯⋯⋯⋯⋯⋯⋯⋯⋯⋯ 218

A

阿托品 ⋯⋯⋯⋯⋯⋯⋯⋯⋯⋯⋯⋯ 103
氨基甲酸乙酯 ⋯⋯⋯⋯⋯⋯⋯⋯⋯ 8

B

白细胞 ⋯⋯⋯⋯⋯⋯⋯⋯⋯⋯⋯⋯ 73
半规管 ⋯⋯⋯⋯⋯⋯⋯⋯⋯⋯⋯⋯ 231
背根 ⋯⋯⋯⋯⋯⋯⋯⋯⋯⋯⋯⋯⋯ 183
壁细胞 ⋯⋯⋯⋯⋯⋯⋯⋯⋯⋯⋯⋯ 168
避暗法 ⋯⋯⋯⋯⋯⋯⋯⋯⋯⋯⋯⋯ 25
玻璃微电极 ⋯⋯⋯⋯⋯⋯⋯⋯⋯⋯ 61
补呼气量 ⋯⋯⋯⋯⋯⋯⋯⋯⋯⋯⋯ 146
补吸气量 ⋯⋯⋯⋯⋯⋯⋯⋯⋯⋯⋯ 146
不完全强直收缩 ⋯⋯⋯⋯⋯⋯⋯⋯ 47

C

长时程增强 ⋯⋯⋯⋯⋯⋯⋯⋯⋯⋯ 217
潮气量 ⋯⋯⋯⋯⋯⋯⋯⋯⋯⋯⋯⋯ 146
持针器 ⋯⋯⋯⋯⋯⋯⋯⋯⋯⋯⋯⋯ 5
重吸收 ⋯⋯⋯⋯⋯⋯⋯⋯⋯⋯⋯⋯ 175
穿梭箱 ⋯⋯⋯⋯⋯⋯⋯⋯⋯⋯⋯⋯ 25
传出神经 ⋯⋯⋯⋯⋯⋯⋯⋯⋯ 181,183
传导速度 ⋯⋯⋯⋯⋯⋯⋯⋯⋯⋯⋯ 50
传入神经 ⋯⋯⋯⋯⋯⋯⋯⋯⋯ 181,183

D

大脑皮层 ⋯⋯⋯⋯⋯⋯⋯⋯⋯ 188,202
代偿间歇 ⋯⋯⋯⋯⋯⋯⋯⋯⋯⋯⋯ 89
单相动作电位 ⋯⋯⋯⋯⋯⋯⋯⋯⋯ 50
电刺激 ⋯⋯⋯⋯⋯⋯⋯⋯⋯⋯⋯ 43,47
电压钳 ⋯⋯⋯⋯⋯⋯⋯⋯⋯⋯⋯⋯ 213
定位航行试验 ⋯⋯⋯⋯⋯⋯⋯⋯⋯ 193
动脉血压 ⋯⋯⋯⋯⋯⋯⋯⋯⋯⋯⋯ 116
动情期 ⋯⋯⋯⋯⋯⋯⋯⋯⋯⋯⋯⋯ 238
动物外科手术 ⋯⋯⋯⋯⋯⋯⋯⋯⋯ 2
动作电位 ⋯⋯⋯⋯⋯⋯⋯⋯⋯ 61,108
窦房结 ⋯⋯⋯⋯⋯⋯⋯⋯⋯⋯⋯⋯ 89
窦神经 ⋯⋯⋯⋯⋯⋯⋯⋯⋯⋯⋯⋯ 122

F

反射弧 ⋯⋯⋯⋯⋯⋯⋯⋯⋯⋯⋯⋯ 181
反射时 ⋯⋯⋯⋯⋯⋯⋯⋯⋯⋯⋯⋯ 181
反应时 ⋯⋯⋯⋯⋯⋯⋯⋯⋯⋯⋯⋯ 223
非条件刺激 ⋯⋯⋯⋯⋯⋯⋯⋯⋯⋯ 196
非条件分泌 ⋯⋯⋯⋯⋯⋯⋯⋯⋯⋯ 171
腓肠肌 ⋯⋯⋯⋯⋯⋯⋯⋯⋯⋯⋯⋯ 43
肺活量 ⋯⋯⋯⋯⋯⋯⋯⋯⋯⋯⋯⋯ 146
肺牵张反射 ⋯⋯⋯⋯⋯⋯⋯⋯⋯⋯ 150
分血计 ⋯⋯⋯⋯⋯⋯⋯⋯⋯⋯⋯⋯ 76
分子信号级联放大 ⋯⋯⋯⋯⋯⋯⋯ 218
缝隙连接 ⋯⋯⋯⋯⋯⋯⋯⋯⋯⋯⋯ 160
缝针 ⋯⋯⋯⋯⋯⋯⋯⋯⋯⋯⋯⋯⋯ 6
辐辏反射 ⋯⋯⋯⋯⋯⋯⋯⋯⋯⋯⋯ 226

复合动作电位 ································· 50
腹根 ···································· 183

G

感受器 ·································· 181
高频刺激 ································ 218
膈神经 ·································· 154
骨传导 ·································· 230
骨骼肌 ··································· 47

H

耗氧量 ·································· 157
横管系统 ································· 69
红细胞 ··································· 73
红细胞比容 ······························· 76
红细胞沉降率 ····························· 77
红细胞血影 ······························· 77
呼吸 ···································· 146
呼吸商 ·································· 157
呼吸运动 ································ 146
呼吸周期 ································ 150
互感性对光反射 ·························· 226
换能器 ··································· 98

J

肌肉收缩 ································· 47
基本电节律 ······························ 163
基强度 ··································· 54
急性实验 ································· 3
集合管 ·································· 175
脊髓 ···································· 183
计数室 ··································· 73
记忆 ···································· 191
甲状旁腺 ································ 234
假饲 ···································· 170
降压神经 ································ 113
交感神经 ································ 102
交互抑制 ································ 181

节律 ···································· 89
精子 ···································· 243
颈动脉窦 ································ 122
颈动脉体 ································ 122
静脉窦 ··································· 89
静息电位 ································· 61
绝对不应期 ······························· 50

K

卡哈尔间质细胞 ·························· 160
空间探索试验 ···························· 193
空气传导 ································ 230
跨膜电流 ································ 210
跨上皮主动转运 ·························· 178
旷场试验 ································ 185

L

雷诺丁受体 ·························· 69, 135
离体心脏灌流技术 ······················· 140
离体子宫 ································ 239
离子通道 ································· 24
立体定位技术 ···························· 198
硫喷妥钠 ································· 8
氯醛糖 ··································· 8

M

麻醉 ····································· 7
慢波 ···································· 163
慢性实验 ································· 3
迷走神经 ································ 102
免疫检测 ································ 241
膜片钳技术 ······················ 24, 213, 209
莫里斯水迷宫 ························ 25, 193

N

脑电图 ······························ 202, 206
内面向外式记录 ·························· 209
能量代谢率 ······························ 157

尿量	175	视野	227
尿生成	175	收缩	159
凝血酶	82	收缩期	47
凝血酶原激活物	82	手术刀	4
凝血因子	82	手术剪	4
		手术镊	4

P

皮层运动区	189	受磷蛋白	136
平滑肌	159	舒张期	47
		四叠体	189
		缩瞳反射	226

Q

T

期外收缩	89	调节反射	225
前庭器	231	探索行为	185
潜伏期	47	逃避潜伏期	193
强度-时间曲线	54	条件刺激	196
强直收缩	47	条件反射	196
球囊	231	条件分泌	171
趋触性	185	通道电流	209
去大脑僵直	189	瞳孔对光反射	225
全细胞电流	210	筒箭毒	58
全细胞式记录	209	头期	171
		透射电子显微镜	69
		椭圆囊	231

R

W

人绒毛膜促性腺激素	241	外面向外式记录	209
妊娠	241	完全强直收缩	47
溶血	77	微循环	110
		微终板电位	57

S

上皮细胞	236	胃泌素	168
神经中枢	181	胃酸	168
肾小管	175	胃液分泌	171
肾小球	175	戊巴比妥钠	7
生理学	1		
生理学实验	1		

X

时相关系	63	吸附电极	164
时值	54	细胞贴附式记录	209
视敏度	226		
视神经乳头	227		

下丘脑	198
纤维蛋白	82
相对不应期	50
小脑	188
效应器	181
心电图	105,130,142
心房	89
心室	89
锌铜弓	19,43
兴奋	63
兴奋–收缩耦联	69
性周期	236
胸膜腔内压	150
学习	191
血容量	81
血细胞	73
血小板	73
血型	85

Y

压力感受器	122
压力感受器反射	122
眼震	231
咬骨钳	5
乙醚	7
阴道	236
诱发电位	202
阈刺激	47
阈上刺激	47
阈下刺激	47

Z

止血钳	5
中枢抑制	181
中心静脉压	124
终板电位	57
主动脉神经	113
自动节律性	93,99,140
自发活动	185
总和	47
坐骨神经	43

郑重声明

高等教育出版社依法对本书享有专有出版权。任何未经许可的复制、销售行为均违反《中华人民共和国著作权法》，其行为人将承担相应的民事责任和行政责任；构成犯罪的，将被依法追究刑事责任。为了维护市场秩序，保护读者的合法权益，避免读者误用盗版书造成不良后果，我社将配合行政执法部门和司法机关对违法犯罪的单位和个人进行严厉打击。社会各界人士如发现上述侵权行为，希望及时举报，我社将奖励举报有功人员。

反盗版举报电话　（010）58581999　58582371
反盗版举报邮箱　dd@hep.com.cn
通信地址　北京市西城区德外大街4号　高等教育出版社知识产权与法律事务部
邮政编码　100120

读者意见反馈

为收集对教材的意见建议，进一步完善教材编写并做好服务工作，读者可将对本教材的意见建议通过如下渠道反馈至我社。

咨询电话　400-810-0598
反馈邮箱　gjdzfwb@pub.hep.cn
通信地址　北京市朝阳区惠新东街4号富盛大厦1座　高等教育出版社总编辑办公室
邮政编码　100029

防伪查询说明

用户购书后刮开封底防伪涂层，使用手机微信等软件扫描二维码，会跳转至防伪查询网页，获得所购图书详细信息。

防伪客服电话　（010）58582300